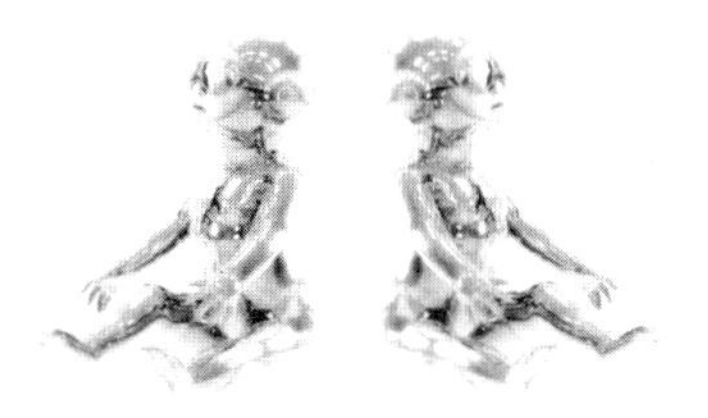

TOMORROWS
PEOPLE

내일의 과학은 우리의 삶과 정신을 어떻게 바꾸어놓을까

수전 그린필드 | 전대호 옮김

지호

옮긴이 **전대호**

서울대학교 물리학과를 졸업하고 동 대학원 철학과에서 석사학위를 받았다. 독일 쾰른에서 철학을 공부한 후 서울대 철학과에서 박사과정을 수료했다. 1993년 조선일보 신춘문예 시 부문에 당선되었다. 시집으로 『가끔 중세를 꿈꾼다』 『성찰』이 있으며, 『현대철학소사』 『슈뢰딩거의 삶』 『무한 그리고 그 너머』 『수학 유전자』 『파괴를 위한 과학 무기』 『유클리드의 창』 『수학의 언어』 『산을 오른 조개껍질』 『30분에 읽는 카프카』 등 여러 권의 책을 우리말로 옮겼다.

미래:내일의 과학은 우리의 삶과 정신을 어떻게 바꾸어놓을까?
수전 그린필드 | 전대호 옮김

Tomorrow's People

초판 1쇄 발행일 | 2005년 12월 19일
초판 2쇄 발행일 | 2007년 1월 9일

발행처 지호출판사 | 발행인 장인용 | 출판등록 1995년 1월 4일 | 등록번호 제10-1087호
주소 서울시 마포구 서교동 410-7(1층) 121-840 | 전화 325-5170 | 팩시밀리 325-5177
이메일 chihopub@yahoo.co.kr | 편집 김희중 | 표지 디자인 오필민 | 종이 대림지업 | 인쇄 대원인쇄
라미네이팅 영민사 | 제본 경문제책

ISBN 89-5909-009-3

서문

이 책의 원래 계획은 소설이 되는 것이었다. 많은 사람들과 마찬가지로 나는 흘러나오는 생각과 통찰들을 손가락 끝을 통해 손쉽게 전달하는 것에, 나 자신도 결말을 모르는 이야기를 하는 것에, 독자적인 생명과 정신을 가진 주인공들에 관해 쓰는 것에 종종 매료된다. 소설 쓰기는 정신을 자유롭게 풀어줄 뿐만 아니라, 내가 얼마 전에 쓴 뇌에 관한 책과 같은 비소설 작품의 특징인 논증과 인용, 꼼꼼한 연구와 사실 확인을 요구하지 않기 때문에 매력적이다. 몇 년 전의 성탄절 휴가 때 카리브 해의 조용한 해변에서 내가 기대했던 것은 사실 그런 자유로운 글을 쓰는 것이었다.

그러나 며칠 후 나는 소중한 시간을 헛되이 낭비하고 있다고 나 자신을 비난하는 듯한 보잘것없는 한두 페이지의 글을 앞에 놓고 소설 쓰기가 지루하다고 고백하지 않을 수 없었다. 저자 스스로 자신의 문체가 저속하고 등장인물들이 진부하며 대화가 옛날 연속극을 연상시킨다고 느낀다면, 그것은 생각을 다시 할 때가 되었다는 뜻이다. 나는 계획을 포기하고 실망과 짜증을 안은 채 런던으로 돌아왔다. 문제는 내게 소설 쓰기에 대한 선망이 있을 뿐, 정말로 발전시키고 싶은 흥미로운 발상이 없다는 사실이었다.

비록 본업이 알츠하이머병이나 파킨슨병 같은 신경퇴화성 장애의 기반에 있는 신경 기제에 주된 관심을 기울이는 신경과학 연구이지만, 나는 오래 전부터 물리적인 뇌가 어떻게 우리가 의식이라 부르는 주관적인 내면 상태를 산출하는가, 라는 훨씬 더 까다롭고 광범위한 질문에 매료되었다. 나는 1995년에 발표한 『마음으로 떠나는 여행』과 2000년에 발표한 『뇌의 사생활』을 통해 이 질문에 신경과학적으로 기여하려 했다. 당연한 일이지만, 이 두 책은 생리학이라는 물이 어떻게 현상학이라는 포도주로 변신하는가, 라는 '난해한 문제'를 해결하지 못했다. 그러나 이 문제에 대해 생각을 거듭하면서 다음과 같은 일종의 메타 질문이 생겨났다. 이 문제가 마침내 풀린다면 어떻게 될까? 우리 모두는 어떤 삶을 살게 될까? 바로 이것이 내가 쓰려던 소설의 주인공인 아름답고 천재적인 여성 신경과학자가 탐구할 문제였다.

그러나 현실이 끼어들면서 인물을 구체화하는 일, 진행 속도를 조절하는 일, 대화를 구성하는 일이 결코 쉽지 않다는 것을 잔인할 만큼 분명하게 보여주었다. 『뇌의 사생활』을 출간할 때 큰 도움을 주었던 펭귄 출판사의 편집자 스테판 맥그라스와 점심을 먹으면서 나의 무능함을 한탄했을 때, 그는 이런 질문으로 간단히 내 말문을 막았다. "당신이 하려던 일이 왜 그렇게 매력적인 거죠?" 내가 원하는 것은 나의 상상력을 사용하는 것이라고 나는 간단히 대답했다.

나는 현장 과학자로서 새로운 실험을 계획하거나 난해한 자료들을 해석하려 애쓰면서 때때로 사변에 빠진다. 그러나 공개된 자료의 뒷받침이 없는 사변은 통용되는 가치를 가지지 못한다. 한 가지 결과는 설명할 수 있지만 너무 많은 것을 경험적으로 당연시하거나 기존의 학설을 너무 무비판적으로 무시하는 가설을 우리는 항상 경계한다. 그러나 하루 일과가 끝난 후 술집이나 식당에서 동료들과 함께 있을 때, 실험적으로 확인할 수 없는 거대한 질문을 제기하는 일, 세부적인 자료들을 큰 맥락 속에 넣는 일, 그리고 무엇보다 "만일……"이라고 화두를 던지는 일은 지적으로 대단히 가치 있고 심지어 연구에도 도움이 될 수 있다.

그러니 당신이 제인 오스틴이 아닌 것을 한탄하지 말고 실컷 상상하고 질문을 던지라고 스테판은 말했다. 우리 뇌의 미래에 대해, 더 정확히는 우리 정신의 미래에 대해 논픽션을 쓰면 되지 않겠느냐고 그는 제안했다. 듣고 보니 그의 생각이 전적으로 옳은 듯했다. 지난 몇 년 동안 나는 나노기술에 관해 약간 읽었고, 텔레비전 프로그램 〈퓨처와치 Futurewatch〉에 출현했으며, "과학이 21세기와 그후를 어떻게 혁명적으로 변화시킬지"에 관한 천체물리학자 미치오 가쿠의 생각에 깊은 인상을 받았다. 또한 우연히 영국 텔레콤에서 일하는 미래학자 이언 피어슨의 강연에서 인격적이면서 또한 강압적인 정보기술이 지배하는 생활양식에 관한 예언들을 듣고 충격과 흥분을 동시에 느끼기도 했다.

만일 그 예언들이 실현된다면, 뇌에는 어떤 충격이 미칠까? 인간 뇌의 유연성—뇌가 개인적인 경험을 반영하는 능력—은 널리 인정된 사실이다. 새로운 기술은 우리의 관점을 어떻게 변화시킬까? 나는 의식의 신경과학에 대한 관심에 이끌려 개인화된 뇌가 정신적 질병이나 약물이나 꿈이나 과도한 활동 때문에, 가공되지 않은 주관적 감각이 지배하는 수동적인 상태로, 어린아이나 다른 동물과 유사한 상태로 퇴보하는 현상을 연구하기도 했다. 새로운 기술들 역시 우리를 감각이 주도하는 수동적인 상태로, 우리의 개인화된 뇌—정신—의 중요성이 감소된 상태로 밀어 넣을 수 있음을 깨달았다.

그렇다면 중심 주제는 새로운 기술 그 자체가 아니다(그에 관해서는 이미 다양한 종류의 훌륭한 책들이 존재한다. 372~376쪽의 '더 읽을 거리' 참조). 내가 던질 질문은 과학의 발전이 우리의 생각과 느낌과 인격을 어떻게 변화시킬 것인가, 이다. 이 책은 미래의 모든 측면을 빠짐없이 조망하는 책이 아니다. 예를 들어 나는 우주여행과 외계생명의 가능성을 전혀 언급하지 않았다. 그러나 우리의 정신이 어떻게 변할 것인가라는 중심 질문에 답하기 위해서는 물리학과 생물의학을 광범위하게 논할 필요가 있다. 그러므로 이 책을 읽는 독자가 한편으로는 이 책이 빠뜨린 주제들 때문에, 다른 한편으로는 부적절한 세부 설명 때문에 실망하는 일은 발생하지 않을 것이라고 믿는다. 이 책을 쓰면서 확실히 느꼈지만, 간결함을 위해서는 타협이 필수적이다.

각 장의 논의를 진행해갈수록 나는 인간의 정신 그 자체에 관한 함축뿐 아니라 경제와 정치와 세계에 관한 함축들도 다룰 필요가 있음을 확실히 느꼈다. 테러에 관한 장을 끝으로 책을 마감한 것은 어쩌면 거의 불가피한 일이었는지도 모른다. 나는 지금 매우 예사롭지 않은 시기에, 전 세계적으로 이라크전에 대한 반대 시위가 벌어지고 있는 날에 이 서문을 쓰고 있다. 이 책이 출간될 즈음에는 이 특수한 상황이 종결되기를 바란다. 그러나 테러 일반은 그때에도 여전히 당면문제일 것이라고 두려움을 가지고 예상한다. 테러는 미래에 우리의 삶에서 기본적인 요소가 될 것이다. 테러는 사상의 자유와 자유의지, 그리고 인간의 본성에 대한 지극히 중요한 질문들을 던지게 만든다. 그래서 나는 인간의 개인적인 정신을 찬양하고 그것이 미래에도 보존되기를 정말 간절히 기원하면서 이 책을 마감했다. 이 책의 마지막과 내가 원래 계획했으나 쓰지 못한 소설 속의 전형적인 과학자 스타는 거리가 아주 멀어 보인다.

미래로의 여행을 혼자 할 수는 없었다. 광범위한 내용 때문에 내 전공 분야 외의 전문 분야에 관한 조언이 필요했다. 나는 여러 질문에 답해주었을 뿐 아니라 이 책의 원고를 검토해주기도 한 많은 동료들, 즉 이고르 알렉산더 교수(런던 임페리얼 칼리지 전기 및 전자공학부), 피터 애트킨스 교수(옥스퍼드 대학 물리화학부), 가이 클랙스턴 교수(브리스톨 대학 교육학 대학원), 세계적인 건축가 테리 파렐 경, 밥 윌리엄슨 교수(멜버른 소재 머독 아동연구소)에게 깊이 감사한다. 또한 지원과 조언을 아끼지 않은 뉴욕 브록만 에이전트의 카틴카 매트슨에게, 그리고 당연히 펭귄 출판사의 스테판 맥그라스에게도 빚을 졌다. 맥그라스가 아니었다면 이 모든 일은 결코 이루어지지 않았을 것이다. 매우 훌륭하고 꼼꼼한 편집을 해준 펭귄 출판사의 벤 그립빈에게도 감사의 뜻을 전한다. 이 책을 쓰는 데 없어서는 안 될 역할을 한 동료가 두 명 더 있다. 밀라 해리슨은 이 책이 다룬 모든 주제에 관한 최신 자료와 정보를 찾아내고 입수하는 일을 도와주었다. 나는 그녀만큼 의욕적이며 유능하고 책임감 있는 사람과 함께 일해본 적이 없다. 마지막으로 언급할 사람은 나의 조수 비브 피어슨이다. 그는 비서의 역할을 110퍼센트 완수했을 뿐 아니라 언제나 변함없는 나의 친구였다.

수전 그린필드
옥스퍼드, 2003년 2월

차 례

01

미래

무엇이 문제일까?

1900년대 초에 찍은 세피아색 사진들이 담긴 오래된 앨범을 들춰보라. 거기에 그들이, 우리의 선조들이 있다. 대부분 농촌 풍경이 그려진 배경막 앞에서 포즈를 취한 그들은 생각과 행동을 규제하는 엄격한 규율과 사회적 관습에 젖어 있다. 그 평온한 과거의 얼굴들은 우리가 보지 못하고 알지 못하는 세계를, 치통과 옥외 변소와 찌든 땀과 확실성의 세계를 응시한다. 하틀리는 소설 『중개인 *The Go-Between*』에서 "과거는 낯선 나라이다"라고 말하며, 다음과 같이 덧붙인다. "그곳의 사람들은 다르게 행동한다." 20세기 중반에 영국의 수상을 지낸 해럴드 맥밀란은 빅토리아 시대에 보낸 자신의 유년기를 회상하며, 세기말에 유행한 대표적인 구호는 '진보'였다고 말했다. 진보—사회적, 경제적, 그리고 특히 과학적 진보—는 인간 지성의 전진이며, 우리는 그로부터 이득만을 챙길 것이라고 사람들은 생각했다. 그리고 진보는 과학으로부터 왔다.

1950년대의 과학자는 모든 것을 알았다. 텔레비전 광고에서 과학자는 '과학적으로' 최소량의 세제를 사용하는, 흰 가운을 입은 전문가로 묘사되었다. 텔레비전의 존재는 사람들의 삶뿐만 아니라 사람들이 자신의 공동체 너머의 세계를 보는 방식도 바꾸어놓았다. 모자를 쓰고 반바지를 입은 그 시대의 명랑한 학생들은 '학생들도 알 만한' 것들을 끝없이 왕성하게 배우는 한편, 브리튼 축제*에서 본 경이로운 기술들과, 과학이 열어가는 새로운 세계에 열광했다. 어느새 페니실린은 수많은 생명을 이른 죽음과 불행에서 구하고 있었고, 더 이상 허황된 공상이 아닌 피임약은 여성의 외모와 세계관을 혁명적으로 변화시키기 직전이었다.

그러나 20세기는 모든 일이 대가를 요구한다는 것을 우리에게 확실히 가르쳐주었다. 발전된 과학과 기술이 선과 악 모두를 낳을 수 있는 거대한 힘을 가지고 있음을 모르는 학생은 오늘날 아무도 없다. 히로시마 이후 대중들은 새로운 과학적 발견이 무엇을 암시하는지 이해하려는 노력이 필요함을 깨닫게 되었다. 그럼에도 불구하고 지난 세기의 마지막 몇십 년 동안 경고의 종소리는 점차 작아졌다. 유전자변형 식품, 광우병, 뇌를 휘젓는 휴대전화는 타조를 닮은 많은 기술공포자들(기술을 두려워하는 사람들)로 하여금 성층권처럼 외지고 청결한 여러 실험실에서 도대체 무슨 일이 일어나고 있는지 묻지 않을 수 없게 만들었다. 과학은 우리의 정신 속에만 머무는 것이 아니라, 점차 우리 삶의 중심을 차지하고, 우리가 소중히 여기는 모든 것들—식생활, 증식, 기후,

* Festival of Britain, 제2차 세계대전의 상처를 딛고 영국의 예술과 과학기술을 고취시키기 위해 1951년 5월부터 9월까지 런던에서 개최된 국가적인 축제.

의사소통, 교육 등—을 침식하고 있다. 미래에 과학과 기술이 우리의 실존에 가할 충격을 논하는 것은 더 이상 공상과학영화 속으로 떠나는 특이한 소풍이 아니다.

지난날의 공상과학영화 속 이미지들은 오늘날 우리에게 감탄할 만큼 찬란한 미숙함으로 다가온다. 후 박사를 쫓는 달레크*와 〈스타 트렉〉 속의 정의로운 승무원, 심지어 스탠리 큐브릭의 〈2001 스페이스 오디세이〉에 등장하는 정신병에 걸린 컴퓨터 할(HAL)까지도 은박지 옷을 입고 뚝뚝 끊기는 동작으로 움직이는 〈선더버드〉** 속의 인형들만큼이나 억지스럽고 식상하다. 공상과학영화 속의 인간과 휴머노이드는 대부분 우리와 유사하게 생각하고 행동한다. 그들은 우리와 유사한 가치관과 기대를 가지고 있고, 선악 대비 구도에 의존한 매력을 가지고 있다. 이것이 대부분의 사람들이 미래를 보는 방식이었다. 주인공은 첨단 기술이 낳은 초고속의 기계장치가 있는 세계에서도 여전히 인간적이기 때문에 악당을 은하계 구석까지 추격하지 않는다. 그 기계장치는 방한모를 뒤집어쓴 에스키모에게는 대단한 관심사일지 몰라도, 평범한 일상을 사는 우리 대다수에게는 이미 시시한 도구에 불과하다.

그러나 지금 우리는 과학이 가까운 미래의 어느 날 정말로 일상을 변화시킬 가능성을 대면하고 있다. 많은 이들은 그 변화가 이미 진행 중이라고 생각한다. 그러나 미래를 예측하는 일이 무의미하다고 생각하는 사람들—진부한 표현이긴 하지만, 이들을 '냉소주의자'라 부르

---

* Dalek, BBC 방송에서 1963년부터 방영되어 폭발적인 인기를 끌었던 공상과학 드라마 〈후 박사Doctor Who〉에 등장하는 외계 종족.
** Thunderbirds, 1960년대 영국 텔레비전에서 방영된 대표적인 공상과학 인형극. 2004년 새롭게 영화화되기도 했다.

자—도 있다. 우리 선조들의 육상경기 기록을 살펴보면 알 수 있듯이, 지금 누가 하는 어떤 예측이든 그중 많은 부분은 비현실적이거나 진부한 것으로 판명될 가능성이 있음을 부정할 수는 없다.

뿐만 아니라 어떤 기술이 등장해 활용된다는 것과, 그 기술이 일상의 중심을 차지한다는 것은 같은 말이 아니다. 예컨대 19세기 후반에 제시된 예언들 중에는 모든 사람이 기구를 타고 다닐 것이라는 예언도 있었다. 다른 한편 우리가 상상하지 못한 기술이 들이닥칠 수도 있다. 1950년대에 그려진 미래 가정의 모습 속에는 온갖 희한한 장치들이 등장한다. 그러나 컴퓨터는 보이지 않는다. 인터넷을 검색하는 사람은 말할 것도 없다. 시대를 바꿀 기술의 최소한의 부분조차도 일상적인 삶의 일부일 수 없었던 것이다. 특별히 제작된 외딴 전용실에서 요란하게 돌아가는 값비싼 기계식 컴퓨터들이 드물게 등장하기 시작하던 그 시기에 매일 50통의 이메일을 받는 우리의 생활양식을 상상했다면, 그것은 실로 감탄할 만한 지적인 도약이었을 것이다. 나는 1970년대의 어느 여름날 오후를 기억한다. 그때 나는 점심을 배불리 먹고 친구들과 잔디밭에서 쉬고 있었는데, 물리학자인 한 친구가 처음으로 마이크로칩을 언급했다. "그 칩이 우리의 삶 전체를 바꿀 거야"라고 그는 예언했다. 우리는 그가 무슨 말을 하는 것인지 털끝만큼도 이해할 수 없었다.

미래에 관한 생각이 가지는 문제는—이 대목에서 냉소주의자는 만족스러운 표정으로 어깨를 으쓱할 것이다—커다란 기술의 진보를 낳는 중요한 과학적 발전을 예견하는 것이 사실상 불가능하다는 점이다. 또한 기존의 제품을 개량하여 만든 장난감에 정신이 팔려 판단을 흐리는 일도 흔히 발생한다. 비현실적인 공상과학영화에 등장하기에 충분할 만큼 흥미롭지만 우리의 실존 전체와 우리의 견고한 듯이 보이는 정신을 재구성할 만큼 혁신적이지는 못한 그런 장난감들은 얼마나 쉽게 우리의 시선을 끌어당기는가. 그러나 물리학자 미치오 가쿠가 지적하듯이 과거에 제시된, 예를 들어 기구를 이용한 대중교통 체계가 등장할 것이라는 예언은 한 가지 중요한 문제를 가지고 있다. 그것은 예언을 내놓은 당사자가 과학자 자신이 아니었다는 점이다. 오늘날의 과학자들은 당당히 예언할 수 있는 입장에 서 있다.

냉소주의자들은 과거에도, 심지어 과학자들이 하늘을 나는 꿈에 빠져 있을 때에도 인류의 진보를 방해했다. 그들은 콜럼버스를 비웃고 갈릴레오를 조롱하고 다윈을 조소하고 프로이트에게 냉소를 보냈다. 냉소주의자는 과학이 자신의 편이며 몽상가들에 대항하는 자신의 건전하고 이성적인 목소리를 지지한다고 생각하는 기묘한 태도를 보인다. 1903년에 『뉴욕 타임스』의 한 기자는 랭글리의 비행 시도에 관하여 다음과 같이 유창하게 떠들었다. "우리는 랭글리 교수가 더 이상 비행기 실험에 헛되이 돈과 시간을 쏟아 부으면서 과학자로서의 탁월한 능력을 탕진하지 않기를 바란다. 인생은 짧고, 그는 비행 실험에서 기대할 수 있는 성과보다 훨씬 더 큰 공헌을 할 수 있는 사람이다." 몇십 년이 지나 기술이 삶의 훨씬 더 큰 부분이 된 1936년에도 찰스 린드버그는 로버트 고다르 로켓 연구소의 해리 구겐하임에게 이렇게 썼다. "그가 실질적인 가치가 적은 화려한 성취에 주된 관심을 갖기보다 실질적인 과학적 발전에 관심을 갖기를 바란다."

저녁식사 후의 가벼운 대화에서 지금도 가장 많이 거론되는 화제 중 하나는 IBM의 사장이었던 토머스 왓슨이 1943년에 한 다음과 같은 예언일 것이다. "전 세계 시장에서 컴퓨터가 아마 다섯 대 정도 팔릴 것이라고 나는 생각한다." 만일 당신이 1950년대의 학생들에게 21세기의 학생들은 계산자(slide rule)나 로그표가 무엇인지 전혀 모를 것이라고 말한다면, 그들은 당신이 완전히 미쳤다고 생각할 것이다.

그러나 끊임없이 일어나고 멀어지는 과학적 기술적 혁명들과 관련해서 **지금의** 세기, **지금의** 시간이 무언가 특별하다고 주장할 수는 없다. 물론 우리가 질병과 굶주림과 심지어 노동이 없는 삶을 가능케 할 기술을 가지고 있다는 것은 사실이다. 또한 황량한 언덕의 춥고 냄새나는 시골집에서 형성된 가치관과 공포와 희망은 찬란한 크롬 조명과 강력한 네온 등이 빛나는 교외의 중앙난방식 주택에서 성장한 20세기 사람들의 세계관과 많이 다를 것이다. 그러나 여전히 우리는 약 10만 년 전에 천진하게 초원을 돌아다니던 우리의 먼 조상들이 가졌던 것과 동일한 뇌를 가지고 있다.

하지만 우리는 머지않아 사상 최초로 우리의 뇌와 신체를 전기장치를 이용해 직접 개량하게 될지도 모른다. 기술옹호자들은 그 가능성을 환영한다. 전기공학자 케빈 워릭은 인간이 사이보그(개조인간)가 됨으로써 감각과 근력을 향상시키는 것에 찬성한다. 사이버 전도사라고 할 수 있는 레이 커즈와일도 실리콘을 적극적으로 사용하는 것을 반긴다.

> 이 길을 따라갈 확실한 이유가 있다. 선택할 수 있다면 사람들은 뼈가 부서지는 것을 막고 피부의 탄력을 유지하고 생명 체계를 강하고 활기차게 보존하려 할 것이다. 우리의 생명을 정신적인 차원에서 신경이식을 통해 개량하고 신체적인 차원에서 나노기술을 이용한 인공적인 몸으로 개량하는 일은 보편화되고 필수화될 것이다. 이 길은 거침없는 내리막길이다. 전진을 멈출 뚜렷한 장애물이 없다. 인류의 대부분이 진화를 통해 얻은 본래의 뇌와 몸을 완전히 교체할 때까지 전진은 계속될 것이다.

워릭과 커즈와일뿐만 아니라 마빈 민스키와 이고르 알렉산더와 같은 유명 지식인들과 이언 피어슨과 한스 모라벡을 비롯한 여러 미래학자들도 의식을 가진 기계가 미래의 특징적인 한 측면을 이룰 것이라는 전망을 당연시한다. 커즈와일의 메시지는, 인간이라는 종으로서 우리의 미래가 우리의 기술 속으로 완전히 녹아들 것이라는 것이다. 로봇을 이길 수 없다면 로봇과 연합하라고 그는 외친다. 우리는 다양한 존재들의 스펙트럼을 상상할 수 있다. 먼저 (현재의 인간처럼) 순수하게 탄소에 기반을 둔 존재가 있고, 실리콘과 탄소의 합성물로 이루어진 사이보그가 있으며, 마지막으로 우주의 지배자가 될, 훨씬 더 우월한 생각을 하는 실리콘 시스템이 있다.

선 마이크로시스템스의 공동창립자이며 수석과학자인 빌 조이는 컴퓨터의 의식에 관한 커즈와일과 철학자 존 설의 토론을 들은 이후 미래의 기술이 나아가는 방향에 대해 근심하게 되었다. 모두가 인정하는 기술권력자인 조이가 『와이어드*Wired*』 2000년 4월호에 '왜 미래는 우리를 필요로 하지 않는가'라는 글을 발표하여 자신의 절박한 근심을 밝히자 커다란 파장이 일어났다.

> 21세기의 기술들 — 유전공학, 나노기술, 로봇공학 — 은 매우 강력해서 전혀 새로운 불상사와 악용을 초래할 수 있다. 가장 위험한 것은 개인이나 소규모 집단이 그런 불상사를 일으키는 것이 사상 최초로 가능해졌다는 점이다. 개인이나 소집단은 대형 설비나 희귀한 천연자원을 필요로 하지 않는다. 지식만 있으면 그 기술들을 이용할 수 있다.

21세기의 유전공학, 나노공학, 로봇공학의 기술과 핵, 생물학, 화학을 이용한 무기의 그늘이 드리운 지난 세기의 기술 사이의 결정적인 차이는 이제 더 이상 대형 설비를 점유하거나 드문 천연자원을 확보할 필요가 없다는 점에 있다는 지적은 옳다. 그러나 과거의 기술과 비교할 때 미래의 기술이 가지는 더 큰 차이점은, 핵폭탄이 무시무시한 파괴력을 가짐에도 불구하고 자가증식할 수 없는 것과 달리, 머지않아 지구를 점령할지도 모르는 어떤 존재—나노로봇—는 자가증식할 수 있다는 점이다.

'우리 문명의 존속과 관련된 문제들'을 다루는 웹사이트를 몇 개만 검색해보라. 물질을 원자 수준에서 조작하는 기술, 즉 '21세기의 제조업'이 될 나노기술이 새로운 적을 양산할 것이라는 근심 어린 전망을 읽을 수 있을 것이다. 그 적은 나노 규모인 10억분의 1미터 크기로 축소된 로봇이다. 나노로봇은 자신의 복제본을 양산하는 데 혈안이 되어 있다. 만일 다산력을 갖춘 그런 로봇이 외로운 테러리스트의 손에 들어가면 어떻게 될까, 라고 한 사이트는 묻는다. 지적인 로봇이 악마가 되기 위해서(우리보다 훨씬 더 영리하다면 충분히 악마가 될 수 있다) 반드시 작아야 하는 것은 아니다. 인간 크기의 로봇도 머지않아 자가증식력과 자율적인 사고력을 갖추게 될 것이다.

빌 조이는 지금까지 '생각'하는 능력이 있는 기계를 생각해보지 않았다. 그러나 이제 그는 기계가 생각하게 되고 그를 통해 우리의 종을 새롭게 바꾸는 기술을 선사하게 되는 일을 걱정한다. 빌 조이는 인간이 기계에 의존하고 기계에게 판단을 맡기게 되는 일을 염려한다. 기계들은 우리보다 훨씬 더 훌륭하게 행동 방향을 판단할 것이므로, 우리는 곧 기계에게 완전히 굴복할 것이다. 문제들은 곧 우리가 감당할 수 없을 정도로 복잡해질 것이라고 빌 조이는 주장한다. 실리콘 로봇들은 더 뛰어난 정신적 능력을 가질 뿐 아니라, 잠을 잘 필요도 건강을 위해 운동을 할 필요도 없다. 그들은 곧 우리를 추월하고, 우리를 '가축으로 이용하기에' 적당한, 심지어 '동물원에 전시하기에 적당한' 하등한 종으로 취급할 것이다.

워릭의 예언도 이에 못지않게 암울하다. "지적인 기계들이 있는 한, 우리에게는 선택의 여지가 없을 것이다. 인간과 유사한 지능을 가진 강력한 기계가 일단 작동하기 시작하면, 우리는 그 작동을 멈출 기회를 얻지 못할 가능성이 매우 높다. 우리는 인류를 파괴할 시한폭탄을 작동시킨 것이다. 우리는 그 작동을 멈출 수 없다."

소수의 지배층 인간이 많은 기계들을 부리고 다수의 인간은 잉여적인 존재가 되어 소멸해갈 것이라는 전망도 암울하기는 마찬가지다. 지배층은 그 쓸모없는 다수의 인간을 간단히 없애버리거나, 더 자비로울 경우에는 그들의 뇌를 세척하여 번식을 포기하고 결국 멸종하게 만들 것이다. 그들이 예외 없이 항상 만족을 느끼게 해주는 것은 매우 고마운 일일 것이다. 그들은 행복하지만 자유롭지 못할 것이다. 이 전망을 제시한 사람은 유나바머(Unabomber)라 불린 폭탄테러범 시어도어 카진스키이다. 그는 분명 정신이 온전치 않은 범죄자이고, 아무도 그의 행동을 용서하지 않겠지만, 빌 조이는 "우리가 기술에 종속된다면, 인간성은 사라질 것"이라는 그의 호소를 귀담아 들어야 한다고 느꼈다.

다가오는 정보기술의 시대는 의식을 가진 로봇에서 자기조직하는 기계와 탄소-실리콘 사이보그까지 수많은 가능성들을 펼쳐놓는다. 그 가능성들은 많은 사람들에게, 특히 냉소주의자에게 극단적으로 보일 수 있겠지만, 더 온건한 형태의 탄소-실리콘 합성물은 그리 멀지 않은 장래에 21세기 삶의 한 특징이 될 가능성이 매우 높다. 머지않아 모든 곳에 보이지 않는 컴퓨터가 설치될 것이다. 우리의 몸과 뇌 속에 설치되지는 않는다 하더라도, 우리의 안경과 시계와 옷에 설치되어 가장 하찮은 물건도 '영리한' 쌍방향적인(interactive) 기계로 만들 것이다.

참된 문제는 무엇이 기술적으로 가능한지가 아니라 기술적으로 가능한 것이 우리의 가치관을 얼마나 변화시킬 것인가, 이다. 지난 세기에 일어난 중대한 과학적 발전의 직접적인 산물인 첨단기술들은 곧 유례없는 침투력으로 과거에는 독립적이고 고립적이었던 인간 정신의 내면세계에 영향을 미칠 것으로 보인다. 어떤 이들은 현대적인 기술의 보편화가 우리가 소중히 여기는 가치들을 재평가할 것을 촉구하는 경종이라고 믿는다. 다시 빌 조이의 말을 들어보자. "우리가 극단적인 악의 완성을 목격할 시점에 와 있다는 말은 과장이 아니라고 생각한다. 그 극단적인 악은 대량살상 무기가 민족국가들과 개인들에게 부여했던 것보다 훨씬 강력한 힘을 가지고 있다."

빌 조이를 비롯한 기술공포자들이 모두 과학자인 것은 물론 아니다. 어렵지 않게 짐작할 수 있듯이, 비과학자들의 공포는 대개 낭만적인 세계관에 근거를 둔다. 찰스 황태자는 2000년 리스 렉처*에서 많은 사람들의 염려를 다음과 같이 요약했다. "만일 신성한 것이 완전히 사라진다면…… 우리의 세계 전체를 '거대한 실험실'로 보는 태도를, 장기적으로 치명적인 결과를 초래할 수 있는 그런 태도를 무엇이 막을 수 있겠는가?"

---

* Reith Lecture, 1948년부터 매년 진행되고 있는 영국 BBC의 라디오 강연. 2000년에는 '지속 가능한 개발(sustainable development)'이라는 주제로 반다나 시바(Vandana Shiva)를 비롯한 다섯 명의 각계 전문가가 강연했는데, 강연 후 토론 자리에서 찰스 황태자도 자신의 견해를 피력했다.

이런 종류의 염려를 현대판 러다이트(Luddite)—이들은 지나간 황금시대에는 루소 식의 자연적 품위가 지켜졌고, 출산 중에 죽는 사람도, 집이 없는 사람도, 정신을 마비시키는 수작업에 종사하는 사람도, 얼어죽는 사람도 없었다는 그릇된 환상에 매달려 헛되이 진보를 되돌리려 노력했다—의 염려라고 매도하는 것은 약간 불공정하고 확실히 경솔한 행위일 것이다. 과학과 과학이 낳은 기술이 사회의 존속을 위해—삶이 우리가 아는 모습대로 유지되기 위해—필요한 견제와 균형을 벗어났다는 근심스런 판단을 많은 사람들이 공유하는 것은 엄연한 사실이다.

과학이 통제를 벗어나는 추세는 생명과 생물학에 대한 우리의 지식이 증가하면서 이미 가속되기 시작한 것으로 보인다. 많은 이들은 올더스 헉슬리가 『멋진 신세계*Brave New World*』에서 묘사한, 생화학적 유전학적 조작에 의해 지적인 알파 족에서 승강기를 운용하는 엡실론 족까지 차별화된 엄격한 사회계층들의 위계가 현실적인 미래의 위협이라고 판단한다. 여러 웹사이트가 유전학에 대한 심각한 염려를 밝히고 있다. 다음 문장은 한 예이다. "매우 유용한 존재에서 충격적인 괴물까지 다양한 존재들을 만드는 길이 열려 있다."

언젠가 우리는 매우 순종적이고 용감한 군인이나 잠재적 천재나 유전학자를 만드는 데까지 이를지도 모른다. 유전자조작은 다른 가능성들도 허락한다. 유전자 치료에 의한 효과를 상쇄하기, 새로운 종류의 약과 진단, 복제, 인공 유전자, 배계열(germ-line) 조작, 보험계약과 취업을 위한 유전자 검사 조작 등이 가능하다. 기술공포자들은 인류의 기초적인 생존을 전혀 장담할 수 없다고 말한다. 빌 조이에 따르면, 철학자 존 레슬리는 인류가 멸종할 확률이 최소한 30퍼센트라고 추정한다.

천문학자 마틴 리스도 최근에 발표한 책 『우리의 마지막 세기*Our Final Century*』*에서 문명이 대재앙에 의한 퇴보를 면할 확률이 인류가 멸종할 확률보다 높지 않다고 주장했다.

"모든 사람은 본성적으로 앎을 추구한다"는 아리스토텔레스의 말에 동의하지 않는 사람은 거의 없을 것이다. 인간의 뇌는 질문을 던지고 그에 답함으로써 생존하도록 진화했다. 과학은 우리의 자연적인 호기심의 체계적인 실현일 뿐이다. 그러나 새로운 세기가 시작된 지금 우리가 곧게 뻗은 '진보'의 길 위에 있다고 믿는 어리석은 사람은 더 이상 없을 것이다. 여러 세대에 걸쳐 우리는 '비자연적인' 기계화를 통해 고통과 굶주림 없이 장수하는 것이 과연 옳은지 고민했다. 그러나 지금 우리는 쌍방향적이고 고도로 인격화된 정보기술과, 보이지 않게 침입하는 나노기술과, 강력하게 발전된 생명공학이 지배할 미래를 바라보고 있다. 이 기술들은 종합적으로 작용하여 우리의 사고방식을 위협할 수 있다. 더 나아가 이들은 우리가 어떤 종류의 개인들인지, 그리고 심지어 우리가 도대체 개인으로 머물 수 있는지에 대한 심각한 고민을 불러일으킬 수 있다.

냉소주의자들은 이런 전망 속에 담긴 공포와 흥분을 기껏해야 선정적인 선동으로 보거나, 최악의 경우 공포를 이용한 상술로 볼 것이다. 그들은 과학이 삶을 근본적으로 바꾸는 새로운 기술을 산출할 수 있다고 믿지 않을 것이며, 설령 믿는다 하더라도, 인간은 충분히 지혜롭고 본성적으로 건전한 이성을 가지고 있기에 발생하는 모든 윤리적 문화적 지적 문제들을 해결할 수 있다고 생각할 것이다. 이는 의문시될 수

* 국내에는 『인간 생존 확률 50 : 50』(이충호 옮김, 소소, 2004)이라는 제목으로 출간되었다.

있을 뿐 아니라—지난 반세기 동안의 기술 발전 속에서 우리가 보았던 훨씬 더 온건한 선배들을 생각할 때—놀랄 만큼 태평한 태도이다. 우리는 인류가 역경을 극복할 것이라고 정말로 장담할 수 있을까? 또한 생명공학과 정보기술과 나노기술로 뒤덮인 세계에서 우리가 현재의 모습대로 살아남는다 하더라도, 모든 것을 방치하는 냉소주의자들의 수동적인 태도가 이익을 최대화하고 위험을 줄이는 최선의 방법이라고 확신할 수 있을까?

냉소주의자와 달리 기술옹호자와 기술공포자는 아마도 다음과 같은 매우 중요한 사안에 동의할 것이다. 우리는 급속도로 일어나는 기술의 발전으로부터 우리가 무엇을 얻으려 하는지에 대해 논의하고 능동적으로 행동해야 한다. 그렇게 해야만 우리와 우리의 자녀와 손자가 가능한 최선의 삶을 누릴 수 있을 것이다. 그러므로 우리는 먼저 21세기의 기술들을 평가하고, 이어서 대담하게 마음을 열고 모든 가능성들을 직시해야 할 것이다……

02

생활양식

우리는 무엇을 현실이라 여기게 될까?

인간은 한때 어둠 속에 갇혀 있었다. 밤이 산과 나무들을 검게 덮으면, 우리 조상들은 무력해지곤 했다. 그들의 시각은 밝고 넓은 한낮의 풍경에서 가물거리는 촛불 빛이 미치는 좁은 영역으로 축소되었다. 잔가지와 진흙을 섞어 만든 벽에 비치는 불빛은 긴 그림자와 불확실한 모양들로 이루어진 또 다른 현실을 보여주었다. 그리고 빛이 닿는 가장자리 너머에는 미지의, 이해할 수 없는, 반쯤은 상상된 힘들이 도사리고 있었다. 불과 백여 년 전까지만 해도 우리 조상들은 어둠의 도래 앞에서 완전히 무력한 삶을 살았다. 그들은 오늘날에는 거의 이해할 수 없는 놀라움과 두려움을 공유했을 것이다. 그러나 21세기를 맞은 인류의 정신은 그 과거의 세대들과 우리 자신의 새천년 세대를 가르는 차이보다 더 큰 차이를 낳을 거대한 변화를 눈앞에 두고 있는지도 모른다. 새로운 기술은 우리가 세계를 보고 이해하는 방식을 어떻게 변화시킬까?

새로운 발전은 이미 문명의 부침에 기여했던 과거의 발명과 발견보다 왜 더 큰 충격을 가할까?

거리에서 사람들을 지나치면서 혼자 활기 있게 떠드는 모습이, 그렇게 개인적인 용무에 열중하는 모습이 점차 일상적인 광경이 되어가고 있다. 장소를 불문하고 사용하는 휴대전화는 정신이상이 아닐까 하는 착각을 불러일으키는 행동들을 낳았다. 백화점이나 지하철에서 빽빽하게 모인 사람들에 밀려 이리저리 흔들리는 일, 우연히 마주치는 눈길과 미소, 그런 것들은 이제 사라져가고 있다. 한 걸음 더 나아가서 보이지 않는 크기로 축소되어 옷 속에 장착되고 사용자의 움직임에 의해 생산되는 극소량의 전력만으로 작동하는 미래의 휴대전화를 상상해보자. 전선도 귀에 꽂는 장치도 없다. 당신은 대화 상대가 바로 옆에 있는 것처럼 느낄 것이다. 그러나 그는 거의 차원이 다른 곳에 있다. 물리적인 환경에 무관심한 채 보이지 않는 상대와의 대화에 몰두하는 사람들로 가득한 거리를 상상해보라. 그런 미래의 공공장소는 자발적이고 진지한 교류를 유도하는 현재의 공원이나 시장 혹은 광장의 공공성을 더 이상 가지지 않을 것이다. 대신에 번화한 거리는 서로에게 무관심한 채 서둘러 지나가면서 서로 다른 차원 내에서 웃고 소리지르고 항의하고 수다를 떠는 사람들이 그저 우연히 함께 있게 된 장소로 전락할 것이다. 이것은 대략적인 윤곽만 포착한 그림에 불과하지만, 점점 더 많은 사람들이 이런 식으로 행동한다는 것을 부정할 사람은 거의 없을 것이다. 어지럽고 복잡한 지금 여기를 버리고 다른 세계로 진입할 수 있게 해주는 휴대전화는 아마도 미래 생활양식의 전조일 것이다.

직접적인 실재를 버리고 대안적인 세계로 들어가는 행태는 머지않아 공적인 공간뿐 아니라 가장 사적인 공간으로도 확산될지 모른다. 집 역시 모양과 느낌이 전혀 달라질 수 있다. 집은 언제나 우리의 궁극적인 휴식처였다. 집에서 우리는 알몸으로 돌아다니고, 혼잣말을 중얼거리고, 접시를 깨고, 전등에 매달려 그네를 탈 수 있다. 또한 가장 중요하게는, 직접적인 물리적 환경의 소리와 모양과 냄새와 맛을 완전히 자율적으로 결정할 수 있다. 우리의 조상들이 충분한 기술과 돈과 시간을 확보하여 벽지를 선택하고 벽난로 선반 위에 사진이나 다른 장식물들을 올려놓기 시작한 이래로 우리 인간들은 집을 우리 자신의 연장(延長)으로 여겨왔다. 따라서 이 세기에 우리의 정신이 순간의 요구에 응하는 수준 이상의 큰 변화를 겪는다면, 당연히 우리의 집도 완전히 새로운 생활양식을 반영하고 또한 그것에 중요한 영향을 미칠 것이다.

인간의 집은 적절한 위생시설과 충분한 자원이 확보되는 한, 익숙한 과거의 패턴을 유지해왔다. 많은 사람들이 백 년 이상 된 집에서 지금도 행복하게 산다. 우리가 다양한 생리적 욕구를 가진 몸을 그대로 유지하는 한, 그 욕구에 맞게 다양한 용도의 방들을 배치하는 과거의 방식을 따르지 않는 것을 상상하기는 어렵다. 아무리 첨단기술을 동원한다 하더라도 동일한 공간을 여러 용도로 사용하는 것은 매력적인 일이 아니다. 요리와 잠과 배설과 목욕을 한꺼번에 해결하는 방을 상상해보라. 또한 함께 식사하고 따로 배설하는 관습도 좀처럼 바꾸기 어려울 것이다. 루이스 부뉴엘의 고전적인 영화 〈자유의 환영The Phantom of Liberty〉(1974)은 함께 모여 식사하고 각자 따로 창자와 방광을 비우는 오랜 관습을 의문시했다는 단순한 이유로 커다란 충격을 주었다. 손님들이 방에 둘러앉아 주인과 대화를 나눈다. 모두들 각자의 변기 위에 앉아 있다. 이윽고 시장기가 돌자 손님들은 각자 양해를 구하고 방을 빠져나가 '가장 작은 방'을 찾는다. 그 방에 들어간 손님은 문을 잠그고 벽에 설치된 선반을 내린 후 조용하고 신속하게 식사를 한다.

이 가상적인 광경은 있을 법하지 않을 뿐만 아니라 비논리적이기까지 하다. 사교와 금기에 대한 우리의 감각을 바꿀 자명한 이유는 없다. 또한 그런 관습이 바뀐다면, 그것은 우리가 인간 영혼의 깊숙한 구석이나 틈에서 나오는 어떤 요구에 응하기 때문이 아니라 새로운 현대적인 이유 때문에 더 이상 사교를 원하지 않기 때문일 것이다. 다른 한편 우리가 넓고 공적인 '다용도' 공간보다 작고 아늑하고 사적인 방을 선호하는 것은 시대와 진화의 문제일 뿐 아니라 분명 개인적 취향과 가족적 요구의 문제이기도 하다.

오늘날 선호하는 주거공간의 종류가 얼마나 다양한지 생각해보라. 우리가 집에서 보내는 시간이 훨씬 더 많아지는 것은 이 세기에 일어날 큰 변화 중 하나이다. 정보기술이 현실세계를 더 많이 지배하게 되면서 직업생활과 여가생활은 모두 공간의 제약을 초월하게 될 것이다. 우리가 이용하는 공간과 이용 방식의 변화에 관한 이야기들은 지금은 공상과학소설처럼 들릴 수 있겠지만, 지구에서 더 많은 인구가 친환경적으로 사는 데 기여하는 실질적인 의미를 가진다.

먼 미래에 우리의 후손들은 어쩌면 공기보다 가벼운 거대 건물 속에서, 또는 산소가 공급되는 해저 주거지에서 살지도 모른다. 그들은 수평적으로 이동하는 것만큼 쉽게 수직적으로 이동할 수 있을 것이다. 이런 상상이 실현된다면 지구에서 인간이 거주할 수 있는 공간은 엄청나게 증가할 것이다. 또한 개인적인 차원에서는 그런 수직적인 주거문화에 의해서 우리의 정신과 감각이 극적으로 변화할 것이다. 과거 세대들의 세계관이 끊임없는 치통과 불편한 옥외 변소에 의해 규정되었던 것과 마찬가지로 미래 후손들의 세계관은 그런 수직적인 주거문화에 의해 규정될 것이다. 미래의 인간들은 3차원 세계에서 좌우로는 물론 상하로 자유롭게 이동하는 자신들을 우리와는 전혀 다르게 느낄 것이다. 예컨대 우리의 조상들이 밤마다 가물거리는 불빛을 보았던 것처럼 감각이 지속적으로 특정한 자극에 노출되면 정신이 그 자극에 대응하고 생각을 이끌어내는 방식에 당연히 변화가 생긴다.

멜버른에 본부를 둔 건축회사 크라우드(Crowd)는 이미 '하이퍼하우스(Hyperhouse)'라는 개념을 소개한 바 있다. 하이퍼하우스 내부에는 전자공학적인 척추가 있어서, 그것에 의해 여러 장치들이 재배치되고 작동한다. 벽과 평면도는 완전히 가변적이다. 그러니까 부엌과 욕실은 오늘 있는 자리에 고정되어 있을 필요가 없다. 모든 공간이 때에 따라 다르게 이용될 수 있다. 건축가 프레드 블럼라인은 그런 끝없는 변화의 가능성을 지지하면서 다음과 같이 말한다. "미래의 집은 하인과 같을 것이다. 디지털 기술로 통제되는 자동화된 환경 속에서 당신은 소망하고, 소망을 이룰 것이다."

우리는 지금 문을 여는 것과 같은 기초적인 인간의 행동을 덜컹거리며 흉내내는 오래된 공상과학소설 속의 기계를 얘기하는 것이 아니다. 정보기술의 침범과 가상세계의 습격은 당신이 진정한 의미에서 혼자 있는 시간이 거의 없어진다는 것을 의미한다. 또한 당신과 외부세계 사이의, 당신과 당신의 소망 사이의 경계가 희미해지면서 당신은 당신 자신에게조차 모호한 현상이 될 것이다.

더 나아가 가정-사무실의 등장으로 사적인 영역과 직장이 통합되어 사실상 모든 일이 한 장소에서 이루어지게 되면, 가상적이지 않은 구식 거실보다 컴퓨터가 지배하는 방이 더 많아지리라고 예상할 수 있다. 집안에서 컴퓨터가 지배하는 영역은 점점 더 증가하여 결국 우리가 기술의 손아귀를 벗어나는 것이 불가능하게 느껴질 정도가 될 것이다. 그 세계에서도 우리는 여전히 우리의 사생활과 사회적 자아를 보존할 필요를 느낄 것이다. 따라서 미래의 집에는 화상회의 장치, 건강과 보안을 위한 탐지장치, 냉난방 및 환기를 위한 센서, 환경 제어장치 등이 제거된 '자연적인' 혹은 '실재적인' 방이 특별히 설치될지도 모른다. 오늘날의 호화주택에 설치된 사우나실이 단조로운 일상을 떠나 공적인 활동으로 인한 피로를 푸는 데 이용되는 것처럼, 미래의 '자연실'도 그와 유사한 용도로 쓰일 것이다. 물론 자연실은 부유층만 누릴 수 있는 사치가 아닐 것이다. 편의시설과 기계에서 **벗어나기** 위해 만든 방에 많은 돈을 들이기는 어려울 테니까 말이다.

그러나 집안의 대부분을 지배하는 정보기술은 가구가 적고 기능이 다중적인 공간을 가능케 할 것이다. 특정 기능을 위한 고정적인 가구들로 채워진 작은 방들이 많이 있는 것이 오늘날 집의 전형이라면, 미래에는 더 넓은 소수의 방이 있는 집이 주류가 될 것이다. 실내와 실외의 구분도 그런 추세를 따르지 않을 이유가 없다. 이미 사라지고 있는 집과 정원의 구분은 2020년에는 완전히 사라질 것이다. '실내'와 '실외'의 개념은 변덕스러운 날씨와 관련된 의미를 상실할 것이다. 건축가 버크민스터 풀러는 거의 60년 전에 뉴욕 시를 덮어씌우는 거대한 구형 지붕을 상상했다. 그러므로 실외도 실내처럼 통제되는 거대한 주거지를 구상하는 것은 지나친 상상이 아니다.

이런 거시적인 변화에 대한 논의는 매우 허황되게 들릴 수도 있다. 그러나 우리는 이미 상하이에 있는 한 회사가 개발한 온도 감응 페인트를 가지고 있다. 이 혁신적인 물질은 여름에는 집을 시원하게 해주고 겨울에는 따뜻하게 해준다. 보라색 크리스털 락톤(crystal violet lactone)

도 온도에 따라서 색이 달라지는 물질이다. 이 물질을 칠한 집은 겨울엔 따뜻한 빨간색이 되고 여름엔 시원한 파란색이 된다. 환경에 따른 가변성과 주위의 요구에 부응하는 신속한 적응성은 모든 제품이 갖추어야 할 표준적인 조건이 될 것이다.

그렇게 끊임없이 변화하는 세계를 주도할 다음 세대의 기계들은 지정된 과제를 노예처럼 수행하는 것이 아니라, 'X이면 Y이다' 형식에 기초하여 작동할 것이다. 자동화되어 있을 뿐 아니라 미리 예견하고 행동하는 가전기기들이 일상의 중심을 차지할 것이며, 그런 추세는 어쩌면 장난감, 탁구 세트, 심지어 악기 등의 유희를 위한 장치들에도 확산될 것이다. 예컨대 당신은 서툰 솜씨로 바이올린을 연주하는 대신에, 강력한 소프트웨어를 통해 스트라디바리우스의 소리를 재현하는 음향장치를 이용하는 것을 더 선호하게 될지도 모른다.

당신은 지금 손으로 켜고 끄는 모든 장치들을 음성으로 켜고 끄게 될 것이다. 세월이 흘러 '생각하는 물건들', 즉 컴퓨터가 제어하는 영리한 기기들이 일상화되면, 음성 명령은 더 이상 어색하거나 불편하게 느껴지지 않을 것이다. 물론 지금까지는 손으로 문을 열고 손가락으로 단추를 누르고 실제 열쇠를 자물쇠에 꽂아 돌리는 것이 더 빨랐던 게 사실이다. 그런 행동에 개입하는 전자장치들은 시간을 낭비하게 만들고 문제만 일으키는 어리석은 장치로 여겨졌다. 그러나 미래의 장치들은 인격화되고, 따라서 현재와 다른 방식으로 당신과 소통할 것이다. 미래의 사람들은 잠을 깨우는 음성을 주문 제작할 것이다. 그 음성은 친구나 하인의 역할을 할 것이다. 우리는 가전기기들이 내는 음성의 성별과 어조를 아주 쉽게 조절하고, 심지어 친구나 유명인의 음성을 흉내낼 수 있을 것이다. 마릴린 먼로나 레오나르도 디카프리오가 당신의 이름을 부르면서 당신을 깨울 수도 있고, 조금 이상하지만 당신 자신의 목소리가 당신을 깨울 수도 있다…… 진기한 발명품이나 현상들을 나열하기 위해서 이런 이야기를 하는 것이 아니다. 이 이야기의 참된 목적은 우리가 우리 자신을 생각하는 방식이 어떻게 바뀔지, 그리고 우리 자신과 외부세계의 경계가 어떻게 흐려질지를 이해하는 데 도움을 주는 것이다.

일상 속에서 영리한 가전기기들과 원격으로 그러나 인간적으로 소통하는 것은 상대적으로 사소한 일이 될 것이다. 사고 과정에 영향을 미치는 더 큰 변화가 이미 일어나고 있다. 예컨대 다중언어 번역 전화 덕분에 외국어를 배울 필요성이 사라지고 있다. 또한 반직관적이긴 하지만, 익숙한 책의 형태를 한 컴퓨터도 등장하고 있다. 닐 거센펠드는 시기적절하게 씌어진 책 『사물들이 생각하기 시작할 때*When Things Start to Think*』*에서 책이 컴퓨터보다 나은 점들을 열거한다. 책은 부팅 시간이 없고 대비성과 해상도가 높다. 책은 밝거나 흐린 조명 아래에서 어느 각도로든 볼 수 있다. 임의의 페이지를 신속하게 펼칠 수 있고, 다른 페이지가 열린 경우 눈과 손을 써서 지체 없이 교정할 수 있다. 책은 건전지나 전원 없이 쉽게 주를 달아 보충할 수 있고 튼튼하다. 대조적으로 컴퓨터는 이런 장점들을 가지고 있지 않다.

이 같은 책의 사용자 친화적인 특징들을 어떻게 정보기술 장치와 결합할 수 있을까? 재활용할 수 있는 프린터 용지는 이미 제조 가능하다. 그 용지는 마이크로캡슐(micro-encapsulation) 기술을 이용하여 종이 속에 내장한 e-잉크를 사용한다. 다음 단계는 종이에 전선과 트랜지스터를 인쇄하여 라디오 수신기를 만드는 것이 될 것이다. 미래의 조간신

* 국내에 『생각하는 사물』(이구형 옮김, 나노미디어, 1999)이라는 제목으로 번역 출간되었다.

문이 될 그 종이 라디오는 태양 에너지로 작동하여 햇빛에 놓아두면 매일 새로운 뉴스를 공급할 것이다. 거센펠드가 지적했듯이 책이 가진 유일한 단점은, 변화하는 정보를 전달할 수 있는 컴퓨터와 달리 정적인 정보만 전달한다는 것이다. 새로운 종이 라디오는 책의 모든 장점들과 함께 정보기술의 역동성도 갖출 것이다.

그렇게 정보기술은 종이 출판 영역으로도 확장될지 모른다. 한편 매사추세츠 공과대학(MIT) 미디어 연구소의 수석연구원인 히로시 이시이는 컴퓨터 개념을 다른 방향으로 발전시키고 있다. 우리 모두는 텔레비전을 보고 컴퓨터 화면을 이용하는 등 시각과 청각을 통한 접촉과 소통에 익숙하다. 그러나 우리가 소통을 위해서 촉각을 이용하는 것에도 익숙해진다고 상상해보라. 이 생각은 가상세계와 물리적 세계의 격차가 점차 좁혀지고 두 세계 사이의 관계가 더 긴밀해지면 정보기술이 더 많은 영역에서 활용될 것이라는 예측에 근거를 둔다. 이시이는 이렇게 말한다. "우리는 일상적인 건축 공간 속에 있는 모든 상태의 물질을—고체뿐 아니라 액체와 기체도—사람과 디지털 정보 사이의 '접촉점(interface)'으로 만드는 방법을 연구하고 있다." 그들의 계획이 성사되면 세계 전체가 접촉점이 되고, 사용자들은 컴퓨터 화면에 의존하는 것에서 벗어날 것이다. 이 '만지는 비트(tangible bits)' 연구의 중요한 한 가지 특징은 손가락의 압력으로 작동하는 촉각적인 소통 체계를 구축하여 시각장애인과 청각장애인도 의사를 전달할 수 있다는 점이다. 또한 그 체계는 시각이나 청각에 장애가 있는 사람에게만 도움을 주는 것이 아니라, 가상세계를 더 '현실화'함으로써 모든 사람들에게 또 다른 차원을 열어줄 것이다. 미래의 '타자' 교육에는 촉각 자체를 매개로 한 의사소통을 배우는 과정이 포함될 것이다.

21세기 후반의 삶은 과연 어떤 모습일까? 지금부터 그 시대의 집과 그 안에 사는 사람들을 구경해보자. 우리는 먼저 20세기의 거실처럼 특수한 용도가 없는 방에서 출발한다. 그 방은 당면한 신체적 욕구가 없을 때 '휴식'을 위해서, 또는 그저 '앉아 있기' 위해서 사용한 20세기의 거실과 마찬가지로 어떤 특별한 생리적 욕구를 만족시키지 않는다. 오히려 그 방은 모든 내적인 욕구가 만족된 상태에서 들어가는 장소이다. 당신이 방에 들어서면, 벽이 빛을 내기 시작한다. 발광 다이오드들이 당신의 존재를 감지하는 모니터와 연결되어 있기 때문이다. 당신은 벽 제어 장치를 음성으로 조종하여 벽의 색깔을, 이를테면 회색에서 파란색까지 바꿀 수 있다. 말을 할 필요가 없을 수도 있다. 당신의 몸속에 있는 센서들이 당신이 흥분 상태라는 것을 감지하면, 벽은 자동적으로 진정 효과가 있는 시원한 색조로 변할 것이다. 어쩌면 당신은 그림이 보고 싶을지도 모른다. 그래서 '여름 하늘'이라고 속삭이면 곧바로 천장과 벽에 흰 구름 몇 조각이 나타난다. 이내 당신은 정말로 야외에 있는 듯이 신선함과 평온함을 느낀다. 그 느낌은 오염물질을 걸러내고 원하는 향기를 첨가하는 공기 조절장치 덕분에 더 생생해진다. '여름 하늘' 그림이 나타나면 자동적으로 바다의 향기가 나도록 만들 수 있다.

당신은 심호흡을 하면서 더 깊은 평온함에 빠져든다. 만일 당신이 스트레스를 느끼거나 우울하다면, 당신 몸속의 센서들은 조직과 체액의 화학적 상태를 감지하여 당신의 심리 상태를 파악하고 그 정보를 벽에 전달할 것이며, 벽은 그에 따라서 분홍색으로 바뀔 것이다. 사실 이런 번거로운 피드백 체계가 있어야만 정보 전달이 가능한 것은 아니다. 레이저를 이용한 탐지장치가 당신의 몸짓이나 말투에서 당신의 상태를 파악할 수 있을 것이다. 당신이 걸어 다니기만 해도 '반응하는 얼굴들'

이 나타난다. 그중에는 당신의 가족이나 친구의 얼굴도 있다. 얼굴들은 당신이 지나갈 때 미소로 인사하고, 어디에서든 당신이 바라보면 당신과 눈을 맞춘다. 바라보면 저장된 메시지를 들려주는 3차원 홀로그램도 있다. 전화벨이 울리거나, 당신이 음성으로 명령하거나, 혹은 그런 일은 거의 없겠지만 당신이 실제로 누군가와 대화를 하기 시작하면, 그 얼굴들은 자동적으로 침묵한다.

하지만 당신의 사이버 환상이 방해받는 일은 거의 일어나지 않는다. 당신은 모든 일상적인 과제를, 예컨대 자동차를 점검하는 일을 전적으로 믿고 컴퓨터에게 맡길 수 있으니까 말이다. 최근에 일어난 엔진 고장은 원격으로 탐지되었고, 인터넷에서 내려받은 소프트웨어에 의해서 수리되었다. 당신은 그 자동적인 수리 과정을 감독할 필요도 없고, 애써 노력을 들여 비용을 지불할 필요도 없다. 당연한 일이지만, 당신은 휴대전화의 디지털 장치를 이용하여 자동판매기에서 물건을 사고 은행에 돈을 입금할 수 있다. 그러나 자동 지불은 당신이 승인할 때만 이루어진다. 청구액이 너무 많다는 당신의 생각을 거스르면서 자동 지불이 이루어지는 일은 없다. 모든 사람이 전자화폐(smart money)를 사용한다. 전자화폐는 당신이 최소 금액을 지불한다는 것이 확인되었을 때만 계좌에서 인출된다. 그렇지 않을 경우, 자동차 회사는 차액을 환불한다. 물리적인 형태의 화폐는 더 이상 존재하지 않는다. 지출 패턴은 자동적으로 감시되고 분석된다. 따라서 당신은 당신의 현재 경제 상태를 항상 파악하고 부채가 과도하게 증가하지 않도록 주의할 수 있다.

당신은 창가에 서서 사람들이 커튼이나 햇빛가리개를 쓰던 시절을 회상하며 미소를 짓는다. 유리는 말 한마디에 어두워진다. 주위가 어두워졌을 때, 또는 당신이 명령할 때 투명한 유리를 불투명한 색유리로 변환시키는 전자 색 조절장치가 내장되어 있기 때문이다. 원한다면 창이 인공적인 햇빛을 방출하도록 명령할 수도 있다. 에베레스트 산이나 석양이 물든 카리브 해, 또는 봄날의 오솔길이 창에 나타나도록 만드는 것도 가능하다.

이 모든 경우에 방 안에는 빛이 있지만, 전구는 사용하지 않는다. 빛을 내는 기능만 가진 조명장치는 찾아볼 수 없다. 대신에 모든 것이 다양한 색깔과 강도로 빛을 낸다. 가구의 표면은 종이처럼 얇고 천처럼 유연한 발광 중합체로 되어 있다. 당신은 빛을 내는 사이버 의자에 앉는다. 의자에 있는 센서들이 당신의 자세를 점검한다. 당신의 몸이 가하는 압력의 분포가 과거에 저장된 자료와 비교된다. 의자는 당신의 이름을 부르면서 척추에 무리가 없도록 자세를 바꿀 것을 권고한다. 그러나 당신은 음성 명령을 통해 무중력 장치를 작동시키기로 한다. 당신은 우주비행사처럼 태아의 자세를 취한다. 이제 당신은 공중에 떠서 제대로 쉴 수 있다. 당신은 텔레비전에서 무엇을 하는지 소리 내어 묻고, 수많은 채널 중 하나의 화면이 맞은편 벽에 나타난다. 당신은 화면이 벽 전체로 확대되도록 명령한다. 의자에서 몸을 틀면, 의자에 있는 센서들이 움직임을 포착하고, 화면은 당신이 보기에 편하도록 다른 벽으로 옮겨간다.

그러나 20세기에 만들어진 '텔레비전'이라는 명칭은 이제 적절치 못하다. 현재의 장치는 화면이 더 선명할 뿐 아니라 기술적으로도 분명히 다르다. 현재의 고해상도 텔레비전이 사용하는 주사선의 개수는 과거의 표준인 625개의 약 두 배이며 띠폭(bandwidth)은 과거의 PAL 방식보다 네 배 정도 크다. 당신은 예정된 프로그램을 수동적으로 시청하는 것을 거의 상상할 수도 없다. 그런 문화는 이 세기의 첫 십 년이 지나기 전에 사라졌다. 현재 사람들이 기억하는 가장 먼 과거에도 텔레비전은 쌍방향적이었다. 요즘에는 텔레비전에서 모든 영화를 볼 수 있는 것을 다들 당연시한다. 또한 프로그램이 제작되자마자 시청할 수 있는 것도 당연하게 여긴다. 사람들은 각자 자기만의 프로그램 편성표를 만든다. 텔레비전은 더 이상 외적인 실재, 외부에서 통제하는 2차적인 실재가 아니다. 텔레비전은 오직 당신만을 위해 있는 주관적인 환상세계이다.

당신은 애써 프로그램을 선택하고 편성표를 만들지 않아도 된다. 당신의 시청 취향은 시스템에 저장되고, 당신의 시청 행태에 따라서 수시로 수정 보완된다. 그러므로 당신은 점차 시스템이 당신을 위해 선택한 프로그램들을 벗어날 필요를 느끼지 않게 된다. 심지어 광고도 당신의 개인적인 취향에 맞게 방영된다. 따라서 광고는 과거처럼 짜증을 유발하지 않고, 주요 쇼핑 방법으로 자리 잡는다. 2분짜리 광고가 끝나면, 당신은 텔레비전을 향해 말함으로써 곧바로 상품을 주문할 수 있다. 당연히 시스템은 당신의 신용카드 정보에서부터 목 사이즈까지 필요한 모든 관련 정보를 가지고 있다.

하지만 지금 당신은 그냥 쉬기로 한다. "3차원 모드" 하고 속삭이자 곧바로 텔레비전 속의 인물들이 벽에서 나와 당신을 둘러싼다. 당신은 주어진 상황에 몰입하고 동참한다. 그것은 현재의 텔레비전이 쌍방향적이기 때문에 가능한 일이다. 당신은 카메라의 각도와 드라마의 결말을 음성 명령으로 선택할 수 있다. 오늘 당신은 불행한 결말을 피하고 행복한 결말을 시청하기로 한다. 텔레비전 시스템—부분가상현실(partial virtual reality, PVR)—은 실제 현실과 별도로 작동한다. 프로그램 속의 인물들은 마치 유령처럼 당신의 커피잔이 놓인 탁자 바로 옆에서 싸우고 소리지르고 논쟁한다. 그러나 탁자는 여전히 그대로 있다.

하지만 부분가상현실로도 하루의 피로로 당신이 느끼는 우울함을 완전히 떨어내지 못하는 경우가 있다. 또한 당신의 가족 중 누군가가 당신과 물리적 공간을 공유하기를 원할 가능성이 있다. 그럴 경우에 당신이 선택할 수 있는 해결책은 소형 개인 공간이다. 소형 개인 공간을 제공하는 현재의 시스템은 더 포괄적이기는 하지만 과거에 장거리 통근자들이 애용하던 워크맨이나 휴대전화와 유사하다고 할 수 있다. 당신은 현실세계를 벗어나 사이버 의자가 제공하는 소형 환경 속으로 들어갈 수 있다. 헬멧이 올라와 당신의 머리를 덮고, 당신은 빛과 소리에 둘러싸여 당신이 있는 현실세계의 방을 잊는다. 이제 가상현실은 완벽하다. 가장 개인적이고 은밀하다.

거실의 사이버 의자에서 몇 걸음만 옮기면 침실의 사이버 침대로 갈 수 있다. 그 새로운 공간으로 하품을 하며 기어들면서 당신은 거실의 환경을 인격화하고 쌍방향적으로 만들었던 장치들이 침실에도 똑같이 있다는 것을 의식한다(물론 너무 익숙한 일이라서 의식하지 않을 수도 있겠다). 유일한 차이는, 거실에서는 거의 대부분 수직적인 자세를 취했지만, 이곳은 수평적인 자세를 원할 때 들어오는 공간이라는 점이다. 이곳에서 이루어지는 특별한 행위는 잠이다. 조용한 음성 명령 하나로 당신은 의식 너머의 세계로 인도된다. 당신은 파도가 끝없이 규칙적으로 밀려오는 모래 해변에 편안히 눕는다. 해가 지고, 당신은 눈을 감는다……

당신의 몸속 센서들이 당신이 1단계 무의식 상태에 진입했음을 사이버 침대에 알리면, 해변 프로그램은 꺼진다. 그러나 사이버 침대는 밤새 경계를 늦추지 않고 당신을 감시한다. 만일 당신의 체온이 너무 높아지면, 방 안의 기온이 자동적으로 조절된다. 센서들은 밤새도록 당신의 혈압과 심장박동, 그리고 당신이 뒤척이는 정도와 뇌의 전기적인 활동을 측정한다.

매일 아침 당신은 잠든 동안의 상태를 점검하고 지난 며칠간의 자료를 종합하여 전반적인 건강 상태를 확인할 수 있다. 당연한 일이지만, 만일 문제가 있을 경우에는, 의사의 도움을 받으라는 음성 메시지가 당신에게 이미 전달되었을 것이다. 응급상황이 발생하면 시스템은 한밤중이라도 당신을 깨울 것이다. 과거에 사람들은 신체의 모든 기능을 점검하고 기록하는 것을 지나친 관심이라고 여기는 편이었다. 더구나 그런 정보가 부적절한 제3자에게 또는 해커에게 들어갈 수도 있었다. 그러나 지금은 그런 점검과 기록이 몇십 년 전의 신용카드 거래 확인처럼 일상적이다. 당신은 21세기 초의 일부 유명인들처럼 대중의 시선 속에서 사는 것은 아닐지라도, 모든 장소에 있는 익명의 존재의 시선 속에서 사는 것에 익숙해졌다. 당신은 과거처럼 완전히 개인적인 삶을 사는 것이 아주 낯선 일이라고 생각한다. 과거에는 아무도 당신의 사적인 삶에 대해 몰랐고, 당신은 많은 것들을 모르거나 이해하지 못했으며 당신의 몸과 정신 속에서 일어나는 단기적인 사건들과 장기적인 사건들을 거의 통제할 수 없었다. 아무도 당신에게 관심이 없는 듯이 보였고, 당신의 삶은 고립적이고 외로우며 예측 불가능해 보였다. 지금 당신은 매 순간 우연한 사건들에 둘러싸인 그런 사적인 삶이 정말 끔찍하고 무섭다고 느낀다.

어쨌든 오늘 아침은 모든 것이 좋다. 일어나자마자 당신은 침대 옆에 있는 기계가 당신의 체내 센서의 명령을 받아 끓인 커피를 마신다. 그 기계는 20세기 후반기의 자그마한 커피메이커의 먼 후손이다. 그 기계는 뿌리 깊은 관습이 된 먹고 마시는 일의 사회적 감성적 측면들이 새로운 기술과 어떻게 결합하는지를 보여주는 간단한 예이다. 자, 지금

주방에선 무슨 일이 벌어지고 있을까?

주방에 있는 모든 장치들의 목적은 요리이며, 구체적인 기능에 상관없이 모든 장치들이 가진 공통점은 '영리하다(smart)'는 점이다. 예컨대 당신의 냉장고는 우유를 비롯해서 당신이 정기적으로 사용하는 식품이 부족해진 것을 '안다'. 사실 냉장고는 당신이 각각의 식품을 얼마나 자주 사용하는지 알고, 암호화된 물품 인식표를 이용해서 슈퍼마켓에 주문을 하고, 당신의 계좌에서 자동으로 대금을 지불할 수 있다. 어떤 식품이 다 떨어져가면, 냉장고는 그 식품의 바코드를 읽어 주문을 하고, 주문된 품목은 집까지 배달된다. 만일 당신이 평소의 식습관을 벗어나 무언가 다른 것을 주문하려 한다면, 확고히 정착된 인터넷 쇼핑 외에도 다른 방법을 이용할 수 있다. 당신은 슈퍼마켓을 화상으로 연결하여 판매원이 당신 대신에 매장을 돌아다니면서 물건을 고르도록 지시할 수 있다. 당신은 판매원과 의논할 수 있고, 판매원은 식품의 원료나 조리법 등에 관한 정보를 제공할 것이다. 판매원은 당연히 가상 인물이다.

주방은 옛것과 새것이 가장 본질적으로 결합하는 장소이다. 음식은 과거의 형태를 완강히 고수한다. 20세기의 과학만화들이 자신 있게 예언했던 영양 알약이 있기는 하지만, 누가 그런 것을 먹으려 하겠는가? 기술은 모든 영양분을 한 개의 알약에 담을 수 있게 해주었지만, 음식을 요리하고 씹고 음미하고 삼킬 때 얻는 커다란 즐거움 때문에 고전적인 음식은 여전히 사라지지 않았다. 영양 알약은 지난 세기 후반의 패스트푸드처럼 신속한 영양 공급이 필요할 때 사용된다. 20세기 후반 이래로 패스트푸드 회사들은 과도한 지방과 소금의 섭취로 인한 비만, 당뇨, 심혈관질환의 발병에 책임이 있다는 이유로 많은 고소를 당했고,

그 결과 지금은 과자, 햄버거, 사탕 등이 마치 21세기 초의 담배처럼 쇠퇴했고 비난을 받는다. 오늘날의 영양 알약은 빠르고 저렴하고 편리하다. 그러나 생산자와 소비자 모두는 영양 알약이 최선의 영양분을 제공하는지를 매우 주의깊게 감시한다.

그래도 영양 알약은 '실제' 음식을 섭취할 시간이 없을 때만 사용될 뿐이다. 지난 몇십 년 동안 많은 것이 달라졌지만, 보람 있게 시간을 보내는 방법으로서의 요리는 사라지지 않았다. 하지만 요리 **방식**은 완전히 달라졌다. 물리적으로 고립되고 극도로 청결한 주거환경은 20세기보다 훨씬 더 확산된 알레르기와 감염에 대한 면역력을 약화시켰다. 모든 사람들은 미생물과 독소와 오염에 훨씬 더 민감해졌다. 주방의 모든 표면은 항균처리되어 있다. 음식은 철저한 위생수칙에 따라 준비된다. 당신은 먼저 주방에 있는 손씻기 전용 세면대에서 손을 깨끗이 씻어야 한다.

당신은 아침식사로 무엇을 요리할지 생각한다. 당신은 전자레인지만큼 혹은 그 이상으로 빠르게 요리하는 '순간 오븐'을 사용할 수 있다. 순간 오븐은 마이크로파와 열을 동시에 이용하여 음식을 전통적인 오븐과 유사하게 굽는다. 오븐의 문에 달린 스크린이 조리법을 보여주고, 자상한 음성이 당신을 안내한다. 오븐의 센서들도 냉장고와 마찬가지로 식품에 붙어 있는 인식표를 읽을 수 있다. 필요하다면 일류 요리사의 강의를 신청하여 복잡한 요리를 따라할 수도 있다. 요리사는 당신이 무엇을 어떻게 할지 설명할 뿐 아니라, 요리 과정에서 당신이 묻는 질문에 답하고 재미있는 비법을 일러준다. 당신이 더 많은 것을 알고 싶어하면, 요리사는 요리의 기원과 문화사와 영양학적인 특징에 대해 설명하고 어울리는 음식과 술을 제안한다.

마침내 요리가 완성되면, 칼로리와 지방 등의 함유량이 적힌 쪽지가 제공된다. 당신은 그 쪽지를 보고 완성된 요리가 당신의 개인적인 일일 영양 섭취 권장량에 적합한지 확인할 수 있다. 개인적인 권장량은 당신이 잠든 동안에 수집한 신체에 관한 자료를 토대로 매일 아침 산정된다. 계산에는 당신의 평소 에너지 소비량, 나이, 체중, 평소 영양 섭취량에 관한 정보가 동원되며, 밤사이에 발생한 체중과 체지방의 미세한 변화와 당신의 금일 예상 활동량에 관한 정보도 고려된다.

가끔 당신은 평소의 패턴을 벗어나서 영리한 냉장고가 예상하지 못한 완성 식품을 사먹기도 할 것이다. 당신은 배달을 시킨다. 음성 명령으로 작동하는 중앙 컴퓨터 시스템을 통해서 원하는 피자를 볼 수 있을 뿐 아니라 냄새를 맡고 맛을 볼 수도 있다. 먼 과거인 2002년에도 미숙하게나마 맛과 냄새를 '출력'하는 프린터가 있었다. 그 프린터는 카트리지에 담긴 수백 가지의 방향성 용액을 조합하여 수천 가지 냄새를 만들 수 있었다.

그런데 가정에서 만든 음식이든, 배달 음식이든, 혹은 영양 알약이든, 모든 음식의 재료는 유전학적으로 변형된 식품이다. 당신은 음식을 음미한다. 이것은 얼마 남지 않은 '실재적인' 경험 중 하나이다. 당신은 원자 규모의 물리적 세계와 상호작용하고, 당신의 물리적인 신체 안에서 오직 당신만의 감각적인 경험이 발생한다. 음식을 씹고 냄새 맡고 맛보고 삼키면서 당신은 비교적 짧은 시간에 유전자변형 식품에 대한 태도가 얼마나 많이 바뀌었는지 회상한다. 최초의 유전자변형 식품 속에는, 토마토 수프에 토마토가 들어 있듯이, 원료 유기체가 실제로 들어 있었다. 그러나 지금은 절반 이상의 유전자변형 식품이 정제된 추출물로 이루어져 있어서, 비(非)유전자변형 식품과의 구별이 사실상 불가능하다. 유전자변형 콩에서 레시틴(lecithin)과 여러 가지 기름을 추출하는 것이 그 예이다. 유전자변형 레시틴은 화학적으로 비유전자변형 레시틴과 동일하므로, 건강에 해롭다는 주장은 거의 설득력이 없다.

20세기 말의 문제는 식품에 포함된 물질의 순수성을 보장할 수 없었다는 점이다. 오늘날에도 첨가된 외래 물질이 인체나 이로운 미생물에 흡수되지 않는다는 것을 확인하기 위한 집중적인 검사가 필요하다. 유전자변형 식품은 여러 세대 전부터 해로운 결과를 가져오지 않는 문화의 일부가 되었고, 오늘날의 대중들은 더 관용적인 태도를 취하고 있다. 당시에 '개발도상국'이라 불리던 나라들을, 기술의 혜택에서 소외된 채 21세기 초의 성취에 검은 그늘을 드리우던 대다수의 인류를 먹여 살리는 데 다른 대안이 없다는 것을 인식한 이후 여론은 달라지기 시작했다. 당시의 유엔 통계에 따르면, 세계적으로 8억의 인구가 영양 부족에 시달리고 있었다. 유전자변형 식품을 비롯한 기아 퇴치 노력에 의해 비타민A 결핍으로 실명하는 아동의 수는 1억에서 0으로 감소했다. 가임 연령대에 있는 4억의 여성들은 출산 문제의 발생 확률을 증가시키는 철분 부족을 더 이상 겪지 않는다. 오늘날 쌀은 대부분 공업적인 과정을 통해서 베타카로틴(β-carotene)을 함유하도록 처리된다. 베타카로틴은 체내에서 철과 비타민A로 변환된다. 해충 역시 농민들이 직면했던 문제로, 전체 곡물의 7퍼센트가 폐기되어야 했다. 해충에 대한 저항력을 높인 유전자변형 작물이 재배되기 시작하면서 그런 손실은 사라졌고, 농민들은 치명적인 해충에 대한 훌륭한 대안을 얻었다.

그러나 유전자변형 식품의 전면적인 수용을 유도한 가장 큰 동인은 아주 단순하게도 개인적인 이득이었다. 흥미롭게도 오늘날 그 이득은 건강이나 영양과 전혀 상관이 없다. 과거의 흐릿한 안개와 그늘에 덮이지 않은 지금의 세계를 보라. 당신은 벽과 창문에 나타나는 밝고 강렬한 인공적인 색을 접하면서 많은 시간을 보내기 때문에, 변형되지 않은 당근과 시금치와 토마토의 흐릿한 색을 보면 식욕이 일지 않는다. 오늘날 식품은 감각이 직접적으로 자극되는 경험을, 그 드물고 값진 경험을 제공하는 주요 원천이다. 생산자들은 감각을 자극하는 비본질적인 특징들을 유전학적으로 개량하여 소비자를 더 만족시킬 수 있다는 사실을 깨달았다.

이미 오래 전부터 식품의 맛은 유전학적인 처리를 통해 훨씬 더 강화되고 있다. 어떤 식품이든 다른 식품의 맛을 내도록 만들 수 있다. 이 가능성은 매우 큰 잠재력을 가지고 있다. 예를 들어 '실제' 초콜릿은 높은 생산비와 과도한 설탕 함유량 때문에 권장할 만한 식품이 될 수 없다는 점을 생각해보라. 식품의 색도 훨씬 더 규격화되고 생생해졌다. 색뿐만 아니라 모양도 더 좋아졌다. 또한 다양한 모양과 크기로 변형된 식품도 등장했다. 유전공학 그리고 물질을 이루는 원자들을 정밀하게 조작하는 기술(나노기술) 덕분에 당신은 주사위 모양의 야채나 기하학적 도형 모양의 고기를 구할 수 있다. 따라서 식품을 냉장고에 집어넣기가 더 쉬워졌다. 또한 모든 식품의 정해진 자리에 일관되게 인식표가 붙어 있기 때문에 냉장고는 소비량과 잔여량을 쉽게 점검할 수 있다.

유전자변형 식품의 또 다른 장점은 생명공학적인 과정에 의해서 요리하기 쉽게 처리되어 있다는 점이다. 예를 들어 현재의 곡물들은 마이크로파를 받으면 방출되는 액체를 내부에 포함하고 있다. 지저분하게 흘러내리는 소스도 과거의 유물이다. 오늘날의 소스는 식품에 이미 들어 있고, 손가락이나 포크로 문지르면 비로소 액체 상태가 된다. 더 나아가 비타민, 무기질, 불포화지방 등이 강화되지 않은 식품은 거의 찾아볼 수 없다. 건강식품 산업은 과거 어느 때보다 번창하고 있다. 감자는 변비 치료 효과를 가지도록 처리되며, 새로 개발된 자주색 오이는 비타민A를 캔털루프 멜론만큼 많이 가지고 있다. 새로운 당근은 밤눈을 밝게 하는 베타카로틴을 풍부하게 함유하고 있기 때문에 적갈색을 띤다. 또한 샐러드 소스는 콜레스테롤 수치를 낮추는 효과를 발휘한다. 당신은 당신의 입맛과 건강 상태에 맞게 가공된 식품을 주문할 수 있다. 당신의 개인적인 의학적 정보는 지속적으로 개량되는 식품가공 프로그램에 입력되고, 그 프로그램은 당신이 필요로 하는 영양소를 식품에 첨가한다. 당신은 요즘 모든 사람들이 그렇듯이, 사이버 세상에 지친 감각을 강력하게 자극하는 기발한 식품을 만드는 데 쓰이는 유전공학과, 당신의 몸에 유전학적인 수준에서 직접 개입하여 건강 상태를 최적화하는 데 쓰이는 유전공학을 쉽게 구분하지 못한다. 뿐만 아니라 현재 압도적으로 많이 채택되는 의학적 전략은 질병의 치료가 아니라 예방이라는 사실을 모든 사람이 알고 있다.

오늘날 유전자 치료(gene therapy)는 흔히 볼 수 있는 치료법이 되었다. 질병과 관련된 비정상적인 혹은 변이된 유전자는 이상적일 경우 해로운 잠재력을 발휘하기 전에 수리된다. 암과 관련된 주요 유전자들이 식별되었고, 암세포의 성장을 억제하고 차단하는 다양한 방법이 개발되었다. 유전자를 직접 조작하는 방법 외에 유전자의 최종 산물을 조작하는 다양한 방법이 있다. 새로운 유형의 모노클로널(monoclonal) 치료법은 자연적으로 생성되는 면역항체보다 더 강력하게 암세포를 공격하는 것으로 판명되었다. 뿐만 아니라 종양에 공급되는 혈액을 차단하는 혈관생성억제제가 개발되었으며, 매우 다양한 백신들도 있다.

지금은 모든 사람이 담배, 음식, 독소, 에스트로겐, 방사능 등의 다양한 요인이 암을 유발한다는 사실을 인정한다. 그러므로 생활양식은 이런 요인들을 감소시키는 방향으로 크게 변화했다. 21세기 초에 전체 암의 70~90퍼센트는 환경과 생활양식에 의해 유발되는 것으로 추정되었다. 오늘날 암에 대한 공포는 지나간 과거의 일이 되었다. 2020년경에 이미 암을 유발하거나 막는 모든 유전자에 관한 완벽한 정보가 확보되었다.

자연과 20세기 이전의 인류사에서는 드물었던 노령인구가 지금은 표준이라 할 만큼 흔해졌다. 암 같은 내적인 질환과 바이러스에 의한 외적인 질환을 예방하는 기술 덕분에 노년의 삶은 안락해졌다. 노화의 주원인은 지난 세기에 밝혀졌다. 그것은 '활성기(free radical)'라는 총칭으로 불리며 인체 세포들의 연약한 막을 파괴하는 공격적인 분자들이다. 그 작은 분자들은 최외곽전자가 한 개뿐이라는 점에서만 일반적인 분자와 다르다. 원래는 해가 없는 화합물이 전자를 잃고 활성기가 되면 세포의 구조를 이루는 분자들과 매우 강력하게 반응하게 된다. 활성기와 세포 구성 분자들의 반응은 많은 해로운 결과를 낳는데, 구두끈의 끝이 풀리는 것을 작은 플라스틱 덮개가 막듯이 염색체의 끝을 보호하는 텔로미어(telomere)가 손상되는 것도 그중 하나이다. 유명한 복제양 돌리의 텔로미어가 나이에 비해 짧다는—복제에 사용된 원래 양의 나이에 더 맞는 길이라는—사실이 발견된 이후 사람들은 복제에 대해 더 신중해지기 시작했다. 텔로미어의 길이와 물리적인 나이의 관계에 관한 논쟁은 21세기에도 계속되었다. 그러나 텔로미어의 때 이른 손상과 관련해서 새로운 대응 전략이 발견되었다. 그 전략은 텔로메라제(telomerase)라는 효소의 이용이다. 텔로메라제는 일반적으로 정자와 난자('생식세포') 속에만 있다. 이 효소는 생식세포의 텔로미어가 다른 모든 체세포의 텔로미어처럼 손상되지 않고 길이를 유지하도록 해준다. 만일 텔로메라제가 체세포에서도 그런 작용을 한다면, 체세포 역시 훨씬 더 양호하고 긴 텔로미어를 가질 수 있을 것이다. 그런 텔로미어는 염색체의 풀림을 막을 것이고, 세포는 더 오래 생존할 것이다. 따라서 그런 세포로 이루어진 개체는 더 장수할 것이다.

오늘날 통용되는 또 다른 치료법은 줄기세포를 이용한다. 이 치료법은 21세기 초에 개척되었다. 줄기세포는 발생의 초기 단계에 있는 세포로서 환경에 따른 적응력이 탁월하다. 줄기세포는 뉴런들 사이에 놓이면 뉴런이 되고, 심장 조직과 함께 성장하면 심장세포가 된다. 줄기세포의 가변성을 이용하여 신체 조직이나 장기를 생산하고 손상된 조직과 장기를 대체하는 기술의 가능성은 이미 20세기 말에 제기되었다. 당시에 직면한 유일한 기술적 문제는 자유로운 세포분열이 이식 후에도 계속되면 이식을 받은 조직에 암이 발생할 가능성이 높아진다는 점이었다. 그러나 오늘날 줄기세포는 체온보다 높은 온도(섭씨 약 40도)에서만 분열하도록 처리된다. 그러므로 줄기세포가 37도의 새로운 환경에 들어가면 분열은 중단된다. 인체를 조작하는 것과 관련된 윤리적 논쟁들은 유전자변형 식품에 대한 논란과 마찬가지로 명백한 이득이 확인된 이후 급속도로 사라졌다.

21세기 의학의 또 다른 주춧돌은 나노기술이다. 초소형 장치들이 당신의 몸속을 순찰하며 예상되는 문제를 미리 경고하고 정확한 장소에 정확한 양의 약물을 투여한다. 이 새로운 치료법은 전통적인 의술의 발전과 건강에 더 이로운 생활양식과 더불어 평균 수명의 연장에 기여했다. 천 년 전에는 인간의 평균 수명이 25세에 불과했다. 그러나 2002년에 영국 남성과 여성의 평균 수명은 75세 이상이 되었으며, 그해에 태어난 여성이 150세까지 생존할 확률은 40퍼센트가 되었다. 2050년에 전 세계의 60세 이상 인구는 20억으로 전체 인구의 3분의 1 이상을 차지했다. 이와 같이 긴 수명이 표준이 되면서 지난 수십 년 동안 많은 일이 일어났다.

오늘날 모든 사람들은 노화가 특별한 질병이 아니라 신체 기능을 떠받치는 많은 과정들이 보편적으로 약화되는 현상이라는 것을 안다. 사람들이 가장 두려워하는 것은 여전히 활력의 감소와 지능의 퇴화이다. 오늘날의 과학은 단순히 생명의 연장만을 약속하는 것이 아니라, 활동적인 삶의 실질적인 연장을 약속한다. 지금까지 오랜 세월에 걸쳐 사람들은 노인의 정신적 능력을 성장하는 젊은이의 뇌와 비교하는 것이 부적절하다는 사실을 깨달았다.

젊은이는 '액체성(fluid)' 지능을 가지고 있다. 젊은이의 주된 능력은 적응력이다. 그들은 빠르고 민첩하게 배운다. 그러나 우리 모두가 알듯이, 나이를 먹으면 적응력이 감소하는 것으로 보인다. 젊은이와 노인이 어떤 일을 배우는 속도를 비교하면, 틀림없이 노인이 뒤처질 것이다. 그러나 '결정성(crystalline)' 지능이라는 또 다른 유형의 정신적인 힘이 있다. 그 지능은 과거의 경험을 되새겨 현재 상황을 해석하고 평가하는 일을 한다. 말할 것도 없이 노인들은 축적된 경험과 지식이 필요한 과제에서 젊은이들을 능가한다. 아마도 이 때문에, 또한 뇌가 요구하는 화합물의 공급 결핍과 염색체 손상 때문에 노인은 '액체성' 지능을 가지기 어려운 것으로 보인다. 노인들은 기존의 가치관이나 권위에 의해 걸러지지 않은 새로운 사실이나 방법을 수용하는 데 거부감을 가질 수 있다. 그러나 요즘의 큰 문제는 결정성 지능의 필요성이 매우 작아 보인다는 점이다. 더 이상 사실들을 배울 필요가 없고, '지혜로운' 평가를 요구하는 예기치 못한 사건들도 없다…… 뇌는 쌍방향 정보기술이 주는 자극 덕분에 기민함을 유지할 수 있다. 그 결과 사람들은 액체성 지능을 더 오래 유지한다.

당신은 갓 만든 음식을 보면서 과연 배가 고픈지 묻는다. 유전자 검사를 통해서 암에 걸릴 위험이 없음을 알았다 하더라도, 당신은 그에 만족하지 않고 최대한 오래 살기를 열망할 것이 분명하다. 백여 년 전에 예일 대학의 영약학자 토머스 오스본과 라파예트 멘델은 절제된 식생활이 쥐의 수명에 미치는 영향에 관한 연구를 발표했다. 그들은 정상적인 양의 50~60퍼센트만 먹은 쥐들이 더 오래 산다는 것을 발견했다. 뒤이은 실험들이 그 발견을 입증했고, 수명 연장 효과가 특정한 독소의 흡수가 억제되었기 때문이거나 성장 속도가 느려졌기 때문이 아님을 밝혀냈다. 계속된 세심한 연구에 의해서 식사량을 줄인 쥐들이 더 오래 산 것은 체지방의 감소나 대사작용의 감소 때문도 아니라는 사실이 밝혀졌다. 식사량 절제의 긍정적 효과는 노화 속도 감소에 있는 것이 아니라 생명 보호에 있는 것처럼 보였다.

이제는 확고히 정립된 이 현상은 공식적으로는 설치류에 대한 실험에서 입증되었지만, 여러 일화들은 인체에서도 동일한 과정이 일어남을 시사한다. 최초의 증거는 일본의 오키나와 섬이었다. 오키나와 섬에는 100세 이상 노인이 일본 평균보다 훨씬 더 많았고, 암과 심장질환에 의한 사망률은 3분의 2 수준이었다. 흥미롭게도 오키나와 주민의 식사량은 전국 평균보다 20퍼센트나 적었다. 식사 내용은 동일했고 양만 달랐다. 왜 적게 먹으면 수명이 연장되는 것일까?

21세기 초 이래로 과학자들은 적게 먹으면 항산화 기능을 가진 주요 효소들(카탈라제catalase와 슈퍼옥사이드 디스뮤타제superoxide dismutase)이 정상치의 3~4배로 증가하기 때문에 수명이 연장된다고 주장해왔다. 이 효소들은 DNA를 공격하는 활성기들을 중화한다. 그러나 적은 식사가 활성기의 감소를 의미한다는 좋은 소식과 함께, 식사 억제를 통한 노화와 퇴보 방지가 최소한 쥐의 경우에는 성욕 상실을 동반한다는 나쁜 소식도 알려졌다. 당신은 장수의 대가로 금욕생활을 하는 것이 과연 합당한 일인지 곰곰이 생각한다. 결국 당신은 유전자 정보와 초기 진단법과 최선의 생활양식 등을 결합하면 적게 먹지 않아도 수명을 최대로 연장할 수 있다는 나름대로의 결론을 내린다. 그리하여 당신은 음식을 더 많이 만들고, 칼로리를 가능한 한도까지 실컷 섭취한다……

식사가 끝나면 영리한 쓰레기 처리 시스템이 쓰레기를 유기물과 무기물과 재활용품 등으로 분류할 것이다. 그 시스템은 쓰레기의 부피를 줄이고 냄새를 제거할 것이다. 침실에서 이루어지는 것과 유사한 수준의 위생 처리와 건강 점검이 욕실에서도 이루어진다. 당신의 체중계는 수십 년 전의 제품과 마찬가지로 체중과 체지방량을 표시한다. 그러나 오늘날의 제품은 심장박동수, 혈압, 콜레스테롤 수치, 면역체계의 상태도 표시한다. 당신이 거울을 보며 하품을 하면, 거울에 있는 영리한 센서들이 동공, 혀의 표면, 치아의 문제를 탐지한다. 매사추세츠 공과대학 컴퓨터과학 연구소의 소장 마이클 더투조아는 세면대에 있는 센서들이 당신이 씹던 검에 묻은 핏자국을 탐지하고, "이런 추세로 가면, 당신이 12~15개월 후에 잇몸 질환에 걸릴 확률이 50퍼센트, 55세 전에 전체 치아의 절반을 잃을 확률이 50퍼센트입니다"라는 음성 경고를 내보낼 것이라는, 예지력이 빛나는 예언을 했다.

당신이 배변을 할 때, 당신의 정체는 엉덩이의 모양을 통해서 확인된다. 변기에 있는 센서가 이른 아침의 소변을 검사하여 당뇨병 징후가 없는지 확인한다. 대변도 검사되어 대장암이나 결장암 혹은 기타 질병의 징후가 확인된다. 또한 별다른 이상 징후는 없지만 배설물의 생화학적인 조성이 부적절할 경우, 변기 속의 영리한 시스템은 당신이 식생활을 어떻게 교정해야 할지에 대해 음성으로 조언할 것이다.

요즘은 모든 사람들이 매일 이루어지는 소변 검사가 미세한 암세포를 탐지할 수 있을 정도로 정밀하다고 신뢰한다. 그런 초기 진단과 유전자 검사의 장점을 살린 치료는 매우 효과적이고 강력하다. 모든 사람들은 약물유전학에 익숙하다. 당신의 개인적인 유전자 정보를 담고 있는 바이오칩은 당신에게 적합한 약물 처방을 가능케 한다. 당신의 병력과 치료 기록과 유전학적 위험요소를 고려하는 소프트웨어에 의해 계산된 당신만을 위한 적절한 치료 덕분에 부작용은 최소화된다.

21세기 초의 계몽되지 않은 대중들과 달리 당신은 위험 개념에 익숙하고, 더 나아가 우리가 사는 사회 속에서 모든 사람이 각자 어떤 위험에 처해 있음을 안다. 그러나 당신은 위험을 개인적으로 감수하지 않는다. 당신은 자신이 매우 불안정한 미래를 홀로 감당해야 하는 고립적인 존재가 아니라고 믿는다. 당신은 집단적인 지식을 항상 이용하고, 잠재적인 질병에 대한 초기 경보에 항상 주의를 기울인다. 그러므로 당신에게 질병은 엄습하는 위협이나 인생을 좌우하는 전환점이 아니다. 모든 것은 시스템에 의해 관리된다. 당신은 걱정할 필요가 없다.

이식수술, 장기 배양, 유전공학, 스트레스 완화, 예방의학, 발전된 진단장비와 약물유전학 등을 발판으로 해서 이 세기에 이루어진 놀라운 진보를 생각하면, 오늘날의 약물은 주로 질병 치료에 쓰이는 것이 아니라 생활양식의 정교한 조율에 쓰인다는 사실은 그다지 놀라운 일이 아니다. 지금은 성기능과 지능을 향상시키는 효과가 있는 약이 있을 뿐 아니라, 충분히 먹으면서 살을 뺄 수 있게 해주는 약도 있고, 심지어 수줍음이나 우울함을 물리치는 약과 대머리, 알코올 의존증, 강박장애를

'치료'하는 약도 있다……

그러나 이 약들에 대한 반응은 처음 개발되었을 때처럼 열광적이지 않다. 한 가지 이유는 그 약들이 특정한 문제만을 공략하지 않고 불가피하게 여러 부수 효과를 일으키기 때문이다. 또한 아마도 더 중요한 두번째 이유는 그런 '치료'가 더 이상 절박하게 필요하지 않기 때문이다. 당신의 많은 특징들은 당신이 태어나기 전에 유전학적인 검사와 교정을 통해 결정된다. 20세기 말의 거의 모든 선진국 남성들이 모든 치아를 평생 유지하리라 기대할 수 있었던 것처럼, 오늘날의 남성들은 풍부한 머리카락을 평생 유지한다. 대머리는 과거 한때 연륜의 상징으로 칭송되던 틀니와 마찬가지로 지나간 시대의 진기한 풍경이 되었다. 한편 제어하기가 더 어려운 심리적인 특징들은 환경을 적절히 구성함으로써 효과적으로 조절할 수 있다.

당신의 감정은, 뇌와 몸의 복잡한 생화학적 기제에 무차별적으로 작용하며 잠재적 위험성을 가진 약물을 이용하는 것보다 훨씬 더 정교하고 정확하게 제어될 수 있다. 정신은 뇌 속의 미묘한 화학적 균형을 깨뜨리는 약물에 의해서보다 영리한 소프트웨어에 의해서 더 효과적으로 조절된다. 약리학을 밀어낸 정교한 정보기술은 우리의 정신 상태를 자유자재로 변화시키고 있다.

사실 정보기술은 치료약을 추방했을 뿐 아니라 대부분의 의사들이 설 자리를 빼앗았다. 의료 직업은 여전히 존재하지만, 많은 사람들은 그 직업이 20세기 초의 대장장이처럼 사양길로 접어들었다고 판단한다. 의사의 몰락은 새로운 기술과 치료법과 질병이 봇물처럼 쏟아지면서 비롯된 정보 과잉에서 시작되었다. 2000년대 초에 의사가 일상적인 진료를 위해 알아야 하는 의학 정보는 5년마다 갱신되고 있었다. 그후 그 갱신 기간이 점점 짧아지면서 질병에 관한 정보를 수시로 내려받아 환자에게 적용하는 것이 의사들 사이에서 상식이 되어갔다. 사이버 세계는 이미 진단과 치료 모두에서 더 정확하고 빠른 대안을 제공하고 있었던 것이다. 오늘날 당신은 욕실 벽에 설치한 종합 가정의료 소프트웨어에 접속하기만 하면 모든 질병과 증상에 관한 공인된 심층적인 설명을 들을 수 있다. 그밖에도 전자장치를 이용하여 토론을 하는 모임과 희귀 질환의 자가치료를 위한 소모임이 있고, 컴퓨터로 연결되어 항상 곁에 있는 것과 마찬가지인 병원들도 있다. 심지어 응급환자의 진료도 종종 가정이나 소규모 의원에서 연결망을 통해 전문의와 직접 연결된 수련의에 의해 이루어진다.

하지만 지금은 질병에 대한 관심조차도 거의 사라진 상태이다. 건강검진 시스템으로부터 이상이 없다는 명쾌한 소견서를 받아 든 당신은 벌써 오늘 입을 옷을 고르고 있다. 의류회사 I-웨어(I-Wear, Interactive Wear)는 미래의 옷에 대한 심사숙고를 거쳐 이미 오래 전에 기본 전략을 수립했다. 전통적으로 옷은 세 가지 기능을 했다는 것이 I-웨어의 생각이다. 첫째, 옷은 신체와 체온과 품위를 지키는 보호막 역할을 했다. 옷의 두번째 기능은 의사소통이었다. 심지어 중세에도 옷의 상태와 재료와 색깔은 옷을 입은 사람이 봉건적인 위계 속에서 차지하는 지위를 나타냈다(농노는 밝은 색의 옷을 입지 못했다). 몇백 년 후의 구식 교복 넥타이는 옷이 메시지를 전달한다는 것을 보여주는 확실한 사례였다. 사회가 더 관용적으로 변한 20세기에 옷은 매우 다양한 방식으로 태도와 기분과 관계를 표현하게 되었다. 한편 항상 중요했던 옷의 세번째 기능은 특수한 목적에 종사하는 것이었다. 단검을 차기 위한 허리띠, 지퍼가 달린 주머니, 전대 등을 예로 들 수 있다.

그러나 최근에 들어서면서 당신은 많은 옷을 입을 필요를 느끼지 않게 되었다. 왜냐하면 모든 옷이 영리한 중합체로 되어 있어서 필요에 따라 변형시킬 수 있기 때문이다. 당신은 가지고 있는 재료를 원하는 모양과 감촉과 색으로 변형시키는 최신 소프트웨어만 구입하면 된다. 이제 당신은 어떤 옷이라도 당신의 기분과 몸매와 유행과 상황에 맞게 변형시킬 수 있다. 당신이 모든 요구사항을 입력하면, 시스템이 추천하는 옷이 스크린에 나타난다. 이제 당신이 '오케이'라고 말하면, 화면은 3차원 영상으로 바뀐다.

옷 속에 있는 센서들이 맥박과 땀을 통해서 끊임없이 당신의 기분을 확인한다. 확인된 사항은 당신이 개인적인 정보기술 시스템으로부터 정보를 받는 방식을 결정하는 데 이용된다. 예를 들어 당신이 긴장하고 있다면, 신속한 정보 전달이 이완과 안정에 도움을 준다. 반대로 당신이 이미 이완되어 있다면, 신속한 정보 전달은 큰 스트레스를 줄 수 있다. 이렇게 당신의 몸과 정신을 매순간 관리하는 피드백 제어는 여러 세대에 걸쳐 발전된 e-자수 기술에 의해 가능해졌다. 이 기술은 옷감 속에 전도성 섬유를 집어넣는 것으로 2002년에 처음 개발되었다. 전도성 섬유는 그때나 지금이나 정보와 전력의 통로 역할을 한다.

당신의 선조들이 소지하고 다녔던 것들 중 많은 부분, 예를 들어 휴대전화와 서류는 옷에 통합되었다. 당신은 당신의 위치와 최선의 이동경로를 차고 있는 시계에 간단히 묻고 음성으로 대답을 들을 수 있다. 열쇠도 필요 없는 물건이 되었다. 왜냐하면 홍채 인식 장치와 음성 인식 장치가 문을 열어주기 때문이다. 당신은 음성이나 홍채나 지문으로 문을 작동시킨다. 그것은 어떤 침입자도 흉내낼 수 없는 일이다. 그러는 중에도 당신의 건강은 끊임없이 점검된다. 티셔츠 속의 심장 관찰

장치는 쉬지 않고 관찰 결과를 산출한다. 옷감은 악취를 차단하고, 구애, 아이들과의 놀이, 친구와의 만남, 일 등의 다양한 맥락에 맞는 향기를 발산한다. 더 나아가 당신의 옷을 이루는 모든 옷감은 호르몬이나 혈당의 이상에 즉각 대처하여 내장된 약을 투입한다.

당신의 체온과 체수분량이 요동하면 옷에 있는 피드백 제어장치도 함께 요동한다. 그 제어장치는 실내온도에서부터 옷의 색깔까지 당신이 선택하는 모든 것에 영향을 미친다. 특히 신발은 발을 보호하는 기능에만 머무는 것이 아니라 에너지원의 기능도 한다. 인체는 매순간 약 80와트의 이용 가능한 에너지를 생산하는데, 그중 1와트는 발에서 생산된다. 신발 바닥에 있는 변환기는 발을 디딜 때마다 발생하는 에너지를 근육의 피로를 푸는 데 재활용한다. 당신이 원한다면, 그 에너지를 옷과 장신구에 내장된 '보이지 않는' 컴퓨터들을 작동하는 데 쓸 수도 있다. 매사추세츠 공과대학 미디어 연구소의 닐 거센펠드는 이력서를 전기신호로 바꾸어 신발에 저장했다가 타인과 인사할 때 손으로 전송할 수 있을 것이라고 말한 바 있는데, 그 예언은 실현되었다. 땀이 나는 손은 전기를 전도하므로 악수를 통해서 전자이력서를 교환할 수 있다. 서로 명함을 건네던 관례가 그렇게 현대화된 것이다.

노동으로 인해 곧 구겨지고 더러워지던 지난 세기의 옷과 달리 당신의 옷은 항상 새옷처럼 깨끗하다. 오늘날의 옷은 모두 주름방지 옷감으로 되어 있으며 자기정화력을 가지고 있다. 세탁소는 진정 과거의 유물이 되었다. 옷감을 이루는 모든 섬유 각각에 주입된 박테리아가 오물을 먹어치우기 때문에 옷이 자기정화력을 가질 수 있는 것이다. 또한 당신의 옷은 당신의 몸에 완벽하게 맞는다. 사이버 쇼핑을 할 때 신체 치수를 입력하면 가상적인 옷을 미리 입어볼 수 있기 때문이다.

옷의 의사소통 기능은 이제 자동화되었으며 아무것도 우연에 맡기지 않는다. 당신은 많은 시간을 집에서 가상적인 만남을 갖는 데 쓴다. 그러므로 사업상의 만남이 있을 경우, 의류 선택 소프트웨어에 의뢰하여 선정한 의상을 입은 모습으로 당신의 영상을 전송하는 실용적인 방법을 쓸 수 있다. 그렇게 당신은 상황에 맞는 최선의 복장을 갖출 수 있다. 임의의 만남과 관련된 문화적인 요구사항들 역시 인류학자들과 심리학자들이 개발한 프로그램 속에 들어 있다. 더 나아가 당신이 만나는 사람들의 나이, 성별, 국적, 위치, 계절과 시간 등의 항목도 모두 당신의 가상적인 외모를 결정하는 데 영향을 미친다. 최근에 나온 발전된 소프트웨어는 당신이 만남을 완벽하게 준비하고 최선의 결과를 얻기 위해 당신의 성별이나 나이나 국적을 바꾸는 것을 허용한다.

사람들이 가상 모임에 어떤 모습으로 참석할지 어렵지 않게 예측할 수 있다. 모든 사람이 유사한 소프트웨어를 가지고 있기 때문에, 회색 정장을 입고 지적인 어휘와 어조를 구사하는 중년의 백인 남성의 모습으로 모임에 참석하는 것이 보편적인 규범처럼 되어버렸다. 그러므로 당신은 적어도 사업과 관련해서는 그런 개성 말살 풍토에 보조를 맞출 수밖에 없다. 당신은 이 최신 시스템이 사업에 악영향을 미칠 수 있는 개인적인 특징들을 은폐하는 수단이라고 느낀다. 이 시스템을 통해서 어떤 이득을 얻을 수 있을까? 인류의 편견에 기반을 둔 예절을 완벽하게 지킨다는 것 외에 다른 이득은 없을 것이다.

그러나 당신은 점차 당신 자신이 누구인지에 대해서 곰곰이 생각하게 될 것이다. 모든 성취와 대화와 교류는 인종과 나이와 성별을 세탁한 가상적인 자아에 의해 점점 더 많이 주도되고 있다. 당신의 실제 자아에서 남아 있는 부분은 정녕 무엇일까? 그러나 위험을 경고하거나 개성에 대한 질문을 던지는 사람은 아무도 없는 듯하다. 더구나 그런 표준화 추세는 이제 사업상의 모임을 넘어 가상적인 저녁식사 모임 같은 사교적인 만남에도 스며들고 있다. 머지않아 당신의 자녀들과 손자들은 여러 개의 사이버 인격을 가지고 완전히 가상적인 삶을 살게 될지도 모른다.

공간이나 시간의 제약을 느끼는 사람은 아무도 없다. 과학은 세상을 당신 앞에 놓인 스크린으로 옮겨놓았다. 당신의 사이버 공간 속에서의 이동을, 혹은 심지어 과거의 특정 시점으로의 이동을 막는 장벽은 존재하지 않는다. 당신이 살아가는 동안 모든 것이 실시간으로 녹화되므로, 부분가상현실이나 절대적인 가상현실 시스템을 통해서 임의의 과거 시점을 빛과 소리와 색을 완벽하게 갖춘 상태로, 또한 당신이 평소에 느끼는 현장감으로 재생할 수 있다. 그러므로 이제 과거와 현재를 구분하는 것은 불가능하다. 시간의 경과는 무의미한 개념이 된 듯하다.

그리하여 매우 가변적이고 불완전하고 사라지기 쉬운 기억을 탓하면서 사진과 가정용 비디오로부터 작은 도움을 받으며 살았던 이전 세대들의 삶은 오히려 진행선이 분명했지만, 당신의 삶의 진행선은 더 이상 명료하지 않다. 당신은 타인의 삶을 재생할 수도 있다. 과거의 사람들이 지난 세월에 대한 향수를 달래려 옛날 영화를 보았던 것처럼, 당신은 당신을 다른 시점으로 완벽하게 옮겨주는 소프트웨어에 접속한다.

만일 당신이 특별히 강력한 연결을 통해서 과거를 마치 현재처럼 경험하길 원한다면, 이미 죽은 사람과 이메일을 교환할 수 있다. 왜냐하면 고도로 발전된 소프트웨어는 죽은 사람의 과거 행동을 토대로 해서 그의 관심과 반응을 구성할 수 있기 때문이다. 이 정도보다 더한 일도 가능하다. 죽은 사람의 반응을 시뮬레이션할 수 있을 만큼 좋은 소프트웨어가 개발된 후 곧바로 처음부터 허구를 만드는 것을 목적으로 한 소프트웨어들이 등장했다. 당신은 가상적인 존재를 가족으로 둘 수 있다. 그 존재의 나이, 성별, 성적 취향 그리고 그런 존재의 수를 당신이 원하는 대로 조절할 수 있다. 그 존재들은 오늘 일이 힘들었는지 당신에게 묻고, 당신과 함께 식탁에 앉고, 심지어 촉각 센서 덕분에 당신과 포옹하고 입을 맞출 수도 있다.

이미 20세기 말에 인터넷은 구애의 방법을 변화시켰다. 심각한 관계보다 재미를 우선시하는 이메일 구애는 지금도 인기가 높다. 재미는 오늘날 일용할 양식이다. 맥박이 달라지고 심장의 운동이 활발해지는 것을 느끼는 것 외에는 달리 할 만한 실재적인 일이 없는 사람들에게 재미는 거의 신성한 양식이라고 할 수 있다. 가상 구애를 위한 원시적인 장치의 하나로 맘잠(Mamjam)이라는 문자 메시지 서비스가 있었다. 그 서비스는 한 번도 만난 적이 없는 사람들을 각자의 취향에 맞게 연결해 준다. 사이버 맞선도 여전히 번창하고 있다. 당신은 내장된 보이지 않는 휴대전화를 이용하여 소개서를 가상 게시판에 올린다. 휴대전화의 작은 스크린에 맞게 작성된 그런 소개서들은 고유한 어법과 규칙과 위험성을 가진 새로운 가상 연애를 탄생시켰다. 이런 가상적인 생활양식이 처음 등장했을 때, 즉각적으로 일본에서만 1만 개의 짝짓기 사이트가 문을 열었다. 어떤 사이트는 60만 명의 회원과 5분당 3천 건의 성사회수를 자랑했다. 당연히 지금은 모든 사이트의 회원수가 더 증가했다.

현실세계의 삶으로 회귀하는 문화 역시 유지되고 있다. 사람들은 실재적인 삶을 여전히 소중히 여긴다. 다만 그런 삶이 진기한 경험이 되었다는 것이 달라진 점이다. 실재적인 삶은 20세기에 전기와 수도 없이 야영을 하던 것과 유사한 일종의 취미생활이 되었다. 먼저 당신은 '자연실'로 들어가서 옷과 내장된 정보기술 장치들을 모두 벗어야 한다. 그리고 당신은 기능과 형태와 색이 고정된 딱딱한 의자에 앉는다. 미리 약속을 하지 않았다면, 당신은 누군가 '자연적' 욕구를 느껴 방에 들어올 때까지 혼자 기다려야 한다. 다음 단계는 직접 대면하고 실시간으로 행하는 대화이다. 당신의 세대는 그런 대화가 매우 비생산적이라고 느낀다. 정보를 신속하게 얻을 수 없는데다가 이미 기억력이 거의 필요 없는 생활에 길들여져 있기 때문에 대화는 빈약할 수밖에 없다. 자신의 고립된 뇌만 이용해서 무슨 얘기를 하겠는가? 또한 그럴듯한 화제를 구할 수 있다 하더라도, 그런 무질서하고 느리고 변덕스러운 대화가 무슨 의미가 있겠는가? 상대방은 당신에게 무슨 말을 할 것이며, 당신은 무슨 이유로 그 말에 관심을 기울이겠는가? 그런 대화는 너무 고독하고 느리고, 자율성을 너무 많이 요구한다. 그러나 당신의 조부모는 적어도 가끔은 그런 원시적인 활동을 즐기는 듯하다……

한편 당신의 취향에 훨씬 더 잘 맞는 현대적인 시간 보내기 방법들이 많이 있다. 벽에 내장되어 집 주위에서 움직이는 모든 사람을 감시하는 홍채 인식 장치를 포함한 보안 시스템 덕분에 당신은 친구와 가족과 방문자가 어디에 있는지 살피면서 시간을 보낼 수 있다. 그들 역시 당신을 감시할 수 있다. 또한 하루를 마감할 때 당신은 배우자와 자녀가 당신이 없는 동안 어디에서 누구를 만났는지에 관한 기록을 꼼꼼히 검토할 수 있다. 물론 당신은 보안 시스템을 꺼놓을 수 있다. 그러나 그럴 이유가 떠오르지 않는다. 어쨌든 당신은 너무도 당연하다는 듯이 침입자에 대한 걱정을 잊고 살아간다.

소설 『1984년』 속의 빅브라더(Big Brother)와 2000년에 유럽에서 방영된 〈빅브라더〉라는 제목의 텔레비전 프로그램은 미래의 모습을 옳게 예견했다고 할 수 있다. 그러나 그 모습과 현재의 실상이 완전히 일치하는 것은 아니다. 조지 오웰의 소설 속 시민들과 〈빅브라더〉에 자발적으로 출연한 젊은이들은 무력하게 감시를 당했다. 그들은 같은 처지의 사람들과 집단을 이룬 채 분리된 외부의 관찰자에 의해 감시되었다. 이와 대조적으로 당신의 집에 설치된 감시 장치는 쌍방향으로 작동한다. 모든 사람이 모든 사람을 감시한다. 당신 주위의 모든 사람이 당신의 활동을 속속들이 안다는 사실을 당신은 자연스럽게 받아들인다. 사실상 타인의 하루 생활기록을 보는 일이나 친구와 가족을 실시간으로 지켜보는 일은 취미생활의 큰 부분을 차지하기 시작했다.

이런 감시 놀이가 극단적으로 발전하여 결국 서로를 감시하는 모습을 서로 감시하는 일까지 벌어지기도 한다. 21세기 초의 사람들 중에는 그런 상황을 연출하는 자들이 지극히 멍청하다고 생각하는 사람도 있을 것이다. 그러나 1930년대의 가정주부에게 2000년의 텔레비전 프로그램 〈빅브라더〉의 성공담을 들려주면 어떤 반응이 나올까? 앉으면 서로 등이 닿는 판잣집에 사는 가난한 가족을 상상해보자. 아이들은 신발이 없고, 추위를 막는 유일한 수단은 옷에 덧대어 꿰맨 갈색 종이뿐이다. 항상 땔감이 부족하고, 식량이 떨어질지도 모른다는 불안이 떠나지 않는다. 그런 가족에게 몇십 년 후 그들의 자손은 배가 터지도록 먹은 후에 스크린 앞에 큰대자로 누워 아무 일도 안 하면서 하루를 보내는 지극히 평범한 사람들을 구경할 것이라고 예언한다고 해보자. 당연히 그들은 터무니없는 상상이라고 생각할 것이다……

태도는 변한다. 감시 장치는 현대 사회를 과거보다 훨씬 더 노출에 우호적이게 만들었다. 당신의 선조들이 불편해했을 만한 상황에서 때때로 감시 시스템을 끈다는 것은 어처구니없는 생각이 되었다. 당신은 어떤 대안도 모르고, 따라서 불편함도 모른다. 집에 있는 동안 거의 항상 수동적인 다수의 집단에 연결되어 있으므로 타인에 의해 감시당하는 것에 불쾌감을 느끼지 않는다. 마치 타인들이 당신의 일부인 것과 같다. 말하자면 **집단적인 자아**가 형성된 것이다.

21세기 후반기인 지금 우리의 인격은 유동적이고 불확실해졌지만 사이버 인격—로봇—들은 확고하게 가족으로 자리 잡았다. 〈2001 스페이스 오디세이〉에 등장한 컴퓨터 할은 인간과 음성을 통해 소통했다는 점에서 미래의 컴퓨터를 위한 모범이었다고 할 수 있다. 음성을 통한 소통의 편리성과 속도는 컴퓨터의 성능 향상과 결합하여 곧 모든 사람의 일상에서 빼놓을 수 없는 새로운 존재들을 탄생시켰다.

과거의 사람들이 이메일이나 휴대전화 없이는 살 수 없다고 말했던 것처럼 오늘날의 사람들은 가상적인 하인 없이는 살 수 없다고 말한다. 모든 곳에 있는 사이버 도우미는 당신의 욕구를 예견하고 당신에 관한 모든 것을 알며 24시간 내내 모든 명령을 불평 없이 즉각적으로 수행한다. 아침에 눈을 뜨면서 당신은 맞은편 벽에 나타난 하인의 얼굴을 본다. 당신은 전통적인 것을 좋아하는 편이기 때문에 하인의 성별을 남성으로 선택했다. 그러나 많은 사람들은 좋아하는 연예인이나 심지어 브리트니 스피어스 같은 우상을 선택한다.

당신의 하인 더글러스는 흰 넥타이에 정장을 차려입었다. 그는 오늘이 당신의 생일이라고, 그러나 당신은 오늘 매우 어려운 일을 처리해야 한다고 일러준다. 더글러스는 당신이 할 일을 설명하고, 때때로 당신이 누가 어떤 사람인지 혹은 왜 회의가 아침에 열리는지 물으면 추가적인 정보를 제공한다. 더글러스는 당신의 표정과 신체 언어를 이해할 수 있다. 당신이 아무 말도 안했는데도 그는 당신이 시무룩한 듯하다면서,

다른 사이버 친구를 부를까요, 혹은 좋아하는 음식을 준비할까요, 하고 묻는다.

더글러스는 2000년대에 개발된 '드웨인(Dwain)' 이후 긴 세월에 걸쳐 발전한 사이버 하인의 마지막 세대이다. 물론 컴퓨터로 생활을 제어하기 위해서 스크린 속의 말하는 얼굴이 반드시 필요한 것은 아니다. 그러나 이미 오래 전에 이루어진 연구에 따르면 사람들은 집안에 인간을 닮은 존재가 있을 때 더 편안함을 느낀다. 드웨인은 40세 가량의 남성이었다. 그러나 그 시절에도 그의 모습을 하이힐을 신고 빨간 립스틱을 바른 1950년대의 여비서로, 혹은 죽은 친척이나 옛 친구로 바꾸는 것이 가능했다. 오늘날 당신은 과거의 워드프로세서 프로그램에서 글씨체를 바꾸는 것보다 더 쉽게 사이버 하인의 신체 특징이나 얼굴을 바꿀 수 있다. 그저 음성 명령 한마디면 충분하다.

어쩌면 당연한 일이겠지만 대부분의 사람들은 그래도 한 인물만을 고집한다. 돌이켜보면 우리는 과거에도 자가용을 의인화하곤 했다. 더글러스가 의식이 없는 가상적인 존재라는 것을 당신이 모르는 것은 아니다. 하지만 당신과 당신 세대의 사람들 대부분은 정말로 마음을 쓰는 감성적인 존재들과 함께 있기를 바라는 기본적인 욕구를 여전히 가지고 있기에 사이버 하인을 기꺼이 의인화한다. 더글러스는 당신의 몸에 있는 센서들에 반응하여 유모나 증권 전문가, 교사, 심지어 개인적인 코치 등으로 변신할 수 있다. 그러나 과거에 우리가 배우자와 자녀에서 친구와 동료까지 다양한 인물들과 교류했듯이, 당신은 지금도 사이버 하인 하나로 만족하지 않는다. 당신 곁에는 외모와 역할이 제각각인 수많은 사이버 친구들—어떤 사이버 친구는 사이버 자녀가 있기도 하다—이 있다. 당신은 사이버 시스템과 실시간으로 실재적인 대화를 하기도

하므로, 당신의 기분에 맞게 선택한 '사이버 친구'를 20세기의 사람들이 실재 친구를 만나듯이 만나는 것은 아주 자연스러운 일일 것이다.

그러나 간혹 대화를 나누는 사이버 친구들은 당신의 이기적인 삶에서 더글러스만큼 중요하지 않다. 더글러스는 당신의 집뿐 아니라 당신 자신도 책임진다. 사실상 그는 당신의 연장(延長), 아니 더 정확하게는 당신의 생각과 열망과 욕구의 연장, 정신의 연장이다. 그러므로 그는 2차원 세계를 벗어날 필요가 없다. 당신의 몸에 센서가 있고 가구와 가전기기와 벽에도 센서가 있으므로, 필요한 정보는 즉각적으로 중앙처리장치로 전달된다. 그러나 때로는 실재하는 물리적 세계에서 물건들을 옮길 필요가 있을 것이다. 그럴 경우에 유일한 해결책은 로봇이다.

20세기의 상상력이 빚어낸 삐걱거리는 깡통 인간과 전혀 거리가 먼 오늘날의 로봇들은 역할에 맞게 설계되고 외과의만큼 정확하게 임무를 수행한다. 브랜다이스 대학의 호드 립슨과 조던 폴락은, 열 감지 플라스틱으로 되어 있어서 컴퓨터 스크린 속의 설계도만 있으면 쉽게 3차원 구조로 조립되고 임무 완수 후 녹아 해체되었다가 다시 다음 임무를 위해 재조립되는 로봇을 시대에 앞서 구상했다. 발전된 최신 로봇들은 더글러스 같은 가상적인 하인의 명령에 따라서 조립되고 해체된다. 로봇만 그러한 것이 아니다. 로봇이 그렇게 신속하게 모양을 바꿀 수 있다면, 평범한 가구들도 그렇게 할 수 있을 것이라는 생각이 곧바로 대두되었다. 식사 중에 손님이 찾아오면 당신은 신속하게 식탁을 의자로 변형시킨다.

결과적으로 당신은 당신의 내면 상태를 관찰하고 은밀한 욕망을 예견할 수 있는 기계들에 의해서 다른 기계들이 이동하고 변형되고 복제되는 것에 익숙해졌다. 예를 들어 개인용 출판기는 당신이 원하는 모든 형태의 책을 만들 수 있다. 이를테면 왼손잡이를 위한 책이나 큰 활자체의 책을 만들 수 있다. 그러나 생활양식의 가장 큰 변화는 당신이 3차원적인 물건들도 직접 만들 수 있게 되었다는 것이다. PEMS(printed electro-mechanical system, 전기기계 인쇄 시스템)는 인터넷으로 주문한 재료를 가지고 도구나 가구나 기계를 만들 때 필요한 설계도를 제공한다. 만들어진 물건이 쓸모없어지면 역시 PEMS가 그것을 다시 원래의 재료 상태로 해체한다. 그리하여 자원 낭비와 분해되지 않는 쓰레기에 대한 염려는 사라져가는 과거의 기억이 되었다. 그러나 주위에 영구적인 것이 아무것도 없기 때문에 당신이 세계를 보는 시각은 선조들의 시각과 크게 달라졌다. 모든 것이 변할 수 있고 변하므로 당신은 훨씬 더 현재에 충실하고 모든 것을 지금 이 순간의 가치로 평가한다. 유일하게 존재하는 참된 실재는 당신이 당신 자신이라 부르는 감각적인 존재뿐이다. 그 존재는 지금 이 순간을 느낀다.

지속적인 인격이 침식되는 또 다른 이유는 분명하고 일관적인 관계의 부재에 있다. 오늘날의 아동들은 두 가지 성역할을 모두 실험해볼 것을 권장받는다. 아동들은 적절한 소프트웨어와 가상적인 인물의 도움을 받아 성별을 바꾸고 다양한 성적 취향을 시험한다. 이성애와 양성애와 동성애의 경계는 이미 오래 전에 희미해졌다. 전통적인 가족 개념도 마찬가지다.

혼인 여부나 성적 취향이 어떠하든 간에 가족을 정의하는 것은 기초적인 인간적 관계였다. 핵심은 구성원들이 한 지붕 아래 모여 산다는 것이 아니라, 일이 없는 날에 장난을 치든 논쟁을 하든 밥을 먹든 노래를 하든 아이를 키우든 텔레비전을 보든 어쨌거나 무슨 일인가 함께 한다는 것이었다. 그러나 오늘날 우리는 텔레비전이 이 세번째 밀레니엄의 발전된 기술과 비교할 때 극히 원시적인 장치에 불과하다는 것을 잘 안다. 매력적인 사이버 세계는 공간과 시간에 대한 우리의 감각을 파괴했다. 전통적인 실재적 관계는 위축되었다. 한때 사회구조의 기반이었던 중세의 봉건적 체제가 새로운 기술과 진보 앞에서 사라져갔듯이, 과거의 가족은 가장 자유로운 형태까지도 천천히 사라져갔다.

심지어 21세기 전반기에도 이런 변화에 저항하는 사람들이 있었다. 그들은 인간이 사회적인 존재이며 종의 존속을 위해 경제적 성적 감성적으로 서로 의존해야 한다고 주장했다. 가족은 정체감을, 어딘가에 속해 있다는 느낌을 주었다. 가족은 대부분의 문학작품을 지탱하는 개념이었다. 세대간의 관계와 동기간의 관계, 그리고 그것들이 우리에게 미치는 영향을 그리지 않은 문학작품은 드물었다. 마지막에는 한 부모 가족이나 의붓자녀와 의붓부모가 복잡하게 얽힌 가족이 증가했다. 그러나 그런 가족 역시 내부의 비밀을 지켰다. 바로 그 점이 가족의 핵심이었다. 당신은 외부에서는 하지 않을 행동을 가족 내에서는 할 수 있었다. 그러나 이제 당신은 감성적으로 또는 경제적으로 누구에게도 의존할 필요가 없다. 당신의 정체감은 확대된 집단적 정체감이다. 그 정체감은 본질적으로 공적이다. 가족이 가졌던 마지막 장점인 은밀한 사생활의 필요성이 사라진 것이다.

은밀한 사생활의 종말은 2025년에 모든 사람의 일상을 관찰하고 기록하는 사이버권(cyber-sphere)이 등장하면서 더욱 앞당겨졌다. 전화와 컴퓨터와 텔레비전을 단일한 연결망으로 통합하여 모든 이메일과 전화통화와 인터넷 이용과 일일활동을 기록한다는 것이 그 발상이었다. 모든 자료는 통합되어 사이버 흐름 속으로 들어가고, 그렇게 전자생활사가 만들어진다. 당신의 정체감은 오직 당신의 모든 생각과 활동이 기록된 그 전자 생활사에서 나온다. 말할 것도 없지만 당신의 생활 패턴은 끊임없이 분석되고, 사회 전체의 경향성들이 파악되는 한편 당신의 개인적인 행동도 예측된다. 하지만 당신은 이런 사실에 대해 우려하지 않는다. 왜냐하면 당신은 개인들이 각자 고립되어 있었던 시절의 삶을, 당신의 조부모가 얘기하는 삶을 전혀 모르기 때문이다. '사생활'이라는 단어는 아주 늙은 사람들이 간혹 사용하는 난해한 단어이다. 누구도 그 단어의 정확한 뜻을 설명하지 못한다. 어떤 이들은 그것이 '공적인 삶'의 반대말이라 하면서, 하지만 요즘은 모든 것이 공적이라고 덧붙인다. 그 말을 들어도 당신은 사생활이 무엇을 의미했는지를 도무지 알 수 없다.

당신이 아는 실재의 중심을 차지하는 것은 이 변화무쌍한 세계에서 당신 자신이 얻은 경험—다른 사람들이 개입되어 있으며, 당신이 영원히 간직할 수 있는—이며, 휴식의 중심을 차지하는 것은 그 다양한 경험의 배경이 되는 당신의 집이다. 집은 어리석은 장치들이 들어찬 장소에 불과한 것이 아니라 당신을 보호하는 기지이다. 주위의 이미지와 소리와 촉감과 냄새 그리고 무엇보다도 정보가 기지에 있는 당신을 매 순간 공격한다. 사이버 세계의 발전 덕분에 당신은 집에서 일하고 원격으로 사람을 만난다. 그러나 당신의 일과 여가생활은 또 다른 독자적인 주제로 논의할 필요가 있다.

우리를 기다리는 생활양식에 대한 논의를 통해서 우리가 얻은 것은 무엇일까? 우리는 생각과 행동에 관련된 확실한 결론 세 가지를 얘기할 수 있을 것이다. 첫째, 우리의 엉덩이 모양과 대변과 동작 그리고 우리의 취향과 언어 습관과 (사이버) 친구들의 유형 등 우리에 관한 모든 것이 기록된다면, 그 기록된 정보는 가치가 클 것이다. 소설 『1984년』

속의 빅브라더는 매우 현실적인 인물로 보이기 시작한다. 우리는 더 이상 사적인 생각을 하지 않을 것이다. 오히려 우리는 거대한 연결망의 한 부분으로서 개인의 정신을 초월하여 작동하는 '생각하는 시스템' 속의 일개 마디점이 될 것이다.

초개인적인 정신의 활동은 우리에게 영구적인 영향을 미칠 것이 분명하다. 그러므로 인류가 그런 정보기술의 구조 속에 있다는 사실은 우리의 존재를 좌우하는 결정적인 요소가 될 것이다. 다양한 부족과 집단과 개인이 사이버 사회 속에서 발휘하는 힘은 당신의 '개인적인' 성격뿐 아니라 사회 자체를 결정할 것이다. 다양한 공동체가 개인의 성격에 미치는 영향은 때로 미미하기도 하고 때로 바람직하게 여겨지기도 할 것이다. 그러나 컬트 문화나 근본주의의 경우에는 집단의 획일적인 힘이 모든 것을 앗아갈 수도 있다.

사회적 관계에 관한 이런 논의는 두번째 결론으로 이어진다. 지금부터 백 년을 살아갈 사람들은 오늘날의 기준으로 볼 때 사회성에 문제가 있는 삶을 살게 될까? 피와 살이 있는 친구들이 가상적인 친구들로 대체된다면, 우리는 사회적인 요령을 터득할 필요도, 타인의 예기치 못한 반응을 고려할 필요도 없을 것이다. 집단적인 의식 속에서는 행동과 반응으로 이루어지는 소통이 불필요할 것이며, 우리가 원한다면 모든 불일치와 부조화가 없는 수동적인 삶이 가능할 것이다. 원하는 모든 정보를 얻을 수 있고 다양한 사이버 친구를 가질 수 있다면 실제로 살아 있는 인간들을 찾아다닐 필요가 있겠는가? 당신이 살아 있는 인간들을 만난다 하더라도 과연 그들이 당신에게 흥미로울까? 혹은 그들이 당신에게 관심을 가질까? 그들 역시 그들의 사이버 친구나 하인과 얘기하느라고, 또는 그들이 원하는 대로 변형된 영화를 보느라고 바쁠 것이다.

만에 하나라도 당신이 어느 누구도 경험하지 못한 일을 경험한다면, 또는 아무도 모르는 정보를 얻는다면, 당신은 남들보다 더 넓은 식견을 가지게 될 것이다. 그러나 남들이 그런 당신의 독창적인 생각을 들어줄까? 인간의 영혼에 관한 당신의 이론은 타인들에게 무슨 소용이 있을까? 성공적인 삶을 위해서 예측하기 어려운 동료 인간들을 이해하거나 교류할 필요가 없는 자들에게는 그런 지식이 아무 가치가 없을 것이다.

셋째, 우리의 선조들이 밤마다 가물거리는 불빛을 보았던 것처럼, 우리의 후손들은 '저 밖에' 있는 현실을 전혀 다른 방식으로 볼 것이 틀림없다. 그 변화의 첫 단계는 인공적인 시스템과 인간 사이의 경계가 흐려지는 것이다. 기계들이 생명 없는 물질 덩어리에서 놀라운 지능을 가지고 우리와 관계를 맺는 시스템으로 진화하고 인간이 점점 더 많은 사이버 장치들을 이식받게 되면, 실리콘 시스템과 탄소 시스템의 구별이 과연 타당성을 유지할 수 있을까?

03

로봇

우리는 우리의 몸을 어떻게 생각하게 될까?

기계들은 아마도 2020년경에 인간의 평균 지능을 능가하고 인간과 똑같이 감정을 가지게 될 것이다. 그들은 언젠가 진정한 의식과 자의식을 발전시킬 것이며, 우리는 그들과 권리 문제를 놓고 협상을 벌여야 할 것이다. 21세기 말이 되면 기계들은 인간을 훨씬 능가하는 지능을 가질 것이며 아마도 인간보다 더 매력적인 성격을 가질 것이다. 따라서 기계와 관계하는 것이 다른 인간과 관계하는 것보다 더 즐거운 일이 될 것이다.

미래에 우리 인간이 단순한 정신적인 능력에서 우리를 능가할 뿐 아니라 생각이 깊고 마음이 넓은 새로운 종족과 지구를 공유하게 될 것이라는 예언은 미래학자 이언 피어슨 외에도 많은 사람들에 의해 제기되었다. 이미 1980년대에 마빈 민스키는 '5년 내에' 탁월한 지능을 가진 컴퓨터가 등장할 것이라고 예언했다. 현재까지 만들어진 실리콘 시스템은 그 예언에 부합하는 수준에 도달하지 못했다. 하지만 21세기에는 사정이 달라지지 않을까?

21세기에는 민스키의 예언이 실현될 것이 거의 확실하다. 이미 우리가 가상세계에 얼마나 많이 흡수되어 있는지 생각해보면, 누구나 이 예측에 동의하게 될 것이다. 오늘날의 많은 가전기기들에 달려 있는 그 익숙한 장치를 보라. 멍한 눈빛의 무뚝뚝한 청년이 스크린과 키보드를 통해서 가전기기들과 깊은 대화를 나눈다. 그 청년 같은 사람들은 다른 세계에서 산다. 그 세계의 거주자들은 인터넷 속을 돌아다니고 문자 메시지를 보내고 컴퓨터 게임을 하면서 많은 시간을 보낸다. 반짝이고 삑삑거리는 스크린 속의 평평한 세계는 그들을 둘러싼 세계의 박동과 무게만큼이나, 아니 어쩌면 그 이상으로 현실적이고 친숙해졌다. 또한 이런 추세가 사라질 이유는 없다. 미래 세대들의 삶은 인간들간의 직접적인 관계가 아니라 컴퓨터를 매개로 한 관계를 중심으로, 혹은 기계 자체와의 직접적인 관계를 중심으로 이루어질 듯이 보인다.

컴퓨터는 나름대로의 현실을 제공하지만, 현재까지의 사이버 세계는 항상 한계를, 한눈에 둘러볼 수 있는 네모난 경계를 가지고 있다. 우리를 유혹하여 **현실세계** 밖으로 완벽하게 끌어내려면 3차원적이고 침투력이 강한 환경을 제공해야 할 것이다. 컴퓨터가 우리의 삶을 지배한다 해도 우리는 스크린과 '저 바깥'의 경계가 어디에 있는지 안다. 반면에 3차원에서 움직이는 로봇은 우리를 현실세계 밖으로 유혹할 수 있을지도 모른다. 물론 그런 로봇은 서툰 공상과학소설 속의 덜컹거리는 영웅들과 달라야겠지만 말이다.

스티븐 스필버그의 최신작 〈AI〉를 비롯해서 많은 로봇에 관한 영화들은 로봇이나 컴퓨터에게 인간의 지능을 부여하려 노력하는 장면으로 막을 연다. 인간형 로봇의 등장은 거의 예외 없이 흥미로운 이야기의 서곡이기 때문에 우리는 큰 기대를 갖고 영화에 몰입한다. 특히 우리들 대부분은 우리보다 훨씬 영리하지만 세계 지배를 꿈꾸는 인간적인 성향을 치명적인 결점으로 가진 존재에 흥미를 느낀다. 뛰어난 물리학자 스티븐 호킹도 그런 종류의 생각에서 자유롭지 못했다. 그는 인간들이 DNA를 바꾸어야 한다고, 혹은 다른 대책을 세워야 한다고 경고했다. "컴퓨터 지능이 발전하여 세계를 접수할 위험성이 현실적으로 존재한다. 우리는 인공적인 뇌가 인간의 지능과 대결하지 않고 협동할 수 있게 뇌와 컴퓨터를 직접 연결하는 기술을 최대한 신속하게 개발해야 한다."

사람들이 크게 걱정하는 것은 컴퓨터가, 그리고 결국엔 로봇이 우리를 능가하게 되는 사태이다. 물론 그 기계들이 실제로 무엇을 하게 될지에 대한 생각은 불분명하다. 로봇의 발전은 비록 컴퓨터의 발전보다 수십 년 뒤처져 있지만, 새로운 세대의 로봇들은 무시할 수 없는 능력을 갖추기 시작했다. 미래의 로봇은 출생의 기원인 공상과학소설의 한계를 벗어나 선조들과 거의 공통점이 없는 형태로 발전할 것이다. 헐리우드의 깡통인간은 결국 20세기의 추억이 될 것이다. 그런데 로봇이 인류의 멸종을 꿈꾸는 잔인하고 흉악한 악당의 굴레를 벗어나는 데 왜 이토록 오랜 시간이 걸리는 것일까?

우리가 선과 악의 영원한 대결과 본성적으로 악한 기계들에 관한 이야기에 매료된다는 사실은 실제 삶 속에서 로봇이 놀랍도록 느리게 발전하는 현상을 설명하는 충분한 구실이 될 수 없다. 사이버라이프(Cyberlife Research) 사(社)의 스티브 그랜드는 훨씬 더 설득력 있는 이유들을 열거한다. 문제는 20세기 중반에 튜링을 비롯한 과학자들이 인공지능을 개척하던 시절부터 시작되었다고 그는 주장한다. 튜링은 종이테이프 판독기 외에는 다른 감각 장치가 없는 매우 원시적인 컴퓨터에게 맡길 어려운 과제를 찾았다. 사람들은 적당한 표준적인 과제로 체스를 선택했다. 그러나 튜링 자신조차도 게임 능력으로 지능을 평가하는 것은 부적절함을 인정했다. 오히려 그는 스스로 '상황성(situatedness)'이라 명명한 개념이, 즉 복잡한 실제 환경에 반응하는 능력이 중요하다고 언급했다.

그랜드에 따르면, 로봇이 괄목할 만한 발전을 하지 못한 또 다른 이유는 테스토스테론(남성호르몬)과, 더 구체적으로 말하면 로봇 연구에 종사해온 사람들이 주로 남성이었다는 사실과 관련이 있다. 남성들은 전통적인 영화 속의 로봇이 보여주는 '상명하달'식 명령 체계를 선호하며, 지능이 '밑에서 위로' 진화하도록 해주는 쌍방향 교류에 우호적이지 않다. 남성호르몬의 지배를 받는 개체들 대부분은 지금도 뇌가 자료를 '가공한다'는 그릇된 전제를 가지고 있다. 그러나 항상 적응하는 인간 뇌의 특징에 더 부합하는 개념은 뇌와 정보의 쌍방향 교류이다. 정보는 뇌를 변화시키고 개인적인 평가와 해석을 바꾼다. 따라서 로봇도 끊임없이 경험에 비추어 자신을 다시 프로그램해야 한다. 역시 남성의 다중과제 수행 능력 부족에 기인한다고 할 수 있는 또 다른 문제는 초기의 인공지능 대부분이 여러 과제를 **동시에**, 즉 병렬로 수행하지 않고 직렬로, 하나씩 차례대로 정보를 처리했다는 점이다. 인공지능 연구자들이 '어리석고 강압적이고 체스를 즐기는 (남성) 멍청이들'이었기 때문에 기대에 부응하는 성과를 거두지 못했다는 그랜드의 지적이 과연 옳은지 여부를 떠나서 우리에게 중요한 것은 미래의 컴퓨터로부터 우리가 무엇을 얻으려 하는지를 정확하게 결정하는 일일 것이다.

인공지능 연구의 목표는 이제 더 이상 '육체가 없는 합리적인 지능'

을 창조하는 것이 아니다. '지능'은 매우 다양한 의미를 가진 단어이다. 핵심적인 문제는 지능이 항상 기능적으로 정의된다는 점이다. IQ 검사에서 고득점을 받는 지능, 원시적인 초원에서 살아남고 번성하는 지능 등을 얘기할 수 있다. 그러나 지능을 얘기할 때 우리는 대개 또 다른 까다로운 의미를 부여한다. 이는 '지능'이 어원적으로 '이해'와 연관된다는 사실과 관계가 있다. 우리는 기능적인 검사와 정의가 지능의 본질을 포착하지 못한다고 느낀다. 우리는 지능이 학습되고 자동화된 반응을 산출하는 능력이 아니라 무언가를 심층적인 수준에서 이해하는 내면적이고 주관적인 능력이며 훨씬 더 검사하고 측정하기 어렵다고 생각한다. 로봇과 관련해서 우리가 '자동화'를 덜 강조하고 '학습'을 더 강조할수록 로봇의 '지능'이 인정을 받는 수준으로 발전하는 날은 더 앞당겨질 것이다.

미래의 로봇은 훨씬 더 쌍방향적이고 학습 능력이 우수할 것이다. 예를 들어 글래스고 대학의 과학자들은 키가 188센티미터인 로봇 'DB'—역동적인 뇌(Dynamic Brain)—를 개발했다. DB는 인간만큼 많은 관절들을 가지고 있고 수압(水壓)으로 작동한다. 뿐만 아니라 DB는 인간과 '손'을 맞대고 태극권 동작을 할 수 있다. 그 학습된 동작을 할 때 인간뿐 아니라 DB도 만족을 느끼는 듯이 보인다. 지금 우리가 로봇의 동작을 기술하면서 주관적인 내면 상태를 가리키는 느낌이라는 용어를 사용했음에 주목하라. 이는 DB가 실제로 의식을 가지고 있을지도 모른다는 것을 함축한다. DB의 제작자 중 한 명인 프랭크 폴릭은 물론 명시적으로 그렇게까지 주장하지는 않지만, 로봇들이 감정을 표현하고 사회적인 신호를 전달하는 듯이 '보일' 수밖에 없을 것이라고 지적한다. 감정에 대한 이런 강조는 헐리우드 로봇 영화와 당연히 거리가 멀다. 하지만 감정에 대한 강조는 감정과 관련된 목적을 위해 적절하게 제작된 특수한 로봇들에게만 타당하다. 적절성은 중요한 문제이다. 로봇의 실상을 이해하려면 우리 자신의 금속제 복제본을 꿈꾸는 오랜 환상을 버리고 매우 다양한 로봇들이 등장할 미래를 직시해야 한다. 대부분의 로봇들은 적응력이 뛰어난 인간형이 아니라 한 가지 기능에 전적으로 집중하는 전문가일 것이다.

예컨대 샌디에이고에 있는 캘리포니아 대학의 인공지능연구소는 전지형(全地形) 바퀴식 구조 로봇을 개발 중이다. 이 로봇의 목표는 평균적인 구조 시간을 5분 단축하여 연간 49명의 생명을 더 구조하는 것이다. 개발자들의 구상에 따르면, 관찰 시스템은 사고를 발견하고 즉시 카메라와 무선통신 장비를 갖춘 로봇을 현장으로 보낸다. 이때 미묘한 성찰이나 복잡한 내면 상태는 필요하지 않다. 중요한 것은 오직 신속하게 그리고 집중적으로 한 과제를 수행하는 것이다.

생명을 살리기 위해 고안된 또 다른 유형의 로봇으로 '가상인간(Virtual Human)'이 있다. 이 로봇은 인공적인 필수 장기들의 체계로 모든 종류의 약학적 검사나 안전성 검사에 이용될 수 있다. 이 로봇은 이미 스크린 상의 개념에 불과한 단계를 훨씬 넘어서 증식하고 사멸하는 세포들을 가지고 있고 피가 흐르고 호흡을 하는 인공적인 '실재' 유기체로 발전하고 있다. 간단히 말해서 가상인간은 독자적인 뇌 없이 컴퓨터로 제어된다는 점만 다를 뿐, 인간과 똑같이 작동할 것이다. 이 특수한 경우에 로봇의 뇌는 중요치 않다. 가상인간 연구의 목표는 인체를 이루는 역학적 계들과 화학적 계들의 상호작용을 모형화하는 것이지, 로봇에게 어떤 사고 능력이나 의식을 부여하는 것이 아니다.

모형화에서 가장 중요한 일은 당신이 관심을 둔 특징적인 측면을 추출하고 유기체나 계를 이루는 나머지 것들은 모두 무시하는 것이다. 특징적인 측면이 비행이라면, 비행기는 부리나 깃털이 없어도 새의 '모형'이 될 수 있다. 따라서 당신이 약물의 작용과 관련된 생화학적 기제에, 혹은 교통사고 피해자에게서 일어나는 부상의 생리학적인 연쇄 작용에 관심을 둔다면, 의식이나 기타 정신적 기능은 중심 사안이 아니다. 그런 사안에 대한 고려는 당신의 노력을 불필요하게 가중시킬 것이다. 사실상 가상인간 프로젝트는 수십억 메가바이트를 다루는 엄청난 기획이다. 그 자료량은 인간 게놈 프로젝보다 훨씬 더 많다. 그러나 미래에는 그런 엄청난 규모의 작업이 점차 보편화될 것이다. 현재 우리는 발전된 생명정보학(bio-informatics) 덕분에 십여 년 전만 해도 몇 년이 걸렸을 게놈 계산들을 압축하여 몇 분에 처리하는 것에 익숙해졌다. 하지만 우리는 곧 모든 신체 반응과 상호작용을 담은 훨씬 더 복잡하고 고도화된 유기적 데이터베이스, 즉 '생리정보학(physio-informatics)'을 가지게 될 것이다.

확실한 변화가 완성되는 데 여러 해가 걸릴지도 모르지만, 각자 단일한 임무를 가진 다양한 종류의 로봇들이 미래의 의학과 외과수술을 주도하리라는 예측을 반박할 수는 없다. 예를 들어 로봇은 뇌종양의 조직검사를 인간 의사보다 더 정확하게 수행할 수 있다. 두개골 속에 감춰진 뇌는 주변의 건강한 조직을 손상시키지 않으면서 종양의 일부를 떼어내기가 쉽지 않은 장기이다. 뉴런들의 연결망 깊숙이 자리 잡은 목표지점은, 마치 고전적인 컴퓨터 게임에서처럼, 3차원 지도 속에서 식별되어야 한다. 나의 친구이며 동료인 뇌 외과의 헨리 마시는 현재의 뇌수술을 대형 굴삭기로 옷핀을 집어 올리는 일에 비유했다. 1밀리미터 이하의 오차라도 발생한다면 환자의 남은 생애는 완전히 달라질 수 있다. 물론 더 기계화되고 안전한 수술에 적합한 환자도 있다.

이미 파킨슨병 수술에서 뇌에 전극을 심을 때 정확한 위치를 찾기 위해 기계가 이용되고 있다. 파킨슨병은 심각한 운동장애를 일으킨다. 환자는 몸을 떨고, 근육이 굳어지고, 안타깝게도 생각을 행동으로 옮기지 못한다. 이 모든 문제는 뇌 깊숙이 자리 잡은 작은 구역인 흑질(substantia nigra)에서 발생한다. 그 구역의 일부 뉴런들은 매우 중요한 전령과 수송자 역할을 하는 도파민을 생산한다. 그 뉴런들의 계를 전기적으로 자극하면 도파민 분비가 증가할 것이다. 하지만 먼저 그 도파민 계의 위치를 정확하게 파악하는 것이 결정적으로 중요하다. 새로운 자동화된 수술에서는 환자의 머리 전체에 티타늄 구슬들을 기준점으로 배치하여 로봇이 정확한 3차원 좌표를 찾을 수 있게 한다. 좌표가 결정되면 해당 구역을 확대한 후 조직검사나 전극 이식을 실시한다. 현재로서는 이 장치를 로봇이라 부르는 것이 무리일 수 있다. 이 장치는 사실상 정밀 제어기에 불과하기 때문이다. 그러나 이런 장치들은 더 발전된 로봇들의 시초일지도 모른다. 발전된 로봇들은 더 자동화되고, 인간의 관여는 점점 더 줄어들 것이다. 아니 어쩌면 완전히 사라질지도 모른다.

이런 자동화된 수술이 전적으로 안전하다고 판명되면, 로봇들은 점차 인간 외과의를 대체할 것이다. 외과의가 수술대에서 멀리 떨어져 앉아 다만 예기치 못한 응급상황에 대비하는 모습을 상상하기는 어렵지 않다. 결국에는 동맥파열이나 심장마비, 불완전 마취 같은 모든 응급상황도 프로그램 속에 포함되어 사이버 외과의에 의해 수습될지도 모른다. 점차 수술의 계획과 실행에 의사보다 더 많은 기술자들이 참여하게 되고, 의사들은 어쩌면 몇 킬로미터나 떨어진 다른 방에서 음성 명령으로 기계들과 소통하게 될 수도 있다. 이 세기 내에 우리는 전통적인 의료 직업들이 근본적으로 변화하는 것을 지켜보게 될 것이다. 많은 양의 정보를 신속하게 확보할 수 있고 정확한 손기술을 가진 로봇들은 의료 직업에 매우 적합할 것이다. 더 나아가 인간 기술자들마저도 기계에 의해 대체될지도 모른다……

그러나 로봇들이 모두 생명이 위태로운 상황에 투입되어야 하는 것은 아니다. 더 평범한 상황에서 로봇은 새로운 재미의 원천이 될 수 있다. 예컨대 1997년 이래로 로봇축구가 시행되고 있다. 2001년 8월 4일에 제5회 세계로봇축구대회(로보컵)가 시애틀에서 열렸다. 백 대가 넘는 참가자들이 크기와 성능에 따라 4개조로 나뉘어 시합을 벌였다. 필수적인 규칙은 선수들이 어떤 원격조종도 없이 독자적으로 작동해야 한다는 것이었다. 대부분의 선수들은 바퀴로 움직였고 발 대신 삽 모양의 팔로 공을 다루었다. 그러나 모두가 대회를 즐겼고, 관중들은 열광했다. 현재의 궁극적인 목표는 2050년까지 인간형 로봇들로 팀을 만들어 월드컵 우승팀과 국제축구연맹(FIFA) 규정에 따라 경기를 벌이는 것이다.

로봇축구 선수들은 로봇 외과의와 마찬가지로 특수한 임무를 위해 제작되었다. 그 임무는 고도로 예측하기 어렵고 복잡한 상황에서 수행된다는 점만 다를 뿐 체스를 두는 것과 유사하다고 할 수 있다. 이 경우에도 로봇들은 주관적인 내면 상태, 즉 감정을 가질 필요가 없다. 그러나 로봇 제작에 직접 참여한 사람들이 아닌 일반 대중을, 로봇축구를 관람하며 오후를 보내는 어른들과 아이들을 생각해보라. 축구 로봇들이 인간 관객에게 신기함 이상의 감정을 일으킬지는 불확실하다. 나는 관객들이 미리 프로그램된 임무를 수행하는 기계들을 지켜보는 것보다 인간 선수들의 흥분과 영광을 공유하는 것을 선호하리라 추측한다. 그러나 나는 이 추측이 21세기 초의 정신에 기반을 두고 있음을 인정한다.

아마도 참된 미래의 모습은 데이비드 베컴이나 앨런 시어러를 이성적 감성적으로 모두 환영하면서 로봇으로 대체하는 것도, 축구 로봇에게 완전히 등을 돌리는 것도 아니고, 그 둘의 중간 정도일 것이다. 분명 우리는 일과 여가 모두에서 로봇과 유사한 활동들을 할 것이다. 그러나 로봇 세계가 무언가 '다르다'고 보는 암묵적인 구별도 존재할 것이다. 그러나 마지막 베이비붐 세대가 정보기술과 함께 성장한 세대들에게 자리를 내주면서 인간과 로봇의 경계는 점차 흐려지지 않을까?

의심의 여지없이 미래의 로봇들은 고도로 쌍방향적이고 정해진 임무에 효율적이어서 우리의 삶을 기능적으로 더 원활하게 만들 것이다. 그러나 이 세기에 우리가 누릴 삶에 중요한 영향을 미칠 진정한 문제는 우리가 로봇들을 독립적인 존재로 보게 될지, 그리고 궁극적으로 로봇들이 발전하여 우리로 하여금 **그들**이 **우리**에 대한 견해를 가지고 있다고 생각하게 만들지, 또한 로봇들이 인간처럼 삶을 가치 있게 만드는 은밀하고 사적인 세계를, 내면적이고 주관적인 의식 상태를 즐기게 될 것인지이다.

물론 마치 감정이 있는 듯이 행동하고 더 나아가 타인의 감정을 유발한다는 것이 의식이 있음을 의미하지는 않는다. '친구'를 의미하는 일본어를 따서 '아이보(Aibo)'라 명명된 소니 사의 장난감 로봇 개를 보라. 아이보는 출시되자마자 20분 만에 대당 2천5백 달러에 3천 대가 팔렸다. 소니 사를 비롯하여 그 누구도 아이보가 의식을 가지고 있다고 주장하지 않는다. 그러나 아이보처럼 인간과 소통하는 존재는 실제로 무언가를 느낄 수 있음에 분명하다는 뿌리 깊은 확신이 작용하는 듯하다.

저널리스트 욘 워첼은 아이보를 구입한 후 매일 그날의 경험을 기록했다. 처음에 그는 '강력한 감성적인 반응'을 느꼈다고 한다. 아이보를 상자에서 꺼낼 때 워첼은 이미 자신이 미소짓고 있음을 느꼈다. 그는 실리콘 애완견을 즐겨 쓰다듬었고, 그 애완견이 그의 인사에 대해 보내는 열정적인 반응을 즐겼다. 그러나 시간이 흐르자 그는 점점 지루해졌다. 왜냐하면 관계가 더 발전하는 것을 느낄 수 없었기 때문이다. 워첼은 '실망'을 느꼈다.

소니 사는 여전히 한 달에 약 6만 대의 신형 아이보를 판매하고 있다. 신형 아이보는 새끼 사자 모양이다. 온순한 새끼 사자는 아마도 애완견보다 더 상상적인 존재일 것이다. 따라서 평범한 애완동물과의 관계에서 일반적으로 기대되는 것들을 구형 아이보가 충족시키지 못할 때 고객들은 더 쉽게 실망할 것이다. 신형 아이보는 '친밀한 소통'을 위한 센서들이 더 많이 달려 있고, 50개의 단어를 '이해'하며, 인간의 음성을 흉내낼 수 있다. 또 다른 특징으로는, 고객이 개인용 컴퓨터를 통하여 로봇의 동작들을 프로그램할 수 있다. 욘 워첼 같은 사람이 이 새 장난감을 어떻게 대하는지 관찰하는 일은 흥미로울 것이다. 그는 여전히 '실망'을 느낄까? 혹은 아이보의 새로운 특징들이 애완동물에 대한 우리의 기대를 바꾸어놓을까?

소니 사의 사이버 애완동물은 지속적인 관심을 요구하지 않는다. 반면에 다마고치(Tamagotchi)는 2차원적인 존재임에도 관심을 기울이지 않으면 '죽기' 때문에 사람들의 감성에 더 강하게 작용한다. 혹은 우리가 더 많은 표정과 몸짓이 있어야만 어떤 존재의 감성적 능력을 잠재의식적으로 인정하기 때문에 다마고치에게 끌리는지도 모른다. 우리를 웃게 만드는 얼굴과 표정이 무엇인지, 또한 어떤 모습과 소리가 우리로 하여금 감성적인 소통을 유지하려 노력하게 만드는지 정확하게 파악하는 것은 어려운 일이다. 도쿄 대학의 과학자들은 인간적인 특징을 더 많이 가진 로봇을 개발하고 있다. 여성의 모습을 한 그 로봇은 눈이 비디오카메라이며, 자신을 바라보는 사람의 표정을 흉내낸다. 표정을 가진 가장 유명한 로봇은 매사추세츠 공과대학의 '키스멧(Kismet)'이다. 한편 카네기 멜론 로봇공학 연구진은 '우호적인' 얼굴을 가진 로봇을 개발 중이다. 그 로봇 얼굴은 인간 여성을 모델로 한 애니메이션으로 평면적인 스크린에 나타난다. 그 로봇이 가진 가장 혁신적인 특징은 아마도 음성이 나올 때 입술이 함께 움직인다는 점일 것이다. 미래의 계획은 그 로봇에게 발전된 소프트웨어를 장치하여 자신과 교류할 가능성이 높은 사람을 '식별하고' 그 사람에게 집중하게 만드는 것이다.

미래의 어느 날 당신이 사람들로 가득한 어느 방에 들어갔을 때 갑자기 벽에 얼굴이 나타나서, 혹은 주위를 돌아다니던 로봇이 다가와서 당신을 주목하며 오직 당신에게만 말을 걸어오는 일이 생길지도 모른다. 또한 기술은 인간의 잠재의식적인 신체언어를 파악하는 것을 넘어서 우리의 삶을 지탱하는 복잡한 사회적 규범들을 이해하는 듯이 행동하는 데까지 나아갈 것이다.

이미 일부 로봇들은 기계적이고 단순한 지금까지의 노예 로봇들과 전혀 달라 보인다. 예를 들어 사이버라이프 사의 스티브 그랜드는 로봇 오랑우탄을 개발하고 있다. 오랑우탄은 인간보다 덜 복잡하지만 개미나 딱정벌레 같은 단순한 유기체와 '근본적으로 다르다'. 유명한 오스트랄로피테쿠스 유골의 이름을 따서 '루시(Lucy)'라고 명명된 그 로봇은 이미 한 개의 눈과 두 개의 귀와 균형감각을 가지고 있고 머리를 움직일 수 있다. 그 로봇은 또한 가해진 힘의 변화에 반응하는 모터들이 근육 역할을 하여 움직이는 팔과 온도를 감지하는 센서를 가지고 있다.

루시는 운동이나 소리를 감지하기 위해 고개를 돌릴 수 있고 '원하는 방향'을 바라볼 수 있다.

더 나아가 루시는 실제 뇌의 부분들의 이름을 따서 명명된 여러 부분으로 구성된 뇌도 가지고 있다. 물론 그렇다고 해서 루시의 뇌가 생물학적인 뇌처럼 작동하는 것은 아니다. 스티브 그랜드는 기계로 뇌를 모방하는 작업에 적절한 조심성으로 접근한다. 그는 실제 뇌에서는 어떤 부분도 독립적이고 자율적인 구역이 아님을 인정한다. 그러므로 모듈 구조는 곤충의 뇌를 시뮬레이션하기에는 적당할지 몰라도 더 신비로운 포유류의 뇌를 모방하기에는 적당하지 않다. 따라서 루시의 모듈들은 '학습'이 가능하도록 더 일반화되어 있다. 그러나 루시가 실제 유아처럼 환경에 대응하여 배우고 발전하는 듯이 보인다 할지라도, 그런 적응력이 루시에게 의식이 있음을 증명하는 것은 아니다.

"뇌는 한낱 컴퓨터를 크게 능가한다…… 지능은 의식 없이 존재할 수 없다. 인공 의식은 터무니없는 말로 들린다. 그리고 실제로 그렇다"라고 스필버그의 영화 〈AI〉의 원작자인 브라이언 앨디스는 경고한다. 이미 우리는 지능이 대개 기능적으로 정의되지만 주관적인 요소도 가지고 있어서 측정하고 기술하기가 더 어렵다는 문제가 있음을 지적했다. 지능을 가지려면 의식이 먼저 있어야 한다는 앨디스의 주장은 그 문제를 반영한다. 순전히 기능적으로 정의한 지능이 의식 없이 존재할 수 있는지 여부를 떠나서, 의식은 지능 없이 존재할 수 있음이 — 내가 보기에는 — 분명하다.

어린 아기나 심지어 금붕어도 의식을 가지고 있다고 볼 수 있다. 그러나 이들에게서 그럴듯한 지능을 발견할 수는 없다. 의식은 성인들이 거의 항상 가지고 있는 명료한 자기의식과 다를 수 있다. 우리가 전통적인 수동적 향락인 술과 여자와 노래에 온몸을 맡길 때, 마약과 섹스와 로큰롤에 취해 '정신이 나갈 때', 우리는 명료한 자기의식을 잃는다. 그러나 그런 상태에서도 우리는 여전히 의식을 가진다. 그렇지 않다면 아무도 그런 향락을 위해 돈을 지불하지 않을 것이다. 그렇게 우리는 정신을 놓고도 의식을 가질 수 있으며, 심지어 더 단순한 뇌들도 그런 정신없는 느낌을 즐길 수 있다. 따라서 우리는 의식과 자기의식을 구별할 수 있다. 자기의식은 계통발생적으로(진화적으로) 그리고 개체발생적으로(개체 내적으로) 더 발전된 복잡한 뇌가 가지는 특징일 것이며, 자기의식을 지닌 발전된 뇌는 지능, 즉 이해하는 능력이 있다고 말할 수 있을 것이다. 그러나 그 모든 것은 금붕어나 유아나 광란하는 춤꾼이 경험하는 원초적인 의식 위에 덧씌워진 금박과 같을 것이다. 그리고 인공적인 뇌가 이루어야 할 가장 큰 발전은 그 최초의 원초적인 주관적 의식으로의 진입, 느끼는 상태로의 진입이다.

물론 우리가 깨어 있을 때 뇌는 그 원초적이고 직접적인 경험과 관계하지도 충돌하지도 않는 내적인 상태들을 가진다. 로봇에게 일차적이고 내면적인 주관성을 부여하려 할 때 겪는 문제는 어디에서 출발할지 알 수 없다는 점일 것이다. 어떤 특정한 내면 상태가 의식의 발생에서 특별한 역할을 하는지 어떻게 알 수 있을까? 우리는 이미 외적인 행동은 아무 증명력이 없음을 보았다. 그러나 어쨌든 일차적인 느낌들을 재현할 필요가 있다. 우리는 그 느낌들을 약을 이용해서 변형시킬 수 있음을 안다. 그리고 약은 뇌 속의 화학적 과정에 작용한다. 따라서 생물학적 계의 의식 — 현재 존재하는 유일한 종류의 의식 — 은 어떤 뇌-화학적(brain-chemical) 기반을 가지고 있고, 뇌 속의 화학물질들은 끊임없이 뇌의 거시적인 상태를 변화시키며, 매순간 그 변화에 따라 의식의 상태가 결정되는 것이 분명하다. 그러나 뇌의 그 다양한 거시적 상태들을 이해하지 못한다면, 뇌의 모형을 만들 수 없을 것이다.

모형화의 핵심은 대상의 두드러진 특징을 포착하고 나머지는 버리는 것에 있음을 상기하라. 의식의 경우에는 무엇을 버려야 할까? 다른 모든 것을 버리면서 유일하게 포착해야 할, 의식의 결정적인 특징을 발견한 사람은 아직까지 없다. 실제로 우리 신경과학자들 중 상당수는 뇌 전체의 지형도를 그리고 그 지형의 발생을 설명하는 노력조차도 문제가 있다고 믿는다. 오히려 뇌의 상태들을 의식의 정도를 보여주는 **지표**(index)로만 간주하고, 그 상태들이 신체의 나머지 부분으로부터 피드백 작용에 의해 어떻게 영향을 받는지를, 그 상태들이 필수 장기들과 내분비계, 그리고 면역계와 어떻게 관계하는지를 연구해야 한다고 그들은 주장한다. 내가 보기에 의식에서 핵심적인 요소는 바로 그런 뇌와 신체의 결합이다. 그 결합이 어떻게 이루어지는지를, 화학물질들이 피와 함께 흐르면서 일시적으로 결합하여 수백억 종의 화합물을 산출하는 과정이 어떻게 주관적인 경험으로 변환되는지를 이해할 때 비로소 우리는 무엇을 제작할지, 그리고 더 중요하게는 무엇을 버릴 수 있을지 알게 될 것이다.

전자공학자 이고르 알렉산더를 비롯한 몇 사람은 모형화에 앞서 생화학적인 지식을 확보해야 한다는 주장이 부적절할 수 있다고 지적한다. 알렉산더의 반론에 따르면, 모형화는 가설을 검증하는 유일한 방법이기 때문에 생물학적 계들의 복잡한 상호작용을 이해하는 데 없어서는 안 되는 부분이다. 그러나 복잡한 상호작용의 결과로 발현하는 속성인 의식의 발생을 연구한다면, 다양한 요소들을 버리는 데 익숙한 노련한 모형 제작자라 할지라도 무엇을 분명한 가설로 세우고 시작해야 할지 과연 알 수 있을까?

의식을 가진 컴퓨터를 둘러싼 논쟁은 매우 흥미롭지만, 결국 그런 컴퓨터가 제작될 때 그리고 널리 인정된 증명의 기준이 마련될 때 비로소 판결이 날 것이다. 이고르 알렉산더는 상황을 다음과 같이 적절하게 정리한다. "의식이 있는 기계의 개념은 공정한 논증을 요구한다. 기계 제작자는 X라는 요소가 필수적이지 않음을 증명하려 노력할 것이다. 반면에 비판자는 그 요소가 필수적임을 증명해야겠지만, 그런 증명은 아직까지 이루어지지 않았다." 사실상 우리는 'X라는 요소'의 정체조차 파악하지 못했다. 다른 한편, 의식이 있든 혹은 없든 간에 인공적인 시스템들은 훨씬 더 쌍방향적이고 인격적인 형태로 발전하면서 우리의 삶을 극적으로 변화시키고 있다. 그러므로 우리는 로봇이 우리를 어떻게 생각할지를 묻기 전에 먼저 우리가 로봇들과 그밖의 사이버 장치들을 어떻게 생각해야 할지를 물어야 한다.

전자회사 필립스는 앞으로 몇십 년 내에 소통에 대한 우리의 태도를 변화시킬 인격적이고 쌍방향적인 장치들을 이미 개발하고 있다. 예컨대 '핫배지(hot badge)'라는 장치는 장신구처럼 몸에 착용하며, 사용자의 개인적인 정보를 저장해두는 장치이다. 이 장치는 정보를 주고받는다. 그러므로 두 사람이 만나면 배지들이 공통의 관심사가 있는지 알려준다. 이 장치는 소통을 원활히 하고 시간을 절약하는 것을 목표로 한다. 핫배지가 흥미로운 대화 소재를 제공하는 것을 상상하기는 어렵지 않다. 그러나 핫배지에 의존해서 새로운 친구나 만남을 선택하는 것이 반드시 즐거운 일은 아닐 것이다. 우리는 첫인상과 달리 자신과 공통점이 있는 사람과 교제할 기회가 사라졌음을 아쉬워할 것이 분명하다. 물론 어떤 사람들은 그런 기회를 얻기 위해 최소한 30년 전부터 존재하는 컴퓨터 짝짓기 회사들을 이용할 것이다. 그러나 미래에는 우리 중 대다수가 컴퓨터와 로봇이 함께 하는 삶의 중심적인 특징인 예측 가능성과 규칙성에 익숙해지고 심지어 그것을 간절히 바라게 될 것이다. 또한 미래의 세대들은 뇌 속에 들어왔다 나가는 순간적인 사실들과 지속적이지 않은 대상들만 알 것이며, 가장 기초적인 시간과 공간의 제약을 훨씬 덜 받게 될 것이다. 그런 변화무쌍한 세계 속에서 로봇과 컴퓨터를 이용한 교류는 우리에게 안정감을 제공할 것이며, 기계적인 매체를 통한 대화의 풍습을 더욱 강화할 것이다.

예측 가능성은 정보의 증가와 맥을 같이한다. 우리의 삶은 우리 자신과 타인들에 의해 기록될 것이다. 컴퓨터의 성능이 급속도로 향상되면서 우리는 곧 아무것도 삭제할 필요가 없고 모든 것을 기록하고 저장할 수 있는 단계에 도달할 것이다. 복잡한 메시지를 압축하는 편리한 통신기술도 당연히 확보될 것이다. 예를 들어 우리는 머지않아 우리 자신에 관한 주요 사실들을 기록한 카드를 가지고 다니다가 타인을 만나면 간단한 동작으로 카드를 그어 그 정보를 제공하게 될 것이며, 화상전화를 통한, 또는 타인이 볼 수 없을 정도로 작은 전화를 통한 대화가 평범한 일상이 될 것이다. 실제적이고 육체적이며 위험이 따르는 직접적인 교류는 가상공간에서의 온라인 대화에 비해 상대적으로 점차 감소할 것이다. 또한 읽기나 쓰기보다 말하기가 중심이 될 것이다.

특히 노인들을 비롯해서 대부분의 사람들은 말하는 속도가 타자를 치는 속도보다 훨씬 빠르다. 그러므로 음성 명령으로 작동하는 기계들이 더 효율적일 것이 틀림없다. 하지만 대부분의 사람들은 1분에 만 개의 단어를 생각하며 신문에서 분당 5천 단어를 읽는다. 그렇다면 전화를 통해 듣는 것보다 효율성이 최소한 10배 높은 이메일 읽기보다 음성

대화를 선호할 이유가 있을까? 중요한 것은 듣기가 다른 일을 동시에 할 여지를 남겨주는 반면에 읽기는 그렇지 않다는 사실이다. 또한 시간 절약이 유일한 결정적 요소는 아니다. 어떤 이들은 현재의 화상회의가 직접적인 시선 교환이 없어 불편하기 때문에 제 역할을 하지 못한다고 생각한다. 우리는 타인의 눈을 보고 싶어하고 한눈을 파는 질문자에게 대답할 때 불쾌감을 느끼며 의미 없는 감탄사와 비언어적인 무의식적 메시지를 듣고 가능하다면 신체언어와 체취까지 동반되기를 바란다.

비록 냄새와 손짓은 없을지라도 인간과 기계는 언젠가 자연적인 언어로—필요에 따라 번역을 통해서—소통하게 될 것이다. 이미 우리는 우리의 말을 받아쓰는 기계를 가지고 있다. 그러나 그 기계의 언어 능력은 제한적이다. 현재의 번역기계는 '영혼은 원하지만, 육신이 약하다'를 '보드카는 좋지만, 스테이크가 나쁘다'로 번역할 수도 있다. 그러나 머지않아 우리는 기계에게 말할 수 있게 되고, 기계는 기본적인 내용을 '이해'할 수 있게 될 것이다. 기계는 질문에 대답하고 우리 말의 심층적인 의미와 관련된 정보를 얻을 수 있을 것이다. 컴퓨터와 로봇은 어휘뿐 아니라 문법과 통사론과 의미론까지 포함한 언어 프로그램에 의해 의미가 애매한 단어들을 선별하여 처리하게 될 것이다.

로봇 루시가 '학습'할 수 있게 설계된 것처럼 새로운 유형의 컴퓨터는 전혀 모르는 언어를 아기가 배우듯이 배울 수 있다. 신경언어학자 아나트 트라이스터-고렌은 '할(HAL)'이라는 컴퓨터에게 언어를 가르쳐 18개월 된 유아의 언어 능력에 도달하게 만들었다. 할은 맞는 답을 말하면 칭찬을 받는다. 트라이스터-고렌은 할에게 애착을 느낀다고 고백한다. 로봇 애완견 아이보와 마찬가지로 이 인공적이고 의식이 없는 기계도 내면적이고 주관적인 상태와 관련된다고 얘기되는 우리의 반응들을 유발하는 것이다. 트라이스터-고렌의 애착이 얼마나 유지될지, 아이보의 경우처럼 짧은 교체 기간 후에 실리콘 파트너가 친밀하고 미묘한 반응을 보이지 못해 관계가 종결될지 지켜보는 일은 흥미로울 것이다. 이 시제품에 대한 애착이 얼마나 지속되든 간에 트라이스터-고렌은 2003년 말까지 3세 아동의 언어 능력을 가진 할을 만들 계획이며 2005년경에는 성인의 대화 능력을 가진 컴퓨터에 도달하려 한다.

할이 대화 상대를 훌륭하게 속이면서 계속 발전한다면 언젠가 비언어적인 행동도, 즉 의미를 해석해야 하는 다양한 몸짓도 갖추게 될 것이다. 공학자들은 비언어적 의사소통을 이해하는 컴퓨터를 만들기 위해 노력하고 있다. 그들의 일차적인 목표는 인간의 의사소통에서 나타나는 미묘하고 복잡한 현상들을 정의하고 규명하는 것이다.

"인터넷 상에서 무언가 더 높은 수준의 의미론을 구현하는 것은 매우 중요한 당면과제"라고 요크 대학의 마이클 해리슨은 주장한다. 만일 모든 계획이 차질 없이 진행된다면 언젠가 사용자들은 인터넷을 통해 감정과 몸짓을 전달할 수 있게 될 것이다. 예컨대 '재미있는' 내용에 그림과 소리와 글을 첨부할 수 있게 될 것이다. 그러나 미래의 로봇이 아무리 쌍방향적이고 친근하다 할지라도, 또한 컴퓨터들이 아무리 작아지고 내장형이 된다 할지라도, 그 기계들은 최소한 초기에는 우리의 몸을 침범하지 않을 것이다. 그것들은 우리 몸의 일부가 되는 것이 아니라 우리 곁에서 작동할 것이다. 물론 다음 세대들은 아마도 관계에 대해 우리와 다른 생각을 가질 것이다. 그러나 우리 몸이 독자적이고 자율적인 존재라는 오늘날의 생각이 내다볼 수 있는 미래에 바뀔 것 같지는 않다. 그러나 인공적인 시스템들이 우리 몸속으로 들어와 우리가 사이보그가 된다면 어떨까?

최근에 레딩 대학의 전기공학자 케빈 워릭은 컴퓨터로 제어되는 전극을 팔에 심는 실험에 자원했다고 밝혀 언론의 상상력을 자극했다. 전극을 심는 목적은 뇌로 들어가는 충격을 차단하거나 변형시키고 뇌에서 나오는 충격을 기록하는 것이다. 그런 식으로 컴퓨터를 이용하여 자신의 감정을 조절할 수 있을 것이라고 워릭은 주장한다. 제안된 실험은 거기에서 그치지 않는다. 케빈의 아내 이레나도 유사한 장치를 이식받기로 했다. 따라서 남편의 뇌에서 나오는 신호들은 곧바로 그녀의 뇌로 전달될 수 있다. 그들은 서로가 상대방의 공포를 느낄 수 있는지 알아보려 한다. 이레나는 케빈의 느낌을 직접적으로 알 수 있을까? 혹시 제3자인 컴퓨터가 사실상 결혼생활을 좌우하게 되지는 않을까? 워릭은 더 나아가 실험이 성공적일 경우 특정한 감정과 정신 상태에 대응하는 신호들을 저장했다가 재생하는 시도를 할 계획이다. 그는 예컨대 성적인 흥분이나 술에 취한 상태를 재생하려 한다. 워릭에 관한 기사가 신문들을 도배한 것은 놀라운 일이 아닐 것이다.

아쉬운 일이지만 과학적인 현실은 그런 선정적인 기사들과는 거리가 한참 멀다. 감정의 생리학에 대한 우리의 앎은 아직까지 빈약한 수준에 머물러 있다. 우리는 감정이 몸 전체와 뇌 속에서 반복되는 물리화학적 현상들의 복잡한 결합의 산물이라는 것 정도를 알 뿐이다. 신체에서 뇌로 향하는 피드백 작용이야말로 느낌을 변화시킬 수 있는 요소이다. 예를 들어 당신이 화가 났을 때 적당한 약을 투여하여 심장의 박동 속도를 늦추면, 당신의 뇌는 심장에서 오는 신호를 통해 심장이 편안한 상태에 대응하는 느린 속도로 박동하는 것을 감지하고, 따라서 당신은 안정된다. 그러나 뇌로 들어오는 신호들은 다른 많은 장기들에서도 오고 혈액 속의 화학물질들에서도 온다. 신경 하나를 자극하면 뇌뿐 아니라 몸 전체에 영향이 미친다. 그러므로 신경을 자극하여 감정을 조절하는 일은 성공하기 어려울 것이다.

모든 과학적인 요구조건들이 갖추어지고 컴퓨터가 당신의 느낌을 바꾸는 충격을 산출할 수 있다 할지라도, 이 모든 것이 실제로 증명하는 것은 무엇일까? 그것은 단지 뇌에 들어오는 것들이 당신의 느낌을 바꿀 수 있다는, 우리가 이미 아는 사실일 뿐이다. 당신의 느낌은 수많은 다른 내적인 요소들에도 의존하므로 느낌의 원인을 정확히 컴퓨터가 보낸 충격에 돌리는 것은 불가능할 것이다. 또한 같은 이유에서 컴퓨터가 워릭 부인에게 어떤 신호를 보냈을 때 그녀에게서 일어나는 일을 해석하기는 불가능하다. 컴퓨터가 보낸 신호는 그녀의 몸 전체에서 나와 그녀의 뇌와 개인화된 정신을 이루는 변화무쌍한 신경회로로 들어가는 수많은 것들 중 하나일 뿐이다.

그러므로 이런 방식으로 타인의 뇌를 조종하는 능력이 현실화될 가능성은 낮다. 하지만 특정한 의학적인 문제들을 해결하기 위해 인공기관을 이식한다는 발상은 전혀 다른 사안이며, 우리는 이미 그 발상에 익숙하다. 심장박동조절기는 적어도 선진 세계에서는 이미 일상의 한 부분이 되었다. 달팽이관 이식도 마찬가지다. 반면에 인공 망막은 훨씬 덜 알려져 있다. 노스캐롤라이나 주립대학의 웬타이 리우 박사는 망막 속의 1차 처리장치로서 빛을 전기적인 신호로 변환하는 세포들은 기능을 상실했지만 그곳에서 발생하는 신호를 뇌에 전달하는 시신경은 온전한 환자들을 위한 시스템을 개발해왔다. 그런 환자들이 발생하는 원인은 색소성 망막염이나 노화로 인한 반점변성 등의 질병일 수 있다.

리우가 개발한 혁신적인 방법은 빛이 1차 처리장치를 건너뛰어 망막의 적절한 부분들을 직접 자극하게 함으로써 환자가 빛을 지각할 수 있게 만드는 것이다. 현재 개발되어 있는 장치는 크기가 가로 세로 2밀리미터이고 두께가 0.2밀리미터인 인공 망막 칩이다. 안구에서 빛을 수용하는 부위의 중심 근처에 이식되는 그 칩의 뒷면에 있는 광센서들이 빛을 감지한다. 현재의 칩은 5×5 화소만을 처리할 수 있어서 이식을 받은 환자는 물체의 윤곽과 움직임만 지각할 수 있다. 그러나 앞으로 5년 내에 250×250 화소로 처리 용량이 향상되면 신문도 충분히 읽을 수 있을 것이다.

지금까지 우리는 의학적인 목적을 위한 이식을 살펴보았지만, 색깔이 있는 콘택트렌즈, 유방 확대, 주름 제거를 위한 콜라겐 이식, 그밖에 다양한 성형수술 일반 등 미용을 위한 이식도 간과할 수 없다. 음식과 약이 하나로 통합되는 것(가공식품산업)과 마찬가지로 건강을 위한 기술과 외모를 가꾸는 노력이 손을 잡을 수 있다. 머지않아 우리는 외모를 과거 어느 때보다 자유롭게 바꿀 수 있게 될 것이다. 최근에 영국의 언론은 '얼굴 이식'을 가능케 하는 최신 성형수술 기법을 소개했다. 미래에는 피부색, 근육의 강도, 뼈의 경도, 얼굴의 윤곽을 바꾸는 수술이 이루어질 것이다. 마이크로 기계 또는 나노 기계가 피부에 색소와 호르몬을 투하하여 의상이나 분위기에 어울리는 살결을 만들 것이다. 믿을 수 없게 들릴지 모르지만, 먼 미래의 사람들은 때에 따라 녹색 피부를 선택하기도 하고, 치마에 어울리는 점박이 무늬를 선택하기도 할 것이라는 주장도 제기된 바 있다. 이런 생각들을 기괴하다는 이유로 단번에 물리칠 수는 없을 것이다. 오늘날 문신과 피어싱을 한 사람들이 얼마나 많은지, 그리고 그들이 1950년대의 거리에 나타났다면 얼마나 큰 혐오감을 일으켰을지 생각해보라. 얼굴을 마음대로 바꿀 수 있는 기술은 단지 미용과 쾌락에만 머물지 않는 수많은 함축들을 가질 것이다. 얼굴을 도용당할 위험이 있는 유명 연예인들은 특허를 내어 자신들의 외모를 관리해야 할까? 외모를 신속하게 바꾸어 정체를 숨길 수 있다는 사실은 법적으로 어떤 의미를 가질까? 우리가 얼굴을 서로 완벽하게 맞바꿀 수 있다면, 개체로서의 자신에 대한 우리의 생각은 어떻게 달라질까? 얼굴은 정체성의 외적인 상징이므로 얼굴의 복제와 교체는 앞 장에서 논한 탈개인화를 가속시키는 또 다른 요인으로 작용할까?

그러나 미래의 공격적인 수술은 피부보다 더 깊은 곳까지 침범하여 더 큰 파장을 불러올 것이 분명하다. 예를 들어 우리의 삶에서 특히 민감한 한 영역을 침범할 것으로 보인다. 과거에 노스캐롤라이나 주의 한 신경외과의가 통증을 없애기 위한 수술 도중에 실수로 전극을 환자 척추의 다른 위치에 이식한 일이 있었다. 그가 전극에 전류를 흘려보내자 환자는 오르가슴을 느꼈다. 이 일화의 핵심은 과학이 성적인 감각을 조작하는 수단을 제공할 수 있으며, 미래에는 그 수단이 더 정교하고 정확해질 것이라는 점이다. 하지만 척추 수술이 오르가슴에 도달하기 위한 이상적인 방법이라고 생각하는 사람은 극소수에 불과할 것이다.

『타임』지의 조엘 스타인은 실제 섹스와 구별할 수 없을 만큼 현실적인 가상경험을 제공하는 기계를, 마치 '성배'와도 같은 그런 기계를 꿈꾼다. 더구나 그 기계는 실제 섹스와 달리 매번 만족을 줄 것이다. 스타인은 공상과학영화 속의 원형적인 장치들, 즉 〈바바렐라Barbarella〉(1968)에 나오는 '기쁨 장치(Pleasure Organ)'와 〈슬리퍼Sleeper〉(1973)에 나오는 '오르가스마트론(Orgasmatron)'*을 언급한다. 스타인은 자신이

* 이 오르가슴 발생 장치는 실제로 2005년 2월 미국의 통증클리닉 전문가인 스튜어트 멜로이(Stuart Meloy) 박사가 발명했다고 발표했다.

지금까지 경험한 인조 성기들과 첨단 통신을 통해 만난 매춘부들은 '역겨웠다'고 말한다. 한편 인터넷을 통해서, 또는 특수 복장을 이용해서 '색다른 섹스 체험'을 제공하려는 다른 시도들도 지난 십 년 동안 거의 발전하지 못했다. 그런 발상들은 먼 미래에나 실현될 것이다.

하지만 오르가스마트론은 매우 현실적인 가능성이다. 연인들은 고성능 통신장치를 이용해서 실제 접촉 없이도 섹스를 하는 느낌을 가질 수 있다. 가상 섹스는 앞으로 몇십 년 안에 가능해질 것으로 보인다. 그렇게 되면 55세 남성이 29세 여성이 되어 가상 섹스를 즐기고, 원하는 만큼 많은 사람들과 집단 섹스를 하는 것도 가능할 것이다. 이런 경험을 위해 필요한 것은 인터넷 연결뿐, 특수한 복장 따위는 요구되지 않는다. 같은 맥락에서 레이 커즈와일은 미래에는 우리 모두가 "원하는 모든 상대와 언제 어디서나 원하는 나이로 몸을 바꾸어 섹스를 할 수 있을 것"이라고 장담한다. 적어도 사이버 세계에서는 '양성애'가 드물지 않은 취향이 될 것이다.

어쨌든 우리는 성적인 삶이 점점 더 가상화되는 것에 크게 놀라지 말아야 할 것이다. 한때 『플레이보이』지의 편집자였던 제임스 피터슨은 "모든 기술 각각이 섹스와 관련된 귀결을 가진다"고 말한다. 전화와 비행기, 그리고 현재의 인터넷이 모두 새로운 섹스 체험의 원천이나 수단으로 이용될 수 있다. 우리는 이미 섹스 채팅이나 라이브 쇼 등의 많은 쌍방향 섹스 체험을 즐길 수 있다. 어쩌면 레이 커즈와일이 상상한 성적인 환상을 위한 첨단 특수 복장도, 비록 우리가 그것을 실재세계에서 사용하는 일은 없을지라도 쉽게 폐기할 수 없는 발상인지도 모른다.

그러나 더 흥미로운 사안은 오르가슴의 순간 외의 시간에 우리가 느끼는 것들과 관련된다. 많은 경우에 섹스는 강렬한 욕망을 충족시키는 것을 넘어서 더 큰 인간적인 욕구를 만족시킨다. 파트너와의 결합에서 나오는 성적 쾌감 외에 다른 감정들이 소중하기 때문에 우리 대부분이 자위행위나 우발적인 하룻밤의 섹스보다 진정한 성적인 관계에 더 큰 가치를 둔다는 사실을 부정하는 사람은 거의 없을 것이다. 오르가슴보다 더 포괄적이고 온화하고 복잡한 느낌을 주는 행위의 예로 입맞춤을 들 수 있다. 입맞춤은 당신에게 따스함과 결속감을 느끼게 해준다. 당신은 파트너와 호흡을 교환하면서 하나가 된다. 매춘부들이 대개 고객과 입맞춤을 하지 않는다는 사실은 우연이 아니다. 어쩐지 입맞춤은 너무 친밀하게 느껴지는 것이다.

그렇다면 미래에 입맞춤은 어떻게 될까? 컴퓨터 위에 입맞춤 기계가 앉아 있는 것은 상상하기 어려울뿐더러 상상한다 하더라도 비참한 느낌을 준다. 그러나 정말 큰 문제는 미래에도 입맞춤의 욕구가 여전히 존재할지 여부이다. 우리는 타인과 공감하는 능력을 잃고 마치 자폐아처럼 무력하게 고립되거나 기껏해야 끝없이 반복되는 사이버 연애에 빠져 더 깊은 욕구와 기쁨을 완전히 상실할지도 모른다. 이런 생각을 하면 미래의 세대들이 20세기에 태어난 우리들과 동일한 감성적 욕구를 가질지를 진지하게 묻지 않을 수 없다. 첨단 기술의 세계도 없앨 수 없는 인간의 본성 같은 것이, 정신을 흔드는 그 어떤 정보기술도 충족시킬 수 없는 욕구들이 정말로 존재할까? 우리는 태평하게 앉아만 있을 수 없다. 우리의 정신은 쌍방향 도로이다. 새로운 기술들을 우리 자신이 어떻게 보게 될지 우리가 숙고할 수 있는 것과 마찬가지로 그 새로운 기술들은 우리가 세계를 보는 시각에 영향을 미칠 것이다.

한 가지 가능성은 실리콘 장치를 뇌에 이식하여 우리의 사고 방식을 직접 조작하는 것이다. 이미 그런 이식은 마비 환자들의 삶의 질을 향상시키는 놀라운 능력을 발휘하고 있다. 에모리 대학의 신경과학자 필립 케네디와 신경외과의 로이 베케이는 뇌의 표층인 피질의 운동 관련 구역에 전극을 이식했다. 그런데 전극은 금속 조각이 아니라 영양물질 용액이 포함된 유리관이다. 영양물질은 뉴런의 성장을 돕고 그 성장이 이식 위치를 향해 일어나도록 유도하는 단백질들이다. 그러므로 뉴런들은 전극 주위로 모여들고 불과 몇 주 후에는 전극에 닿는다. 이제 유리 전극 속에 있는 회로는 뉴런에서 나오는 신호를 포착하여 환자의 머리 외부에 달린 수신기와 증폭기로 전송할 수 있다. 수신기와 증폭기는 머리에 감긴 유도 코일에서 전력을 얻는다. 훈련을 하면 놀랍게도 완전히 마비된 환자도 '의지'에 따라 컴퓨터 스크린 상의 커서를 이동시키고 멈출 수 있다.

쥐도 그런 염력을 가질 수 있다. 필라델피아에 있는 하네만 의과대학의 존 채핀은 쥐들에게 손잡이를 누르는 훈련을 시켰다. 쥐들이 임무를 수행할 때 뇌 속에 있는 전극을 통해서 뇌 활동의 패턴이 분석된다. 그 패턴은 로봇 팔을 조종하는 컴퓨터에 입력된다. 어떤 쥐들은 손잡이를 직접 누르지 않고 다만 누르는 행동을 '의도'하기만 해도—그 의도에 의해 발생한 정신적 활동의 패턴이 로봇 팔을 움직인다—손잡이가 내려가 먹을 물을 얻을 수 있다는 것을 알게 되었다. 현재 로봇 팔의 움직임은 단순하지만, 최종 목표는 3차원적인 움직임을 구현하는 것이다. 하지만 이런 기술이 인간에게 폭넓게 적용되려면 아직 많은 발전이 이루어져야 한다. 더 안전하고 견고한 시스템이 필요하고 훨씬 더 복잡한 장치들도 필요하다.

신경영양전극과 다중전극배열은 뇌졸중이나 척추 손상으로 인해 행동이 불편한 사람들에게 진정한 희망을 줄 것이다. 그러나 어떤 이들은 그런 이식기술이, 로봇 팔을 움직이는 쥐의 경우처럼 마비되지 않은 사람들에게도 사용될 가능성을 염려한다. 염려와 금기의 벽이 무너지면 뇌는 오늘날 우리의 이메일 박스처럼 무차별적인 입력에 노출될 것이다. 그러나 이런 조급한 상상에 근거한 공포를 무색하게 만드는 더 큰 공포는 뇌를 인터넷에 직접 연결하는 기술에 의해 야기된다. 그 기술은 앞으로 25년 정도 안에 실현될 것으로 보인다. 월트 디즈니 상상공학사(社)의 브랜 페렌은 『뉴욕 타임스』에 실린 한 기사에서 이렇게 말했다. "당신이 사적인 공간을 벗어나지 않으면서도 모든 언어를 이해하고 모든 재미있는 이야기를 기억하고 모든 방정식을 풀고 최신 뉴스를 얻고 가계부를 정리하고 타인들과 대화하고 출판된 모든 책을 거의 즉시 얻을 수 있다고 상상해보라."

그러나 이런 행복한 상상은 실현될 가능성이 더 높은 부정적인 측면들을 간과한다. 오늘날의 무차별적인 스팸 메일들이 당신의 신경회로에 직접 주입된다면 어떨까? 사실상 그런 공격적인 마케팅은 지금도 존재한다. 당신의 인터넷 사용 기록은 당신을 유혹할 수 있는 상품이 무엇인지에 대한 정보를 끊임없이 제공한다. 음흉한 광고들이 선택된 소비자의 뇌 속에 직접 메시지를 주입할지도 모른다. 그때 당신이 그런 마케팅에 대항하여 내세울 수 있는 논리는 인간의 관심을 사로잡는 것이 일종의 절도 행위라는 것 정도밖에 없을 것이다.

하지만 이 암울한 상상이 실현될 가능성은 낮아 보인다. 뇌수술을 꺼리는 조심성은 제쳐두더라도, 또한 염력을 얻는다는 것이 대단히 멋진 일이라 하더라도, 생각을 직접 주입하는 것을 가능케 하는 이식기술이 실용화되기는 어려울 것이다. 첫째, 행동을 최종적으로 촉발하는 뇌의 작용과 행동을 낳거나 낳지 않는 복잡한 생각 사이에는 큰 차이가 있다. 신경영양전극 속으로 성장해 들어가는, 또는 다중전극배열에 의해 자극을 받는 뉴런은 상대적으로 소수에 불과하다. 더욱 결정적인 사실은 뇌에서 나오는 출력이 본질적으로 **수렴적**이라는 것이다. 뇌의 다양한 부분들에서 나온 다양한 요소들과 신호들이 피질의 끝부분인 '운동피질'로 수렴되어 신체의 운동을 일으킨다.

반대로 뇌로 들어오는 입력은 **발산적**이다. 예를 들어 망막을 통해 들어온 시각 신호는 뇌에 의해 색과 형태와 움직임으로 분리되어 각각 개별적으로 30여 개의 구역에서 동시에 처리된다. 입력된 신호가 그렇게 여러 시스템에 의해 동시에 처리되기 때문에, 뇌의 한 구역에 이식한 신호가 광역적인 효과를 발휘한다는 것은 납득하기 어려운 일이다. 이 점은 단순하고 단일한 감각을 주입하는 것이 아니라 추상적인 이메일 내용처럼 다중감각적이고 복잡하고 비물질적인 생각을 주입하려는 시도와 관련해서 특히 중요하다.

그러나 물리적인 세계를 정신으로 조종할 가능성은 여전히 매우 높다. 건강한 사람이 전극 이식수술에 자원하는 일이나 한 사회가 구성원 전체에게 전극을 심어주는 일은 일어나기 어려울 것이다. 그러나 외부세계를 생각만으로 조작하는 기술은 이미 얼마 전부터 이용되고 있다. '알파 트레인(alpha train)'이라는 장난감 기차가 있다. 그 기차는 전류에 의해 작동하는데, 인체의 머리 피부에서 측정하는 뇌 활동 기록, 즉 뇌전도(EEG)에 이완 상태를 의미하는 알파 파가 나타날 때만 스위치가 켜진다. 연구자들은 사람들에게 이완하는 훈련을 시켜 기차를 자유롭게 조종할 수 있게 만들고자 했다. 말하자면 일종의 생물학적 제어기술을 실현하는 것이 목표였던 것이다. 지금은 그런 장치들이 더 다양해졌고 목표도 더 복잡해졌다. 예를 들어 다양한 뇌파 패턴들을 대상을 회전시키는 등의 과제와 연결하는 시도가 이루어지고 있다.

신경생리학자 제시카 베일리스는 행동에 앞서 두개골에 흐르는 미세한 전기신호를 탐지하고 측정하는 데 성공했다. p300 뇌파라 불리는 그 특수한 전기신호를 이용하여 가상현실 공간을 만들 수 있다. 머지않아 거의 보이지 않는 착용식 컴퓨터를 통해서 실재 세계의 사건들을 조종하는 일도 가능해질 것이다. 눈의 움직임이 마우스 역할을 하고 p300 뇌파가 마우스의 단추를 누르는 것과 같은 작용을 할 것이다. 미래의 세대들은 사물들이 보이지 않는 손에 의해 움직이는 세계 속에서 살게 될 것이다. '의지의 힘'이라는 말은 훨씬 더 현실적인 의미를 가지게 될 것이다……

사변적인 물리학자 프리먼 다이슨을 비롯한 몇 사람은 미래에 우리 모두는 신경 텔레파시를 이용하게 될 것이라고 예언했다. 그들이 말하는 것은 어떤 뉴에이지 풍의 신비주의가 아니라 전자 장치와 우리 뇌의 직접적이고 완벽한 접촉이다. 그 접촉은 말과 행동을 불필요하게 만들 것이다. 이런 생각들은 재미있는, 아니 어쩌면 지루한—등장인물들이 말이나 행동을 전혀 하지 않는—공상과학영화에나 어울릴 듯하다. 어쨌든 나는 뇌로 들어오고 나가는 단순한 쌍방향 통로를 만드는 것은 불가능하다고 믿는다. 이미 언급했듯이 뇌로 들어오는 신호는 발산적인 과정을 통해 처리되기 때문에 그런 입력신호를 시뮬레이션하는 일은 매우 어렵다. 또한 어떤 중앙처리를 통해서 발산적 과정을 대체하기도 매우 어렵다. 왜냐하면 그런 중앙처리가 존재하지 않기 때문이다. 반면에 단일한 최종적인 행동의 이면에서 일어나는 수렴적인 신호 처리에 개입하기는 훨씬 쉽다. 다양한 처리 결과들이 집결되어 최종적인 명령이 만들어진 시점에, 즉 그 명령이 근육의 수축으로 변환되기 직전에 개입할 수 있다. 그러므로 외부세계의 대상을 생각으로 조종하는 것은 가능하겠지만, 그 반대 방향의 조작은 불가능할 것이다.

뇌로 들어오는 것을 제어하는 기술은 발산하는 감각 처리 과정의 어느 한 지류에 거칠고 강압적으로 장치나 신호를 이식하는 방법이 아니라 신호가 들어오는 입구 자체를 통제하는 방법으로, 다시 말해서 감각을 자극하는 최초의 실재 입력을 조종하는 방법으로 실현될 것이다. 우리는 결국 가상현실이 '실재' 외부 입력만큼 현실적이고 보편적인 세계 속에서 살게 될지도 모른다. 모든 감각들을 자극하는 사이버 세계를 이용하는 신경 텔레파시는 뇌조직에 전극을 삽입하는 직접적인 개입보다 훨씬 더 효율적으로 우리의 정신과 생각을 조종할 수 있을 것이다.

대안적인 현실로의 이주보다 더 강력한 힘으로 우리의 삶을 침범할 것은 '보강 현실'(augmented reality, AR)이다. AR의 목적은 세계에 대한 당신의 감각지각과 세계 속에서의 성취를 향상시키는 것이다. AR은 오감을 통한 가공되지 않은 입력에 추가 정보를 첨가한다. 당신이 어떤 대상을 보면, 그 대상에 대한 설명과 정보가 함께 나타난다. 결국 당신은 실재 세계와 가상적인 첨가물을 구분할 수 없게 된다. 중요한 것은 당신이 눈앞에 보이는 대상들에 대해서 더 많이 알게 될 것이라는 점이다.

AR의 원시적인 예로 관광객을 위한 실시간 정보 서비스를 들 수 있다. 첫 세대의 AR은 소수의 일반적인 사실들을 획일적으로 제공하지만, 두번째 세대의 AR은 사용자에 맞게 개인화될 것이다. 예를 들어 여행 정보 서비스는 사용자 개인의 욕구와 취향에 맞게 정보를 강조하거나 생략할 것이다. AR이 활용될 수 있는 또 다른 분야로 외과수술이 있다. 뇌수술을 받는 환자의 머리에 수술 위치가 표시된 뇌의 지도가 겹쳐지는 것을 상상해보라. 또는 군사용—전투기 조종사가 보는 지형에 정보를 첨가할 수 있다—이나 공학적인 설계에 활용되는 AR도 생각할 수 있다. 설계도를 볼 때 생산이나 유지나 보수와 관련된 핵심 위치들이 강조되어 보이도록 할 수 있을 것이다. 또 다른 활용 가능성으로 시각장애인을 위한 길 안내 시스템도 있다. 현재 사람들의 관심은 AR을 우리의 일상생활에 접목시킬 가능성에 집중되어 있다. 과학자들은 이미 마우스를 간단한 손가락 추적 장치로 대체했으며, 안경 등에 내장할 수 있는 착용식 컴퓨터에 사용할 목적으로 얼굴 인식 장치를 개발 중이다. 2010년경이면 대량생산된 AR 장치가 시중에 나와 '21세기의 워크맨'이 될 것이라는 예언도 있다. 그 장치는 평범한 안경 모양으로 양옆에 있는 광원에서 사용자의 망막으로 영상을 투사한다.

궁극적으로 AR은 일상적인 감각을 보완하는 수준을 넘어서 교육에서 유희까지 삶의 모든 영역에서 활용될 것이다. 언어를 배우고 사용할 때, 약자와 유의어를 설명하고 비속어를 걸러내고 좋아하는 배우의 목소리로 글을 읽도록 만들 수 있다. AR 장치는 번역자만 아는 문장의 의미를 독자에게 전달할 수도 있을 것이다. 비 오는 날에는 기분전환을 위해 오로라나 유성이나 초신성을 보여줄 수 있을 것이다. 또한 실시간 영상 필터를 이용하여 당신이 보는 사람들의 얼굴에 있는 주름이나 여드름을 제거할 수도 있고 심지어 표정을 바꿀 수도 있을 것이다. 모든 색을 밝고 선명하게 볼 뿐만 아니라 감각들을 '자연적인' 수준 이상으로 강화할 수도 있다. 당신은 초음파를 듣고 엑스선을 볼 수 있을 것이며 전파를 가시광선으로 변환할 수도 있을 것이다. 또한 잘 드러나지 않는 질병이 발생했을 때 매우 분명한 인공적인 증상이 나타나도록 만들 수 있을 것이다. 예를 들어 호르몬 수치가 낮아지거나 혈압이 올라갔을 때 발톱이 녹색으로 변하도록 만들어서 자연적으로는 별다른 증상이 없는 그런 위험한 변화를 즉각 알아차리게 할 수 있을 것이다.

인공지능 전문가인 레이 커즈와일은 뇌 활동을 관찰하는 데 AR을 이용하는 것을 생각했다. 그는 2020년경에는 우리 모두가 뉴런 연결망 사이를 돌아다니면서 뇌의 연결 구조와 화학적 상태를 보고하는 나노로봇을 이용하여 뇌의 내부를 관찰할 수 있으리라고 예언한다. 그 나노로봇은 매순간 어느 연결망의 어느 부위가 활동하는지 보고할 것이다. 그러나 커즈와일이 간과한 큰 문제는 그 로봇이 보고한 자료를 어떻게 해석할지의 문제이다. 더구나 그 해석은 모든 개인에 대해 각각 달라야 할 것이다!

어쨌든 의식이 있는 인간의 살아 있는 뇌에 일종의 창을 만들어 관찰을 가능하게 만든다는 생각은 새로운 것이 아니다. 뇌 스캔은 약 20년 전부터 신경과학자들에게 소중하고 또한 익숙한 기술이 되었다. 최초의 화상 기법인 PET(positron emission tomograpy, 방사단층 촬영법)의 목적은 특정한 과제를 수행할 때 가장 활발하게 활동하는 뇌의 부분을 알아내는 것이었다. 고에너지 감마선이 뇌에서 나와 피검사자의 머리 주위에 배열된 센서들을 때린다. 센서들은 컴퓨터와 연결되어 있으며, 포착된 활동 부분은 스크린 속의 뇌지도 상에서 밝게 빛난다. 감마선은 방사성 물질에서 방출되는 양전자와 뇌 속의 전자가 충돌할 때 발생한다. 이용되는 방사성 물질은 대개 방사선을 방출하도록 처리된 산소나 포도당이다. 이 물질들은 뇌세포의 활동에 필수적인 연료이기 때문에 뇌에서 활동이 가장 활발한 부분에 집중되어 나타난다. 이 기법의 유일한 단점은 특수하게 처리된 산소나 포도당을 먼저 혈관에 주입한 후 관찰하는 방식이기 때문에 그 물질들이 뇌에 도달하기까지 시간이 지체되는 것을 막을 수 없다는 점이다. 따라서 뇌가 활동하는 시점과 그 활동이 포착되는 시점 사이에 간격이 발생한다. 그렇게 시간적 해상도가 낮기 때문에 스크린 속의 영상은 뇌의 실제 활동보다 몇 분 정도 지연되어 나타난다. 그러므로 PET는 지속적인 과제 수행이나 조건에 임한 뇌를 관찰하는 데는 유용하지만 뇌의 순간적인 상태를 직접 포착할 수는 없다.

PET와 달리 물질을 주입할 필요가 없는 또 다른 기법으로 fMRI (functional magnetic resonance imaging, 기능적 자기 공명 영상법)가 있다. 이 기법도 활발히 활동하는 뇌의 구역이 산소와 포도당을 더 많이 요구한다는 사실을 이용한다는 점에서는 PET와 다르지 않다. fMRI의 원리는 산소를 뇌에 공급하는 헤모글로빈의 변화를 탐지하는 것이다. 자기장 속에 놓인 원자핵들은 약한 전파신호를 방출한다. 그 신호의 세기는 헤모글로빈이 운반하는 산소의 양에 따라 달라지고, 따라서 뇌의 활동 정도를 알려주는 표지 역할을 한다. 그 표지를 통해서 우리는 1~2밀리미터 크기의 정사각형 구역을 짚어낼 수 있을 만큼 정확하게 뇌의 활동을 관찰할 수 있다. 그러나 이 기법에서도 몇 초의 시간 지체가 일어난다. 뇌 활동의 시간단위가 1초 이하라는 것을 생각할 때 몇 초의 지체는 너무 크다고 할 수 있다.

뇌 활동만큼 빠른 세번째 기법으로 MEG(magneto-encephalography, 뇌자기도 촬영법)가 있다. 이 기법은 뇌세포들이 전기신호를 산출할 때 발생하는 자기장의 미세한 변화를 포착한다. 현재 이 기법의 시간단위는 천분의 1초 정도이다. 그러나 한 가지 문제점은 뇌 속으로 깊이 들어갈수록 자기장을 탐지하기가 더 어려워진다는 것이다. 또 다른 단점은 개별 뇌세포나 뇌세포의 집단을 보여줄 때 정밀도가 fMRI에 비해 크게 떨어진다는 사실이다. 이런 단점들을 극복하기 위해 시간적으로 신속한 MEG와 공간적으로 정밀한 fMRI를 함께 사용할 수 있을 것이다. 그러나 그렇게 하더라도 1초 이내의 시간 동안 함께 활동하는 뇌세포들의 소규모 연결망을 관찰할 수는 없다. 그런 관찰을 위해서는 아직 많은 발전이 필요하다.

하지만 실험 단계에서 이미 거의 완성된 빠르고 정확한 이상적인 관찰 기법도 있다. 그 기법은 뇌세포가 활동하면 빛을 내는 광학적 색소를 이용한다. 신경과학자들은 이미, 예를 들어 쥐의 뇌세포 한 개가 백만 분의 1초 정도의 시간 동안 활동하는 것을 탐지할 수 있다. 우리가 이렇게 정밀하게 뇌를 관찰하여 느린 속도의 동영상을 만들면, 수십만 개의 세포들이 함께 활동하고 만분의 1초 이내에 갑자기 활동을 멈추는 것을 볼 수 있을 것이다. 인간에게 사용되는 현재의 기법들로는 그런 동영상을 만드는 것이 전혀 불가능하다. 그러나 현재 실험 중인 그 '광학적 영상' 기법은 독성이 있는 색소를 사용하기 때문에 병원이 아닌 실험실에서만 사용될 수 있다.

현재의 과제는 색소 기법만큼 신속하지만 독성은 없는 기법을 개발하는 것이다. 이상적인 방법은 혈류에 의지하지 않고 뉴런에서 발생하는 전압을 직접 포착하는 것이다. 어쩌면 이제 세부적인 문제만 남았는지도 모른다. 예컨대 뉴런의 막에서 일어나는 전압의 변화를 광학적 영상 기법처럼 신속하게 포착하고 fMRI처럼 안전하게 검출하는 기법을 개발할 수 있을 것이다. 어쨌든 10년 정도 후에 우리가 깨어 있는 인간의 뇌 활동을 정밀하게 관찰하고 피관찰자의 행동과 생각과 느낌을 활동하는 뉴런들의 특정한 분포와 연결할 수 있으리라는 예언은 터무니없는 것이 아니다. 그러나 우리가 그런 관찰을 통해서 뇌의 활동 방식에 대해 무엇을 알게 될지는 또 다른 문제이다. 특정 구역의 뉴런들이 어떻게 활동하고, 그 활동이 전체적인 뇌 기능의 틀 속에 어떻게 편입되는지를 이해하려면, 어떤 과제를 수행할 때 특정한 구역이 활동한다는 사실 외에도 더 많은 것을 알아야 할 것이다.

그러나 레이 커즈와일과 프리먼 다이슨을 비롯한 몇 사람은 10년이나 20년 내에 매우 극적인 변화가 일어날 것이며 우리가 뇌를 이해하는 방식이 훨씬 더 근본적으로 발전할 것이라고 예언한다. 성가신 외부 장치를 이용하지 않고 뇌 속의 나노로봇을 이용하는 안전한 뇌 관찰 기법이 개발되면, 관찰 비용이 낮아지고 따라서 더 많은 사람들이 훨씬 더 자주 뇌를 관찰하게 될 것이다. 이런 발전이 계속되면 결국 두 가지 귀결이 가능해질 것이다. 첫째, 우리의 뇌를 항상 관찰할 수 있을 것이며, 그 관찰 자료를 관심이 있는 제3자 모두에게 제공할 수 있을 것이다. 두번째 귀결은 더욱 불길하다. 어떤 것을 쉽게 관찰하고 해석할 수 있다면 그것을 조작하는 것은 식은 죽 먹기이다. 우리는 뇌의 특정 상태가 왜 특정한 심리 상태를 일으키는지 모르더라도 뇌를 인위적으로 특정 상태로 조작하여 원하는 심리 상태를 만들 수 있을 것이다. 이것은 한정된 영역만 자극하는 국지적인 이식을 통해서 생각을 조작하려는 시도와 전혀 다르다. 이 경우에는 뇌 전체가 조작의 대상이 되기 때문이다.

'뇌를 정확하게 조작하는 것이 가능할까'라는 매우 중요한 질문과 관련해서 우리의 상상을 더 심화해보자. 언젠가는 우리가 뇌 속의 정보를 내려받아 칩이나 CD에 저장할 수 있게 될지도 모른다. 결국 우리는 개인의 정신을 디지털 기술로 복제하게 되지 않을까? 그 복제본은 뇌를 탄생시킨 생물학적 원리들로부터 완전히 자유로울 것이다. 마이크로소프트 사의 짐 그레이는 한 사람의 일생 전체를 디지털 영상으로 수록하는 데 계산의 양도 비용도 문제가 되지 않을 것이라고 내다본다. 오히려 문제는 그 정보를 검색하고 선별하고 분석하고 조직화하는 일에 있을 것이다. 사실상 문제는 더 심층적이다. '정보'라는 말이 가리키는 것은 정확히 무엇일까? 헤이스팅스 전투의 날짜에 대한 기억을 정보로 간주하는 것에는 아무 문제가 없다. 그러나 어떤 사건, 예를 들어 내가 지난여름 해변에서 보낸 하루에 대한 기억 속에 담긴 정보들과 관련해서는 문제가 훨씬 더 까다로워서 그 정보들을 내려받는다는 발상이 위태로워진다.

예를 들어 당신이 그날 해변에 있었던 내가 기억하는 한 장면을 입수했다고 해보자. 당신의 스크린 속에 그 장면이 있다. 바람이 심하고 황량한 해변의 모래밭에 긴 그림자들이 드리웠다. 물론 당신은 내가 어느 날에 그 장면을 보았는지 쉽게 알아낼 수 있고, 아마도 그때가 아침이었는지 혹은 저녁이었는지도 알아낼 수 있을 것이다. 그리고 그 장면은 당신에게 또 무엇을 말해줄까? 해변으로 밀려왔다 빠져나가는 파도 소리와 갈매기의 울음을 보충하고 신선한 공기와 염분의 냄새까지 보충한다 해도 당신은 나의 개인적인 기억을 공유할 수 없을 것이다. 내가 그 장면을 회상한다면, 보이지 않는 나 자신도 그 장면 속에 함께 있을 것이기 때문이다. 그날 밤에 대한 나의 은밀한 소망과 내가 그곳에 있는 이유, 휴가가 필요하다는 생각으로 야기된 여러 느낌과 기분과 성향, 다음날 도시로 돌아갈 것이라는 예상, 일생 동안 쌓인 문화적 관습과 선입견에 기반을 둔 휴가와 도시와 해변과 고독에 대한 나의 일반적인 생각 등이 함께 있을 것이다. 그러므로 당신이 그 장면에 대한 나의 개인적인 기억을 공유하려면 나의 생애 전체에 관한, 따라서 나의 다른 기억들 거의 모두에 관한 엄청난 양의 추가 정보도 내려받아야 할 것이다. 또한 그 추가 정보는 더 일반적인 가치관과 전제들 속에 놓여야 할 것이다.

그러나 당신이 그 모든 정보를 입수한다 하더라도 그날에 대한 나의 개인적인 느낌을 어떻게 알겠는가? 당신은 나의 뇌 속에 있는 정보 외에도 나의 호르몬과 면역계의 상태를 비롯해서 나에 관한 모든 것을 내려받아야 할 것이다. 더 까다로운 문제는 그날에 대한 나의 태도가 내 삶이 진행되는 가운데 계속 변해왔고 따라서 기억이 내 태도의 변화에 따라 수정되어왔다는 점이다. 당신은 이 문제를 어떻게 해결할 수 있을까? 당신은 어느 시점에서 나의 기억을 입수할 것이며, 그날 해변에서 나의 느낌이 어떠했는지를 어떻게 정확히 알겠는가? 사이버 전기 작가인 당신은 내 기억의 본질을 꿰뚫을 수 없을 것이다. 왜냐하면 내가 해변에서 보낸 그날은 독립적이고 객관적인 현실로 존재하지 않기 때문이다. 그날을 '정보'로 환원하는 것은 불가능한 일이다.

우리가 뇌 속의 모든 정보를 인공적인 시스템으로 옮기는 강력한 기술을 가지고 있다 할지라도, 그 정보가 이용되는 방식과 관련해서 그 인공적인 시스템은 뇌와 다를 것이다. 중요한 점은 뇌에서는 하드웨어와 소프트웨어가 사실상 동일하다는 사실이다. 뇌세포의 크기와 모양은 뇌의 작용 방식을 결정하는 요소이다. 이 물리적인 특징들은 뇌가 입력되는 전기적인 자극을 명확히 구별되는 신호로 변환하는 과정의 효율성을 결정한다. 산출되는 신호는 최대 10만 개의 다른 신호들 속에 섞여서 곁에 있는 다른 뉴런에 입력된다. 그러나 뉴런의 크기와 모양은 매우 역동적이고, 다른 뉴런에게서 받은 자극의 세기에 비례하여 결정되는 뉴런의 활동 정도에 따라서 변한다. 그러므로 뉴런들과 그것들의 연결망의 물리적인 특징인 하드웨어는 뇌가 특정한 작용을 할 때 일어나는 뉴런들의 활동인 소프트웨어와 분리할 수 없다. 우리가 '뇌와 똑같은' 혹은 뇌보다 나은 기계를 제작하려 한다면, 뇌에서는 이렇게 구조와 기능이 한데 얽혀 있다는 사실을 명심해야 한다.

미래의 인공적인 뇌와 관련해서 서로 전혀 다른 두 가지 목표를 설정할 수 있다. 첫번째 목표는 우리의 뇌보다 처리 속도가 빠른 인공적인 뇌를 만드는 것이다. 이를 양적인 목표라 할 수 있을 것이다. 한편 두번째 목표는 우리의 뇌가 하는 일과 똑같은 일을 더 우수하게 하는 인공적인 뇌를 만드는 것이다. 이는 **질적인** 목표로서 **양적인** 목표의 달성이 반드시 질적인 목표의 달성으로 이어지는 것은 아니다.

먼저 더 간단한 양적인 목표를 논하자. 뇌와 관련된 대부분의 연구과제와 달리 뇌의 단순한 처리 능력은 쉽게 측정하여 현재와 미래의 컴퓨터와 비교할 수 있다. 레이 커즈와일에 따르면 2019년에는 불과 천 달러에 인간의 뇌와 맞먹는 처리 능력을 살 수 있을 것이다. 한스 모라벡은 특히 시각적인 처리와 관련해서 컴퓨터 능력의 향상을 평가했다. 1MIPS(초당 백만 개의 명령)의 처리 능력을 가진 컴퓨터는 주어진 그림에서 실시간으로 단순한 특징들을 포착할 수 있다. 이를테면 얼룩덜룩한 배경 속에 있는 흰 점을 찾아낼 수 있다. 10MIPS의 처리 능력을 가진 컴퓨터는 다양한 밝기의 회색 점을 식별할 수 있다. 이런 능력은 이미 스마트 폭탄과 크루즈 미사일에 활용되고 있다. 100MIPS의 처리 능력이 있으면 도로망과 같이 예측하기 어려운 대상들을 파악할 수 있고 1,000MIPS의 처리 능력이면 해상도가 낮은 3차원 지각이 가능하다. 더 나아가 10,000MIPS의 처리 능력을 가진 컴퓨터는 어지럽게 놓인 3차원 대상들을 식별할 수 있다. 로봇이 인간의 망막에 뒤지지 않는 정확한 시각을 가지려면 1,000MIPS의 처리 능력이 필요하다.

인공지능이 발전하기 위해서는 그 정도의 능력을 구하기가 더 쉬워져야 한다. 1억 MIPS로 뇌를 이루는 천억 개의 뉴런을 시뮬레이션할 수 있다면, 한 개의 뉴런은 초당 천 개의 명령을 처리하는 능력에 상응할 것이다. 그러나 그 능력만으로 충분하지 않다. 왜냐하면 뉴런은 초당 최대 천 개의 전기신호를 산출할 수 있기 때문이다. 중요한 일은 속도에 대한 기억 능력의 비율을 향상시키고 더 적은 에너지로 더 빠르게 작동하며 관성이 작은 소형화된 부품들을 더욱 발전시키는 것이다.

그러나 15년 내에 인간 수준의 인공지능이, 더 정확히는 인공적인 '처리 능력'이 개발되어 인간의 사고 작용보다 백 배 빠르게 작동하게 될 것이라는 예언도 있다. 그렇게 되면 기억이 아니라 속도가 한계 요인이 될 것이다. 인간 뇌의 처리 능력은 1억 MIPS에서 천억 MIPS까지 가변적인 듯이 보인다. 상대적으로 오늘날의 고성능 PC의 처리 능력은 1,000MIPS이고 가장 강력한 슈퍼컴퓨터의 능력은 천만 MIPS이다. 2005년에 완성될 IBM의 블루진(Blue Gene)은 10억 MIPS에 도달할 것이다.

그러나 속도가 전부는 아니다. 2005년의 블루진이 10년 후에 초인간적인 인공지능으로 발전할 것이라는 단순한 생각은 타당하지 않다. 기본적으로 단순한 물리적 한계를 극복할 길이 없어 보인다. 훗날 인텔사의 공동창립자가 된 고든 무어는 1964년에 그의 이름을 따서 명명된 법칙을 발표했다. 오늘날 유명해진 그 법칙은 1제곱인치 속에 들어가는 트랜지스터의 개수가—따라서 처리장치의 속도가—매년 두 배로 증가할 것이라고 예언했다. 그후 매년은 매 18개월로 수정되었다. 그러나 무어의 법칙은 결국 폐기될 수밖에 없을 것이다. 왜냐하면 정보를 저장하고 처리하는 칩의 크기에 물리적인 한계가 있기 때문이다. 어떤 이들은 2007년이면 현재의 실리콘 기술이 한계에 도달할 것이라고 예언한다.

바로 이런 맥락에서 컴퓨터와 뇌의 작용의 **질**에 대한 논의가 대두된다. 인공적인 뇌를 만드는 노력 속에서 우리가 실제로 만들고 있는 것은 무엇일까? 커즈와일 등의 양적인 논증들은 대체로 문제의 핵심을 비껴간다. 단순히 MIPS를 세는 것은 뇌를 정보 분쇄기 정도로 보는 것과 같다. 그러나 뇌는 절대로 그런 단순한 기계가 아니다. 생물학적인 뇌와 유사한 참된 인공적인 뇌는 카오스적인 화학적 전기적 사건들과 그로부터 발현하는 복잡한 속성들을 포함해야 할 것이다. 물리적 한계가 극복되어 무어의 법칙이 타당성을 유지한다 하더라도, 또한 우리가 눈을 낮추어 인간의 뇌와 전면적으로 경쟁하는 기계를 포기하고 더 낮은 수준의 인공지능을 추구한다 하더라도, 그런 인공지능이 과연 무엇을 할 수 있을까? 한 가지 방법은 기반에 있는 분자적 생화학적 기제를 무시하고 우리 뇌의 거시적인 특징—연결을 강화함으로써 학습하는 능력—을 모방하는 데 집중하는 것이다. 실제로 이 방법은 스티브 그랜드의 루시 개발에서 채택된 전략이다. 그랜드 이후에 등장한 닉 보스트롬*과 레이 커즈와일을 비롯한 많은 인공지능 연구자들은 컴퓨터가 반복적인 경험을 통해 뉴런 연결을 강화함으로써 가장 효율적으로 학습할 수 있다고 믿는다. 기계의 학습과 관련해서 결정적인 조건은 기계를 감독하지 않는다는 것이다. 감각은 비디오카메라와 마이크와 촉각 센서로 쉽게 시뮬레이션할 수 있을 것이다.

한편 이고르 알렉산더는 이 '연접부 하중 변화' 방법이 뉴런 모형에

* Nick Bostrom, 스웨덴 출신으로(스웨덴 이름은 Boström) 옥스퍼드 대학 철학과 교수이다.

서 구현할 수 있는 여러 학습 방법 중 하나에 불과하다고 지적한다. 스스로 제작한 시뮬레이션에서 그는 50여 종의 뉴런을 사용하는데 그 뉴런들 전체가 학습을 하지는 않는다. 학습하는 뉴런들 속에서 어떤 학습은 점진적으로 이루어지는 것이 아니라 인간의 뇌에서처럼 '단번에' 이루어진다. 사실상 인간의 뇌는 경험을 통해 연접부를 강화하는 단순한 알고리즘 외에도 훨씬 더 많은 다양한 방식으로 학습할 수 있다. 우리가 미시적인 세포의 변화를, 하드웨어와 소프트웨어의 끊임없는 상호작용을 무시한다 하더라도, 단순한 뉴런 연결망을 넘어서 3차원적인 뇌를 구현하는 과제가 우리를 막아선다. 뇌는 균질적인 백지가 아님을 상기하라. 현재까지 잘 이해되지 않은 거시적인 규모에서 뇌의 해부학적인 부분들은 세분된 고유의 기능을 가진다.

그 부분들의 정교한 구조가 어떻게 조화를 이루어 뇌 기능을 발생시키는지는 아직까지 미지의 영역이다. 예를 들어 뇌의 표층인 피질은 구역마다 기능이 다르다. 피질은 균질적인 것처럼 보이지만 어떤 구역들은 특정 감각과 분명하게 연결되고, 또 어떤 구역들은 기억 및 사고와 관련된 '연상' 기능과 연결된다. 내가 개인적으로 고민하는 수수께끼는 왜 피질의 한 부분에 도달한 전기신호는 시각적인 경험을 낳고 다른 부분에 도달한 전기신호는 청각적인 경험을 낳을까이다. 물리적 세계 속의 전자기파나 음파가 망막이나 달팽이관에 의해 전기신호로 변환되고 나면 뇌는 그 둘을 구별할 근거가 없을 것이다. 그런데도 뇌는 구별을 한다. 어떤 이들은 감각경험의 유형이 피질의 구역들과 뇌의 다른 영역들의 연결 상태에 의해 결정된다고 주장했다. 그러나 그 주장은 문제를 해결한다기보다 뒤로 미루는 대답임에 분명하다. 어떤 연결은 시각을 낳고 다른 연결은 전혀 다른 경험을 낳는 이유는 무엇인가? 전기적인 특징이 동일한 두 신호가 어떻게 내적으로 서로 다를 수 있을까? 이 수수께끼에 대한 대답의 한 가지는 분명 환경과의 상호작용일 것이다. 시력을 잃은 사람들의 경우 시각피질의 세포들은 점자를 읽을 때 얻는 촉각적인 자극에 반응한다. 또한 소리를 보고 색을 듣는 공감각 현상도 드물게 존재한다. 이런 현상들은 뇌 기능들의 구역화가 전혀 엄격하지 않음을 증명한다.

이런 논의가 인간의 것과 더 유사한 뇌를 만드는 데 어떤 도움을 줄까? 대부분의 신뢰할 수 있는 뇌 모형 제작자들과 마찬가지로 스티브 그랜드는 뇌 속에 있는 화학물질의 중요성을 인정했다. 그는 자신의 시스템에서 '처벌 화학물질의 수위'를 조절하며, '단순히 화학적 수용기들의 변수를 한계점에 맞추고 필수 화학반응들을 정의하는' 방식으로 잠을 모형화한다. 그러나 화학물질 자체는 뇌의 독립적인 성분이 아니며—중요한 것은 화학물질들이 뇌 세포의 상태를 어떻게 바꾸는지이다—동일한 화학물질도 뇌의 어느 부분에서 작용하느냐에 따라서 작용이 달라질 수 있다.

아직 가설이긴 하지만, 새로운 나노과학의 기술을 이용하는 또 다른 방법도 있다. 그 기술은 물질의 구조를 통제하는 획기적인 능력을 제공할 것이다. 이론적으로 보면, 나노과학은 뇌 속의 모든 뉴런과 연접부의 위치를 파악하고 관찰과 복사가 가능한 지도를 만들 수 있게 해줄 것이다. 그러나 인간 게놈 프로젝트와 마찬가지로 이 기술도 인간의 인지 기능에 대한 앎을 전혀 요구하지 않을 것이다. 따라서 우리가 얻을 결과물은 두드러진 특징들을 추출하고 나머지를 버려 만든 모형이 아니라 뇌의 유사물, 즉 실제 뇌와 전혀 구별할 수 없는 인공적인 뇌일 것이다.

그러나 많은 사람들의 판단에 따르면 나노과학의 성취는 화학의 근본 법칙들과 물질을 이루는 기초적인 결합 방식들을 바꾸는 불가능한 일이 일어나야만 가능해진다. 그러므로 우리가 곧 생물학적인 뇌의 유사물을 제작할 것이라는 기대를 버리고 더 현실적인 시각으로 인공적인 뇌에 대해—생물학적인 뇌의 모형이나 추상화에 대해—생각하는 것이 이론적인 이유에서 또한 실천적인 이유에서 최선일 것이다. 그렇다면 이제 인공적인 뇌를 구현하는 강력한 시스템들이 독창적인 사고와 의식에서 우리와 경쟁하게 될 것인가, 라는 커다란 질문이 제기된다. 그 시스템들은 과연 질적인 차원에서 우리와 동등해질까?

이 질문에 대한 대답과 상관없이 양적인 차원에서 매우 분명한 것은 컴퓨터가 단순한 처리 능력에서 우리를 곧 능가할 것이라는 사실이다. 물론 이 예측은 우리가 정보 저장과 관련된 물리적 한계를 극복한다는 것을 전제로 한다. 처리 능력에서 우리를 능가한 컴퓨터들은 인간보다 더 효율적으로 기계를 제작하면서 자체적으로 진화할 것이 분명하다. 기계들은 또한 기술의 다른 영역들을 가속적으로 발전시킬 것이다. 컴퓨터들이 음성을 통한 의사소통 능력을 갖추면, 인터넷이 수백만의 말하는 기계들의 연결체인 '초기계(Machine)'로 대체될지도 모른다. 초기계는 2011년에 사용자의 관심과 기호를 파악하는 능력을 얻고, 2021년에는 모든 회사의 경영을 장악하여 수요와 공급이 완벽한 균형을 이루도록 만들 것이다. 어떤 의미에서 컴퓨터들은 지구 전체를 장악할 것이다.

그러나 말할 것도 없이 자동화된 기계들은 자율적이지도 독자적이지도 않다. 물론 전기공학자 케빈 워릭이나 미래학자 이언 피어슨 같은 사람들은 우리의 삶을 편리하게 만드는 노예 시스템이 아니라 독립적인 정신을 가지고 과제를 수행하는 기계—어느 정도 독립적이지만 궁극적으로는 인간의 지시를 받는 실리콘 시스템—가 등장할 것이라고 예언한다.

"기계들은 아마도 2020년에 인간의 지적인 능력 전반을 능가하고 인간과 똑같이 감정을 가지게 될 것"이라고 피어슨은 예언한다. 이미 우리가 보았듯이 계산 능력은 충분히 우리를 능가할 것으로 보인다. 그러나 탁월한 계산 능력이 반드시 탁월한 지능을 의미하는 것은 아니다. 노벨상 수상자인 물리학자 닐스 보어가 "자네는 단지 논리적일 뿐, 생각을 하지 않아"라는 말로 어느 학생을 꾸짖었다는 이야기를 상기할 필요가 있다. 또한 '인간과 똑같이' 감정을 가질 것이라는 예언과 관련해서도, 그렇게 마음이 여린 기계가 제작될 수 있음을 입증하는 증거를 전혀 찾아볼 수 없다. 결정적인 문제는 기계들이 정말로 '자기의식과 의식'을 발전시킬지 여부이다. 우리가 이미 보았듯이 지금까지의 다양한 인공지능과 정보기술 개발 노력에도 불구하고 자기의식과 의식을 가진 기계가 탄생할 것이라는 확신을 가질 근거는 전혀 없다.

그러나 안심하기에 앞서 우리는 '기계와 관계하는 것이 인간을 다루는 것보다 더 즐거울 것'이라는 경고성 예측을 숙고해야 한다. 물론 기계들은 의식이 없고 세계를 지배하겠다는 야심도 없을 것이다. 그러나 실현 가능성이 더 높은 또 다른 위협이 있다. 우선 우리가 동료 인간보다 기계와 소통하는 것을 얼마나 더 선호하게 될지 생각해보아야 한다. 지금도 우리는 다양한 무생물—컴퓨터뿐 아니라 자동차와 장난감—에 대해 감정적인 태도를 가지는 것에 익숙하지만, 미래에는 우리가 발전된 정보기술이나 로봇과 교류하는 시간이 훨씬 더 많아질 것이다. 실제로 우리는 그 인공적인 대화 상대들이 더 예측 가능하고 믿음직스럽고 효율적이며 우리의 폭발적인 감정 분출이나 어리석음이나 이기주의에 대해 더 너그럽다고 느낄 수밖에 없을 것이다. 점차 우리는 더욱 신경질적이고 조급해질 것이며 지적이거나 사회적인 문제를 생각하는 능력을 잃고 완전히 자기중심적으로 변할지도 모른다. 사회적인 교류가 감소할수록 우리는 우리의 사이버 친구들에게 더 많이 의지하여 위안을 구할 것이다. 사이버 생활에 둘러싸인 21세기 중반의 가정이 직면할 한 가지 문제는 가족 구성원들이 서로를 인터넷에서 만나는 친구들에 비해 '지루하다'고 느끼게 되는 것일 수 있다. 또한 일부에서 이미 지적하고 있듯이 사람들이 인터넷에 더 깊이 빠져들수록 사회적인 주고받음의 기술은 쇠퇴할 것이다. 낸시 미트포드는 20세기 중반에 이렇게 말했다. "대가족의 장점은 삶의 불가피한 불공정성을 이른 나이에 가르쳐준다는 것이다."

심지어 타인들의 생각과 행동을 고려할 필요가 없고 한없이 관용적이며 우호적인 사이버 세계로 자발적으로 도피하는 사람들도 생겨날 수 있다. 미래의 세대들은 각자 자신의 내적인 세계 속에서 기계들과 소통하며 살고 자신의 피와 살보다 가상적인 시간과 공간과 가족을 더 좋아할 것이다. 우리는 이미 자폐장애인들을 통해 이런 현상을 잘 알고 있다. 자폐장애인들은 타인에게 자신의 독자적인 생각과 믿음을 전하는 데 어려움을 겪는다. 실제로 그들은 타인을 감정이 없으며 관계를 맺을 수 없는 기계로 본다. 새로운 기술들은 가정에서 능동적인 역할을 하지 않는 자폐증적인 아동들을 양산하게 될까?

사이버 친구들이 우리가 실재 세계의 삶과 관련된 규범들을 벗어나도록 도와주는 가운데, 실재 세계 또한 보이지 않으며 어디에나 있는 컴퓨터의 지배를 점점 더 많이 받게 될 것이다. 우리가 뇌로 밀려드는 멀티미디어 정보를 받아들이는 수동적인 존재로서 매순간을 살게 되면, '실재'에 대한 우리의 이해와 '저 밖에' 있는 안정적이고 일관적인 세계에 대한 우리의 생각이 붕괴되기 시작할지도 모른다.

그러나 우리의 뇌가 외부세계를 조종한다는 것은 여전히 멋진 일일 것이다. 우리는 생각만으로 사물을 움직일 것이며, 주변 사람들 역시 그렇게 하는 것을 볼 것이다. 뇌 작용의 본성을 고려할 때, 간편하고 깔끔한 이식을 통해 타인의 뇌에 이메일을 주입한다는 것은 가능성이 희박한 일이겠지만, 염력은 기괴한 상상에 머물지 않을 수 있다. 생각으로 사물을 움직인다는 것, 작은 장치들을 착용하여 염력을 얻는다는 것, 인공기관을 이식하여 우리의 감각과 능력을 향상시킨다는 것. 이 모든 것은 우리의 능력이나 우리와 외부세계 사이의 경계와 관련해서 우리가 우리 몸을 생각하는 방식을 변화시킬 것이다. 정보기술과 인공지능은 신경기술(neurotechnology)로 발전하여 현실과 환상을 뒤섞고, 과거에는 명백했던 '자아'를 살아 있는 탄소-실리콘 합성 현상으로 만들 것이다. 그리고 이것이 우리가 **어떻게** 될지에 관한 이야기라면, 우리가 **무엇을** 하게 될지에 관한 이야기는 과연 어떨까?

04
일
우리는 무엇을 하게 될까?

"요새 뭐하고 지내세요?"라는 인사말은 서양세계 거의 어디서나 통용된다. 일은 당신을 정의한다. 일은 당신의 지위를 말해주고 당신의 지식과 기술을 간단명료하게 알려주며 심지어 당신의 편견이나 감성적인 특징을 강하게 암시한다. 그렇다면 전통적인 의미의 일이 더 이상 존재하지 않는 사회를 생각해보라. 20세기 후반의 인력자원 산업의 꿈이 모두 실현되면서 '노동자'와 '관리자' 개념은 역사 속으로 사라질지도 모른다. 다수의 순종적인 근로자들 대신에 자신의 장점과 단점을 확실히 아는 융통성 있고 호기심 많고 상업적 통찰력이 있는 개인들이 노동 현장을 움직일 것이다. 이 모범적인 일꾼들은 스스로의 책임 하에 자신의 직업생활의 진로를 계획한다. 모든 사람이 전문가이며 평생 동안 재교육을 받는다. 이 다중 모듈 작업자들은 매일 달라지는 수요에 매우 융통적으로 대응하는 소규모 회사에서 시간 낭비 없이 필요에 즉각 부응하여 일한다.

그러나 다른 예상도 가능하다. 일의 패턴이 변하면서 개인으로서 당신의 내적인 가치에 대한 심각한 의문이 제기될지도 모른다. 불안하고 근심이 끊이지 않는 미래 사회를 생각해보라. 대부분의 사람들이 불안한 고용 상태를 견딜 수 없다고, 변화의 속도를 따라갈 수 없다고, 자신이 이 사회에 적합하지 않다고 느낄 것이다. 다가오는 시대에는 생산직과 사무직의 구별 정도와는 차원이 다른 구별이 존재하게 될 것이다. 기술적인 장인 계급에서부터 정말로 무가치한 존재들까지 모든 사람들이 일렬로 늘어서게 될 것이다.

이 두 가능성 중 과연 어느 것이 현실이 될까? 정보기술의 혁명이 우리가 외부세계와의 관계 속에서 우리 자신을 보는 방식을 변화시키고 있다면, 우리가 실제로 하는 일에 대한 그 혁명의 영향은 즉각적이고 광범위할 것이다. 사이버 혁명은 일터에서 우리가 다른 사람이나 사물과 관계하는 방식을 결정하고, 따라서 우리가 우리 자신을 보는 방식을 결정할 것이다. 다른 어떤 것보다 컴퓨터가 일의 패턴 변화를 추진하고 심지어 일의 개념 자체를 재정의할 것이다.

한 기술이 최적화되는 데 걸리는 시간은 대략 50년이다. 어떤 기술이 경제를 구성하는 모든 제도와 기능 속으로 침투하는 데 두 세대 정도가 필요한 것이다. 참된 혁명의 상징인 컴퓨터도 증기력에서 전기력으로의 이행과 마찬가지로 그만큼의 시간이 걸려 이 세계 속에 자리 잡았다. 처음 25년 동안, 그러니까 1945년에서 1970년까지 정보기술은 초기의 전기처럼 비효율적이고 신뢰성이 낮았다. 그 시기의 정보기술은 이렇다 할 영향력을 발휘하지 못했다. 그후 1990년대에 이르기까지 25년 동안 컴퓨터는 비록 많이 팔리긴 했지만 여전히 비싸고 신뢰성이 낮고 표준화되지 않았다. 노동자들은 컴퓨터를 사용하는 방법을 제대로 알지 못했고, 관리자들은 컴퓨터를 어떻게 활용할지 몰랐다.

그후 겨우 50년밖에 안 된 '새로운' 컴퓨터 기술은 고도의 생산성을 갖추고 수많은 긍정적인 약속을 한꺼번에 쏟아냈다. 마침내 20세기 말에 정보기술은 '저렴하고 사용하기 쉬운' 단계에 진입하여 봇물처럼 활용 범위를 넓히고 우리의 삶에 거대한 영향을 미치기 시작했다. 그러나 이제 성년에 도달한 정보기술은, 적어도 익숙한 실리콘 장치로 이루어지고 화석연료에서 동력을 얻는 방식의 컴퓨터는 곧 소멸할지도 모른다. 우리가 앞 장에서 보았듯이 컴퓨터의 성능이 18개월마다 두 배로 향상될 것이라고 예언한 무어의 법칙은 아주 오랫동안 타당성을 유지하지는 못할 것이다. 큰 문제는 컴퓨터의 기본 부품인 트랜지스터와 배선이 원자의 크기 이하로 축소될 수는 없다는 사실이다. 따라서 컴퓨터가 실재를 극적으로 변화시킬 만큼 강력해지려면 근본적으로 다른 대안적인 종류의 계산 시스템이 개발되어야 한다. 노동의 미래는 컴퓨터의 미래와, 더 정확히는 다음 세대의 컴퓨터가 무엇이며 무엇을 할 수 있을지의 문제와 긴밀하게 결합되어 있다.

현재까지 존재하는 정보 전달 방식은 네 가지이다. 숫자를 통한 전달과 단어를 통한 전달, 소리를 통한 전달, 그리고 그림을 통한 전달이 있다. 그러나 생물학에 기초한 새로운 기술은 머지않아 냄새와 맛과 촉각, 그리고 직관과 상상 같은 애매한 현상들까지 디지털 정보로 변환하여 사이버 환경을 더욱 풍요롭게 만들 것이다. 생물학은 이보다 더 근본적인 기여를 할 수도 있다. 실리콘 이식이 탄소에 기초한 뇌를 보완할 수 있는 것처럼, 살아 있는 유기체가 가진 속성들을 이용하여 전혀 다른 형태의 정보기술 장치를 만들 수 있다. 생명정보기술(BioIT)이라는 새로운 용어가 탄생할 수도 있다. 생명정보기술의 핵심인 탄소-실리콘 합성체 개념은 전혀 불가능해 보일지 모르지만, 발생 단계의 기술들은 이미 존재한다. 뉴런이 인공적인 시스템과 쉽게 소통할 수 있다는 것은 믿기 어려운 일이겠지만, 그것은 분명한 사실인 것으로 보인다. 예를 들어 성장 촉진 물질이 담긴 유리관 속에서 뉴런을 배양할 수 있다. 뉴런들은 특정 회로에 요구되는 기하학적 형태로, 미세한 전선의 배열처럼 성장한다. 이 생명 배선(bio-wiring)은 실리콘 배선과 연결될 수 있다. 이제 뉴런과 실리콘의 연결체는 '뉴로칩(neurochip)'을 구성한다.

뉴로칩은 미래의 반도체 컴퓨터에서 기본 부품으로 쓰일 수 있다. 일반적인 트랜지스터에서 전류는 전압 조절에 의해 제어된다. 한편 생리학의 중요한 발견에 따르면, 뉴런은 정적인 전압을 만들어내며(정지 전위), 한 뉴런이 다른 뉴런에게 짧은 전기신호를 보낼 때 그 전압은 급격히 변한다(운동 전위). 뉴런은 막에 있는 미세한 통로를 열고 닫아 이온들(전하를 띤 원자들)이 세포 안팎으로 출입하게 함으로써 전압을 변화시킨다. 이온의 움직임에 의해 뉴런 내부와 외부의 전하량이 변하고, 이에 따라 막 안팎의 전위가 변하는 것이다.

최근에 독일의 마틴스리트에 있는 막스 플랑크 연구소에서 페터 프롬헤르츠에 의해 중요한 발전이 이루어졌다. 프롬헤르츠는 위에서 설명한 현상—그리고 뉴런이 탁월한 전압 조절 능력을 가지고 있다는 사실—을 이용하여 뉴런의 막이 트랜지스터의 게이트 역할을 하도록 만드는 연구를 하고 있다. 현재까지는 뉴런 한 개가 밀착시킨 16개의 트랜지스터를 연결할 수 있다. 뉴로칩을 만들기 위해서는 트랜지스터들 위에 미세한 중합체 울타리로 구획을 한 후 실리콘 칩들을 얹고, 그 위에 일종의 접착제를 바른 후 뉴런들을 올려놓는다. 뉴런들이 성장하여 서로 연결되면, 즉 연접부가 형성되면, 트랜지스터들이 뉴런의 미세한 전압을 증폭시킨다.

뉴런 세포는 예외적으로 커서 조작하기 쉽고 서로 전기신호를 교환하며 칩을 이루는 무생물적인 부품과도 살아 있는 유기체 속에서와 마찬가지로 소통하기 때문에 뉴로칩에 이용하기에 이상적이다. 각각의 세포는 미세한 전압을 변형시킬 수 있는 장 효과 트랜지스터(Field Effect Transistor) 위에 얹혀진다. 뉴런 같은 연약한 생물학적 구조물이 뇌의 보호를 떠나 인공적이고 고립된 환경 속에서 생존할 수 있다는 것은 믿기 어렵게 들리겠지만, 뉴런 세포들은 새로운 환경 속에서 잘 성장하고 번성한다. 실제로 뉴로칩을 개발하는 과학자들은 뉴런들이 지나치게 성장하여 계획된 회로를 망치는 것을 막기 위해 물리적인 장벽을 설치해야 한다. 지금까지 프롬헤르츠의 연구진은 약 20개의 세포들의 배열을 이용하는 뉴로칩을 연구해왔다. 현재 연구진은 뉴런에서 나온 전기신호(운동 전위)가 한 트랜지스터를 거쳐 다른 트랜지스터로 들어간 후 최종적으로 다른 뉴런으로 전달되는 방식으로 작동하는 칩을 개발했다. 프롬헤르츠는 지금 뉴런-트랜지스터 쌍이 만 5천 개나 들어가는 칩을 설계하고 있다!

그러므로 우리는 머지않아 현재의 표준적인 컴퓨터보다 작고 효율적이며 실리콘-탄소 합성물로 이루어진 뉴로컴퓨터를 보게 될 것이다. 어떤 이들은 이렇게 생물과 무생물의 경계가 흐려지는 것에 대해 불쾌감을 가질지도 모른다. 실리콘-탄소 시스템이 언젠가 의식을 가지게 되지는 않을까? 그리하여 고통을 느끼고 심지어 독자적인 의지도 가지게 되진 않을까? 혹시 세계 정복의 야욕을 품는 것은 아닐까? 이 모든 질문에 대한 대답은 그렇지 않다는 것이다. 생물학적 부품인 뉴런은 오직 전기화학적 효과를 위해 이용된다는 사실을 상기하라. 뉴로칩 속의 뉴런은 3차원적인 뇌를 완전히 떠나서, 신체와 뇌의 결합을 벗어나서 활동한다. 3차원적인 뇌, 그리고 뇌와 신체의 결합 같은 의식의 필수 요소들을 가지고 있지 않기 때문에 실리콘-탄소 시스템이 주관적인 내면 상태를 발전시킬 가능성은 사실상 전혀 없다고 할 수 있다. 실험실의 유리그릇 속에서 세포들의 집단으로서 성장하는 뇌의 부분들도 의식을 발전시키지 못한다. 의식은 오히려 신체 내부에 존재하는 복잡한 화학적 계들에 동반되는 발현 속성이며, 뇌 조직 속에 응축된 엄청나게 많은 뉴런 회로들은 신체의 한 부분에 불과하다. 뉴로칩 속의 뉴런은 전혀 다른 상황 속에 있다. 그 뉴런은 뇌의 복잡한 화학적 해부학적 지형을 떠나 고립된 전기신호 산출기일 뿐이다. 그러므로 실리콘-탄소 시스템은 다만 성능이 더 좋을 뿐, 과거에 등장한 실리콘 시스템과 크게 다르지 않다. 실리콘-탄소 시스템을 사용할 우리의 후손들은 1세기 전의 인류가 마차를 대체한 자동차를 수용했듯이 탄소 시스템과 실리콘 시스템의 경계가 사라지는 것을 신속하게 수용할 것이며, 따라서 그들에게는 일부 현대인들이 가진 불쾌감과 염려가 없을 것이다.

한편 테크니온-이스라엘 공과대학의 과학자들은 더 근본적인 생물학적 구조물인 DNA를 이용하여 컴퓨터의 크기를 줄이는 연구를 하고 있다. 그들 역시 회로를 '배양'한다. 연구의 지휘자인 우리 실반은 다음과 같이 현재의 상황을 요약한다.

> 전통적인 소형전자기술은 소형화의 한계에 빠르게 다가가고 있다. 훨씬 더 작은 장치를 제작하려면 동일한 부피에 대략 십만 배 많은 부품을, 혹은 심지어 백만 배 많은 부품을 집어넣어야 한다. 그것이 가능하

다면 용량이 훨씬 더 큰 기억장치와 훨씬 더 빠른 처리장치를 만들 수 있을 것이다. 그렇게 하기 위해 필요한 것은 자기조직력을 가진 물질이다. 우리는 그 속에 정보를 집어넣을 수 있는 분자들을 필요로 한다. 또한 그 분자들은 그 정보에 따라서 매우 복잡한 구조로 성장해야 한다. DNA는 바로 그런 방식으로 정보를 저장하며, 생물학적인 시스템들은 그 정보를 이용하여 매우 복잡한 분자들을 생산한다. 우리는 이런 작용을 모방하는 노력을 하고 있다.

실반의 계획은 DNA가 두 전극을 잇는 단백질 섬유를 성장시키게 만드는 것이다. 은 원자들을 침전시키면 그 섬유를 전선으로 이용할 수 있다. 역시 DNA에 기반을 둔 더욱 근본적인 대안은 전통적인 전자부품들을 완전히 버린다. 버지니아에 있는 조지 메이슨 대학의 컴퓨터 과학자 레너드 에이들먼은 1994년에 선구적으로 DNA 컴퓨터 개념을 개척했다. DNA 분자는 컴퓨터 칩처럼 정보를 저장한다. 한편 크기의 차이는 실로 엄청나다. 10조 개의 DNA 분자가 아이들이 가지고 노는 구슬 크기의 공간에 들어갈 수 있다. 몇 킬로그램의 DNA를 천 리터 정도의 액체 속에 넣으면 전체 부피가 1세제곱미터에 불과할 것이다. 그러나 그만큼의 DNA는 지금까지 만들어진 모든 컴퓨터를 합한 것보다 더 큰 기억용량을 가진다.

DNA 컴퓨터에서 입력과 출력은 모두 DNA 가닥이며, DNA 논리 게이트들이 사용된다(예를 들어 '앤드and' 게이트는 두 개의 DNA 입력을 화학적으로 결합하여 한 개의 출력을 만든다). DNA 컴퓨터는 디지털을 기반으로 한다는 점에서는 전통적인 컴퓨터와 같지만, 0과 1이라는 두 개의 값만 사용하는 실리콘 컴퓨터와 달리 네 개의 값(유전암호를 구성하는 네 가지 핵산, 즉 아데닌〔A〕, 시토신〔C〕, 구아닌〔G〕, 티민〔T〕)을 사용한다. 이렇게 두 배 많은 값들을 사용하기 때문에 개발 초기의 성능이 낮은 DNA 컴퓨터만 해도 표준적인 컴퓨터가 몇 년 동안 풀어야 할 문제를 일주일에 풀며, 백조 배 많은 정보를 저장할 수 있다. DNA 컴퓨터의 놀라운 계산 능력은 한 계산 단계가 1조 개의 DNA 가닥들에 동시에 영향을 미쳐 시스템이 여러 해들을 한꺼번에 고려할 수 있기 때문에 발생한다. 더 나아가 실리콘 컴퓨터가 흉내낼 수 없는 또 다른 장점이 있다. DNA 컴퓨터는 생물학적 시스템이기 때문에 열이 과도하게 발생하는 문제가 없고, 따라서 에너지 효율성이 십억 배 높을 것이다.

그러나 DNA 컴퓨터는 부품이 되는 분자들이 부패하기 때문에 정보를 장기간 저장할 수 없다는 커다란 약점을 가지고 있다. 또한 물리학자 미치오 가쿠는 각각의 문제를 풀기 위해 그에 대응하는 고유한 화학반응이 있어야 한다면 도대체 DNA 컴퓨터가 매우 다양한 과제를 수행하는 능력을 가질 수 있겠는가, 라는 또 다른 의문을 제기한다. 이런 문제들에도 불구하고 DNA 컴퓨터는 언젠가 다양한 문제들과 관련해서 수를 다루는 데 유용해질 수 있을 것이다.

뉴로칩, 뉴로컴퓨터, DNA 배선, DNA 컴퓨터 등 지금까지 우리가 논한 생물학을 이용한 기술들은 평범한 기존의 컴퓨터와 한 가지 기초적인 특징을 공유한다. 그것은 이들이 모두 디지털 방식이라는 점이다. 이들은 예/아니오 방식으로 정보를 처리한다. 약 20년 전에 물리학자 폴 베니오프가 처음으로 이론화한 양자 컴퓨터라는 더욱 혁신적인 유형의 컴퓨터는 그런 식으로 정보를 처리하지 않는다. 이름에서 짐작할 수 있듯이 양자 컴퓨터는 양자물리학의 원리들을 토대로 작동하는 컴퓨터이다. 양자 컴퓨터는 디지털 컴퓨터와 달리 수백만 개의 계산을 동시에 할 수 있다.

만일 양자 컴퓨터가 실용화된다면, 그것은 트랜지스터가 등장하여 진공관을 대체한 것에 비길 수 있는 획기적인 발전이 될 것이다. 사실상 양자 컴퓨터의 원리는 우선 트랜지스터로 이용될 수 있다. 그 원리를 이용하여 약 20나노미터의 공간을 차지하는 전자 한 개(양자 도트dot)의 흐름을 차단하거나 연결하여 0이나 1을, 즉 '비트'를 산출할 수 있다. 그러나 양자 이론을 컴퓨터에 응용함으로써 얻을 수 있는 장기적인 성과에 비하면 가장 먼저 얻을 수 있는 이 양자 트랜지스터는 시시한 성취에 불과하다. 양자 컴퓨터의 새로움과 위력은 양자 비트가 0과 1뿐 아니라 그 사이의 값도 가질 수 있다는 점에 있다. 다시 말해서 양자 비트('큐비트qubit')는 전통적인 컴퓨터에서 쓰이는 비트와 전혀 다르다. 큐비트가 0과 1 사이의 값을 가질 수 있기 때문에(중첩), 양자 컴퓨터가 가질 수 있는 상태의 수는 가히 천문학적이다. 예를 들어 겨우 백 개의 큐비트를 다루는 양자 컴퓨터가 10^{29}개의 상태를 동시에 가질 수 있다.

양자 시스템은 그처럼 매우 많은 가능성들을 허용하기 때문에 가장 빠른 기존의 칩보다 수십억 배 정도 우수한 성능을 발휘할 수 있다. 실용적인 예를 들어 설명한다면, 이는 불과 40개의 원자로 이루어진 양자 컴퓨터가 전 세계의 모든 전화번호 중에서 한 개의 전화번호를 27분 만에 추적하여 찾아낼 수 있음을 의미한다(현대적인 슈퍼컴퓨터가 같은 과제를 완수하는 데 걸리는 시간은 한 달이다). 물론 현재로서는 그런 무시무시한 계산 능력을 실현하기 위해 극복해야 할 심각한 문제들이 있다. 가장 큰 문제는 양자 컴퓨터 속의 원자와 외부의 다른 원자가 충돌하면 그 충돌이 입력으로 간주되기 때문에 양자 컴퓨터를 외부세계로부터 완벽하게 고립시켜야 한다는 점이다. 이 문제를 해결하는 한 가지 방법은 원자들을 절대 0도 근처까지 냉각시켜 끊임없는 무작위한 충돌을 막는 것이다. 그러나 이 방법은 매우 복잡하고 비용이 많이 들기 때문에 실용화하기 어려울 것이다.

보다 현실적인 제안으로 외부에서 자기장을 가하여 원자핵들의 행동을 규제하는 기술(핵 자기 공명NMR)을 이용하는 방법이 있다. 핵의 스핀이 취하는 두 방향, 즉 외부 자기장에 평행한 방향과 그렇지 않은 방향은 상이한 에너지를 가진 두 양자 상태에 대응한다. 이를 이용하여 큐비트를 만들 수 있을 것이다.

이 제안에 반대하는 사람들은 NMR을 이용하더라도 원자들을 규제할 수 있는 시간은 겨우 몇 초에 불과하다고 지적한다. 그럼에도 불구하고 현재까지 제작된 시스템들은 약 천 개의 연산을 동시에 수행하는 능력을 발휘한다. 이제 겨우 개발되기 시작한 이 새로운 기술의 잠재력을 제대로 평가하는 것은 현재의 우리로서는 무리일 것이다. 그러나 어떤 양자 컴퓨터 전문가는 미래를 낙관하며 이렇게 말한다. "평범한 분자들은 대단한 종류의 계산 방법을 과거에도 항상 알고 있었다. 단지 사람들이 올바른 질문을 던지지 못했을 뿐이다."

양자 컴퓨터가 실리콘 컴퓨터를 대체하여 워드프로세서나 이메일에 이용될 것이라고 예측하는 사람은 없다. 아마도 미래에는 언어에 기반을 둔 그런 소통 방식들 자체가 사라질 것이라는 의견도 있다. 양자 컴퓨터는 오히려 암호 해독과 같은 대형 과제에 이용될 것이다. 미래에는 인터넷 상의 어떤 정보도 안전하지 못할 것이라는 생각은 우리를 불안하게 한다. 그러나 미래의 세대들은 공공의 시선 속에서 사는 데 익숙해질 것이며, 사생활은 시대에 뒤떨어진 개념이 될 것이다. 어쩌면 사이버 세계 속의 자료가 너무 많아져서 아무도 타인의 개인적인 정보를 캐내는 수고를 감수하지 않게 되어 뜻하지 않게 자동적으로 개인 정보

보호가 이루어질지도 모른다. 일반인들의 사적인 정보를 캐내는 일은 무의미할뿐더러 흥미롭지도 않을 것이다. 그러나 더 큰 문제는 사적인 삶을 사는 개인의 정보가 아니라 사업상의 정보와 국가의 안전과 정책에 관한 정보이다. 손쉬운 암호 해독은 경제계와 군사계에 치명적인 타격을 줄 것이다.

그런 강력한 기계를 가지고 일을 한다면 기분이 어떨까? 우리가 나중에 논하겠지만, 불안감은 아마도 미래의 삶 전체에 마치 배경 색처럼 깔리게 될 것이다. 미래의 세대들은 사생활의 결여에 익숙해지고 오늘날에는 상상하기 어려운 속도로 모든 정보를 입수하는 것을 당연시하게 될 것이다. 20세기 중반에는 이해할 수 없었던 컴퓨터 문화에 우리가 익숙해진 것을 생각하면, 훨씬 더 성능이 뛰어난 컴퓨터로 인해 일어날 삶의 변화에 적응하는 것은 그다지 어려운 일이 아닐 것이다.

그러나 컴퓨터와 일이 뗄 수 없이 결합되는 것과 관련해서 가장 기초적이면서 미래의 근간을 뒤흔들 수 있는 커다란 문제가 있다. 그것은 컴퓨터에 공급할 에너지를 어떻게 구할 것인가의 문제이다. 연료가 고갈된 삶의 전망은 극단적인 환경론자의 예언이 아니라 매우 현실적인 문제이다. 아마도 우리의 손자들이 맞을 위기의 시대에는 석탄은 너무 적으며 채굴하기 어렵고, 핵발전은 너무 위험하며, 태양전지는 너무 비쌀 것이다. 결국 문명은 사실상 중세로 회귀하고, 인간의 삶은 일하고 먹고 잠자는 행위로 축소될지도 모른다. 더구나 이 세 행위 중 확실한 것은 일하기와 잠자기뿐일 것이다.

에너지는 창조될 수 없고 오직 우주 속에 있는 한정된 양을 변환하여 사용할 수 있을 뿐이라는 사실을 상기하라. 쉽게 구할 수 있는 전통적인 에너지원들은 고갈되어가고 있다. 현재 우리는 라틴아메리카와 아시아의 에너지 생산이 기하급수적으로 증가하는 것을 목격하고 있다. 특히 중국의 에너지 생산은 매년 15기가와트씩 증가하고 있다. 그러나 세계은행(IBRD)의 추정에 따르면, 앞으로 30년에서 40년 동안 개발도상국들에 필요한 추가 에너지는 5백만 기가와트에 달한다. 그러나 현재의 추세로 전 세계에서 확보할 수 있는 추가 에너지는 3백만 메가와트에 불과하다. 선진국의 평균적인 국민이 매일 사용하는 에너지 중 생존을 위한 부분은 1퍼센트(약 2천5백 킬로칼로리)에 불과하며, 나머지 99퍼센트(25만 킬로칼로리)는 삶을 더 즐겁게 만드는 데 쓰인다.

에너지 수요는 증가하는데 석유, 석탄, 천연가스 등 화석연료는 감소하고 있다. 화석연료는 2020년에서 2080년 사이에, 또는 미국 물리학회에 따르면 그보다 몇십 년 후인 2100년에 고갈될 것이다. 핵에너지는 대중들에게 매우 나쁜 인상을 심어주었다. 그렇더라도 유일한 장기적인 해결책은 핵에너지인 것으로 보인다. 그러나 여론이 바뀌어 대중들이 핵에너지에 호감을 가지게 된다 하더라도, 우라늄의 공급 또한 점점 어려워지고 있다. 먼 미래에는 어떤 일이 벌어질까? 단순 명료한 대안은 물론 없지만, 전망이 완전히 암울한 것만은 아니다. 이미 완전히 새로운 전력 생산 방법 — 새로운 유형의 전지 — 이 추상적인 개념 이상의 수준으로 개발되어 있다.

우리는 라디오와 장난감과 전동 칫솔에 들어 있는 1차 전지에 익숙하다. 그 전지는 생산할 때 내부에 집어넣은 화학물질로부터 에너지를 산출하며 재충전이 불가능하다. 또 다른 유형의 전지로 휴대전화에 쓰이는 전지와 자동차에 있는 납-산 전지(lead-acid battery)가 있다. 이들은 2차 전지라 불리며 재충전이 가능하다. 또한 세번째 유형의 전지도 있다. 그것은 연료전지로, 외부에서 공급되는 연료로부터 전기를 생산한다. 연료는 대개 수소이며, 전지 내부에서 수소가 한 전극으로 움직일 때 산소는 다른 전극으로 움직인다. 이 움직임에 의해 전자의 흐름이 생기고, 수소와 산소의 결합에 의해 부산물로 물이 발생한다.

연료전지의 기본 원리는 고도의 기술이라 할 수 없다. 최초의 연료전지는 이미 1839년에 웨일스 지방의 판사 윌리엄 그로브 경에 의해 제작되었다. 현대적인 연료전지 시제품들도 이미 한정된 영역에서 사용되고 있다. 예를 들어 지속적인 에너지 공급을 필요로 하는 우주왕복선에서 수소와 산소를 쓰는 연료전지가 사용된다. 그 전지는 오염물질을 산출하지 않으며, 유일한 부산물인 물은 승무원들의 식수로 사용할 수 있다. 연료전지는 이렇게 재충전이 필요 없고 고갈되지 않으며 소중한 물을 생산하므로 완벽한 미래의 에너지원으로 보일 수 있다. 그러나 모든 새로운 기술이 그러하듯이 연료전지는 크고 비싸기 때문에 일상생활에 이용할 수 없다. 또한 더욱 근본적인 요구조건은 필수적인 '연료'인 수소를 쉽고 저렴하게 구하는 방법을 마련하는 것이다.

수소는 환경에 우호적인 성질을 가지고 있지만 저렴한 비용으로 구하기 어렵다. 화석연료에서 수소를 추출할 수 있지만, 그것은 에너지 문제의 해결책이 될 수 없을 것이다. 또 다른 가능성은 다른 재생 가능한 에너지원에서 얻은 전류를 써서 물을 산소와 수소로 분해하는 것이지만, 과연 어떤 것이 그 에너지원이 될 수 있겠는가? 에너지 생산을 위해 에너지를 소비하는 악순환을 끊는 완전히 새로운 방법은 생물학을 이용하는 것이다.

유전학적으로 변형된 나무에서 얻을 수 있는 메탄올에서 수소를 추출하는 방법이 있다. 캘리포니아 대학 버클리 캠퍼스의 타시오스 멜리스 교수가 제안한 또 다른 대안은 변형된 해조류를 이용하여 햇빛과 물로부터 수소를 얻는 것이다. 멜리스는 황이 부족하면 해조류가 대사 작용을 극적으로 바꾸어 산소 생산 없이 생존한다는 것을 발견했다. 해조류는 24시간 이내에 산소에 의존하지 않는 대사 방식을 채택하며, 동시에 빛 속에서 수소를 생산하는 성질을 가진 효소를 활성화시킨다. 이 '미생물 전기화학'을 이용하여 수소를 생산하는 방법은 비효율적이며 해로울 수도 있는 역학적인 원천 대신에 생물학적인 원천을 이용한다는 장점이 있다.

사우스 플로리다 대학의 스튜어트 윌킨슨 또한 생물학에 의지하여 전기에 전혀 의존하지 않는 '개스트 로봇(gastro-robot)'을 개발했다. '츄츄(Chew Chew)'*라고 명명된 이 로봇은 음식(설탕)에서 에너지를 얻는다. 츄츄의 뱃속에 들어 있는 대장균 박테리아(*E. coli*)는 설탕에 작용하여 전자들을 발생시킨다. 이때 발생된 전자들이 산소 원자들에 끌려 움직이면서 전류가 만들어진다. 이 기술은 우선적으로 제초기를 비롯한 모든 농기계에 활용될 수 있을 것이다. 츄츄의 원리를 채택한 제초기는 풀을 음식으로 섭취하면서 작동할 것이다. 음식을 발견하고 확인하는 문제, 음식을 모으고 씹고 삼키고 소화하는 문제, 배설의 문제 등이 아직 남아 있지만, 츄츄 방식의 기계들은 음식만 공급된다면 전력을 무한정 산출할 수 있다는 장점을 가지고 있다.

에너지가 이렇게 다양한 방식으로 생물학과 결합되면, 에너지를 보는 시각이 변할지도 모른다. 21세기 초에 사는 우리는 그 변화가 에너지에 대한 모든 사람들의 의식을 강화하는 방향으로 일어날 것이라고

---

* 개스트 로봇은 소화기관인 위를 가진 로봇이라는 의미이며, 츄(Chew)는 씹어 먹는다는 뜻이다.

예상한다. 그러나 우리의 후손들이 별다른 생각 없이 생명 에너지(bio-energy)를 당연시하게 된다면, 그것은 전통적인 구분—일상에 활용되는 물리학과 살아 있는 유기체의 구분—이 사라짐과 더불어 사람들의 사고 방식이 완전히 바뀌는 것을 보여주는 또 다른 예가 될 것이다.

어쨌든 물리법칙들과 에너지 부족의 제약을 극복한다면 정보기술 장치들은 더욱 축소되고 강력해질 것이다. 발전된 정보기술은 우리의 노동을 어떻게 바꿀까? 가장 분명한 첫번째 변화는 물리적 환경에서 일어날 것이다. 일터에 들어가 컴퓨터에 접속하는 방식이 전혀 달라질 것이다. 패스워드는 이미 사라진 지 오래일 것이다. 이미 존재하는 '페이스이트(FaceIT)'* 같은 소프트웨어는 14개 가량의 고정적인 얼굴 특징을 확인할 수 있다. 그리고 이제 사무실에 앉은 당신은 쌍방향적이고 영리한 수많은 장치들에 둘러싸일 것이다……

펜처럼 작은 물건에서 고화질의 화면이 튀어나올 수 있을 것이다. 이미 필립스 사는 책상의 표면이 그 위에 놓인 물건들을 '인식'하도록 만드는 방법을 연구하고 있다. 책상 위의 물건들 중에는 당신의 음성뿐 아니라 신체언어와 몸짓도 동원하여 통화할 수 있게 해주는 화상전화도 있을 것이다. 20세기의 사람들이 악수를 하듯이 당신은 손바닥을 스크린에 대는 방법으로 통화 상대와 인사를 나눌지도 모른다. 복잡하게 널려 있던 모니터와 주변기기들은 컴퓨터 본체 속으로 통합되고, 통화의 효율성을 높이는 현재의 블루투스(Bluetooth) 시스템**은 음성전화, 이메일, 이동전화, 팩스, 인터넷 접속, 메모장, 워드프로세서, 화상회의

---

* 미국의 비저닉스(Visionics) 사가 개발한 얼굴 인식 소프트웨어.

** 디지털 기기의 10미터 이내 근거리 무선접속을 실현하는 신기술 코드명.

장치 등을 통합한 진정한 의미의 단일 시스템으로 발전할 것이다.

그러나 정보 시대가 성숙하면 일의 효율성이 높아질 뿐 아니라 일의 방식 자체가 변할 것이다. 새로운 정보기술은 일의 방식과 함께 장소도 변화시킬 것이 분명하다. 이미 30년 전에 이동 가능한 칸막이로 구획된 오피스박스 개념이 등장했고, 직원들에게 매일 새로운 근무 장소를 지정하여 옮겨 다니게 하는 '호텔링(hotel-ing)' 개념도 등장했다. 그러나 우리는 여전히 전화 통화나 직접적인 대화를 위해 마련된 물리적 공간인 사무실 개념에 집착한다. 오늘날의 사장들은 이메일과 워드프로세서를 직접 다룰 수 있기 때문에 전통적인 의미의 비서를 별도로 두지 않는다. 그러나 음성 접촉 정보기술이 보편화되면 이런 과도기적인 풍경 역시 사라질 것이다. 단지 대화를 위해 따로 공간을 마련한다는 것은 점점 더 어리석은 일로 여겨질 것이다. 사실 사무실의 기본 개념이 등장한 것은 불과 150년 전의 일이다. 그리고 그 개념은 곧 오늘날의 실외 사유공간처럼 시대에 뒤떨어진 개념이 될 것으로 보인다.

한 예로 시카고 소재 IBM 사를 보자. 과거 이 회사는 1만 명의 상근 직원을 고용했다. 현재 직원 수는 3천5백 명으로 축소되었고, 그중 80퍼센트가 재택근무자이다. 회사 건물은 매각을 기다리고 있다. 이와 유사하게 모토롤라 사도 40퍼센트의 직원을 집에서 일하게 할 계획이다. 한 예측에 따르면 곧 전체 일자리의 3분의 1이 재택근무 형태가 될 것이라고 한다. 수요자 중심으로 더 융통성 있게 움직이는 가상공간 속의 회사들은 더욱 증가할 것이다. 그러나 더 많은 사람들이 집에서 일하게 되면서 인간의 사회적 욕구가 점점 더 중요하게 부각될 가능성도 있다. 바쁘고 활기찬 조직 속에서 중요한 역할을 담당한다는 느낌, 어쩌면 인간 모두가 가진 그 성취감에 대한 욕구를 즉각적인 독촉과 제약을 받지 않는 고립된 은둔자의 삶은 충족시켜주지 않는다. 물론 미래에는 그 사회적 욕구 자체가 기술이 지배하는 삶 속에서 형성된 습관에 의해 약화되고 무력화될 수도 있다. 혹은 기술이 충분히 발전하여 그 욕구를 인공적으로 충족시켜줄지도 모른다. 그러나 인간의 본성이나 정보기술의 변화가 완성될 때까지는 재택근무의 장점과 자아감 상실의 위험성 사이에 불편한 긴장이 존재할 것이다.

다른 한편 일의 장소와 방식뿐 아니라 직업의 유형도 사이버 혁명의 결과로 변할 것이 분명하다. 그 변화는 이미 일어나고 있다. 오늘날 거대한 성공을 거둔 컴퓨터 회사의 창립자인 마이클 델은 창립 당시 생산품을 오직 인터넷으로만 판매한다는 과감한 결정을 내렸다. 성장 추세에 있는 인터넷 경제는 제품을 시장에 내놓고 거래하는 데 드는 비용을 절감하고 있다. 원료비와 자재비를 줄이기 위해 회사의 몸집을 불리는 과거의 전략은 더 이상 성공을 보장하지 않는다. 우리는 오히려 회사들 간의 연합이 점점 증가하는 현상을 주목해야 한다. 단일한 조직이 해체되고 가상공간을 더 적극적으로 활용하는 다수의 소규모 독립 단위들이 연합체를 형성하는 추세는 앞으로도 계속될 것으로 보인다.

물론 규모가 큰 회사들도 여전히 존재하겠지만, 경제학의 중심 원리는 '전문화'가 될 것이다. 독점을 원하는 회사들이 생사를 걸고 경쟁하는 대신에, 각각의 회사는 각자의 전문 분야에 집중하면서 다른 소규모 회사들과 연합하여 상승 효과를 얻을 것이다. 작은 회사들이 하청계약을 통해 더 큰 기업 주위에 마치 위성처럼 포진한 모습을 상상해보라. 이상적인 미래의 회사는 공급자나 하청업체와의 유연한 관계에만 의지하여 어떤 장비도 없이 오직 지식만으로 운영될 것이다.

이런 변화가 노동에 대한 생각을 어떻게 바꾸어놓을까? 예측할 수 있는 즉각적인 결과 중 하나는 경쟁이 줄어들고 협력 문화가 강화되는 것이다. 물론 그 협력은 안정적이지 않을 것이며, 사람들은 훨씬 더 자주 직업을 바꿀 것이다. 심지어 우리가 생각하는 '직업' 개념이 완전히 사라질지도 모른다. 현재에 충실하라는 구호 속에서 번창할 소규모의 모험적인 사업체들은 노동자들을 거의 하루 단위로 고용할지도 모른다.

이미 20세기 후반에 위기에 직면한 평생직장 개념은 앞으로 십 년 내에 완전히 사라질 것이 확실하다. 우리는 일시적인 실업과 재교육에 익숙해져야 할 것이며, 조직에 대한 충성에 구애받지 않고 단기적으로 일하는 것을 환영해야 할 것이다. '직업' 개념의 죽음과 자유계약자의 증가는 사무직 노동자에만 국한된 일이 아니다. 그러나 그런 변화가 보편화되기 위해 필요한 태도의 변화를 과소평가해서는 안 된다. 단지 지능에만 국한되지 않는 개인적 사회적 기술에 대한 요구가 크게 달라질 것이다. 경영전문가 톰 피터스는 노동자들이 "더 이상 조직의 위계에 기대어 자신의 정체성과 미래를 확보하려 하지 말고, 다음 일을 얻기 위한 협상에 대비하여 기술과 경력을 쌓아가는 자유계약자나 공연기획자처럼 행동해야 한다"라고 말한다.

과거의 노동자 대 기업주 구조는 수십 년 전부터 점차 허물어지고 있다. 이런 변화는 더욱 본격화될 것이다. 1970년에는 배 한 척의 짐을 내리는 데 108명의 인부가 5일 동안 일해야 했다. 그러나 콘테이너 기술이 도입된 이후 지금은 같은 작업을 8명이 단 하루에 완수한다. 인원과 기간의 소요가 98.5퍼센트 감소한 것이다. 기능직 노동자들이 콘테이너와 지게차와 로봇의 도움을 받듯이, 사무직 노동자는 사무용 소프트웨어의 도움을 받는다. 사무직 노동자의 규모는 앞으로 십 년 내에 90퍼센트까지 감소할 가능성이 있다. 로봇 시대에 어울리지 않는 단순

반복 노동이 사라지고 새로운 능동적인 직책들이 등장하는 가운데 중간경영자는 자취를 감출 것이다. 인터넷 상의 회사들의 증가는 중간경영자의 소멸을 가속시킬 것이며, 외주 제작의 증가는 상근 관리자와 노동 비용의 축소로 이어질 것이다.

전자상거래는 그 자체로 하나의 산업으로 성장하고 있다. 2001년에 전자상거래에서 발생한 소득 총액은 약 3천억 달러에 달했다. 정보기술산업은 현재 미국의 자동차산업과 같은 규모로 성장했다. 산업노동자 전체의 거의 절반이 정보기술을 생산하거나 거의 항상 이용한다. 정보기술혁명은 직장의 조직을 바꿀 뿐 아니라 요구되는 기술도 변화시켰다. 미국 노동부가 지적했듯이, 지난 십 년 동안에만도 노동시장이 얼마나 빠르게 변화했는지 알려면 구인광고만 보면 된다. 십여 년 전만 해도 타자수와 수리공, 교환원에 대한 수요가 있었다. 하지만 오늘날 우리는 웹마스터와 컴퓨터 편집 디자이너를 구한다.

전문직 영역에서도 전자상담과 사이버 외과수술이 결국 변호사와 의사를 밀어낼 것이다. 많은 비용과 시간을 들여 교육을 받았지만 여전히 지식이 완벽하지 않은 그 전문직 인간들은 끊임없이 보완되며 실수가 훨씬 적고 모든 우연적인 조건들을 고려할 수 있는 로봇과 컴퓨터 시스템에게 점차 자리를 내줄 것이다. 전문직 이외의 영역에서는 인간이 컴퓨터가 주도하는 생산 과정의 보조자로 전락할 가능성이 있다. 현재의 자동조립 라인보다 더 비인간화된 쌍방향적인 첨단 기술 공정 속에서 인간은 마치 사일러스 마너*처럼 자연적인 세계로부터 소외된 채, 개인적인 만족을 주지 않으며 다만 "열심히 발판을 밟는 방직공의 자세

* Silas Marner, 영국의 여성 작가 조지 엘리엇의 동명 중편소설 속의 주인공.

를 가질 것"을 요구하는 과제에 매달릴 것이다.

직업적인 경력에 대한 기록은 너무 복잡해져서 거의 의미를 상실할지도 모른다. 매순간의 필요에 따라 생산하고 고용하는 '매순간'의 시대가 도래할 것이다. 다음 세대의 대부분은 새로운 기술을 배우고 변화에 적응하는 유연성을 최고의 미덕으로 삼고 소규모 사업체에서 일할 것이다. 실제로 2001년 영국 사업체 전체의 99퍼센트는 직원이 50명 이하였다. 이런 추세 속에서 '직업' 개념은 점점 사라져가고, 당신은 당신의 일을 스스로 계획하고 실행하게 될 것이다. 당신은 필요한 일이라면 무엇이든 당신의 기술을 총동원하여 하게 될 것이다. 또한 당신의 기술이 미치지 못하는 부분은 외주 제작을 통해 보완할 것이다.

그러나 이 행복한 풍경 속으로 들어오지 못하는 낙오자들도 발생할 것이다. 아마도 꽤 많은 인구가 끊임없는 학습에 적응하지 못할 것이다. 물론 적응 여부는 가해진 압력의 크기에 달려 있을 가능성이 높다. 당신이 가진 전문지식이 지금 당장에라도 낡은 것이 될 수 있다면, 당신은 최선의 노력으로 새로운 기술을 배우려 할 것이다. 우리가 그렇게 항상 빨간 경고등이 켜진 상태에서 직업생활을 하는 것을 원하고 끊임없는 변화를 즐기게 될지 누가 알겠는가. 어쨌든 우리가 태어난 시대가 언제이든 우리의 뇌가 노화하면 그런 유연한 적응이 어려운 일이 된다는 것은 사실이다.

적어도 현재까지는 늙은 사람들이 새로운 것을 배우는 데 어려움이 있었다. 나이가 들면 분자적인 기제들이 덜 활발해질 뿐 아니라 거시적인 인지적 차원에서도 스펀지처럼 정보를 흡수하는 젊은이의 '액체성' 지능이 입력 정보를 기존의 지식에 비추어 평가하는 원숙한 뇌의 '결정성' 지능에게 자리를 내준다. 그러므로 원숙한 뇌로 끊임없이 밀려드는 정보 중 일부만이 흡수되며, 흡수된 정보는 다시 이후의 새로운 정보에 저항하는 역할에 가담하게 된다. 또한 나이에 따른 세대간의 격차는 21세기 초의 양극화 현상에 의해 더욱 강화되었다. 어떤 사람들은 펜과 종이와 책보다 키보드와 스크린과 마우스에 훨씬 더 편안함을 느끼면서 인터넷을 삶의 일부로 여기는 반면에, 어떤 사람들은 그와 정반대의 삶을 살았던 것이다.

스크린 속 익명의 상사의 요구에 부응하려 애쓰지만 한없이 뒤로 처지고 결국 시대에 뒤떨어진 존재가 되어버리는 사람을 상상하기는 어렵지 않다. 소수의 젊은 기술권력자들은 눈에 잘 띄지 않는 배경에 숨어 미소 지을 것이다. 그들은 모든 것을 알고 자신의 삶을 확실하게 통제하며 찬란한 경력을 쌓아갈 것이다. 평균적인 노동자들은 실재와 쌍방향적인 사이버 세계의 변화에 익숙하고 끊임없이 새로운 요구에 부응하는 젊은 세대와 경쟁하는 가운데 자신이 무능하고 부적합하고 늙었다고 느낄 것이다. 젊은 세대에게 기술은 삶 자체만큼 자연스러운 현상일 것이다. 반면에 기술에 능숙하지 않은 늙은 노동자들은 직업생활을 스스로 개척하라는 새로운 요구 앞에서 오히려 두려움을 느낄 것이다.

그러나 이 과도기에 불리한 편에 서게 된 사람들에게도 희망을 주는 긍정적인 가능성도 있다. 텔레비전과 아보카도 열매(avocado pear)의 등장, 그리고 냉전을 기억하는 사람들의 미래가 전적으로 어두워야 하는 것은 아니다. 상업이 국제화되는 가운데 국제적인 안목과 기동력을 가지고 있을 뿐 아니라 지역에 대한 지식을 가지고 가상적인 직장을 차별화할 수 있는 지휘자가 필요해질 것이다. 실제로 어떤 이들은 베이비붐 세대가 우스꽝스러운 과거의 잔재이기는커녕 지혜로운 장년층 인력으로서 향후 몇십 년 동안 건재하면서 선진국들의 출산률 감소를 상쇄

할 것이라고 전망한다.

그러나 장년층 인력의 대부분은 조만간 위기에 봉착할 것이다. 앞으로 몇십 년이 지나는 동안 베이비붐 세대(1945년에서 1965년 사이 출생)와 X세대(1966년에서 1982년 사이 출생)와 Y세대(1983년 이후 출생)의 노동 능력의 격차는 확대될 것이 분명하다. 21세기 전반부에 우리는 장년층에게 주어지는 일자리는 늘어나는데 장년층은 점점 더 새로운 요구를 만족시키지 못하는 역설적인 상황을 경험하게 될 것으로 보인다.

많은 사람들은 힘들고 성가신 일들이 점차 컴퓨터에게 넘어가면, 자동적으로 하루 일정에서 그리고 인생 전체에서 우리가 얻는 여가가 늘어날 것이라고 생각한다. 그러나 정보기술의 발전 속에서 역설적으로 사람들이 은퇴하는 시기가 전통적인 20세기의 기준보다 더 늦어질 수도 있다. 왜냐하면 정보기술과 서비스 산업 중심의 경제는 유연하고 느슨한 노동을 증가시키고 재택근무의 기회도 확대할 것이므로, 결과적으로 육체적인 힘에 대한 요구는 줄어들 것이기 때문이다. 또한 더 건강해진 노인들은 소득은 말할 것도 없고 성취감과 정신적인 자극을 추구하게 될 것이다. 직장생활과 은퇴생활 사이의 명확한 구분이 사라질 수도 있다. 앞으로 십 년 내에 유럽 인구 중 9천만 명이 60세 이상이 될 것이라는 사실을 생각할 때, 이는 긍정적인 전망이 아닐 수 없다.

심지어 은퇴의 개념이 없어질 것이라고 내다보는 사람들도 있다. 노인들과 그들이 속한 사회는 노인들이 오늘날처럼 방 안에 앉아 물끄러미 벽만 쳐다보고 있는 모습을 용납하지 않을 것이다. 지금은 재정적인 이유로 모든 노인에게 따스하고 청결한 주거환경을 제공하는 것도 어려운 형편이다. 그러나 미래에는 적은 비용으로 노인들의 뇌를 자극하여 활동하게 만드는 방법들이 개발될 가능성이 높다. 컴퓨터가 더 저렴해지고 모든 곳에 설치되고 작아지고 영리해지고 쌍방향적으로 되면, 노인들은 별도의 보호자 없이 자신의 육체적 능력에 적합한 방식으로 여러 가지 뇌 운동을 할 수 있게 될 것이다. 그러니까 일종의 뇌 체육관이 등장하는 것이다. 더 나아가 모든 사람이 정보기술을 이용하는 차원을 넘어서 마치 본능인 듯이 정보기술에 익숙해지는 시대가 오면 뇌가 노화하면서 둔해지는 '자연적인' 경향성조차 극복될지 모른다. 어쩌면 우리는 향상된 건강 관리를 통해 150세까지 쌓은 지혜를 활발하게 사용하고 창조력을 발휘하게 될 것이다.

생생한 정신과 육체를 가진 노년층 노동력의 등장은 바람직하고 실현 가능성이 높은 전망이지만, 노인들이 20세 청년과 대등한 육체적 능력을 가지는 것은 가능성이 희박한 일이다. 또한 노인들은 젊은 뇌의 특징인 신속한 적응력과는 다른 결정성 지능으로 사회에 참여하게 될 것이다. 노인들의 참여는 다양한 결과로 나타날 수 있다. 첫째, 노인들의 시각이 젊은이들의 시각과 충돌할 수 있다. 아니면 둘째, 노인들이 일터와 생산품을 더 풍요롭게 만들 수 있다. 셋째, 미래의 사람들은 누구나 생애의 대부분을 사이버 세계와 함께 살 것이므로 세대간의 차이가 오늘날처럼 크지 않고, 따라서 노인들도 젊은이들과 다름없이 행동하고 생산할 것이다. 육체적인 건강이 더 이상 차별의 이유가 되지 않는다면, 지식을 쉽게 접속할 수 있는 사이버 장치에 저장하게 된다면, 또한 모든 사람의 삶의 많은 부분이 가상공간에서 이루어진다면, 우리는 인류 역사에서 처음으로 세대 차이가 거의 없는 사회에 도달할 수 있을지도 모른다. 그 사회는 삶에 대한 시각이나 음식과 의복과 음악 등에 대한 취향이 서로 다른 다양한 집단을 포함하지 않으므로 빈곤할 것이다. 그러나 그런 문화적 획일화는 사람들이 더 건강하고 만족스럽게 사는 사회를 이루기 위해 지불해야 하는 작은 대가일지도 모른다.

어쨌든 2050년에는 노동력의 전체적인 구조가 지금과 많이 다를 것이다. 미국 인구 중 히스패닉이 아닌 사람은 절반 정도에 불과할 것이다. 따라서 우리는 더 노령화되었을 뿐 아니라 더 다문화적인 노동력을 예상할 수 있다. 또한 여성 인구가 증가할 가능성이 매우 높다. 미국에서는 이미 대학졸업자 중에 여성이 남성보다 많다. 더 나아가 전통적으로 열등하다고 간주된 여성이 사실은 참된 지도자로서의 잠재력을 가지고 있음이 드러나고 있다. 현재 편집자와 기자의 50퍼센트와 작가의 54퍼센트가 여성이다. 여성이나 남성 전체 인구 중 대학생의 비율도 여성(전체의 70퍼센트)이 남성(전체의 64퍼센트)보다 높다. 그러나 여성의 증가는—핵가족과 그 속에서 여성의 역할이 지금처럼 유지된다는 전제 하에서—출산과 육아의 문제가 영향력을 발휘하고 이민과 복지에 관한 법이 강화되면 아마도 멀지 않은 어느 단계에서 멈출 것이다.

실제로 '모든 것을 성취하기' 위해 헛되이 애쓰며 긴장과 피로에 시달리는 슈퍼우먼을 포기하고 '복종적인 아내'로 완전히 회귀할 것을 호소하는 움직임도 있다. 그런 생각이 조롱의 대상이던 시절인 1975년에 만들어진 컬트 영화 〈스텝포드 와이프The Stepford Wives〉는 복종적인 아내의 모습을 잘 보여준다. 집에만 있는 아내는 경제적으로 남편에게 의존하며, 남편이 거의 하루 종일 밖에서 일하는 동안 요리와 빨래를 하고 아이들을 돌본다. 그런 여성들은—이것이 복종으로의 회귀를 주장하는 사람들의 논리이다—모든 것을 성취하기 위해 애쓰지 않아도 되고, 아이들과 더 많은 시간을 보낼 수 있다. 그러나 안타깝게도 그런 여성들은 경제적인 문제를 비롯한 모든 가정사와 관련해서 남편에게 복종하는 것을 미덕으로 삼지 않을 수 없다. 21세기는 고사하고

20세기 후반에조차도 여성들이 수십 년 동안 경험한 문화와 교육을 버리고 그런 굴종적인 태도를 받아들인다는 것은 상상하기 어려운 일이었다. 또한 집이 직장과 단절 없이 연결되어 그 의미가 크게 변하면, 전통적인 아내의 역할도 바뀌지 않을 수 없을 것이다.

많은 찬사를 받은 책 『화성에서 온 남자, 금성에서 온 여자*Men are from Mars, Women are from Venus*』의 저자 존 그레이는 남성들이 일에 두각을 나타내는 것은 그들이 일에 투자할 수 있는 시간이 많기 때문이라고 주장한다. 그러나 오늘날에는 컴퓨터의 융통성과 재택근무의 증가, 그리고 여성의 본능적인 대화기술 때문에 고위직의 성비가 과거와 달라졌다. 더 근본적인 차원에서 숙고해보면, 미래에는 개성 자체가 위협받을 것이며 사람들은 직접적인 감각과 입력되는 정보를 수동적으로 수용하며 살아갈 것이므로, 명확하게 정의된 가정 내에서의 역할은 더 이상 적절하지도 유용하지도 않을 것이다. 앞에서 보았듯이, 이혼과 재혼이 반복되고 동성애 커플이 증가하며 성역할이 불분명해짐에 따라 미래의 가족 구조는 지금과 달라질 것이 분명하다.

그럼에도 불구하고 이 새로운 세기는 여성에게 완벽하게 이상적이지는 않을 것이라고 이스턴 오레곤 주립대학의 정치학 교수 크리스토퍼 존스는 전망한다. 법과 제도는 여전히 전통적인 성역할을 선호하며 여성을 차별한다. 그러나 지난 30년 동안 자녀가 있는 기혼여성이 집 밖에서 보내는 시간은 두 배로 증가했다. 미국의 부모들이 가족과 함께 보내는 시간은 주당 22시간 이하이며, 다섯 가정 중 최소한 한 가정은 50세 이상의 친구나 친척을 비공식적으로 돌보아야 한다. 돌보아야 할 노인의 수는 5년 내에 두 배로 증가할 것이다. 그러므로 곧 많은 사람들은 한편으로 아이를, 다른 한편으로 노인을 돌보는 이중의 부담을 안게 될 것이다.

가설적인 예측에 따라 구성한 2030년의 어느 평일의 일과는 다음과 같다. 당신은 매우 일찍 일어나 집안일을 한 다음, 두세 시간 동안 3차원 영상으로 직장 동료들을 보며 가상회의를 한다. 비디오카메라는 당신이 최선의 노력으로 일하는 모습을 당신의 상관에게 실시간으로 전송할 것이다. 이어서 당신은 한 시간 가량을 할머니와 함께 보낸 후, 학교나 유치원에서 아이들을 데려와 잠깐 동안 부모의 책임을 다한다. 그 후 당신은 부족한 일을 보충하기 위해 저녁 8시에서 10시 반까지 일한다. 핵심적으로 당신의 평일은 융통성 있고 고립적이고 개인적일 것이며 또한 길 것이다.

그러므로 당신은 미래의 평일에 오늘날보다 더한 실망감과 정신적 피로를 느낄지도 모른다. 일에 지친 노동자들이 거칠고 부적절한 행동에 빠져드는 현상을 의미하는 이른바 '사무실 분노(desk rage)' 증후군은 오늘날에도 이미 나타나고 있다. 그러나 직업이 자주 변경되는 삶 속에서 요구되는 유연성이 강화되면서 사적인 삶과 일의 경계가 흐려져, 우리는 가전기기들을 챙기고 온라인 쇼핑을 하는 등의 집안일과 직장일을 분리하는 수고를 덜게 될 것이며, 발전된 정보기술 덕분에 집에서 일을 할 기회도 점점 많아질 것이다.

직장생활과 은퇴생활의 통합과 마찬가지로 직장과 가정의 통합도 큰 비극을 불러올 수 있다. 심리학자 올리버 제임스는 자신의 책 『벤치에 앉은 영국인*Britain on the Couch*』에서 왜 영국인들이 물질적으로 훨씬 빈곤했던 30년 전보다 더 크게 실망하고 있는지 탐구한다. 그는 비현실적인 기대, 가열된 경쟁, 불안한 관계, '개인'이 되어야 한다는 부담감이 겹쳐 전 국민의 세로토닌 분비가 감소했다는 결론을 내린다.

세로토닌은 뇌 전체에서 분출되는 신경전달물질이다. 이 세로토닌의 수치가 낮으면 우울증이 유발된다. 왜 그 특정한 화학물질 수치의 변화가 뉴런들의 집단적인 활동을 바꾸고, 따라서 긍정적이거나 부정적인 느낌을 만드는지 우리는 모른다. 그러나 우리는 환경을 변화시킴으로써, 예를 들어 당신의 사회적 지위에 대한 당신 자신의 생각을 변화시킴으로써 세로토닌 수치를 조절할 수 있음을 안다. 물론 세로토닌 같은 화학적 전달물질과 사회적 지위에 대한 불만 같은 고도의 정신적 상태를 곧바로 연결할 수는 없다. 세로토닌은 오히려 뉴런들의 집단적 활동에 영향을 미치는 여러 요소 중 하나라고 보아야 한다. 그리고 뉴런의 집단적 활동은 우리가 아직 모르는 어떤 방식으로 심리적인 기분에 대응하는 것이다. 그러므로 '저(低)세로토닌 사회'라는 개념은 집단적인 심리적 문제를 가진 사회를 나타내는 약식 표현이라고 할 수 있다. 낮은 세로토닌 수치는 심리적인 문제를 유발시키는 여러 요인 가운데 하나이다.

어쨌든 편리한 현대적인 삶을 사는 사람들에게 놀랍도록 흔하게 우울증이 나타난다는 사실은 심리학자 미하이 칙센트미하이의 결론과도 일치한다. 칙센트미하이는 오랫동안 인간의 행복을 통시적으로 연구하여 '흐름'의 개념을 개발했다. 그는 행복의 정도가 소득과 무관함을 발견했다. 오히려 우리는 처지와 상관없이 각자 고유하게 내적인 행복 유지 장치를 가지고 있는 듯하다. 예를 들어 복권 당첨자의 행복 수치는 16개월 내에 당첨 이전의 수준으로 돌아간다. 그러나 우리의 행복 수치는 환경에 따라 달라질 수 있다. 예컨대 경영자는 일을 할 때 가장 행복하고, 사무직 노동자는 집에 있을 때 가장 행복하며, 조립 노동자는 또 달라서 술집이나 극장에서 가장 행복할 것이다. 행복은 당신이 가진 재산의 함수가 아니라 당신이 사회와의 관계 속에서 당신 자신을 어떻게 느끼는지의 함수이다.

정보기술혁명이 미래의 노동에 가할 충격이 우리의 집단적 감성에 미치는 영향은 다음의 두 가지 결과 중 하나로 나타날 것이다. 어쩌면 인간이 점점 더 수동적인 역할을 맡게 되고 직업적인 정체성이 상실되면서 자기존중감이, 혹은 심지어 자아감 자체가 땅에 떨어질지도 모른다. 만일 사회가 성취와 경쟁을 강조하고, 유동적인 직장의 불안정성을 감수하면서 새로운 기술을 습득할 것을 강요한다면, 많은 사람들의 세로토닌 수치는 급격히 낮아질 것이다. 역설적이게도 정보기술이 우리가 능동성을 발휘하고 컴퓨터 없이 생각하며 외부세계나 타인과 대조되는 자신의 정체감을 명확히 하는, 더 나아가 '정상적인' 관계를 맺는 능력을 앗아간다면, 이런 불행한 결과가 일어날 가능성이 높다. 우리가 분명한 정체감도 성취 동기도 없이 손쉬운 사이버 경험에 몰입하는 것에 만족하며 살아간다면, 우리는 그 어디에도 노력을 기울이지 않을 것이다.

아니면 새로운 기술이 우리의 자아 표현을 강화하는 긍정적인 결과를 일으킬 수도 있다. 생각이 민첩하고 학습이 빠른 젊은이에서 판단이 명확하고 지혜로운 노인까지, 다양한 종류의 노동자들이 장소에 구애받지 않는 유연한 노동 패턴 덕분에 성별과 자녀의 유무에 상관없이 자유롭게 일하는 모습을 상상해보라. 각각의 개인은 자신의 기술과 취향을 알고 자신의 직업적인 미래를 다른 누구와도 비교하지 않고 개척해 나갈 것이다. 변화하는 요구에 주의를 기울이는 노동자들은 지식을 늘리고 세계의 발전에 기여하려 할 것이며—인간의 본성에 역행하는 일이라고 생각하는 사람도 있겠지만—정말로 노동을 즐길 것이다.

이 두 시나리오는 사실상 너무 단순하다. 실제로는 이 둘 사이에 다양한 스펙트럼이 존재할 것이다. 그러나 큰 문제는 그 스펙트럼이 양극단으로 얼마나 넓게 펼쳐질지, 그리고 인류의 대다수가 어느 방향으로 어느 위치에 놓이게 될지이다. 긍정적인 예측은 사회가 과거보다 훨씬 더 기술에 적응하고 자신감과 호기심과 자기만족감을 가지게 될 것이라는 희망적인 전망을 제시한다. 반면에 부정적인 예측에 따르면, 사회는 지성적으로 민활하고 개방적인 소수와 그렇지 못한 불행한 다수로 양극화될 것이다. 에너지 공급과 경제 성장, 그리고 자동화의 정도에 달린 문제이지만, 다수의 인류는 지독하게 단순하고 반복적인 작업에 매달리게 될지도 모른다. 혹은 목적이 없고 여가만 가득한 삶을 살게 될 수도 있다. 그러나 진정한 자유시간은 아직 일반화되지 않은 것으로 보인다.

놀라운 예지력의 소유자인 조지 버나드 쇼는 미래에 우리가 하루에 두 시간만 일하면 충분할 것이라고 예언했다. 이와 유사하게 경제학자 존 메이나드 케인스도 1930년대에 백 년 후가 되면 주당 노동시간이 15시간이 될 것이라고 예언했다. 1960년대까지도 노동에 관한 예언의 주류는 단순히 노동시간의 단축을 그 내용으로 했다. 다음은 『뉴욕 타임스』가 제시한 행복한 전망이다. "2000년이 되면 사람들이 일주일에 4일만 일하게 될 것이다…… 연간 근무일은 147일, 휴일은 218일이 될 것이다." 1966년에 제너럴모터스 사의 한 고위직 인사도 이렇게 예언했다. "사람들은 25세 정도에 직장생활을 시작할 것이다. 6개월의 휴가도 불가능한 일이 아닐 것이다."

그러나 당시에도 이미 노동의 족쇄에서 벗어난 삶에 대한 신중한 반성이 필요하다는 사실이 명백했다. 다음은 1966년에 『타임』지에 실린 한 기사의 일부이다. "2000년에는 기계의 생산력이 매우 높아져 모든 미국인은 사실상 노동하지 않아도 부유할 것이다. 어떻게 여가를 의미 있게 보낼 것인지가 중요한 문제가 될 것이다." 영화 〈2001 스페이스 오디세이〉의 소재가 된 작품을 쓴 작가 아서 C. 클라크도 대략 2년 후에 같은 맥락에서 2001년의 삶에 관해 다음과 같이 썼다. "우리의 후손들은 지독한 권태에 직면할 것이다. 수백 개의 텔레비전 채널 중에서 어느 것을 선택할지가 삶의 주요 문제가 될 것이다."

우리 인류는 사상 처음으로 주체할 수 없이 많은 여가를 얻는 사치를 누리게 될지도 모른다. 짧은 휴가를 내고 주말을 즐기는 정도가 아니라, 굶주림도 추위도 고통도 없이 휴일만 끝없이 이어지는 삶을 살게 될지도 모른다. 이 문제는 언뜻 보기보다 훨씬 더 심각하다. 갑자기 로봇들이 우리를 디킨스가 묘사한 공장으로부터 해방시켜 1950년대 교외의 낙원 같은 정원에서 쉬게 해주는 따위를 상상할 일이 아니다. 오히려 우리는 삶의 진정한 의미를, 그리고 생존의 필수조건이 해결된 이후에 우리가 무엇을 하며 시간을 보낼지를 묻는 성숙한 태도를 가져야 한다.

그러나 생활 형편이 나아지고 자유시간이 늘어나고 흥미로운 여가활동이 증가했음에도 불구하고 이상하게도 시대는 아직 과도한 여가의 문제를 논의할 만큼 성숙하지 않은 듯이 보인다. 우리는 여가활동 못지않게, 아니 어쩌면 그 이상으로 노동에서 성취감을 얻는다. 뿐만 아니라 바쁘다는 것은 지위가 높다는 것을 의미한다. 성공한 사람들이 과장된 한숨으로 피곤을 호소하고 빽빽한 일정 앞에서 고개를 흔드는 모습을 우리는 얼마나 자주 보는가. 그러나 그런 사람치고 무언가 휴식을 위한 방안을 강구하고 있다고 말하는 사람은 (나를 포함해서) 아무도 없다. 이메일이 더 빨리 쌓여 이전의 것들을 밀어내고 당신의 작은 휴대전화가 더 자주 벨을 울릴수록 당신은 더 중요한 사람임에 분명하다.

지위를 우선시하는 풍토는 여가가 줄어들더라도 생활수준의 향상을 선택하는 오늘날의 추세에도 반영되고 있다고 할 수 있을 것이다. 생산력의 증가를 모두 자유시간으로 바꾼다면 우리가 연중 6개월만 일해도 충분하다는 것을—물론 그 경우에 생활수준은 1998년의 수준보다 1949년의 수준에 더 가까워질 것이다—보여주는 놀라운 통계 자료들이 있다. 1940년대까지만 해도 노조들은 노동시간을 줄이기 위해 협상을 했다. 그러나 오늘날 노조의 가장 큰 관심사는 고용 안정성과 급여이다. 광야에 외치는 소리가 있어 우리에게 자유시간을 평가절하하지 말라고, 일은 목적을 위한 수단일 뿐 목적 그 자체가 아니라고 호소하기 시작할지도 모른다. 그러나 그런 호소가 미래에도 설득력을 가질까? 결국 인간의 본성이 지위와 자아감과 자아 실현을 원한다면, 그런 욕구들을 더 쉽고 확실하게 충족시켜주는 것은 여가가 아니라 일일 것이다. 당신이 원하는 대로 쓸 수 있는 자유시간은 아마도 당신에게 슬며시 다가와 당신이 누구인지, 그리고 당신의 삶은 과연 어떤 의미가 있는지 자문할 것을 강요할 것이다. 과거에는 취미생활이라는 것이 있었다. 노동자들은 채탄 막장이나 조립 라인에서 멀리 떨어진 곳에서 취미생활을 즐겼다. 전통적으로 비둘기 경주와 복권과 스포츠가 똑같은 동작의 반복을 강요하는 단조롭고 힘겨운 노동이 줄 수 없는 정체감과 성취감과 자신감을 주었다. 그러나 지금, 즉각적인 정보와 환상을 제공하는 사이버 세계가 번창하고 육체적으로 안락하고 감각적으로 만족스러우며 고된 노동이 사라진 이때에 당신은 확장된 노년기까지 이어질 그 많은 자유시간을 가지고 무엇을 할 것인가?

한 가지 '해법'은 일과 놀이의 경계를 허물고 그 둘을 통합함으로써 가장 중시되는 요소인 사회적 지위를 확보하고 유지하는 것이다. 펜 주립대학의 연구에 따르면, 미국인의 자유시간은 1965년의 주당 35시간에서 현재 40시간으로 증가했다. 그러나 오늘날의 여가시간은 매우 분산되어 있기 때문에 천시되는 경향이 있다. 여가시간 중 약 25시간은 월요일에서 금요일까지, 주중에 있다. 한편 주말은 "단순히 평일의 연장"이 되어버렸다고 '미국인의 시간 활용'을 다룬 연구서의 공동 저자 존 로빈슨은 결론짓는다. 우리의 삶과 우리 자녀들의 삶은 계획된 일정을 점점 더 철저하게 따른다. 그래서 여가는 여가처럼 느껴지지 않는다. 여러 연구에 따르면, 우리는 이미 시간이 부족하고 우리 자신이 점점 더 자유를 잃어간다고 느끼고 있다. 휴대전화와 컴퓨터는 노동의 시간과 양을 줄이기는커녕 오히려 더 늘리고 있다. 여가는 일을 떠나 쉬는 시간으로서의 의미를 상실했다. 예를 들어 미국의 한 스포츠센터는 가장 여유 있고 달콤한 활동인 잠을 줄여 건강을 유지하고 열심히 일하기를 원하는 사람들을 위해 오전 4시 30분에 개장한다. 우리는 점점 더 많은 여가시간을 노년기를 위해 저축하고 있다. 그러나 우리가 보았듯이 미래의 노년기는 '파이프와 실내화'로 상징되는 20세기 중반의 은퇴생활과 전혀 다른 모습일 것이다.

20세기에는 거의 모든 사람들이 생존을 위해 일하는 한편, 술집에 가고 운동을 하고 영화를 보는 등의 활동에서 즐거움과 만족을 얻었다. 하지만 오늘날에는 가정이 일터가 되고, 이상적인 일터는 즐거움과 만족도 제공하고 있다. 노동시간이 주당 32시간으로 줄면, 여가는 64시간으로 늘 것이다. 그러나 우리는 더 이상 사적인 시간을 가지지 못한다. 특별한 조치를 취하지 않는 한, 당신은 매일 24시간 내내 대기 상태에 있을 수밖에 없다. "휴대전화는 내게 골프를 칠 자유를 준다. 그러나 휴대전화는 또한 내가 언제든 방해받을 수 있음을 의미한다. 그것은 점점 더 바빠지는 세상에 사는 우리가 감수할 수밖에 없는 필요악이다"라고 어느 53세의 자동차 상인은 말한다.

일과 여가의 결합은 이렇게 부정적인 면과 긍정적인 면을 동시에 가진다. 일과 여가활동으로 시간을 꽉 채우는 풍습은 우리의 문화에 확고하게 각인되어 있다. 『시간의 지형학*A Geography of Time*』을 쓴 로버트 레빈 교수는 "아무것도 안 한다는 것은 우리에게 매우 낯설다. 미국에서는 아무것도 안 한다는 것은 확실히 악이다. 가만히 앉아서 눈만 끔뻑거리는 사람들, 확실히 그것은 어딘가 잘못된 모습이다"라고 말한다.

아무것도 안 하고 앉아 있는 것이 문제가 되는 이유는 그런 식물적인 생활을 통해서는 사회적 지위도 성취감도 얻을 수 없기 때문일 것이다. 이미 우리는 일과 놀이가 결합된 균질적인 활동으로 채워진 시간의 연속을 선호하는 것처럼 보인다. 또한 우리는 아무것도 안 하고 앉아 있는 시간에 떠오를 수 있는 우리의 존재에 대한 섬뜩한 질문을 그런 균질적이고 안정적인 삶 속에 묻혀 영리하게 피할 수 있을지도 모른다. 최근까지도 우리가 은퇴생활자처럼 빈둥거리며 보낼 수 있는 시간의 길이는 생존을 위한 요구조건들에 의해 제한되었다. 또한 지금까지 우리는 참된 자유시간이 최소화되도록 삶을 조직했다. 그러나 자동화된 사이버 미래가 우리에게서 일을 앗아가고 오직 여가만을 준다면 어떻게 될까?

한 가지 가능성은 2장에서 언급한 '자연실'의 바탕에 있는 것과 유사한 정신에 입각하여 우리가 '자연적이고 실재적인 활동'을 선택하는 것이다. 직접 얼굴을 마주보며 행하는 예배나 함께 하는 산책처럼 기술에 의존하지 않고 몸소 참여하는 활동을 거의 경험하지 못하는 미래의 우리는 이를테면 '가족 스포츠 및 놀이 센터' 같은 특별한 시설에 신선한 매력을 느낄지도 모른다. 브로워드 카운티의 마운트 플로리다에는 영국의 센터팍스처럼 구형 지붕으로 덮인 공간이 있다. 그 공간의 면적은 약 80만 제곱피트이다. 여가를 즐기려는 사람들은 그곳에서 스키, 스케이트, 터보건(썰매), 행글라이더, 암벽 등반, 서핑을 즐기거나 영화 감상, 쇼핑, 식사, 수족관 관람 등을 할 수 있다.

그러나 마운트 플로리다 공간의 혁신적인 특색은 방문객의 머리에 달아주는 비디오카메라에 있다. 그 카메라는 방문객의 활동과 체험을 멋지게 녹화한다. 이제 흥미로운 문제는 이것이다. 사람들은 어떤 체험을 가장 가치 있게 평가할까? 이 문제에 직면하면 비디오는 평범한 어제나 오늘 해변에서 찍은 가정용 비디오의 정지 화면보다 나을 것이 거의 없을 것이다. 그러나 당신이 얼마나 비디오에 의지하면서 사는지에 따라 문제는 심각해질 수도 있다.

언젠가 나는 어느 결혼식에 하객으로 참석한 일이 있는데, 그날의 신랑과 신부는 예식이 끝난 후 하객들을 교회당 밖의 땡볕에 방치한 채, 그들을 비디오카메라로 자세히 촬영하길 원하는 어느 친척을 위해 예식 전체를 다시 재현했다. 가차 없이 내리쬐는 정오의 태양 아래 거품이 끓어오르는 샴페인을 들고 추운 겨울날을 상상하며 서 있는 동안 나는 예식 자체가 다름아닌 비디오 촬영을 위해 거행된 것은 아닐까 하고 생각했다. 땀방울이 등을 타고 내려갈 때, 중요한 것은 결혼이 아니라 촬영이라는 이상한 생각을 했다.

미래에는 우리가 스크린을 통해서 사는 것에, 재생과 정지 화면에, 편집과 화면 보정에, 가상과 실재의 혼합에, 색과 소리와 심지어 냄새의 강화에, 경험과 지각을 돕는 사이버 보충 설명에 매우 익숙해져서 실재 세계에서의 실시간적인 활동은 상대적으로 빛이 바래지 않을까? 혹은 우리가 우리의 몸과 외부세계의 상호작용에 매우 낯설어져서 모든 체험이 너무 강렬하고 위협적이라고 느끼게 될지도 모른다. 마치 토

끼를 죽이고 껍질을 벗기고 고기를 해체하는 일이 우리의 조상들에게는 제2의 천성처럼 자연스러웠지만 오늘날의 많은 사람들에게는 '너무 심한' 일로 여겨지는 것처럼 말이다. 감각을 직접적으로 흥분시키는 술, 여자, 노래 같은 것들은 항상 소중한 시간을 투자하여 즐기는 대상들이었다. 그러나 새로운 기술은 우리가 원하는 흥분의 정도가 달라지게 만들고 대안적인 사이버 흥분을 제공하고 있다.

이차적인 사이버 흥분뿐 아니라 완전히 이차적인 삶에 대한 전망도 있다. 허구적이거나 실재적인 타인을 지켜보는 것은 물론 새로운 일이 아니다. 현재 우리가 즐기는 활동 가운데 하나는 텔레비전 시청이다. 우리의 일일 평균 텔레비전 시청 시간은 4시간에 달한다. 물론 더 완벽한 현실 탈출을 위해 영화관을 찾는 사람들이 사라진 것은 아니다. 영화 〈프리다Frida〉의 감독인 줄리 테이머는 집에서 비디오를 보는 것과 영화관에 가는 것 사이의 관계는 집에서 기도를 하는 것과 교회당에 나가 예배를 보는 것 사이의 관계와 같다고 비유했다. 사람들은 무질서 앞에서 의식과 경외감과 구조적인 질서와 안정감을 희구한다고 그녀는 주장한다. 그리고 집에서 즐기는 인터넷은 영화관에서 보는 영화가 주는 만큼의 경외감을 주지 않는다. 이는 인간의 목소리에 담긴 비판과 풍자가 이메일보다 더 강력하게 느껴지는 것과 같다. 인터넷은 "너무 안전하고, 너무 익명적이고, 너무 위생적이다". 그래서 우리는 대형 화면에 끌린다. "우리는 감동을 원하며, 무언가 우리의 심금을 울리고 정신을 사로잡으며 심지어 넋이 나가게 만드는 것을 원한다. 이야기꾼의 세계로 들어갈 때 우리는 다른 공간으로 여행을 떠나는 것이다. 어떤 이는 그것을 도피라 부르고, 어떤 이는 체험이라 부른다."

라이브 공연이나 극장 영화는 우리의 감성을 고양시킨다. 그러나 기술은 우리의 기대와 습관과 욕구를 바꾸어 우리의 풍습이 달라지게 만들지도 모른다. 미래에는 그런 강렬한 자극이 당신의 집에 있는 벽에서 쏟아져 나올 수도 있다. 아주 좋은 예로 스포츠 관람을 들 수 있다. 미국 뉴저지 출신의 소설가이며 시나리오 작가인 마크 라이너는 끝없는 관람의 욕구에 대해 얘기한다. 스포츠는 예상치 못한 즉흥적인 일들이 일어나는 최후의 공간 중 하나이다. 그러나 라이너는 "링 주위의 한껏 멋을 낸 유명인사들과 얼굴에 색칠을 한 채 자아도취에 빠진 익명의 관객들"은 "과거의 유물"이라고 생각한다. 이미 오늘날의 관객들은 경기장에 설치된 대형 화면을 자주 쳐다본다. 이는 "현장에 있는 것"이 더 이상 최고의 가치도 관람의 유일한 목적도 아님을 암시한다. 라이너는 우리가 열광하는 군중 속에 있는 것을 좋아한다는 견해에 반대하며, "전혀 모르는 사람에게 아까워하며 치즈 바른 나초를 나눠주고, 똑같이 급한 사람들과 일렬로 서서 잡담을 하며 소변을 볼 기회를 얻는 것" 외에는 스포츠 현장에 갈 합리적인 이유가 없다고 생각한다.

오히려 사이버 친구들의 매력과 감각의 강도를 조절하는 다른 방법들이 일차적인 경험을 밀어내고 삶의 중심을 차지할 것이다. 현실적이고 육체적인 스포츠와 사이버 세계의 교류는 더욱 활발해질 것이다. 다음 세대는 컴퓨터게임을 통해서 일류 선수들과 경쟁할 수 있을 것이다. 네트워크 컴퓨터게임의 관객은 이미 놀라울 정도로 많아졌으며, 그런 발전은 앞으로도 지속될 것이 분명하다. 노동의 변화와 정보기술의 발전, 그리고 로봇의 진화 역시 우리가 위험성이 있는 활동을 하는 경우를 줄일 것이며, 따라서 일차적인 감각보다 사고가 강조되게 만들 것이다. 컴퓨터 기술이 보강된 텔레비전은—라이너가 지적했듯이—과거의 텔레비전이 "선수들이 옷매무새를 다듬거나 침을 뱉는 모습"을 보여주며 독특한 취향을 과시했듯이, 당신의 개인적인 호기심과 취향에 맞는 대상을 근접 촬영으로 확대하여 보여줄 것이다. 자료 수집과 분석은 삶의 모든 영역에서 이루어질 것이며, 그 결과 비록 이차적이지만 당신의 통제를 따르고 당신의 욕구를 충족시키는 세계의 매력이 당신의 개인적인 명령에 순응하지 않는 현실 세계의 일차적인 압박이 주는 매력을 능가하게 될 것이다. 이런 생각을 더 극단화하면, 미래에는 우리 각자가 개인의 관심과 기호에 맞게 제작된 프로그램을 가지게 될 것이라는 과감한 예언도 가능해진다. '실재적인' 활동은 너무 혼잡하고, 반사회적이고, 건강에 해로우며, 시간을 낭비한다고 여겨질 것이다. 그 대신에 모든 여가활동을 의자에 앉아서 행할 수 있게 될 것이다.

물론 사이버 세계에 대한 반발로 정반대의 일이 일어나 매우 위험한 활동들이 인기를 얻게 될 수도 있다. 예를 들어 미래학자 이언 피어슨의 예언에 따르면, 공중이나 물속이나 산이나 동굴에서 생명과 신체를 걸고 즐기는 래프팅이나 낙하 같은 기존의 정착된 활동 외에 첨단 기술을 이용하는 새로운 위험 스포츠가 등장할 것이다. 예를 들어 사람이 팽창된 공 속에 들어가 언덕을 굴러 내려오는, '조빙(zorbing)'이라는 스포츠가 이미 존재한다. 그러나 이런 위험 스포츠의 미래는 더 일반적인 생활양식의 여러 요소들에 달려 있을 것이다.

일반적으로 여가활동은 우리가 평소에 가장 많이 하는 활동에 반대되는 성격을 가짐으로써 삶에 균형을 주는 역할을 한다. 만일 우리가 며칠 동안 혼자 앉아서 일하거나 공부를 하고 잠을 잘 자며 단조로운 생활을 했다면, 우리는 당연히 래프팅이나 춤이나 스포츠나 최소한 스포츠 관람 같은 자극을 주는 활동을 원할 것이다. 반대로 많은 현대의 직업에 동반되는 과도한 스트레스와 지속적인 긴장과 신속한 판단은 여가를 원하는 우리를 직업적인 환경의 자극을 줄이고 삶의 속도를 늦추는 방향으로 이끌 것이다. 예를 들어 미국 뉴저지에 있는 스트레스 완화 센터는 "혼잡한 거리에 떨어지는 한 방울의 고요"를 제공한다. 10달러를 내면 당신은 반투명 유리로 둘러싸인 작은 방에 들어가 인간공학적으로 설계된 휴식용 의자에 앉을 수 있다. 이어서 갖가지 가상적인 체험이 제공된다. 기쁨을 유발하는 뇌 활동을 일으킨다는 열대림의 소리와 광경이 마치 꿈속처럼 펼쳐져 당신으로 하여금 복잡한 거리를 잊게 한다.

이 스트레스 완화 센터는 특히 작고 인공적이지만, 당신의 뇌로 들어오는 입력을 전체적으로 관리함으로써 당신의 심리 상태를 조절하기 위해 오래 전부터 있었던 여러 환경들과 같은 맥락에 있다. 예를 들어 당신은 등산을 통해서 스트레스 완화 센터가 주는 것과 같은 효과를 얻을 수 있다. 나는 뇌의 어떤 상태가 그 두 상황이 공통적으로 주는 최종적인 느낌을 일으키는지에 대해 오래 전부터 관심을 가져왔다. 스키, 오르가슴, 춤 또는 번지점프 등 매우 이질적인 활동들이 유발할 수 있는 '기쁨'의 감정은 공통적으로 어떤 뇌의 상태에서 일어날까?

우리가 다양한 원인에 의해 유발된 공통적인 감정에 대응하는 뉴런들의 활동 상태에 대해 더 많이 알게 된다면, 우리는 예를 들어 프로작(Prozac) 같은 약물이 왜 약효를 발휘하는지 알 수 있을 것이다. 프로작은 당신이 집단 내에서 느끼는 자신의 지위감의 변화에 민감하게 반응하는 전달물질인 세로토닌의 분비 시스템에 작용한다. 그러나 다시 강조하지만, 세로토닌 분자 속에 높은 지위감이나 행복감이 들어 있는 것은 아니다. 큰 문제는 프로작 같은 약물이 어떻게 뇌의 전체적인 지형을 바꾸는가, 그리고 그 지형이 어떻게 감정으로 번역되는가, 이다.

약물은 감정을 직접적으로 변화시킨다. 이미 번창하고 있는 약물 문화는 순간적으로 자신의 문제를 잊는 수단을 제공한다. 내가 이 글을 쓰는 지금, 영국은 대마초를 비(非)범죄화하고 어쩌면 더 나아가 완전히 합법화하는 것에 관한 논의를 하고 있다. 우리는 삶의 문제들을 극복하거나 견디는 대신에 화학작용에 의지하여 눈을 감고 귀를 막는 방법을 점점 더 많이 선택하고 있다. 머지않아 우리는 행복을 주는 약물 '소마'를 애용하는 헉슬리의 『멋진 신세계』 속의 인물들처럼 멍한 눈빛으로 좀비처럼 살아가게 될지도 모른다.

약물은 일상생활을 통해 환경을 조절하는 미묘한 방식보다 훨씬 더 극적으로 뇌의 활동을 재구성하기 위해 사용하는 충격 수단이다. 그러므로 많은 경우에 약물의 사용은 흥분이나 이완을 제공함으로써 삶의 균형을 맞추는 직접적이고 효율적인 방법일 수 있다. 우리는 다양한 약물이 흥분이나 이완을 제공한다는 것을 안다. 알코올, 대마초, 벤조디아제핀, 모르핀, 그리고 모르핀에서 얻는 헤로인 등은 모두 중추신경계의 활동을 억제한다. 암페타민, 엑스터시, 카페인 그리고 코카인은 반대로 흥분을 일으킨다.

나는 이 약물들이 뇌에 일으키는 효과의 유형에만 초점을 두기 위해 의도적으로 허용된 약물과 금지된 약물을, 또한 위험성에 있어서 차이가 매우 큰 약물들을 함께 나열했다. 이 약물들의 작용의 강도와 정확한 생화학적 기제는 다양하지만, 이들이 뇌에 미치는 효과는 두 가지 유형의 뇌 활동 패턴 중 하나로 나타난다. 우리는 흥분과 이완 각각에 대응하는 뉴런 연결 패턴이 무엇인지 아직 발견하지 못하고 있다. 발전된 뇌 관찰 시스템 덕분에 우리가 그것을 발견하게 된다면, 뇌를 직접 자극하는 어떤 방법을 통해서 또는 적절한 리듬과 모양과 색을 제공하는 매우 특수한 소프트웨어를 통해서 뇌를 특정 상태로 이끌 수 있을 것이다. 이식을 통해 뇌 속에 기억이나 생각을 주입하는 것은 실현될 듯한 일이 아닐지 몰라도, 인간의 감정에 대응하는 기초적인 뉴런 활동 상태—예컨대 미소, 약물, 노래, 다이빙, 낙하 등이 공통적으로 유발하는 최종적인 뉴런 연결 패턴—를 식별하는 것은 결국 가능해질 것으로 보인다. 언젠가 우리의 감정은 당신 자신뿐 아니라 타인에 의해 직접적으로, 또한 더 중요하게는 원격으로 조작될 수 있을 것이다.

『멋진 신세계』에서도 시민들은 일을 했다. 그렇다면 참된 미래에는 어떨까? 우리가 보았듯이 정보기술은 이제 겨우 성숙 단계에 접어들면서 실리콘-탄소 합성체나 양자 컴퓨터 같은 전혀 다른 계산 시스템들을 만들어내고 있다. 양자 컴퓨터는 미래에도 존재하리라고 우리가 예상하는 모든 비밀과 사생활을 위협할 것이다. 정보기술은 직장과 노동력과 노동의 방식을 변화시킬 것이다. 이미 언급했듯이, 상상할 수 있는 한쪽 극단은 다수의 사람들이 급변하는 사회에 적응하는 데 부담을 느끼고 약물이나 기타 활동, 예컨대 영화 속 영웅들이 펼치는 이차적인 이야기에 몰입하는 활동이 주는 위안에 의지하여 자신의 부적합성에 대한 자괴감을 잊는 광경이다.

다른 한편—20세기 중반의 헉슬리는 전혀 예측할 수 없었지만—자동화 장치들의 발전과 보편화에 의해 고도의 교육을 받은 기술권력자가 아닌 다수의 대중들이 일에서 해방되는 것도 상상할 수 있는 또 하나의 미래의 광경이다. 그러나 특별히 할 일이 없는 긴 시간은 목표의식이 없는 한, 아주 느리게 흘러갈 것이다. 정보기술이나 약물은 강력한 자극을 통해 일시적인 즐거움을 제공할 수 있겠지만, 인간의 조건에 매우 중요해 보이는 지위감과 성취감은 제공할 수 없을 것이다.

마지막으로 사람들이 기꺼이 재교육을 받고 복잡한 직업 경력을 관리하면서 만족스럽게 살고, 다른 한편 여가와 일이 통합되는 가장 긍정적인 시나리오도 상상할 수 있다. 그러나 이 경우에도 성취 동기에 대한 의문을 제기하지 않을 수 없다. 다수가 노동 없이 살아갈 수 있다면, 당신도 그렇게 할 수 있지 않을까? 당신도 노동 없는 삶을 즐겨보라. 모든 물리적인 안락함을 제공하는 세계 속에서 유독 당신만 도대체 무엇을 성취하려 애쓴단 말인가?

획기적인 연속물 〈자아의 세기The Century of the Self〉를 만든 텔레비전 연출자 애덤 커티스는 모든 것에 앞서는 '자아'가 탄생한 것은 20세기에 이르러서였다고 주장한다. 인간의 욕망과 욕구에 대한 프로이트의 연구는 인간이 지닌 궁극적인 목표는 만족과 행복의 추구라는 믿음을 심어주었다. 프로이트의 조카인 에드워드 버네이스*는 프로이트의 이론을 이용하여 사람들이 필요하지 않은 것을 원하도록 유도했다. 예컨대 그는 담배에 불을 붙이는 것을 '자유의 횃불'에 불을 붙이는 것에 비유함으로써, 즉 담배를 피우는 여성은 자유로운 정신을 가진 개인이라고 강조함으로써 여성들이 담배를 피우도록 유도했다.

우리는 자아, 즉 '에고'의 개념을 확립함으로써 심층적인 파괴적 욕구—프로이트의 '이드'—를 억제할 수 있었다. 덜 인본주의적이었던 시대에 그 이드는 당대의 '소마(soma)'—로마 시대에는 '빵과 서커스'—를 통해 직접적으로 통제되거나 전통적인 의식으로 승화되거나 즉각적이고 엄격한 처벌을 통해 억압되었다. 그러나 민주적이고 상업적인 현대 사회에서는 그런 방법을 쓰는 것이 더 이상 불가능했다. 대신에 버네이스를 비롯한 여러 사람들은 자아의 개념을 발전시켜 개인

* 현대적인 상업 광고의 아버지.

에게 각자가 원하는 것—에고가 환영하고 욕망하는 것—을 주는 것처럼 가장하는 방법들을 개발하고 이를 통해 위험한 집단 본능을 억누를 수 있었다. 심지어 좌파의 정책도 자본주의가 상품으로 그렇게 하듯이 사람들의 개인적인 욕구를 충족키는 것을 추구한다고 커티스는 주장한다.

그러나 지금 우리는 프로이트 이전의 해법들로 회귀하는 시점에 임박해 있는지도 모른다. 미래에는 우리를 둘러싼 사이버 세계의 순간성과 임의성 때문에 자아의 개념이 흔들리고, 우리의 몸과 '저 밖에' 있는 세계 사이의 경계가 흐려질 것이다. 또한 미래의 정보기술은 약물만큼 직접적이면서 또한 자연스럽고 원격적인 방식으로 훨씬 더 정확하게 뇌의 지형을 조작할 것이다. 그렇게 된다면 **역사상 최초로** 자아 성취와 지위의 중요성이 약화될 수도 있다. 자아감이 과거의 유물이 된 가운데 사람들은 더 이상 끊임없는 재교육과 재개발을 위해 애쓰지도, 실직 상태에서 목표의식을 되찾으려 애쓰지도, 원하지 않는 것을 위해 노동하지도 않을 것이다. 대신에 당신은 감각들을 수동적으로 수용하는 일에 삶 전체를 맡기고 당신의 사이버 세계를 통해 온갖 종류의 존재들과 정보를 주고받을 것이다. 당신은—'당신' 따위의 개념이 여전히 존재한다면—단순히 기술의 소비자가 될 것이다.

미래의 노동 관련 기술은 우리가 사용하는 컴퓨터에서 그 컴퓨터에 공급되는 연료까지 점점 더 생물학에 의해 주도될 것으로 보인다. 우리의 노동 강도는 노동의 효율성과 기술의 발전 정도에 따라 결정될 것이다. 그러나 미래에 우리가 하게 될 일과 관련해서 우리는 지금 더욱 근본적으로 미래 세대들의 관심사와 가치관을 탐구하고 있다. 삶의 모든 영역에서 전통적인 경계들이 허물어질 것으로 보인다. 직장과 집, 일과 여가, 직장생활과 은퇴생활, 한 세대와 다음 세대 사이의 경계가, 그리고 심지어 가족 내에서의 역할들 사이의 경계가 허물어질 것이다. 그러나 지금까지 우리의 삶에서 우리를 정의한 것은 바로 그런 경계들과 무대들이었다. 일과 여가의 미래에 대한 질문들과 예측들은 우리의 후손들이 자신을 어느 정도까지 개인이라고 여길지, 그들의 자아감이 얼마나 강할지, 따라서 그들이 어느 정도까지 조작을 허용할지에 대한 질문으로 압축된다. 이 질문들은 단순하지만 매우 중요하다.

우리가 전체 노동력의 일부로서 항상 변화해야 하고 일관적이기보다 신속하게 적응해야 한다면, 우리의 명확한 정체감은 해체되기 시작할 것이다. 전통적인 직장에서의 지위의 대체물로서 취미생활이 지금보다 더 중요해질 가능성이 있다. 그러나 그렇게 되려면 우리가 직업에 투자하는 시간만큼 많은 시간을 취미생활에 온전히 투자해야 할 것이다. 또는 우리가 허구나 기록된 사실들을 보면서 이차적인 자아를 발전시킬지도 모른다. 더 나아가 우리는 때때로 축구장에서 실제 군중 속에 섞여 열광하면서 자아감을 완전히 잃고 일종의 공적인 자아, 또는 집단적 정체성을 발전시킬지도 모른다. 또는 정반대로 더 안전하고 친숙한 사이버 세계 속에, 혹은 약물의 효과 속에 은둔하게 될지도 모른다. 간단히 말해서 우리는 어떻게든 과거에 노동을 통해 얻었던 자아감의 상실을 극복해야 할 것이다. 미래의 자아가 어떻게 집단화될 것인지, 따라서 그 자아를 통제하기가 얼마나 쉬워질 것인지 이해하기 위해 가장 기초적인 주제인 유전자로부터 논의를 시작하자.

05

증식

우리는 생명을 어떻게 보게 될까?

삶에서 가장 중요한 것은 생명이다. 우리 자신의 생명을 최대한 연장시키고 대리적인 불멸을 얻기 위해 자식을 낳는 것보다 더 중요한 일은 없다. 현재 생명공학의 발전은 새로운 가능성들을 열고 있다. '탈인간적' 개체, 즉 유전학적으로 변형된 인간은 이 세기가 끝나기 전에 현실화될 가능성이 있다. 빌 클린턴의 생명공학 자문위원이었던 캘리포니아 대학 로스앤젤레스 캠퍼스(UCLA)의 그레고리 스톡은 다음과 같이 예언한다.

> 천년 후 미래의 인간들은 — 그들이 누구이든, 혹은 무엇이든 — 우리의 시대를 돌아보며 과제가 많았고, 어려웠고, 정신적 충격에 휩싸였던 때라고 회상할 것이다. 아마도 그들은 우리의 시대가 사람들이 70년이나 80년밖에 살지 못했고, 무서운 질병으로 사망했고, 정자와 난자가 실

험실 밖에서 예측할 수 없는 무작위한 방식으로 만나 임신이 이루어졌던 원시적이고 이상한 시대였다고 회고할 것이다. 그러나 그들은 또한 우리의 시대가 그들의 생명과 사회의 기반을 마련한 생산적이고 특별한 시대였다고 평가할 것이다. 인간의 증식과 생물학에 대한 새로운 연구가 미래의 주춧돌이 될 것이 거의 확실하다.

그러나 이런 희망적인 전망의 이면에는 어두운 그늘도 있다. 존스홉킨스 대학의 정치경제학 교수 프랜시스 후쿠야마는 이렇게 경고한다. "현재의 생명공학에 의해 대두된 가장 중요한 위협은 생명공학으로 인해 인간의 본성이 바뀌고, 따라서 인류의 역사가 '탈인간화' 단계로 진입할 가능성이다."

유전자는 오래 전부터 중요한 기사거리였다. 더 나아가 생명공학이 점점 더 일상 속으로 파고들면서 수많은 윤리적인 문제들이 발생했다. 내가 이 글을 쓰고 있는 오늘, 신문들에는 유전자 관련 기사가 세 건이나 실렸다. 한 기사는 젊은 빈혈증 환자 찰리 휘태커에 관한 이야기이다. 질병으로 인해 그의 예상 수명은 30년이지만, 그를 치유할 가능성이 있는 치료법은 허가를 얻지 못하고 있다. 그의 질병은 적당한 세포들을 혈관 속에 주입하여 증식하게 함으로써 치유할 수 있다. 그에게 주입할 줄기세포들은 탯줄 속의 혈액(제대혈)에서만 얻을 수 있으며, 가능한 한 조직이 일치해야 한다. 따라서 찰리의 부모가 또 한 명의 아이를 임신해야 한다. 현존하는 기술(이식 전 유전자 검사)을 이용하면 체외수정으로 얻은 배아들 중에서 찰리의 생명을 구하기에 적합한 배아를 골라 찰리의 어머니에게 임신시킬 수 있다. 그러나 영국 인간 수정 및 배아 연구 관리국은 '계획적으로 만든' 태아가 양산되는 것을 두려워하여 이 치료법의 허가를 거부하고 있다.

신문의 다음 장에서 나는 난소암으로 가임 능력을 잃고 이제 회복기에 들어선 한 젊은 여성에 관한 비극적인 이야기를 읽는다. 화학요법을 받기에 앞서 그녀와 그녀의 남자친구는 아이를 얻기 위해 체외수정을 실시했다. 그러나 현재 그들은 결별했고, 그녀의 전 남자친구는 배아를 그녀에게 착상시키는 것을 허락하지 않고 있다. 현재의 법에 따르면 그 배아들은 폐기되어야 할 것이다.

마지막으로 과학자들이 공격성과 관련된 유전자를 발견했다는 기사를 읽는다. 이 기사는 스티븐 모블리라는 인물에게 중요한 소식일 수 있을 것이다. 미국에서 곧 이루어질 자신의 사형 집행에 반발하여 그가 내세우는 항변은 그의 조상들이 오래 전부터 강간범이나 범죄자였기 때문에 그 자신의 유전적인 특성을 그로서는 어쩔 수 없었다는 것이다. 유전자 검사가 더 정밀해지고 일반화되면 우리 모두가 이런 식으로 자신의 불법행위를 유전자의 탓으로 돌리게 되지 않을까? 그렇지 않다면 어떻게 기준을 정하고 한계선을 그을 것인가? 생물학적 유전에 책임을 돌릴 수 있는 사람과 유전적인 운명에도 불구하고 스스로 책임을 져야 하는 사람을 나누는 명확한 경계선을 상상하기는 어렵다.

미래의 유전자 조작은 우리의 증식 방식과 관련해서 점점 더 많은 함축을 가지게 될 것이다. 그러나 새로운 기술들은 우리 자신의 수명에도 영향을 미치고 우리가 질병과 노화를 다루는 방식에도 극적인 변화를 일으킬 것이다. 지금까지 발전의 속도는 분자생물학자들 자신을 비롯한 대부분의 사람들이 경악할 정도로 빨랐다. 급격한 발전 속에서 우리는 이미 과거에 가장 확실하다고 믿었던 학설조차 타당성을 잃는 것을 본다. 마치 우리가 공상과학소설 속에서 사는 것처럼 보이기도 한다.

지금 이 순간 우리는 도대체 어디까지 전진한 것일까?

당신의 몸을 이루는 모든 세포—정자 세포와 난자 세포만 제외하고—의 중심에는 23쌍의 큼직한 디옥시리보핵산(DNA) 덩어리(염색체)가 들어 있다. 유전자는 DNA의 특정 부분으로 특정한 단백질을 생산하는 기능을 한다. 그러나 놀랍게도 겨우 3퍼센트의 DNA만 그 기능을 하고, 나머지 중 일부는 다른 유전자들을 제어하는 역할을 하며, 그 외 대부분의 DNA는 '쓰레기'이다.

또 하나의 놀라운 사실은 인간이 가진 유전자의 개수가 놀라울 정도로 적다는 것이다. 하등한 환형 벌레인 '예쁜꼬마선충(*C. elengans*)'은 9백 개의 세포로 이루어져 있고 약 2만 개의 유전자를 가진다. 반면에 우리 인간은 뇌만 해도 천억 개의 뉴런과 그보다 열 배 많은 '교세포(glial cell)'로 이루어짐에도 불구하고 유전자의 개수는 최대 8만 개에 불과하다. 2001년에 인간 게놈 지도의 완성으로 밝혀진 우리의 유전자는 3만 개에서 8만 개였다. 우리는 이렇게 상대적으로 적은 개수의 유전자를 가지고 있으며, 그 유전자의 대부분은 다른 동물이나 식물의 것과 일치하지만, 현재까지 알려진 유전적 질병의 수는 5천 종에 달한다. 형질(trait)—유방암에서 우울증까지 모든 종류의 병적 형질—은 단일한 유전자 속에 완벽하게 그리고 독립적으로 들어 있는 것이 아니다. 예를 들어 알츠하이머병과 관련된 것으로 밝혀진 유전자는 현재까지 10여 개이다. 또한 한 개의 비정상 유전자가 문제를 일으키는 드문 경우에도 문제를 일으키는 조건이 DNA 가닥들 내에만 국한되어 형성된다는 것은 상상하기 어렵다. 멘델이 '노란색' 유전자의 발현이라고 생각한 것도 실은 녹색의 엽록소를 파괴하는 효소의 발현이었다.

하지만 어떤 유전자가 어떤 질병과 간접적으로나마 연결되는지에 대해 더 많이 알수록 좋다는 것은 분명한 사실이다. 그런 앎은 진단법의 발전과 새로운 치료법의 개발에 도움을 줄 수 있다. 질병과 연결된 유전자들을 발견하기 위한 한 가지 방법은 인구 집단의 유전적 특징을 연구하는 것이다. 그런 연구를 위해서는 아이슬란드 국민들처럼 비교적 고립된 공동체를 이루어 살아온 대규모 집단이 필수적이다. 아이슬란드인들은 열악한 지형과 역사 때문에 더 큰 유전자풀(gene pool)과의 교류를 적게 경험할 수밖에 없었다. 따라서 아이슬란드인들의 작은 유전자풀 내에서는 특정한 유전자와 질병을 쉽게 연결할 수 있을 가능성이 훨씬 높다. 또 다른 연구 방법은 수백 년에 걸친 돌연변이에 의해 생긴 유전자의 변화를 탐구하는 것이다. 이 변화는 '다형성(polymorphism)'이라 불린다. 더 구체적으로 이 변화는 대개 DNA 사다리 구조 속에 있는 발판(뉴클레오티드) 한 개의 변화에 기인하기 때문에 전문가들은 이 변화를 단일염기다형성(SNPs, '스닙스'라고 읽는다)이라 부른다.

유전자의 특징과 질병을 비교하는 연구는 이미 그 유용성이 증명되었다. 유전자 변이에 관한 정보는 유방암에서 심장병까지 다양한 종류의 위험요소를 가진 개인을 식별하는 데 크게 기여했다. 예를 들어 어떤 유전자(P53)의 변화(돌연변이)는 50종 이상의 암과 연결된다. 실제로 모든 자궁경부암의 90퍼센트, 결장암의 80퍼센트, 뇌암의 50퍼센트가 이 유전자 한 개의 비정상화와 연관된다. 이 유전자는 암과 관련해서 이렇게 중요한 의미를 가지기 때문에 『사이언스』지는 1994년에 이 유전자를 '올해의 분자'로 선정했다.

그러므로 유전자 검사가 우리 삶의 일부가 될 것이라는 예측을 쉽게 납득할 수 있다. 머지않아 우리는 정기적인 유전자 검사를 통해 우리의 몸에 질병이 있는지, 혹은 발생할 가능성이 있는지, 우리가 보균자인

지, 심장병이나 암 같은 복잡한 원인에 의한 질병이 발생할 위험성이 높은지, 약이나 음식이나 환경적인 요소에 어떤 반응을 나타낼 것인지 확인할 것이다. 환경과 상호작용하면서 당신 자신을 만드는 유전자들은 당신의 친부 관계와 유전적인 기록뿐 아니라 당신 개인의 과거와 현재와 미래도 알 수 있게 해줄 것이다.

말할 것도 없이 그런 전례 없는 진단 능력과 위험성에 대한 인식은 미래 세대들의 삶과 생각을 근본적으로 변화시킬 것이다. 언젠가는 당신이나 임의의 제3자가 당신의 유전적 특징 전체를 담은 바이오칩을 참조하여 약물에 대한 당신 개인의 특이한 반응이나 부작용의 가능성을 점검하는 것이 평범한 일이 될 것이다. 물론 개인적인 차별이나 보험 계약과 관련된 문제가 발생할 가능성이 높아진다는 부정적인 측면도 있다. 뿐만 아니라 다양한 검사들이 쉽고 저렴해지면, 대중이 직접 그런 검사를 하는 것을 허용할지에 대한 논쟁도 뜨거워질 것이다. 우리는 가정에서 임신 검사를 하는 것에 익숙하지만, 알츠하이머병 검사를 개인이 직접 한다고 상상해보라. 또한 거의 모든 사람이 자신에게 있는 위험성을 의식하면서 살지만, 그 위험성을 완전히 제거할 수 없다면, 사회는 더 날카롭고 이기적으로 될지도 모른다. 우리는 자동차 사고의 위험성에 대해 40년 전보다 더 잘 알지만 그로 인해 사회는 더 안전하고 다양해졌다고 반박하는 사람도 있을 것이다. 그러나 자동차를 운전하면서 우리가 감수하는 위험은 단기적이며, 우리는 운전 중에 매 상황에서 안전성을 높이기 위해 적절한 직접적인 행동을 한다는 사실에 주목할 필요가 있다. 이런 위험성은 훨씬 더 간접적이고 장기적인 질병의 위험성과 전혀 다르다.

만일 당신이 뇌질환이나 정신기능 장애와 관련된 비정상 유전자를 가지고 있다고 판명된다면, 또는 당신이 자손의 정상적인 유전자의 기능을 강화하여 뇌의 능력을 향상시키려 한다면, 문제는 더 까다로워질 것이다. 가장 이해하기 어렵고 경이로운 정신적 특징들이나 뇌와 관련해서 지적되는 특별한 어려움은 이 경우에는 유전적인 인과 관계가 특히 약하다는 점이다. 예를 들어 자식의 미래를 걱정하는 부모들이 다른 무엇보다 관심을 기울일 것이 분명한 유전자, 즉 지능지수(IQ)를 높이는 유전자를 생각해보자. 설령 지능지수와 연결된 단일한 유전자가 존재한다 하더라도, 그 유전자의 기여가 중심적인 역할을 할 것 같지는 않다. 로저 고스든은 자신의 책 『디자이너 베이비*Designer Babies*』에서 지능지수와 관련된 몇 가지 수치를 제시했다. 전적으로 환경에 의해 결정되는 경우를 0으로 하고 전적으로 유전에 의해 결정되는 경우를 1이라 할 때, 지능지수의 유전성은 0.3으로 나타났다. 지능지수와 관련이 가장 깊은 주요 유전자 한 개가 있다면, 그 유전자의 기여는 전체 유전성에서 최대 5퍼센트일 것이다. 따라서 그 유전자가 최종적인 지능지수에 기여하는 몫은 1.5퍼센트이다. 만일 당신의 지능지수가 100이라면, 당신은 그 유전자를 이용하여 지능지수를 101.5로 올릴 수 있을 것이다. 고스든은 미래의 부모들에게 유전학적인 강화 요법을 기대하지 말고 자녀의 교육에 아낌없이 투자하라고 조언한다. 한편 대부분의 사람들은 지능지수의 유전성을 실제보다 훨씬 높게, 아마도 0.6 정도로 생각하는 것 같다. 그 생각이 옳다 하더라도, 교육의 효과는 지능지수를 5점 정도 높일 수 있을 만큼 크다. 그만큼의 효과는 지능지수의 유전성이 0.6일 때 지능지수 기여도가 가장 높은 단일 유전자가 발휘할 수 있는 효과보다 약간 크다. 그러나 이런 수치들의 가치는 제한적이다. 중요한 것은 유전자가 당신과 환경의 상호작용에 영향을 미칠 수 있다는 사실, 그리고 '자연'과 '비자연'을 나누는 과거의 경계선이 이제 아주 흐려져서 큰 도움이 되지 않는다는 사실이다.

1994년에 리처드 헌스타인과 찰스 머레이는 거의 모든 사람의 반감을 일으키는 결론에 도달했다. 그들은 지능의 차이가 많은 부분 유전자에 기인하며, 따라서 지능에 인종적인 편차가 있다고 주장했다. 그러나 그들의 연구는 오늘날 다시 검토할 필요가 있다. 특히 아프리카계 미국인의 지능지수가 백인보다 훨씬 낮다는 사실은 유전자 때문이 아니라 환경적인 요인들 때문이라고 설명할 수 있을 것이다. 심리학자 제임스 플린은 지난 세대에 거의 모든 선진국에서 지능지수가 향상되었음을 보여주었다. 백인 미국인 아동과 비백인 미국인 아동의 지능지수 격차는 교육과 영양 섭취의 향상의 결과가 뇌에 나타나면서 점차 좁혀질 것이다.

어쨌든 '지능'이 무엇을 의미하는지, 그리고 어떻게 그 불분명한 개념이 뇌에 있는 뉴런들의 물질적인 작용에 의해 구현되는지는 여전히 풀리지 않은 문제이다. 신경과학자 조 치엔의 연구는 행동과 생각 사이의, 유전자와 단백질 사이의 커다란 간극을 보여주는 한 예이다(프랜시스 후쿠야마도 이 예를 거론했다). 치엔은 특정한 유전자를 제거하거나 보충함으로써 쥐의 기억력을 저하시키거나 향상시킬 수 있음을 발견했다. 그는 기억력과 관련된 단백질의 정보를 담고 있는 유전자를 발견한 것일까?

그럴 가능성은 희박하다. 치엔이 발견한 유전자는 뇌 속의 특정한 화학적 소통 체계에 관여하는 단백질의 생산을 담당하는 여러 유전자들 가운데 하나이다. 그 단백질은 뉴런들 속으로 많은 양의 칼슘이 들어가게 해준다. 그런데 문제는 칼슘이 세포 내부에서는 마치 산탄 총알과 같다는 점이다. 세포 속으로 들어온 칼슘은 다양한 분자들과 반응하여 직접 혹은 간접적으로 이롭거나 해로운 많은 결과를 일으킨다. 영향을 받는 정신적인 특징은 기억력뿐만이 아닐 것이다. 또한 칼슘에 의해 일어나는 변화는 기억을 위한 **필요조건**일지 몰라도 **충분조건**은 결코 아니다. 뇌가 기억을 보존할지, 그리고 얼마나 잘 보존할지는 다른 많은 요소들에 의해서도 결정된다. 특정한 유전자 하나가 만든 단백질이 정신적인 특징과 일대일로 대응하는 것이 아님을 상기하라. 대개의 경우 한 단백질(그리고 그것을 만든 유전자)은 많은 특징들과 연관되며, 반대로 하나의 특징은 많은 단백질들(유전자들)과 연관된다.

큰 논란을 일으킨 '동성애 유전자'와 관련해서도 사정은 유사하다. 언뜻 보면 성적인 취향은 강한 유전성을 가지는 듯이 보인다(예를 들어 한 연구에 따르면, 일란성 쌍둥이 한 명이 동성애자일 때 나머지 한 명도 동성애자인 비율은 52퍼센트이다. 반면에 이란성 쌍둥이는 전체 유전자의 절반만 공유하므로 그 비율은 22퍼센트로 떨어진다). 그러나 사람들이 살아가면서 종종 성적인 취향을 바꾸기도 한다는 사실은 어떻게 설명할 것인가? 동성애 유전자가 존재한다 하더라도, 살아가는 동안 다양한 환경적 요소들에 의해 그 유전자가 활동하기도 하고 잠복하기도 한다는 보고는 아직 없다. 더 나아가 '환경'의 영향은 거시적이고 복잡한 외부세계의 사건들과 관련되기 때문에 이를 분석하여 뇌세포 밖에서 일어나는 직접적인 분자적 현상들로 환원하기가 사실상 불가능하다. 결론적으로 동성애 취향은 심장병과 유사하다고 할 수 있다. 유전적으로 심장병에 걸릴 소질을 가지고 있고 실제로 걸리는 사람은 매우 적은데 비해, 유전자와 환경의 상호작용의 결과로 심장병에 걸려 고생하는 사람은 그보다 훨씬 더 많다. 한편 또 다른 소수의 사람들은 심장병에 걸릴 위험이 매우 낮음을 보여주는 유전자를 가지고 있지만 과도한 흡연과 음주를 하고 비만이며 운동을 하지 않아 심장병에 걸린다. 성적인 취향과 유전자의 관계도 이와 유사할 것이다. 대부분의 경우에 성적인 취향은 유전적인 소질과 환경, 그리고 자신의 선택이 종합된 결과이다.

그러나 성별에 따른 전형적인 특징들은 강한 '자연적인' 토대를 가지고 있는 것처럼 보인다. 언젠가 나는 친구 가족과 술을 마신 적이 있다. 그때 부부의 아들은 지루한 어른들을 무시한 채 장난감 기차를 가지고 놀았던 반면에, 역시 미취학 연령이었던 딸은 내게 땅콩을 먹여주었다. 그 아이는 3세 아동에 맞는 방식으로 타인에게 음식을 주는 여성적인 행동을 했던 것이다. 성별에 따른 특징들을 보여주는 더 공식적이고 확실한 자료로 7세에서 8세인 아이들이 다양한 장난감이 있는 대기실에서 노는 모습을 찍은 비디오가 있다. 사내아이들은 곧바로 장난감을 가지고 놀기 시작했고, 여러 가지 게임을 통해 경쟁했으며, 점수를 말하고 행동을 지시하는 것 외에는 다른 말을 거의 하지 않았다. 반면에 대부분의 여자아이들은 서로 말문을 트고, 형제가 몇인지, 장래에 무엇이 되고 싶은지 묻고 답했으며, 장난감은 이차적인 관심사로만 취급했다. 내가 이 얘기를 한다면, 대부분의 부모들은 그들의 아들이 딸과는 확연히 다르게 행동하며, 그것은 '천성적인' 듯이 보인다면서 공감을 표할 것이다.

더 공식적인 연구들은 집중하는 기간, 언어 습득, 구성 능력, 그리고 다른 많은 재능에서 남자아이와 여자아이 사이에 분명한 차이가 있음을 보여준다. 사실 『화성에서 온 남자, 금성에서 온 여자』가 대단한 베스트셀러가 된 것도 그 속에 기술된 성인 남녀의 차별화된 행동들이 우리 모두에게 너무나도 익숙한 것들이기 때문일 것이다. 만일 성적 취향도 성별에 따른 정신적 특징 일반의 한 부분이라면, 생애의 매우 이른 시기에 한 유전자가 활동함으로써 성적 취향이 결정되는 것은 아닐지라도 무언가 생물학적인 스위치가 켜짐으로써 성적 취향이 결정되는 것이 분명하다.

현재 많은 학자들이 동의하는 바에 따르면, 뇌는 자궁 안에서 Y염색체와 관련된 남성호르몬 테스토스테론에 노출되는 정도에 따라서 성적인 특징을 얻는다. 테스토스테론은 뇌의 구조와 이후의 기능에 많은 영향을 미칠 것이다. 그러나 매우 간접적인 방식으로 기억력에 영향을 미치는 단백질의 경우와 마찬가지로, 테스토스테론 수치는 개인의 성적 취향을 결정하는 필요조건일 뿐 충분조건은 아니다. 유전자들을 비롯해서 많은 다른 요소들이 성적 취향의 결정에 관여하며, 테스토스테론 역시 공격성을 비롯한 다른 특징들의 발현에 기여한다.

그렇다면 우리는 동성애 유전자 개념을 어떻게 이해해야 할까? 산업화된 사회에서는 1퍼센트의 남성이 전적인 동성애자이며, 약 5퍼센트의 남성이 양성애자이다. 양성애 남성은 성행위 빈도가 이성애 남성보다 두 배 많고 파트너의 수도 더 많으며, 파트너 중에서는 남성보다 여성이 더 많다. 그러므로 양성애 남성은 일생 동안 이성애 남성보다 더 많은 여성들을 임신시킬 가능성이 높다. 현재는 질병의 위험성과 동성애혐오자들의 신체적 언어적 폭력 등의 다양한 요인들 때문에 양성애 남성과 여성이 소수이다. 그러나 미래에 편견과 질병의 제약이 모두 제거된다면, 양성애자들은 활발하고 다채로운 성생활과 자유로운 임신을 통해 자신의 유전자를 확산시킬 것이므로 양성애자의 수는 급증할 것이라고 생물학자 로빈 베이커는 주장한다.

한 예언에 따르면 미래의 부부들은 태아의 유전자를 검사하여 어떤 특징이 발현될 것인지 알 수 있을 것이라고 한다. 동성애는 어쩌면 대머리처럼 권장할 만하지는 않지만 충분히 무해한 특징으로 간주될지도 모른다. 다른 한편 양성애가 정상적인 행태가 될 가능성도 있다. 핵가족이 완전히 해체되고 에이즈 등의 위험요소들이 제거된다면, 덜 엄격하고 덜 전형적인 자아감을 옹호하는 일반적인 세태의 반영으로 성적 취향의 이중성과 전통적인 성역할의 혼란이 확산될 수 있기 때문이다.

복잡한 정신적 특징의 원인이라고 주장되는 단일 유전자의 마지막 예—이 예는 오늘 내가 읽은 신문에도 나왔다—로 범죄 유전자를 살펴보자. 덴마크의 쌍둥이 3,586쌍을 대상으로 이루어진 한 연구는 범죄 성향이 유전적일 수 있다는 생각에 신뢰성을 준다. 일란성 쌍둥이의 경우 한 명이 범죄자일 때 다른 한명도 범죄자인 비율이 50퍼센트인 반면에, 이란성 쌍둥이의 경우에는 그 비율이 21퍼센트였다. 여러 차례 범죄를 저지른 경력이 있어 많은 연구의 대상이 된 네덜란드의 한 가문도 문제가 유전성이라는 것을 암시하는 듯이 보인다.

범죄 유전자 연구의 한 방법은 유전자와 뇌 화학의 관계를 탐구하는 것이다. 범죄 성향은 특정한 화학적 전달물질의 관리를 담당하는 효소를 통제하는 유전자에 손상이 생겼을 때 발생할 수 있다. 그런 화학적 결함을 가진 쥐들이 매우 폭력적인 성향을 나타낸다는 사실에 비추어 볼 때, 이 가설은 더욱 강한 설득력을 가진다. 그러나 이 상황은 기억력과 단백질의 관계에 관한 신경과학자 조 치엔의 실험이나 테스토스테론이 성적인 특징에 기여하는 바에 대한 주장이 처한 상황과 아주 유사하다. 이 상황에서도 화학적 요인은 최종적인 기능이나 장애에 지대한 영향을 미친다. 이는 마치 자동차의 기능을 위해 점화플러그가 필수적인 것과 같다. 그러나 자동차에는 점화플러그 외에도 많은 부품들이 있으며, 점화와 자동차의 운동 사이에는 복잡한 일련의 사건들이 존재한다. 뇌의 기능에서도 사정은 마찬가지다.

유전자는 확실하고 분명하게 식별되는 대상이지만, 유전자가 끊임없이 그리고 자율적으로 활동하는 것은 아니다. 항상 변하는 다양한 요인들이 유전자의 활동을 제어하여 특정 단백질의 생산 여부를, 더 나아가 생산되는 단백질의 유형을 결정한다. 세포의 나이와 발달 정도, 그리고 가장 중요하게는 세포를 직접 둘러싼 화학적 환경 등의 많은 요소들이 임의의 시점에서 유전자의 활동 여부를 결정한다. 세포 내부의 미시적인 화학적 환경 역시 거시적인 화학적 요소들의, 즉 뇌세포와 외부세계 사이의 액체로 채워진 공간으로 스며드는 화학물질들의 영향을 받는다. 또한 뇌는 신체의 다른 부분에서 일어나는 사건들의 영향도 받는다.

뇌와 관련해서 가장 중요한 것은 인접한 세포들간의 끊임없는 소통, 즉 뉴런들 사이에서 일어나는 신호 전달이다. 우리의 뇌 속에는 약 10^{15}개의 연결이 있으므로, 뉴런과 뉴런을 잇는 물리적 연결선의 개수는 유전자의 총수보다 약 10^{10}배 많다. 또한 임의의 시점에서 사용되는 전달물질의 양과 유형은 그 시점에 거시적인 뉴런 회로—뇌의 구조—속에서 일어나는 작용에 의해 결정된다. 또한 뉴런 회로는 신체의 나머지 부분에서 일어나는 사건들, 그리고 개체에 영향을 미치는 외부세계의 사건들로부터 영향을 받는다. 뇌 기능과 그 기반에 있는 화학물질 사이의 관계, 더 나아가 뇌 기능과 그 화학물질을 만드는 단백질을 생산하는 유전자 사이의 관계는 고전 운문 「못 하나가 부족했기 때문에For Want of a Nail」에서 말굽에서 빠진 못 하나가 결국 왕국을 멸망시킨 원인이 된 것에 비교할 수 있을 정도로 복잡하고 미묘하고 변덕스럽다. 못과 왕국의 멸망 사이에 인과 관계가 있는 것은 사실이다. 그러나 그 관계는 매우 간접적이고 약하기 때문에 그 관계가 파악되었다는 사실이 오히려 놀라울 정도이다.

콜린 블레이크모어와 그의 옥스퍼드 대학 동료들은 최근에 본성(nature)과 교육(nurture) 사이의 관계를 탐구하는 실험을 했다. 그들은 환경이 헌팅턴무도병(Huntington's Chorea)이라는 질병에 미치는 영향을 연구하고 있었다. 헌팅턴무도병은 심각한 운동장애로, 사지가 의지와 상관없이 격렬하게 움직이는 것이 특징이다. 그 때문에 병명에 '춤(무도)'이 들어간 것이다. 이 병은 알츠하이머병이나 정신분열병이나 우울증과 달리 그 원인을 단일한 유전자에 돌릴 수 있다. 정상인의 경우 그 유전자 속에서는 세 가지 화학물질의 서열이 최대 20회 반복된다. 그러나 그 반복 회수가 39회이면 60대에 병이 발생한다. 또한 반복 회수가 42회이면 40대에 발병하고 50회이면 30대에 발병한다. 확실히 이 경우에는 병의 원인이 전적으로 유전적이며, 우리는 정당하게 헌팅턴무도병 유전자를 얘기할 수 있다. 그런데 과연 이 병이 본성과 교육 사이의 끊임없는 상호작용의 법칙을 깨뜨리는 예외일 수 있을까?

블레이크모어와 동료들은 헌팅턴무도병을 일으키는 결함 있는 유전자를 인위적으로 주입한 '유전자 전환' 쥐를 실험 대상으로 삼았다. 그 쥐는 나이를 먹으면서 사지 통제 능력을 점차 상실할 것이 분명하다. 그러나 유전자와 병의 분명한 연관성에도 불구하고 놀랍게도 쥐에게 환경적인 자극을 가함으로써, 즉 아주 어릴 때부터 장난감을 가지고 놀게 함으로써 발병을 대단히 효과적으로 막을 수 있었다. 장난감 놀이가 쥐에게 더 많은 모험과 교류의 기회를 준 것이다. 놀이를 한 쥐는 심한 장애를 전혀 나타내지 않았고 이른 시기에 발병하지도 않았다.

이런 종류의 실험에서 우리가 얻는 교훈은 유전자가 독립적이거나 자율적인 작용자가 아니라는 사실이다. 오히려 유전자는 뇌의 한 구성

요소로서 상황에 따라 단백질을 생산하거나 하지 않는다. 유전자는 그렇게 뇌 전체의 맥락 안에서 작용한다. 활동하는 유전자는 특정한 아미노산 배열을 구성하기 위한 틀의 역할을 하는 화학물질(mRNA)을 만들며, 구성된 아미노산 배열은 최종적으로 훨씬 더 큰 분자인 단백질의 부분이 된다. 그런데 mRNA(전령RNA)는 단백질이 만들어지기 전에 적당히 절단될 수 있다. 다시 말해서 mRNA에 일종의 '편집'이 일어나 최종적으로 생산되는 단백질이 달라질 수 있다. 절단된 mRNA 조각들의 다양한 조합 가능성 때문에 각각의 유전자가 만들 수 있는 단백질의 수는 엄청나게 늘어난다. 예를 들어 초파리가 가진 어떤 유전자는 3만 8천 종의 단백질을 만들 수 있다. 뿐만 아니라 단백질은 생산된 후에도 변형될 수 있다. 단백질이 더 복잡한 세포의 활동에 참여할 때, 또는 단백질 위에 당이 덮여 2백여 종의 화학물질군이 형성될 때 단백질의 기능은 달라진다. 우리가 가진 유전자의 개수—최대 8만 개—는 보잘것없지만, 우리의 신체가 만들고 사용하는 단백질은 수백만 종에 달한다는 사실은 놀라운 일이 아니다.

유전자의 개수와 단백질의 개수 사이의 커다란 차이와 단백질의 활동무대인 뇌의 복잡한 해부학적 기능적 구조는 지능지수나 동성애나 범죄 성향 같은 복잡한 정신적 특징을 단일 유전자의 탓으로 돌리는 시도가 왜 유치하고 오류를 일으키는지 설명해준다. 설령 유전자가 원인이라 하더라도, 많은 유전자들은 환경 속의 비유전적인 요소들과 끊임없이 대화하며 활동한다는 사실을 간과하지 말아야 한다. 그러므로 우리는 같은 유전자가 어느 생물 속에 있는가에 따라 다르게 작용한다는 사실에 크게 놀라지 말아야 할 것이다. 예를 들어 유방암을 일으키는 돌연변이된 유전자는 쥐를 태아 상태에서 죽게 만들지만 인간에게는 성인이 될 때까지 문제를 일으키지 않는다. 심지어 6,297개의 유전자를 가진 효모의 경우 한 개의 유전자에서 단 한 번의 돌연변이가 일어나면 3백 개 이상의 유전자의 단백질 생산 패턴이 달라진다. 일부에서 제기하는 생각과 달리, 유전자는 계획을 세우지도 않고 독자적인 정신을 가지고 있지도 않으며 고립된 상태에서 자율적으로 활동하지도 않는다.

그러나 이렇게 유전자가 적절한 맥락 안에 놓여야 한다는 점을 강조한다고 해서 새로운 치료법들과 관련하여 유전자가 발휘할 수 있는 거대한 잠재력을 부정하는 것은 아니다. 어떻게 유전자가 단백질을 만드는지 이해하면, 단백질 자체를 새로운 유형의 약으로 사용할 수 있을 것이다. 오래 전부터 초기 당뇨병에 인슐린을 사용해온 것처럼, 지금은 상처의 치유나 혈관의 성장을 위해 인체 단백질을 이용하는 새로운 방법들이 있다. 현재의 약들이 작용 목표로 삼는 분자는 4백에서 5백 종이다. 정신적인 질병의 경우에 주요 치료 전략은 연쇄적인 대사 작용의 어느 한 단계에 개입하여 최종 산물인 화학적 전달물질을 조절하는 것이다. 그러나 약들이 작용 목표로 삼는 대상은 향후 10년 동안 유전학의 발전 덕분에 4천 종까지 증가할 것이다. 새로운 목표물에 작용하는 약들은 문제를 일으키는 단백질을 찾아 교체하는 것을 가능케 할 것이며, 분자 수준에서 직접 단백질과 반응하여 단백질의 부정적인 효과를 차단하는 약(모노클로널 항체)도 개발될 것이다.

그러나 다른 한편 특정 유전자가 어떻게 정상적인 기능을 하는지 알아내는 것은 쉽지 않을 것이다. 왜냐하면 결함이 있는 부분을 수정하여 병을 치료하는 것과 정상적인 작용을 이해하는 것은 별개의 문제이기 때문이다. 이는 고장난 점화플러그를 교체하면 자동차를 다시 작동시킬 수 있는 것은 사실이지만, 탁자 위에 놓인 점화플러그를 아무리 들여다보아도 완벽한 엔진의 작동을 이해할 수 없는 것과 마찬가지다. 우리는 문제에서 거슬러 올라가 원인을 찾고 그것을 수정할 수 있다. 그러나 단일한 요인이나 요소에서 출발해 전진하면서 계 전체를 이해하는 것은 기대할 수 없는 일이다. 그러므로 특정 질병을 위한 유전자 관련 치료법을 개발하는 것과 어떤 복잡한 정신적 특징을 강화하는 것은 전혀 다른 과제이다. 이 사실은 유전학이 21세기에 우리를 어디까지 데려갈 수 있을지에 대한 예측이나 평가와 관련해서 매우 중요하다. 어떤 발전은 이미 문턱을 넘기 직전이지만, 또 어떤 발전은 그저 환상에 불과하다.

곧 개발될 유전자 관련 기술들은 친부 확인이나 임신 검사 같은 가장 기초적인 영역에서도 우리의 삶을 변화시킬 것이다. 친부 확인 검사는 아버지를 확인할 필요가 있는 다양한 상황에서 이미 폭넓게 이루어지고 있다. 기본적인 원리는 우리의 유전자에 있는 DNA의 독특한 패턴을 확인하는 것이다. 이 기술은 100퍼센트 정확하다. 오류가 일어날 확률은—항간에는 그 확률이 10퍼센트라는 설도 있지만—0이다.

자식이 친자임을 확인하는 권리를 세상의 모든 아버지들이 누리게 하면 좋지 않을까? 아기가 태어날 때 친부 확인 검사를 하는 것을 의무화하면 모든 남성이 자신에게 양육의 의무가 있는지 여부를 확실히 알 수 있을 것이다. 예지력이 빛나지만 섬뜩하기도 한 책 『섹스의 미래 *The Future of Sex*』에서 로빈 베이커는 아버지가 가족과 함께 살든 그렇지 않든 모든 친부에게서 자녀의 양육을 위한 세금을 걷는 것이 가장 정당한 일이라고 주장한다. 사실 자녀 양육에 드는 비용은 아버지가 부재하든, 자식을 일주일에 몇 시간만 보든, 혹은 항상 자식 곁에 있든 상관없이 일정하다. 친부에게 자녀양육세를 부담하게 함으로써 우리는 더 정의로운 사회를 만들 수 있을 것이라고 베이커는 믿는다. 모든 자녀들은 부모의 이혼 여부와 관계없이 나이에 따라 책정된 금액을 친부로부터 받을 것이다. 오직 이렇게 할 때만 우리 사회는 자녀를 포기하는 어머니도, 친부가 아님을 모른 채 양육을 떠맡는 아버지도 없는 정의로운 사회가 될 것이라고 베이커는 주장한다. 이런 생각은 유전적인 지문 확인 기술이 있기 때문에 가능하다.

베이커가 주장하는 정책이 가진 어두운 측면은 교활한 여성이 부유한 남성을 얽어매어 소득원으로 삼는 일이 발생할 수 있다는 점이다. 의무적인 친부 확인 검사에 의해 친부로 판명된 남성은 여성에게 18년 정도의 수입을 보장해주어야 할 것이다. 이런 식으로 생계를 꾸리려는 여성이 당면할 수 있는 한 가지 문제는 자신이 임신 가능 기간에 있는지 여부를 확실히 모른 채 부유한 예비 아버지를 유혹하느라 허비하는 시간일 것이다. 사실은 이것도—현재까지는—핵가족이 존재하는 이유 중 하나일 것이다. 즉 여성이 언제 임신 가능한지를 확실히 모르기 때문에 남성과 여성이 장기간 짝을 이루어 사는 것이다. 정자는 여성의 몸속에서 최대 5일간 생존할 수 있으므로 우리는 여성의 배란을 5일 이하의 오차로 예측할 필요가 있다. 그러나 그것은 현재의 기술로는 불가능하다. 하지만 배란 예측 검사가 완벽한 수준으로 발전하면, 원치 않은 임신의 대가를 사상 처음으로 여성보다 남성이 더 많이 지불하게 될 것이다. 증식과 관련해서 현재의 핵가족 제도가 정당화되려면, 여성은 남성에게 가족의 생계를 위한 도움을 받아야 하고, 남성은 여성이 언제 임신 가능한지를 몰라야 한다. 베이커의 예측에 따르면, 약 30년 후에는 친부 확인이 의무화되고 배란 예측 검사가 완벽해져서 핵가족을 정당화하는 위의 두 조건은 더 이상 성립할 수 없을 것이다.

게놈 시대는 우리의 증식 방식 외에도 훨씬 더 많은 것들에 영향을 미칠 것이다. 우리가 가장 먼저 얻을 혜택 중 하나는 줄기세포 치료법이다. 줄기세포는 분화하지 않은 기초적인 세포로서 어떤 생물학적 환경에 놓이느냐에 따라서, 즉 골수, 심장근육, 혹은 뇌에 놓이느냐에 따라서 다양한 특수 세포로 발전한다. 매우 다재다능한 줄기세포는 개체가 나이를 먹은 후에도 복제 기술을 통해 인공적으로 생산할 수 있다. 복제 기술에서는 수정되지 않은 난자의 핵을(즉 난자의 DNA 대부분을) 제거하고 성숙한 개체의 DNA를 주입하는 방법이 사용된다. 그렇게 만들어진 세포는 분열하여 줄기세포들을 산출하고, 결국 이들로부터 신경세포, 심장근육세포, 피부세포, 뼈세포와 혈액세포 등의 모든 세포가 만들어진다. 복제된 줄기세포를 이용하여 손상된 장기를 복구한다는 것은 대단히 매력적인 일이 아닐 수 없다. 그런 일이 가능해진다면, 장기기증자를 구하는 일과 관련된 윤리적 문제와 시간 지연을 해소할 수 있을 것이다(장기기증은 불확실하고 시기를 전혀 예측할 수 없으며, 사망자의 가족이 심한 스트레스 속에서 기증에 동의해야 하는 경우가 있다는 문제가 있다).

줄기세포 치료법의 많은 응용 분야들 중에서 특히 언론의 주목을 받은 최근의 연구는 생명공학 회사 레뉴런(ReNeuron)에 의해 개척되고 있다. 레뉴런은 물리적 충격이나 질병에 의해 손상된 뇌의 부분에 줄기세포를 주입하는 기술을 연구하고 있다. 동물 실험에서 나온 자료들은 고무적이다. 이 기술은 현재로서는 효과적인 치료법이 없는 여러 장애를 가진 사람들에게 희망을 주고 있다. 그러나 줄기세포를 뇌 깊숙이 자리 잡은 정확한 위치에 주입할 때 뇌조직에 일어날 수 있는 손상을 예측하는 것은 어려운 일이다. 또한 주입된 세포들이 성숙한 계를 이룬 평범한 세포들의 복잡한 연결을 얼마나 잘 재현할지도 미지수이다. 더 나아가 마취를 비롯한 수술 과정 전체가 실제와 동일하게 이루어지지만 줄기세포 대신 활성이 없는 물질을 주입하는 시험적인 모의 뇌수술에 자원할 사람이 아무도 없을 것이라는 점도 문제이다. 줄기세포를 정확한 위치에 이식했다 하더라도 그 이후에 세포의 활동을 통제하는 것 역시 쉽게 해결할 수 있는 문제가 아니다.

환자의 운동을 방해하고 심한 근육 경직과 경련을 일으키는 퇴행성 신경질환인 파킨슨병을 예로 들어보자. 파킨슨병에 걸리면 뇌의 최하단 근처에 있는 특수한 세포 집단이 죽기 시작하고, 그 세포들이 뇌 전역의 계들이나 구조들과 소통할 때 사용하는 특정한 화학물질(도파민)이 줄어들기 시작한다. 줄기세포는 이론적으로 죽어가는 뉴런들을 대체하고 뇌 속의 도파민 수치를 정상으로 되돌릴 수 있지만, 아직 해결해야 할 문제들이 남아 있다.

다시 지적하지만 전달물질은 유전자와 마찬가지로 하나 이상의 기능이나 특징에 기여할 수 있다. 도파민의 부족은 파킨슨병의 특징인 운동장애를 일으키지만, 도파민의 과잉은 뇌 전체에 영향을 미쳐 정신분열병과 유사한 증상을 유발할 수 있다. 줄기세포가 뇌 속에 들어가 도파민을 분비하기 시작하면, 우리는 그 분비량을 어떻게 조절할 것인가? 적절한 해법을 마련하지 못한다면, 환자는 운동 능력을 회복하는 대가로 공포스럽고 파괴적인 환각에 시달리게 될 수도 있다.

또 다른 문제는 분열하고 번창하여 더 많은 세포들을 형성하는 것이 줄기세포의 특성이라는 점에 있다. 우리는 줄기세포의 분열 과정이 통제를 벗어나 종양으로 자라나는 일이 발생하지 않으리라 확신할 수 있을까? 사실 종양은 세포들의 부적절한 분열에 다름아니다. 유전공학을 이용하여 줄기세포가 실제 뇌의 온도보다 몇 도 높은 온도에서만 분열하도록 만들어 이 문제를 해결하는 방법이 있다. 그러나 이 방법은 더 개선해야 할 점들을 가지고 있다. 또한 뇌수술의 비용과 위험성과 단순한 불쾌감에 대한—특히 나이 든 사람들의—반감 역시 만만치 않다. 요약하자면, 뇌에 줄기세포를 이식하는 기술은 뇌질환 치료법을 획기적으로 발전시킬지도 모르지만, 현재의 기술은 이상으로부터 한참 멀리 떨어져 있다.

또 다른 새로운 치료법으로 분자생물학의 발전에 기반을 둔 유전자 치료법이 있다. 유전자 치료법은 염색체에 새로운 정상적인 유전자를 주입하여 '적절한' 단백질을 생산하게 함으로써 결함 있는 유전자의 부적절한 산물을 무력화시킨다. 지난 10년 동안 점점 더 많은 질병 관련 유전자들이 식별되면서 이 치료법은 확실하고 또한 발전 가능성이 높은 방법으로 부각되었다. 그러나 사정은 처음에 기대했던 것보다 훨씬 더 까다롭다. 한 가지 큰 문제는 몸을 이루는 거의 모든 세포 중심의 핵 내부에 있는 결함 있는 유전자에 일일이 접근하는 것 자체가 쉬운 일이 아니라는 점이다. 또한 정상 유전자를 세포에 주입하여 기능하게 한다는 것은 더 큰 문제이다. 많은 유전적 질병에서 결함 있는 유전자는 전혀 기능하지 않으며 단백질을 생산하지 않는다. 그러나 이런 경우에도 유전자 치료법은 유전자의 주입이나 통제와 관련된 문제 때문에 힘을 발휘하지 못했다. 유전자 치료의 한 방법은 골수를 채취하여 가공된 줄기세포를 써서 처리한 후 환자의 몸에 주입하는 것이다. 골수 속의 세포들은 시간이 지나면서 증식하고 몸 전체로 확산될 것이다. 그러나 가장 효과적인 것은 세포들을 환자의 몸에서 떼어내거나 다시 집어넣는 과정 없이 새 DNA를 환자의 세포에 직접 주입하는 방법일 것이다. 우리의 자연적인 방어기제에 의해 배척을 당하는 바이러스를 이용하여 DNA를 세포에 주입하는 방법에 대한 대안으로 바이오리스틱스(biolistics)라는 새로운 방법이 개발되고 있다. 이 방법은 DNA를 금속으로 씌운 후 세포를 향해 고속으로 발사하여 주입하는 방법이다.

또 다른 대안적인 유전자 치료법들은 리포좀(작은 지질 입자)에 둘러싸인 DNA를 이용하기도 하고, 세포가 새 DNA를 받아들이도록 유도하는 인산칼슘과 결합한 간세포나 근육세포에 DNA를 주입하기도 한다. 그러나 유전자 치료법을 실현하는 것은 매우 어려운 일이라는 사실이 판명되고 있다. 유전자 치료법은 이상적인 미래의 치료법이 아닌 듯이 보인다. 한편 몸속에서 이미 특정한 기능을 하기 시작한 세포를 대상으로 삼는 대신에 훨씬 작은 정자나 난자 속의 DNA를 조작할 수도 있다.

이미 정자를 관찰하여 성별을 확인하는 것이 가능하다. 남성(Y) 정자는 더 가벼워서 짙은 알부민 용액 속에서 더 잘 헤엄칠 수 있다. 그래서 어떤 이들은 정액을 그런 용액을 통해 여과하여 남성 정자가 더 많아지도록 만들 수 있다고 주장한다. 여성(X) 정자는 DNA가 더(2.9퍼센트) 많아서 염색물질을 더 많이 흡수하며 레이저를 비추면 더 밝게 빛난다. 그러므로 이 특징을 이용해서 수정 전에 성별을 확인할 수 있다. 또 다른 기법은 특정 성별의 정자를 무력화시키는 분자적인 장애물(항체)를 투입하는 것이다. X항체를 투입하면 사내아이를 임신할 확률이, Y항체를 투입하면 여자아이를 임신할 확률이 높아진다.

체외수정은 우리의 미래 삶을 근본적으로 변화시킬 수 있는 많은 가능성을 열어놓았다. 1978년에 루이제 브라운이 최초의 '시험관 아기'를 탄생시키는 개가를 거둔 이후 영국에서만 약 6만 8천 명의 아기가 난자를 자궁 밖에서 수정시키는 방법, 즉 체외수정(IVF)으로 태어났다. 체외수정이 가능하다고 판정되면, 난자를 몸 밖에서 수정시켜 수정란이 대략 8개의 세포가 될 때까지 성장시킨 후 자궁에 착상시킨다.

체외수정 전문가인 로버트 윈스턴은 어느 특별한 임상 사례에서 체외수정으로 만든 태아가 여성이 되도록 성별 선택 기법을 사용했다. 그 태아는 XX를 가지게 될 것이며, 따라서 부계(Y염색체)와 연결된 희귀병을 피할 수 있을 것이다. 수백 종의 질병이 이런 식으로 성 유전자와 연결되며, 예를 들어 낭포성섬유증* 같은 질병은 다른 염색체에 있는 유전자와 연결된다. 따라서 윈스턴이 1989년에 처음 실시된 이식 전 유전자 진단(PGD)을 이용하면 성 유전자 관련 질병 외에 다른 질병들도 막을 수 있다. 수정된 후 며칠이 지나 배아가 8세포기에 이르렀을 때 한두 개의 세포를 시료로 채취한다. 채취된 세포를 검사하면, 현재 알려진 수천 종의 '유전적' 질병의 유무를 알아낼 수 있다. 이 검사는 점점 더 많이 실시될 것이며, 아마도 결국엔 상식적인 절차가 될 것이다.

검사에서 문제가 발견되면, 해당 배아는 폐기된다. 빈혈증 환자 찰리 휘태커의 경우에서처럼 검사를 통해 적절한 배아를 골라낼 수도 있다. 기술이 더욱 발전하여 낭포성섬유증이나 다운증후군이나 척추이분증**을 걸러내는 수준을 넘어서 대머리나 왜소한 체격을 걸러내는 수준에 도달한다면, 우리는 어딘가에 개입의 한계선을 그어야 하지 않을까? 증식과 관련된 모든 문제가 그렇듯이 이 경우에도 관건은 의사나 정부나 교회의 선택이 아니라 부모의 선택, 궁극적으로는 어머니의 선택일 것이다. 그러나 큰 문제는 여전히 있다. 이런 강력한 기술들이 친우생

---

* cystic fibrosis, 주로 백인에게 나타나는 치명적인 유전적 질환으로 폐에 감염이 지속되는 것이 특징이다.

** spina bifida, 척추의 뒷부분인 척추궁판(lamina)이 완전히 닫히지 않은 상태를 말한다.

학적 정신을 강화하지 않을까?

미래에는 불임 부부뿐 아니라 사회생활을 하면서도 생물학적으로 가장 적절한 시기에 아기를 갖기 원하는 여성들도 이런 발전된 의료기술을 애용할 것이다. 25세 이하 여성의 95퍼센트는 피임 없이 성생활을 할 경우 6개월 내에 임신을 한다. 반면에 35세 이상 여성의 경우에는 그 비율이 20퍼센트 이하이다. 오늘날 우리는 나이—어머니의 나이보다는 난자의 나이—가 임신과 아기의 건강에 결정적인 영향을 미친다는 것을 안다. 어느 여성이 생물학적인 최적기에, 그러니까 이를테면 18세에 난자를 채취하여 냉동 보관했다가 언제든 원하는 시기에 최고로 건강한 아기를 낳는 것을 상상해보라.

그 젊은 여성은 난자 채취 후 나팔관을 막는 불임 수술을 받을 수 있을 것이다. 남성도 여성과 마찬가지로 정자와 그것을 만드는 줄기세포를 채취하여 냉동시켜놓은 뒤에 수정관 절제술을 받을 수 있다. 그렇게 함으로써 남성은 자신에게 친부의 책임을 지우려 드는 여성들의 음모에 말려들지 않을 수 있을 것이다. 피임약이 처음 개발된 지 50여 년 만에 섹스와 증식의 연관성은 마침내 0으로 떨어질 것이다.

이런 사태가 가지는 함축은 사소하지 않다. 만일 섹스가 임신의 위험성이 전혀 없는, 쾌락만을 위한 행위가 된다면, 우리는 아마도 지금보다 더 가볍게 섹스를 하게 될 것이다. 동성애자들의 사회가 좋은 비교 사례가 될 수 있을 것이다. 동성애자들은 감성적인 관계와 우정을 가질 뿐 아니라 이성애자보다 훨씬 많은 성적인 파트너를 가진다. 섹스 역시 사이버 기술로 둘러싸인 미래의 다른 많은 행위들처럼 '자신을 방치하는 것'만으로 충분히 즐길 수 있는 수동적이고 쾌락주의적인 경험이 될 가능성이 높다. 반면에 당신이 분명한 정체성과 역할을 가지고 맺는 개인적인 관계들—연인, 과거의 연인, 친구 또는 가족과의 관계들—은 그런 도피적인 자기방임을 허용하지 않을 것이다. 혹은 고도의 사이버 자극으로 충만한 새로운 수동적 생활양식 속에서 그런 관계들은 점차 사라질 것이다.

각자의 삶이 점점 더 고립화되면서 증식은 더욱더 체외수정 같은 '체외' 기술에 의존하게 될 것이다. 체외수정 기술은 이미 수정관 폐색 외에도 다양한 원인으로 인해 발생하는 남성 불임을 극복할 수 있으며, 미래에는 더 발전할 것이다. 정자가 헤엄치지 못하거나 수가 너무 적은 것이 문제라면, 정자를 난자에 직접 주입하는 기술을 사용할 수 있다. 이 기술은 세포질 내 정자 직접주입법(ICSI)이라 불린다. 만일 정자가 전혀 생산되지 않는다면, 정자 이전 단계의 세포(정세포 spermatid)를 난자에 주입하여 수정시키는 방법(구형 정세포 핵 주입술, ROSNI)을 사용할 수 있다. 이 방법에 이용되는 기술은 세포질 내 정자 직접주입법의 기술과 동일하다. 이 방법이 가진 가장 큰 문제점은 난자를 향해 활발하게 헤엄치는 정자를—다윈의 적자생존 원칙에 따라—골라내는 일반적인 방식으로 정자의 건강 상태를 검사할 수 없다는 점이다. 임신과 그 주변의 사건들에 개입하는 이 모든 기술들은 우리의 삶을 변화시키고 우리가 '더 건강한' 아기를 낳을 수 있게 해줄 것이 분명하다. 그러나 건강 추구와 신체적 정신적 완벽성의 추구를 나누는 경계선을 과연 그을 수 있을까?

"그 남자 속에는 여러 요소들이 섞여 있어서, 자연이 벌떡 일어나 온 세상을 향해 '그래, 바로 이것이 사람이야'라고 외칠 정도이다"라고 셰익스피어의 『줄리어스 시저』에 등장하는 마크 안토니는 브루투스에 대해 말한다. 수천 년 동안 시인과 소설가와 역사가들이 활동할 수 있었던 것은 우리가 불완전하며 또한 우리 자신이나 타인의 불완전성을 극복하기 위해 여러 방법으로 노력하기 때문이었다. 만일 유전자 검사가 극단까지 발전하면, 모든 사람이 최고로 건강하고 정신적으로 안정적인 사회가 형성될지도 모른다. 인류가 가진 수많은 불완전성을 목격하는 현재의 우리로서는 그런 완벽하고 균질적인 사회를 상상하기 어렵다. 그러나 유전자 검사 기술과 앞에서 논한 사이버 관계들이 낳을 극단적인 존재는 브루투스가 상징하는 인간적 본성을 '덜' 가진 인간일 것이 분명하다. 한편 우리가 이미 보았듯이, 유전학의 기술을 통해 눈썹 아래의 신체적인 건강은 조절할 수 있을지 몰라도, 뇌의 질병을 치료하거나 정상적인 정신적 능력을 강화하는 일은 훨씬 더 어려울 것이다.

건강이나 기대수명이나 인간관계에 영향을 주는 유전학적 개입을 당할 대상은 우리의 자손들에만 국한되지 않는다. 우리들 중 곧 노인이 될 사람들도 분자생물학의 개입을 피할 수 없을 것이다. 앞에서 우리는 영양섭취 조절이나 훨씬 더 효과적인 검사 등을 일상화한 건강한 생활양식이 현재 우리에게 익숙한 많은 질병을 퇴치하게 될 것이라고 주장했다. 그러나 사회가 발전할수록 우리의 수명이나 영양섭취나 기타 환경적 요소들과 관련해서 유전적인 요인들이 가지는 의미는 더 중요해질 것이다.

한 학설에 따르면, 노화는 늙어 손상된 세포들이 주변의 세포들에게 해로울 수 있는 물질들을 분비하기 때문에 일어난다. 그러므로 노화 방지의 한 전략은 세포가 노쇠의 징후를 보일 때 세포 내부에서 활성화되어 그 세포를 죽이는 킬러(killer) 유전자를 도입하는 것이다. 노쇠한 세포의 갑작스러운 죽음은 주위의 세포들이 천천히 손상되는 것보다 더 안전할 것이다. 또 다른 가능성은 텔로메라제의 노화 방지 작용을 이용하는 것이다. 2장에서 보았듯이 텔로메라제는 염색체의 끝이 풀리는 것을 막는 작용을 한다. 텔로메라제가 그런 작용을 하는 것은 구두끈의 끝에 있는 플라스틱 덮개와 유사하게 염색체의 끝을 보호하는 텔로미어의 퇴화를 막기 때문이다. 일반적으로 텔로메라제는 줄기세포, 암세포, 그리고 정자와 난자 속에서만 작용한다. 이 세포들 속의 염색체는 최상의 상태를 유지할 필요가 있기 때문이다. 텔로메라제를 노화 방지에 이용하려는 사람들의 생각은 모든 체세포가 이들처럼 유전정보를 최상의 상태로 유지하도록 만드는 것이다.

유전학적인 기술을 이용하여 노화를 막을 수 있다 하더라도, 우리가 역사적으로 볼 때 인간의 최대 수명이라 할 수 있는 백 년 정도보다 **확실히** 더 오래 살게 된다는 보장은 없다. 다만 더 많은 사람들이 그렇게 오래 살 것이라는 예측을 할 수 있을 뿐이다. 그러나 만일 특별한 노화 유전자가 발견된다면, 그 유전자를 조작함으로써 사상 최초로 인간의 수명을 크게 연장할 수 있을 것이다. 몇 년 전에 세이무어 벤저는 초파리의 '므두셀라 유전자(Methuselah gene)'를 발견했다. 그 유전자를 가진 초파리는 그렇지 않은 초파리보다 수명이 33퍼센트 길다. 그러나 그런 유전자가 인간의 복잡한 몸속에서도 그런 강력한 힘을 발휘할지는 불분명하다. 노화는 오히려 지능이나 성적 취향과 유사할 가능성이 더 높다. 노화에 영향을 미치는 복잡한 유전적 요소가 존재하는 것은 사실이지만, 그 요소는 환경과 끊임없이 활발하게 상호작용한다. 노화는 정신적 능력과 마찬가지로 단순하고 단일한 현상이 아니라 수많은 사건들을 아우르는 포괄적인 개념이다.

그러나 대부분의 사람들이 100세까지 사는 사회는 지금 우리 사회와 많이 다를 것이다. 중요한 첫번째 질문은 늙은 세대가 능동적으로 활동할지, 아니면 무력한 상태로 지속적인 보호를 받아야 할지이다. 또한 노쇠한 개인 안에서 활동성과 무력함이 어떻게 공존할지도 중요한 문제이다. 육체적으로 노쇠했지만 정신적으로 활발한 상태가 있고, 그 반대의 상태도 있을 것이다. 당신이 육체적으로는 건강한데 뇌가 노쇠하여 주변의 일들을 기억하지 못한다고 상상해보라. 어쨌든 사회가 고령화되면서 직업생활, 정치 체제, 자원 분배, 가족 구조, 은퇴생활, 주거 환경, 노동, 여가활동 등 모든 것이 변화를 겪을 것이다. 또한 체외수정에 의한 증식조차도 위협을 받을지 모른다. 지금도 우리는 포유류 동물의 성체에서 유전자를 채취하여 복제 동물을 만들 수 있으니 말이다.

인간 복제 기술은 몇십 년 안에 위험하고 신뢰할 수 없다는 비판이 사라질 정도의 수준으로 발전할 것이다. 최초의 포유류 복제 동물인 복제양 돌리는 성체의 유방 세포에서 채취한 DNA를 난자와 결합하는 작업을 277회 시도한 끝에 이루어진 단 한 번의 성공의 산물이었다. 돌리가 획기적인 발전인 이유는, 그 이전에는 성체의 DNA가 다시 세포분열을 일으키는 것이 불가능하다고 믿어졌기 때문이다. 성체 DNA가 다시 세포분열을 일으키도록 만들어 성체를 복제하는 기술(이 기술은 성숙하지 않은 DNA를 이용하는 복제 기술보다 훨씬 어렵다)의 개발은 젖이나 털을 많이 생산하는 가축을 복제할 수 있는 길을 열었다. 실제로 대부분의 복제 연구는 우수한 가축을 복제하는 것을 목표로 삼고 있다. 복제 기술은 균질적이고 건강한 가축들을 양산할 수 있게 해줄 뿐 아니라 인간의 건강을 위한 약을 생산하는 데도 도움을 준다. 예를 들어 기종*의 한 유형의 원인은 특정 단백질의 부족인데, 복제 기술을 통해 그

* emphysema, 조직 속에 공기가 들어서 부풀거나 커진 상태.

단백질을 생산할 수 있다. 또한 어머니의 젖 속에 있는 철분 공급원인 락토페린도 복제 기술로 생산할 수 있다.

복제는 복사와 다를 바 없으며, DNA를 복제하는 것은 윤리적 문제와 무관하다. 문제가 되는 것은 오직 인간 복제뿐이다. 윤리적 문제와 관련해서 현존하는 몇 가지 복제 방법들을 살펴보자. 먼저 몇 개의 유전자만 복제하는 '분자 복제'는 주로 연구에 이용되는 방법으로 문제의 소지가 전혀 없다. 우리는 또한 배아 복제에 대해서도 길게 논하지 않을 것이다. 복제된 배아는 대부분의 경우 배아로 머문다. 복제된 배아에서 얻는 줄기세포는 병의 치료에 이용할 수 있다. 또한 복제 배아를 체외수정에 이용하여 여성이 반복해서 난자를 채취당하는 고통을 겪지 않도록 할 수 있다. 반면에 보충할 신체의 일부를 얻기 위해 인간을 복제하는 것은 전혀 사소한 문제가 아니다. 가장 큰 논란을 일으키는 것은 복제를 불임에 대한 완벽한 해법으로 보는 생각이다. 현존하는 어떤 아이를 복제하든, 혹은 임의의 제3자를 복제하든, 아니면 『타임』지의 최근 조사에서 그렇게 하길 원한다고 밝힌 7퍼센트의 응답자들처럼 자신을 복제하든, 복제를 통해서 아이를 얻는다는 것은 심각한 문제가 아닐 수 없다.

1930년대의 인공수정에 대한 반발이나 1970년대의 체외수정에 대한 반발과 마찬가지로 즉각적으로 제기된 반발은 복제가 '비자연적'이라는 것이다. 많은 과학적 발전에 반발하여 제기되는 이런 논리에 대해 우리는 '자연적'인 것이 도대체 무엇이냐는 질문으로 대응할 수 있다. 예를 들어 두통약 아스피린도, 부러진 다리에 깁스를 하는 것도, 인공심장이나 심장이식도 자연적이라 할 수 없을 것이다. 다음 세대를 만드는 복제를 시도할 의학적인 이유는 존재하지 않는다. 오직 사회의 요구와 개인의 권리와 소수 개인들의 선택만이 문제이다.

그러나 정상적인 양성 증식만이 자식에게 부모가 경험하지 않은 새로운 환경에 적응하는 능력을 준다는 보다 구체적인 반론도 있다. 이는 옳은 반론일 수 있다. 그러나 인류 전체가 복제를 통해 증식해야 한다고 주장하는 사람은 아무도 없다. 아이가 없어 절박한 상태에 이른 부부에게, 또는 충실하고 화목한 동성 커플에게 복제된 아이가 생긴다고 해서 인류가 지구에서 생존하는 데 지장이 생길 것 같지는 않다. 이미 4천8백만의 복제인간들 — 일란성 쌍둥이들 — 이 우리 곁에서 아무 문제 없이 잘 살고 있음을 상기하라. 그레고리 스톡이 지적했듯이, 일란성 쌍둥이들이 있어서 이 세계가 더 빈곤해지는 것 같지는 않다. 일란성 쌍둥이는 유전적인 고유성을 유지하는 것이 중요하다는 주장으로 복제를 반대하는 사람들에게도 좋은 반례가 될 수 있을 것이다. 뿐만 아니라 많은 아이들은 부모의 한쪽을 다른 쪽보다 훨씬 더 좋아하며 닮고 싶어한다. 복제된 아이는 그 좋아하는 한쪽과 말 그대로 완전히 동일할 수 있을 것이다.

복제에 대한 많은 반론들과 공허한 환상들은 유전자가 뇌 기능을 주관하는 자율적인 요소이며, 복제된 개체는 정확히 유전자의 명령에 따라 생각하고 행동하여 원본 개체의 완벽한 유사물이 될 것이라는 오래된 그릇된 전제에 기초해 있다. 앞에서 우리는 유전자가 뇌의 작용에 관여하지만 결코 자율적이지도 않고 발현되는 정신적 특징에 지배적인 영향을 미치지도 않음을 살펴보았다. 또한 당신이 복제로 얻을 수 있는 것은 기껏해야 당신의 딸이나 아들이다. 성인인 당신과 당신의 복제본 사이에는 한 세대의 차이가 있을 것이다. 그리고 한 세대의 차이는 문화와 유행과 식생활과 건강과 교육의 차이를 의미한다. 전통적인 방식으로 태어났으며 당신과 많이 닮은 아이보다 당신의 복제된 아이가 당신과 더 유사하기는 어려울 것이다. 또한 당신은 성격적으로 당신의 복제본보다 같은 세대에 태어난 당신의 일란성 쌍둥이와 더 유사할 것이 분명하다.

그렇다면 미래는 과연 어떤 선택을 할까? 복제 기술이 완벽해지고 입양을 규제하는 법과 유사한 법이 제정된다면, 불임 커플이나 동성 커플을 위한 인간 복제를 막을 분명한 이유는 더 이상 없을 것이다. 다만 일란성 쌍둥이에 대한 연구에서도 드러나는 유전적 다양성의 감소가 유일한 규제의 이유가 될 수 있을 것이다. 절박하게 자식을 원하는 커플들은 인간을 복제할 '이유는 없으며', '다른 방법을 써서' 자식을 얻을 수 있을 것이라고 주장하는 사람들에게 매우 강력하게 반발할 것이라고 나는 확신한다. 최소한 영국에서는 동성 커플의 자녀 입양이 점점 쉬워지고 있다. 그렇다 하더라도 동성 커플이 복제를 원한다면, 증식의 자유는 인권이라는 입장에 서서 그것을 허용해야 한다고 많은 사람들은 생각한다. 입양이나 복제에서 중요한 문제는 부모가 동성이든 이성이든 독신이든 상관없이 아이의 행복과 아이에 대한 사랑을 우선시하고 모든 경제적 책임을 지며 아이나 사회에 해를 끼치지 않아야 한다는 점일 것이다. 죽어가는 친지를 복제하는 부활 복제 역시 근본적으로 배척할 필요는 없다. 복제본이 모든 정신적 육체적 특징에서 원본과 완벽하게 닮은 유사물이 **아니라는** 사실을 알면, 복제에 대한 공포는—또한 어쩌면 복제의 매력도—감소할 것이다.

복제 기술이 실용화되기까지는 아직 많은 발전이 이루어져야 한다는 사실을 잠시 제쳐두고, 더 현실적이고 실질적인 차원에서 몇 가지 문제들을 논할 필요가 있다. 만일 복제를 의뢰하는 어머니가 임신을 할 수 없다면 대리모를 구해야 한다. 더 근본적인 문제는 의뢰인의 DNA를 받아들일 난자를 제공하는 공급원의 확보이다. 난자는 저렴하고 풍부하게 확보할 수 있어야 한다. 영국에서는 대리모나 난자 제공자에 대한 사례가 금지되어 있지만, 미국에서는 여성이 10개의 난자를 제공한 대가로 3천에서 6천 달러를 받을 수 있다. 이처럼 경제적인 이유만으로도 복제 기술은 쉽게 일반화될 수 있는 기술이 아니다. 복제의 실용화를 위해 필요한 것은 어쩌면 기술의 진보가 아니라 오히려 사회적 분담 원리의 확대일지도 모른다.

어쨌든 복제에 대해 공포를 가질 이유는 없다. 불임에 대한 해법으로서의 복제는 이 세기 내에 벌써 낡은 기술이 될 수도 있다. 어떤 이들은 그리 멀지 않은 미래에 신체 어디에서나 세포를 채취하여 염색체의 절반을 제거함으로써 정자나 난자와 유사하게 만들 수 있을 것이라고 예상한다. 이런 식으로 제공자의 나이나 건강이나 성별과 관계없이 임의의 세포로부터 배우자(gamete, 정자나 난자, 혹은 유전학적으로 그와 동등한 대상)를 만들 수 있다면, 누구나 임의의 다른 사람과 짝을 이루어 아이를 만들 수 있을 것이다.

그러니까 예를 들어 폐경한 여성도, 필요하다면 자궁을 빌려줄 대리모를 구하여 아이를 낳을 수 있을 것이다. 아버지는 정자은행에 정자를 기증한 익명의 남성일 수도 있고, 어머니가 개인적으로 선택한 남성일 수도 있다. 로빈 베이커는 한 걸음 더 나아가 '배우자 게시판'이 생길 것이며, 수요자들은 그것을 통해서 축구선수나 대학교수나 영화배우의 DNA를 구할 수 있을 것이라고 예언한다. 성적 취향과 상관없이 여성이 여성을 배우자로 선택할 수도 있을 것이다. 만일 선택된 여성이 불임이어서 난자를 제공할 수 없다면, 그녀의 몸에서 세포를 채취하여 절반의 유전자를 제거하는 방법을 쓸 수 있을 것이다.

마찬가지로 동성애 커플도 생물학적으로 완벽하게 그들의 친자인 아이를 얻을 수 있을 것이다. 복제에서와 마찬가지로 먼저 난자 제공자를 구하여 난자가 가진 DNA를 모두 제거해야 한다. 그 다음에 커플을 이룬 두 남성의 유전물질을 각각 절반씩 생식세포나 체세포에서 취해 난자에 주입함으로써 배아를 만든다. 그리고 배아를 대리모의 자궁에 착상시킨다.

이런 전망이 실현되는 한편 활동적인 노인 인구가 증가하면, 미래의 사회에는 모든 연령대의 부모가 존재하게 될 것이다. 직업생활이 끝나고 자식에게 투자할 시간과 돈이 풍부한 노년기에 자식을 낳는 일이 다반사가 될지도 모른다. 아이들은 비록 늙었지만 모든 시간을 아이에게 투자하는 부모 밑에서 성장하는 커다란 혜택을 누릴 것이다. 그런 새로운 유형의 늙은 부모는 오늘날의 조부모와 다를 것이다. 미래의 노인은 훨씬 더 건강하고 정신적으로 활동적일 것이므로 나이에 크게 얽매이지 않을 것이다. 그러나 부모가 아니라 아이에게 문제가 생길 수 있다. 새로 태어난 세포는 약 80회에서 90회 분열하지만, 늙은 개체에서 얻은 세포는 20회에서 30회밖에 분열하지 않는다. 세포가 늙을수록 텔로미어가 짧아진다는 사실을 우리는 안다. 텔로미어는 염색체의 끝을 감싸는 덮개로 그것이 없으면 염색체들이 서로 붙게 되어 세포가 결국 죽는다.

최초의 복제 포유류인 복제양 돌리는 정상보다 짧은 텔로미어를 가지고 있었다. 돌리는 일반적인 양의 수명의 절반을 산 후 2003년에 죽었다. 그러나 텔로미어의 길이가 수명에 얼마나 큰 영향을 미치는지에 대해서는 아직 논란이 남아 있다. 최근의 어떤 자료는 복제된 송아지에서 채취한 세포들이 전통적인 방식으로 태어난 같은 나이의 송아지에서 채취한 세포들보다 젊다는 사실을 암시한다. 어쨌든 돌리의 공동 연구자인 이언 윌머트는 2002년 4월에 당시까지 만들어진 모든 복제 동물들이 복제 양과 소의 거대증(gigantism)이나 돼지의 심장병 등의 유전적 결함을 가지고 있다고 보고했다. 윌머트가 경고하듯이, 이는 복제 인간이 유전적 결함을 가질 위험성이 적어도 현재로서는 매우 크다는 것을 의미한다. 만일 성인의 체세포에 있는 DNA를 이용할 경우에 복제된 아이가 '늙은' DNA를 가지게 되는 것이 사실이라면, 그 아이의 노화 속도는 정자와 난자로부터 태어난 아이들의 노화 속도보다 빠를 것이다. 그러나 이 문제는 세포의 노화를 지연시키는 기술, 예를 들어 텔로미어를 보존하는 텔로메라제를 이용하는 기술이 발전하면 해결될 수 있을 것이다. 또한 모든 사람이 생물학적 최적기에 자신의 정자나 난자를 채취하여 냉동 보관해두는 방법을 쓸 수도 있을 것이다.

증식과 섹스가 점점 더 분리되면서 발생할 수 있는 또 하나의 복잡한 문제는 대리모의 증가이다. 대리모는 친모가 자신의 자궁에 아이를 임신할 수 없을 때 의뢰인 남녀의 생물학적 친자를 대신 임신한다. 또는 의뢰인 여성이 난자를 생산할 수 없을 경우에는 의뢰인 남성의 정자를 인공수정으로 받아들여 생물학적 친모의 역할을 할 수도 있다. 만일 대리모가 태어난 아기를 넘겨주지 않으려 한다면, 서로의 감정이 강하게 충돌하는 분쟁이 일어날 것이다. 또한 대리모에게서 태어난, 자신과 유전적 연관성이 없고 아버지와만 연관성이 있는 아이를 키우는 여성에게 심리적인 문제가 발생할 수 있다. 그러므로 현재 형태의 대리모는 이상적이지 않다고 할 수 있다. 미래에는 두 가지 발전된 기술이 대안을 제공할 수도 있다. 물론 그 기술들에는 새로운 기술적 발견과 개념에 흔히 동반되기 마련인 '비위에 거슬리는 점(yuck factor)'이 없지 않다.

한 가지 가능성은 인간이 아닌 영장류를 대리모로 이용하는 것이다. 예를 들어 관상동맥에 치명적인 문제가 있는 환자에게 돼지의 심장을 이식하는 것과 같은 이종이식(xenotransplantation)은 이미 현실적인 전망이다. 대리 자궁도 기술적으로나 윤리적으로나 이와 크게 다르지 않다. 동물이 인간의 심장병뿐 아니라 증식 문제에도 도움을 줄 수 있다면, 예를 들어 암 치료 과정에서 고환을 잃은 남성을 위해 동물을 대리자로 이용하는 것도 불가능한 일이 아니라고 동물학자 로빈 베이커는 예언한다. 고환을 잃은 남성의 줄기세포를 쥐의 고환에 주입하면, 쥐의 고환은 쥐 정자와 인간 정자를 모두 생산하기 시작할 것이다. 이제 그 고환을 남성에게 이식하면, 남성은 그 고환의 기능을 이용하여 정상적으로 정자를 사정할 수 있을 것이다. 유일한 문제는 이식을 받은 남성이 인간 정자와 더불어 쥐 정자도 생산할 것이라는 점이다. 이 점은 그와 그의 파트너에게 '비위에 거슬리는 점'일 것이다. 쥐 정자에 대한 알레르기 반응이 일어날 수 있다는 추가적인 문제를 제외하면, 인간에게 쥐 정자를 주입한다 하더라도 문제가 발생하지는 않을 것이다. 쥐 정자가 인간 난자 속으로 침투하여 난자가 죽는 일은 발생하기 어렵다. 이런 이종 고환 이식이나 이종 심장 이식과 비교할 때 영장류 대리 자궁은 아마도 반감을 덜 일으키는 기술일 것이다. 쥐의 고환이나 돼지의 심장이 남은 생애 내내 당신의 몸속에 있는 것과 당신의 자식이 단 9개월만 다른 동물 속에 있는 것 중에서 어느 것이 더 수용하기 쉬운 일일까? 당신의 자식이 일단 태어난 후에는 아무도 그 아이가 원숭이 속에 있었다는 사실을 감지하지 못할 것이다.

또 다른 가능성은 까다로운 생물학을 완전히 버리고 인공 자궁을 이용하는 것이다. 이 생각은 1923년에 할데인이 쓴 『다에달루스, 혹은 과학과 미래*Daedalus, or Science and the Future*』라는 예언적인 글에서 처음 제기되었다. 얼마 후 헉슬리는 『멋진 신세계』 속에 인공 자궁을 등장시켰다. 멋진 신세계의 아기들은 살아 있는 어머니의 몸에서 태어나지 않는다. 과학자들이 처음으로 인공 자궁을 연구한 것은 1969년이었다. 그해에 과학자들은 양의 태아를 이틀 동안 인공적으로 생존시키는 데 성공했다. 1992년 일본에서는 염소의 태아가 인공 자궁에서 17일간 생존한 후에 출생했다. 그러나 그 태아는 인공 자궁으로 옮겨지기 전에 이미 총 임신 기간의 3/4 이상인 120일 동안 성장한 상태였다. 인간 태아를 수정에서부터 완전히 성숙할 때까지 생존시킬 수 있는 인공 자궁을 만들기 위해 해결해야 하는 어려운 과제는 모체의 혈액에서 이로운 것들을 흡수하고 노폐물을 방출하는 태반의 매우 복잡한 작용을 시뮬레이션하는 것이다.

절충적인 방법은 배아 세포가 그 속에서 약과 호르몬의 도움을 받아 성장할 수 있는 인공적인 자궁 내막을 제작하여 모체에 이식하는 것이다. 불임 여성들은 이 방법을 통해 일반적인 임신 기간을 거쳐 아기를 출산할 수 있을 것이다. 그러나 이 세기의 중반 즈음에 거대한 기술적인 장벽들이 극복된다면, 인공 자궁은 윤리적인 문제가 없으며 또한 매력적인 대안으로 떠오를 것이다.

인공 자궁이 가진 장점 하나는 태아가 자라는 모습을 부모가 유리로 된 자궁벽을 통해서, 또는 컴퓨터 카메라 연결을 통해서 매일 지켜볼 수 있다는 것이다. 이는 매혹적인 경험일 것이 분명하며, 아버지도 어머니와 동등하게 태아에 대한 애착과 책임을 느낄 것이다. 더 나아가 보강 현실(AR) 시스템이 추가된다고 상상해보라. 부모는 태아의 발달 단계들과 변화하는 수치들—대략적인 뇌세포의 개수, 체중, 심장박동

수, 혈압—을 모두 스크린에서 볼 수 있을 것이다. 또한 의사는 인공 자궁에서 매일 쉽게 양수를 채취하여 태아의 건강을 정확하게 점검하고 잠재적인 문제를 예견할 수 있을 것이다.

태아가 인공 자궁에서 성장하면, 태아 자신에게 의학적인 혜택이 돌아갈 뿐 아니라 여성은 더 활발하게 직장생활을 할 수 있을 것이다. 여성은 또한 임신에 동반되는 여러 고통들, 즉 아침 통증, 체중 증가, 피로감, 임신선, 정맥 확장, 불면증, 고혈압과 당뇨병의 위험 증가 등으로부터 자유로워질 것이다. 물론 헉슬리의 런던 중앙 부화장에서처럼 인공 양수 속에 다양한 물질을 쉽게 첨가하여 우수하거나 열등한 미래의 시민을 양산할 수 있을 것이라는 경고적인 예측도 있다. 그러나 그런 조작은 인공 자궁이든, 대리 자궁이든, '자연적인' 자궁이든 어디에서나 이루어질 수 있음을 환기할 필요가 있다. 어쨌든 감정적인 반발심 때문에 외적인 개입을 막는 일은 없어야 할 것이다. 체외수정 후 8세포기에 배아를 진단하여 원치 않는 특징을 가진 배아를 폐기하는 일과, 병든 형제와 조직이 일치하는 등의 필요한 특징을 가진 배아를 선별하는 일은 이미 기술적으로 동일하다. 더 나아가 우리는 배아의 변이 유전자를 제거하거나 변화시키는 기술에 도달함으로써 배아의 폐기나 선별에 관련된 윤리적 문제를 더 확실하게 해결할 수 있을 것이다.

앞에서 우리는 성인에 대한 유전자 치료법이 안고 있는 문제는 장애를 가진 세포들에 접근하기가 쉽지 않다는 사실이라는 점을 지적했다. 유전적인 장애를 가지고 있어서 이미 해로운 작용을 하는 세포들의 수는 성인 환자의 경우 1조 개에 달한다. 그러나 우리가 8세포기의 배아에 개입할 수 있다면, 혹은 심지어 체외수정 이전의 정자나 난자(생식세포)에 개입할 수 있다면, 세포에 접근하는 문제는 사라질 것이다. 우리의 개입 이후에는 몸속의 모든 세포들(체세포)이 우리가 원하는 유전적 특징을 가지게 될 것이다. 이런 배계열* 조작 기술은 실험용 동물에 대해서 이미 잘 정립되어 있다. 적당한 유전자를 변화시키면, 동물—대개는 쥐—은 특정한 유전적 결함을 가지게 된다. 앞에서 살펴본, 환경이 유전적 질병에 미치는 영향의 중요성을 탐구하는 실험에 사용되는 알츠하이머병이나 헌팅턴무도병에 걸린 동물들이 그런 방식으로 만들어진다. 그러나 배계열 조작 기술은 인류의 유전자풀을 영구적으로 변화시키는 무서운 힘을 가지고 있다. 조작된 배아에서 나온 개인 당사자뿐 아니라 그 개인의 모든 자손들도 사실상 유전적인 조작을 받은 개체가 되는 것이다. 바로 이런 이유 때문에 배계열 조작 기술은 현재 전 세계에서 절대적으로 금지되어 있다.

배아세포나 생식세포(정자와 난자)의 조작은 성체에 있는 백조 개의 세포를 조작하는 것보다 훨씬 쉬우며, 마음만 먹으면 당장이라도 할 수 있는 일이다. 그러나 배계열 조작이 가진 문제점은 체세포 치료와 달리 변화가 다음 세대로 영원히 전달된다는 점에 있을 뿐 아니라, 조작된 유전자와 그렇지 않은 유전자 사이에서 바람직하지 않은 상호작용이 일어날 수 있다는 점에도 있다.

그러나 현재 이 두 문제점은 극복되기 직전인 듯이 보인다. 지난 몇 년 동안 멜버른 소재 머독 소아의학 연구소의 앤디 추와 케이스 웨스턴 리저브 대학의 존 해링턴과 헌팅턴 윌러드는 인공 보조 염색체를 연구했다. 만일 그들의 연구가 성공을 거둔다면, 불필요한 상호작용을 훨씬

* germline, 생식세포와 그것을 생산하는 세포, 그리고 접합자(zygote) 등 후세에 전달되는 유전물질을 가진 세포들.

줄이면서 훨씬 더 정확하고 쉽게 훨씬 더 많은 유전물질을 세포에 주입할 수 있게 될 것이다. 또한 다음 세대로 전달되는 변화를 되돌리는 새로운 기술이 개발된다면, 조작이 영원히 유지되는 문제도 극복될 것이다. 그 새로운 기술에서 조작된 유전자는 특정 효소(CRE)를 만드는 유전자와 결합될 것이다. CRE는 조작된 유전자를 효과적으로 제거할 수 있다. CRE를 만드는 킬러 유전자는 성세포 속에서만, 또한 특정 약물을 투입했을 때만 활동할 것이다. 따라서 당신은 특정 약물을 사용함으로써 배계열 조작을 받은 유전자가 포함된 염색체를 당신의 성세포에서 완전히 제거할 수 있다. 그 경우 당신은 여전히 조작된 특징을 가지겠지만, 당신의 자녀는 그렇지 않을 것이다. 이렇게 조작을 되돌릴 수 있게 되면 배계열 조작 합법화의 가장 큰 걸림돌이 사라질 것이며, 유전자 관련 질병에 대한 유전자 치료는 훨씬 더 효율적으로 될 것이다. 심지어 그레고리 스톡은 매 세대에서 유전자를 조작하는 것은 마치 소프트웨어를 거듭해서 업그레이드하는 것처럼 긍정적인 일일 수 있다고 주장한다.

미래의 한 아버지가 태어나는 딸에게 십여 개의 유전자 조작이 가해진 최신 모델의 2.0버전 47번 유전자를 준다고 상상해보자. 그 딸이 성장하여 아기를 낳을 때쯤 2.0버전은 완전히 고물로 취급될 것이다. 그녀가 가진 3 유전자 항암 모듈은 새로운 5.9버전의 8 유전자 모듈 앞에서 기가 죽는다. 새 모듈은 유전자 발현을 더 잘 통제하고, 더 많은 암을 공격하며, 부작용이 더 적다. 항-비만 모듈은 두 버전에서 거의 동일하다. 그러나 5.9버전은 2.0버전이 가진 4개의 항바이러스 모듈 대신에 19개의 항바이러스 모듈을 가지고 있으며, 청년기의 호르몬 수치를 유지시키고 면역 기능을 보존하는 노화 방지 모듈도 가지고 있다. 딸은 자신의 아기에게 실험적인 모듈을 주기에는 너무 조심스러운 사람이다. 그러나 아기에게 구식 염색체를 주어 그녀처럼 약을 먹게 만드는 것은 도저히 상상할 수 없는 일이다. 심지어 조작 이전의 자연적인 23쌍의 염색체로 돌아가는 것은 러다이트들이나 상상할 수 있는 일일 것이다.

그러므로 부모들이 태아에게서 단일한 유전자를 제거하거나('디자이너 베이비') 바람직한 유전자들을 공급할('버추얼 베이비') 길이 곧 열릴 듯이 보인다. 이런 우생학적 개입은 비판을 불러올 듯도 하지만, 그레고리 스톡은 사람들이 각자 자식에게 주고 싶은 특징이 다를 것이므로 사회의 다양성은 보존될 것이라는 주장으로 이를 옹호한다. 또한 예를 들어 모든 사람의 지능지수가 높아진다면, 그것은 사회가 현재보다 더 평등해지는 것을 의미한다고 스톡은 주장한다. 사실 배계열 조작이 안전하고 부작용이 없다면, 어느 부모가 최선을 다해 자식에게 도움을 주는 일을 마다하겠는가? 배계열 조작이 과외수업이나 명문학교 입학과 무엇이 다르겠는가? 다만 방법이 다를 뿐, 원하는 결과와 가치는 동일할 것이다.

그러나 쉽게 부정할 수 없고, 또한 기술의 발전만으로 해결할 수 없는 두 가지 큰 문제가 있다. 첫번째 문제는 특히 정신적 기능과 관련해서 유전자 조작에 대해 팽배한 오해이며, 두번째 문제는 유전자 조작이 가져올 수 있는 사실상의 빈부 격차 심화이다. 디자이너 베이비와 버추얼 베이비에 대한 논의는 유전자와 정신적 특징의 관계에 대한 정확한 이해를 바탕에 둘 때 가능하다. 그러나 우리는 그 이해가 부족하다는 사실을 확인해왔다. 우리가 장애를 완화하기 위해 비정상 유전자를 공격할 수 있다는 것은 사실이다. 그러나 정상적인 기능을 강화하기 위해 유전자를 추가하는 것은 전혀 별개의 일이다. 우리가 그 일을 실행할 수 있다 하더라도, 추가된 유전자가 만드는 다양한 단백질들 때문에 뇌의 수많은 다른 기능에 예측하지 못한 변화가 일어날 것이 분명하다.

두번째 문제는 유전적 강화 요법이 가지는 전 세계적인 함축이다. 유전자 조작이 선진국 국민들에게 일상화될 수 있을 정도로 저렴해진다 하더라도, 아직 시민들에게 식수조차 충분히 공급하지 못하는 사하라 이남 아프리카 국가들 같은 개발도상국들이 얼마나 빨리 발전된 기술을 따라잡을지는 미지수다. 그레고리 스톡은 인류의 유전자풀이 축소될 것을 염려할 필요가 없다고 말한다. 백만 명의 아기가 유전적인 조작을 받고 태어난다 해도, 그것은 겨우 전 세계에서 태어나는 아기의 1퍼센트에 불과할 것이라고 스톡은 주장한다.

그러나 문제가 있는 것은 분명하다. 소수의 선진국 국민들이 가난한 국가의 국민들보다 더 건강하고 지능지수가 높고 느리게 노화할 뿐만 아니라 선천적인 육체적 정신적 결함을 타고나는 일도 없이 살게 된다고 상상해보라. 선진국 국민과 후진국 국민은 공통점이 매우 적고 관심과 목표와 능력이 매우 달라 거의 접촉할 일이 없어질 것이다. 아니 어쩌면 더 큰 위험은 그들이 접촉하되, 한쪽이 다른 쪽을 착취하는 방식으로 접촉하는 것이다.

그러므로 우리는 결국 인류가 '강화된' 인간과 '자연적인' 인간으로 양분되는 것을 목격하게 될까? 만일 유전자 강화 요법이 부유층의, 이를테면 오늘날 넉넉한 사교육을 받을 수 있는 계층의 전유물이 된다면, 양극화 현상은 단일한 사회 내에서도 일어나지 않을까? 과거의 엄격한 계급 사회보다 더 운명적인 차별이 지배하는 사회가 도래하지 않을까?

『멋진 신세계』 속의 타협의 여지가 전혀 없는 계급질서가 현실이 될지도 모른다.

또한 헉슬리가 상상하지 못한 귀결도 있다. 쉽고 정확하게 유전자를 조작하는 세계에서 등장할 취후의 발명품은 '합성(synthetic)' 유전자일 것이다. 현재의 '합성 유전자' 개념은 기존의 유전자 가닥에 새로운 유전자를 추가하는 것을 의미한다. 농업과 관련해서 이 기술이 긴 기간을 요구하는 전통적인 품종 개량과 달리 혁신적일 수 있는 한 가지 이유는 한 종에서 다른 종으로 옮긴 유전자가 곧바로 번성하고 기능할 수 있다는 점에 있다. 예를 들어 곤충에서 얻은 유전자를 포도나무에 집어넣으면, 포도나무가 병균에 대한 저항력을 얻는다. 어떤 이들은 그 유전자를—자연적인 유전자이지만 그렇게 옮겨졌다는 이유로—'합성' 유전자라 부른다. 그 유전자는 박테리아를 죽이는 단백질들을 생산하며, 현재 다양한 품종의 포도나무에 성공적으로 이식되고 있다.

그러나 반드시 유전자 전체를 옮겨 넣어야 하는 것은 아니다. 게놈 프로젝트의 이차적인 목표 가운데 하나는 DNA 분자의 개별 성분을 조작하는 기술의 개발이다. 그 기술이 개발되면, 임의의 염기쌍을 구성할 수 있을 것이며, 궁극적으로 인공적인 유전자 조각을 정확한 위치에 붙여 넣을 수 있을 것이다. '새로운' 유전자는 바이러스나 박테리아의 유전자를 인간에게 주입하는 경우처럼 다른 종에서 얻을 수도 있고, 기존의 DNA 구조를 무작위로 돌연변이시켜 얻을 수도 있다. 돌연변이에 의해 '정상적인' 유전자 구조나 게놈 속의 유전자 서열을 변화시킬 수 있다. 유전자의 돌연변이를 일으키는 한 방법은 방사성 원소에서 나온 고에너지 입자를 세포 속의 DNA 가닥에 충돌시키는 것이다. 충돌에 의해 깨진 DNA는 대개 세포의 자가수리 기제에 의해 재조립되지만,

몇 개의 염기쌍은 완전히 사라지거나 망가질 수 있다. 어떤 방법으로 만들든 간에 기존의 게놈 속에 편입된 새로운 유전자는 '합성' 유전자라 할 수 있다.

최신 기술은 기원이 전혀 자연적이지 않은 유전자에 도전하고 있다. 이미 메릴랜드 게놈 연구소는 특정 박테리아의 게놈 서열을 파악함으로써 그 박테리아의 생존에 필수적인 유전자의 개수—전체 유전자의 약 50퍼센트—를 밝혀냈다. 현재 연구자들은 그 유전자들을 합성하여 인공적인 막 속에 넣을 수 있다. 그렇게 만든 인공 '세포'가 증식하는 것, 즉 사실상 인공적인 생명이 창조되는 것은 매우 현실적인 가능성이다. 그 가능성이 실현된다면, 정자와 난자를 인간에게서 기증받는 일이나 배우자 게시판 따위는 사라지고, 진정한 의미의 버추얼 베이비가 탄생할 것이다. 미래에 우리는 원하는 염기쌍 배열을 제시할 수 있을 것이며, 자동화된 DNA 합성 기계는 주문에 맞는 DNA 가닥을 생산할 것이다. 그때 우리는 유일무이한 특징들과 연결된 염기쌍 서열들을 생산할 수 있을 것이다.

이 경우에도 많은 장애물 중 하나는 예상치 못한 추가적인 결과가 발생할 수 있다는 점이다. 예를 들어 RNA가 단백질을 만들 때 사용하는 것들과 유사한 많은 물질들—단백질 외의 물질들—이 산출될 수 있다. 그러나 궁극적으로 우리는 자가증식력을 가진 합성 생명체를 만들고 그것을 우리에게 필요한 물질을 만드는 '공장'으로 이용할 수 있을 것이다. 유전 암호는 다름아니라 DNA 속의 염기쌍 서열이다. 그 서열의 변화는 설계도의 변화를 의미하며, 따라서 생산물의 변화를 의미한다.

생명 유지를 위한 최소 게놈의 크기는 아직 밝혀지지 않았다. 우리 인간은 약 30억 개의 염기쌍을 가지고 있는 반면에 독립적인 생존의 부담이 없는 바이러스는 불과 1만 개의 염기쌍만 가지고 있다. 현재까지 알려진 최소 게놈은 미코플라스마 게니탈리움(Mycoplasma genitalium)이라는 박테리아가 가진 6천 개의 염기쌍이다. 그러므로 우선 작은 게놈을 일차적인 합성 목표로 삼는 것이 합리적일 것이다. 게놈 연구소의 클라이드 허친슨은 몇 년 내에 합성 바이러스가 탄생할 것이라고 확신한다.

과거에 우리가 직면했던 문제는 단일한 DNA 사슬에만도 수십만 개의 염기쌍이 있다는 사실이었다. 그러나 최근까지도 분자생물학자들이 합성할 수 있는 염기쌍은 백여 개에 불과했다. 그러나 텍사스 대학 게놈 과학 및 기술 센터의 소장인 글렌 에반스는 현재 그 문제를 극복하고 '정크(junk)' DNA를 제거하는 방법을 개발했다. 그는 '합성 유기체 1호(SO1)'라 명명된 미생물을 만드는 데 필요한 DNA의 구조와 배열을 완벽하게 알아냈다. "SO1은 특별한 기능을 가지고 있지 않다. 그러나 SO1이 일단 생명을 얻는다면, 우리는 필요한 기능을 보강할 수 있다. 우리는 컴퓨터를 켜고 간단히 단추 하나만 눌러 유전자를 변화시킴으로써 다른 새로운 생명체들을 만들 수 있을 것이다."

이 새로운 기술은 종양과 같은 문제성 조직에 침투하여 그 조직을 죽이는 합성 세균을 만드는 데 응용될 수 있을 것이다. 또한 우리의 내장을 적절한 합성 세균으로 감염시켜 비타민C를 생산하게 만들 수도 있을 것이다. 그러나 그런 합성 세균이 인간과 동물에게 걷잡을 수 없이 번지는 무서운 일을 상상해보라. 또는 SO1이 독자적인 생존력을 얻어 성장하고 증식한다고 상상해보라. 어떤 이들은 허친슨이나 에반스 같은 과학자들에게서 프랑켄슈타인 박사의 모습을 볼 것이다. 유전자를 조작하고 심지어 창조하는 미래의 세대들은 우리와 많이 다른 삶을 살게 될 것이다. 그들은 생명 자체를 우리와 다른 시각으로 볼 것이다. 정신적 특징과 유전자의 관계가 매우 간접적임을 감안하더라도, 우울증이나 정신분열병 같은 장애는 훨씬 드물어질 것이다. 유전자 수준에서 진단과 개입이 이루어질 뿐 아니라, 더 균질적이며 실재로부터 멀리 떨어져 있고 또한 '저 밖에서' 일어나는 우연적인 사건들의 영향을 적게 받으며 사이버 세계에 대한 의존도가 큰 생활양식도 그런 정신적 장애의 감소에 기여할 것이다.

그러나 유전자 조작을 통해 정신적 육체적 고통을 완화한다는 것은 인간의 본성을 소독한다는 것을 의미할지도 모른다. 고통이 과연 인간의 참된 능력을 일깨우고 고양시키는 이로운 존재인지는 물론 오래 전부터 논쟁거리였다. 어쨌든 미래의 삶이 거의 개인적이지 않다면, 고통은 무슨 의미를 가질 수 있을까? 우리가 보았듯이 미래 세대들의 유전자풀은 더 제한적이고 위생적일 것이며, 유전자 조작은 삶이 이루어지는 전통적인 무대들을 허물 것이다. 머지 않아 한 파트너와의 사이에서 하나 이상의 아이를 낳을 이유는 거의 없어질 것이며, 이론적으로는 아이도 다양한 형태의 부모—정자 및 난자 기증자, 대리모, 양부모 등—를 요구할 수 있을 것이다. 또는 다양한 사람들이 아이에 대한 친권을 주장할 수 있을 것이다.

생명과 삶에 대한 우리의 태도는 변할 것이 분명하다. 모든 사람이 노년기에도 건강하고 정신적으로 활발하다면, 우리 모두가 주어지는 감각적 자극을 수동적으로 수용하면서 균질적인 생활양식 속에서 살아간다면, 섹스와 증식이 완전히 분리된다면, 누구나 나이에 상관없이 부모가 될 수 있다면, 혹은 인공 자궁과 체외수정과 인공 유전자에 밀려 부모의 개념 자체가 사라진다면, 인생에 획을 긋는 이정표들은 모두 사라질 것이다. 핵가족의 자녀로 태어나는 것, 부모가 되는 것, 조부모가 되는 것, 불의의 사고나 질병이나 노화에 대처하는 것 같은 일들은 미래의 세대들에게 불가능한 경험이 될지도 모른다. 혹자가 상상하듯이 우리가 유전자 강화 요법에 의해 엄청나게 영리해지거나 유머가 넘치게 되거나 요리를 잘 하게 되는 일 따위는 일어나지 않을 것이다. 그러나 미래에 우리는 육체적 정신적 평균치에 더 가까워질 것이 분명하다. 직접적인 유전자 조작뿐 아니라 그런 조작에 의해 가능해진 새로운 생활양식도 그런 평균화에 기여할 것이다. 능동적인 개인, 즉 자아는 더 드물어지고 불필요해질 것이다.

프랜시스 후쿠야마나 심리학자 스티븐 핑커 같은 사람들은 인간에게 본성적으로 환경의 변화에 적응하는 능력이 있으며, 우리의 몸과 뇌 속에 타고난 'X 요소'가 있어서 그것 때문에 인간이 다른 모든 종들과 달리 특별하다고 주장한다. 그러나 우리의 몸과 뇌 속에는 유전자와 유전자가 만드는 단백질과 단백질이 만드는 다른 물질들과 이들로 이루어진 세포가 있을 뿐이다. 미래의 유전자 조작은, 또한 환경 조작은 이러한 화학물질들의 조성에 극적인 영향을 미칠 것이다. 어쨌든 인간은 끊임없이 인간과 대화할 수밖에 없다. 그러므로 이제 21세기의 양육에 대해서, 아동 교육에 대해서 논하기로 하자.

06

교육

우리는 무엇을 배워야 할까?

교육은 현재 위기에 봉착했다. 국가시험 성적은 매년 최고 기록을 갱신하고 있지만, 교육이 아이들을 바보로 만든다는 불만은 더 강해지고 있으며, 대학은 소수 권력층을 위한 폐쇄적이고 값비싼 공간으로 머물러 있다. 교사들은 도덕성을 잃었고, 학부모들은 근심하고 분노한다. 현재의 교과 과정, 학생에 대한 압력, 평가, 상담 등 전반적인 교육문화를 볼 때, 장기적인 미래에 대한 합의가 없다는 것은 놀라운 일이 아니다. 우리는 21세기 중반, 혹은 그 이후에 시민의 자격을 갖추게 하기 위해 다음 세대에게 무엇을 가르쳐야 할까?

몇십 년 후면 완결될 생활양식의 거시적인 변화는 우리가 아는 교육의 목표에 대해, 또한 가장 중요하게는 21세기의 교육이 만들어낼 사고방식에 대해 근본적인 질문을 제기하게 만든다. 환경이 그렇게 근본적으로 바뀐다면 우리의 정신도 바뀔 것이다. 신경과학과 신경학은 기초적이지만 매우 중요한 한 가지 원리를 증명하는 풍부한 실례를 제시한다. 인간의 뇌는 물리적인 형태와 기능에서 개인의 경험을 매우 정직하게 반영한다는 것이 그 원리이다.

태어난 지 얼마 지나지 않아 루크 존슨에게 무언가 문제가 있다는 사실이 발견되었다. 그 어린 사내아이는 오른팔과 다리를 움직일 수 없었다. 그 아이는 세상에 나오기 직전에 받은 물리적 충격의 희생자였다. 그러나 2년 동안에 그의 마비 증세는 마치 기적이 일어난 듯 천천히 사라져갔다. 현재 루크는 완전히 정상적으로 움직인다. 그리고 이런 사례는 결코 드물지 않다. 출생 이전에 물리적 충격을 받아 장애를 얻은 신생아의 70퍼센트가 운동 능력을 회복한다. 오늘날 우리는 뇌가 스스로 '배선을 변경할' 수 있음을 안다. 우리를 각각의 개인으로 만드는 것은 바로 그 '배선', 즉 뇌세포들의 연결이다. 그러나 뇌세포의 연결을 전기 배선에 비유하는 것은 사실상 적절하지 않다. 그 비유는 뇌세포들의 연결이 우리가 세계와 상호작용하면서 개인적인 경험을 쌓아가는 가운데 끊임없이 우리의 경험에 적응하여 변한다는 결정적인 사실을 간과하기 때문이다. 그렇다면 21세기의 삶은 자라나는 세대들의 뇌에 어떤 흔적을 남기게 될까?

갓 태어난 아기는 뉴런들의 연결(시냅스synapse)이 성인보다 훨씬 더 조밀하다. 그러나 신경과학자들은 개인마다 뇌의 다양한 부분에서 연결이 어떻게 형성되는지 쉽게 연구할 수 없다. 과거 일부 기사들과 파렴치한 의사들의 엽기적인 행각 때문에, 또한 죽은 사람의 몸은 죽은 사람의 것이라는 신념 때문에 오늘날 거의 모든 뇌가 실험실이 아닌 무덤으로 들어가기 때문이다. 뇌 속에 들어 있는 정신적 기능에 관한 소중한 단서들은 그렇게 영원히 사장되고 있다.

그러나 지금까지 이루어질 수 있었던 제한된 회수의 뇌 해부를 통해서 신경병리학자들은 뇌의 표층(피질)에서 시각과 연관된 부위의 시냅스의 밀도가 생후 약 10개월에 최대값에 도달한다는 사실을 알아냈다. 그후 시냅스의 밀도는 점차 낮아져 10세를 전후하여 변화를 멈춘다. 그러나 뇌의 앞부분, 즉 전두엽 피질에서는 연결의 형성이 시각피질에서보다 훨씬 늦게 시작되고 이후의 정비도 더 느리게 진행된다. 이 부분에서는 사춘기에 연결 밀도가 감소하기 시작하여 18세가 되어서야 변화를 멈춘다.

물리적인 뇌의 이러한 발달과 정신적 능력은 어떤 관계가 있을까? 누구나 알듯이 생애의 처음 몇 년은 특정한 능력이나 기술의 습득과 관련해서 결정적인 의미를 가진다. 따라서 가장 쉽게 내릴 수 있는 결론은 특정 발달 단계에서 시냅스의 수가 증가하는 것이 어떤 새로운 능력의 발생을 의미한다는 것일 것이다. 그러나 문제는 그렇게 간단하지 않다. 오늘날 우리는 연결의 밀도가 성인 수준으로 감소하는 동안에도 관련 능력들이 향상된다는 사실을 안다. 그렇다면 우리의 뉴런들이 정보를 장기적으로 보유하는 능력을 좌우하는 결정적인 요소는 과연 무엇일까? 중요한 것은 연결의 개수가 아니라 **패턴**이라는 사실이 밝혀졌다. 생후 몇 년 동안 뇌는 필요 이상의 시냅스들을 만들며, 그 시냅스들은 뇌와 함께 성장한다. 그 시냅스들은 가장 멀리 떨어진 뇌의 구역들을 서로 연결할 만큼 충분히 길다. 그후에 '조각(sculpturing)'(진부하지만 매우 적절한 표현이다)이 일어나 과잉 연결들이 사라지고, 뇌는 마치 돌덩어리에서 조각상이 나오듯이 고유의 모양을 갖춘다. 그러나 조각상과 달리 당신의 뇌를 이루는 연결 패턴들은 매우 역동적이다. 당신이 삶의 매순간을 경험할 때, 당신의 경험은 여러 연결들을 강화시키기도

하고 약화시키기도 한다.

시각 전문가 데이비드 휴벨과 토르스텐 비젤은 1981년에 놀라운 발견의 공로로 노벨상을 수상했다. 그들은 뇌의 발달 과정 중에 '임계 기간(critical period)'이라는 특정 기간이 있어서 그 기간에 거시적인 배선이 이루어진다는 것을 밝혀냈다. 임계 기간의 의미를 보여주는 특히 인상적인 한 사례로 의학적인 수수께끼였던 한 소년의 이야기가 있다. 그 아이는 한 눈이 멀쩡해 보임에도 불구하고 실명이었다. 부모에 대한 광범위한 설문조사에 의해 비로소 그 아이가 채 한 살이 안 되었을 때 눈에 경미한 감염을 겪은 일이 있음이 드러났다. 감염 그 자체는 사소한 문제였지만, 아이는 치료를 위해 여러 주 동안 눈을 가리고 지냈고, 그 기간이 바로 눈과 뇌 사이에 적절한 연결이 형성되는 '임계 기간'이었다. 그 결과 가려진 눈이 차지할 뇌 속의 영역은 활동 중인 다른 눈에 의해 점령되었다. 아이가 눈가리개를 벗었을 때에는 감염되었던 눈과 연결될 뇌 속의 공간이 남아 있지 않았다. 그리하여 그 눈은 쓸모없게 되었고, 아이는 남은 생애 동안 한 눈이 실명인 채로 살았다.

그러나 대개의 경우 임계 기간은 고정적이지 않으며, 임계 기간을 '놓친' 일로 돌이킬 수 없는 결과가 초래되지도 않는다. 예를 들어 눈을 가리개로 가리는 것과 동일한 효과를 가진 자연적인 질병으로 백내장이 있다. 어떤 아기들은 백내장을 가지고 태어난다. 백내장에 대한 외과수술은 아주 좋은 효과를 낼 수 있으며, 특히 양 눈이 모두 백내장에 걸린 경우에 그 효과가 더욱 큰 경우가 많다. 양 눈이 모두 정상적인 작동을 못할 경우, 뇌의 시각 관련 부위는 자극을 받지 않게 되고, 따라서 눈과 그 부위의 연결은 형성되지 않는다. 그러나 수술 후 양 눈이 기능을 할 수 있게 되면, 각각의 눈과 뇌의 해당 부분 사이에 연결이 형성된다. 이는 특정한 기간이 매우 중요한 것은 사실이지만, 경우에 따라서 기능의 회복이 가능함을 보여준다.

시각과 같은 기초적인 뇌 기능의 발달 과정에 임계 기간이 있다는 사실에 고무된 일부 교육학자들은 읽기나 산수 계산 같은 더 고차원적인 활동과 관련해서도 그런 결정적인 기간이 있을지 모른다는 추측을 했다. 현재로서는 분명한 결론을 내리기 어렵다. 읽기와 계산에는 수많은 요소들이 기여하므로, 다양한 개인들을 총괄한 자료에서 나이만을 결정적인 항목으로 삼아 분석하는 것은 어려운 일일 것이다. 더 나아가 우리는 나이를 먹으면서 학습의 방법이 달라지는 것 같다. 어린아이는 입력되는 정보를 거의 저항 없이 흡수한다("7세 이전의 아이를 내게 다오, 그러면 나는 네게 성인을 돌려주리라"는 예수회 수도사들의 약속을 상기하라). 그러나 우리가 나이를 먹을수록 경험이나 공식적인 교육은 수용성이 줄어든 성숙한 정신에 의해 더 많이 검토되고 평가된다.

그렇게 검토하고 평가하는 개인의 사고 체계는 뇌세포들 사이의 연결에 그 뿌리를 두고 있다. 대부분의 경우 그 연결선들은 목표 세포를 향해 수렴하며, 그 목표 세포는 나무를 뜻하는 그리스어를 따서 '덴드라이트(dendrite)'라 불린다. 그렇게 명명된 이유는 연결선들이 붙은 목표 세포가 정말로 가지가 많은 나무처럼 보이기 때문이다. 나무들이 그렇듯이 어떤 뉴런들은 다른 것들보다 더 많은 가지를 가진다. 덴드라이트의 가지가 많을수록 세포는 신호를 더 잘 받을 수 있을 것이다. 뇌의 성장의 핵심은 단순히 뉴런의 개수가 늘어나는 것에 있는 것이 아니라 덴드라이트들이 더 무성해지는 것에 있다.

덴드라이트들의 연결 구조는 당신에게 일어난 일들을 반영한다. 쥐를 대상으로 한 획기적인 한 실험은 출생 이후의 환경이 연결의 형성에 지대한 영향을 미친다는 것을 보여준다. 과학자들은 '풍요로운' 환경—사다리, 쳇바퀴 등의 장난감들이 있는 환경—에 놓인 쥐와 '평범한' 환경—따뜻한 우리와 먹이, 그리고 물 외에는 거의 아무것도 없는 환경—에 놓인 쥐를 비교했다. 쥐들이 죽은 후 뇌를 해부한 결과, 풍요로운 환경에서 산 쥐의 뇌세포들이 더 많은 가지를 가지고 있음이 드러났다. 이는 일상의 자극이 뇌에 변화를 일으킴을 보여주는 확실한 증거이다. 근래에 신경과학자들은 '평범한' 야생의 쥐에게 '평범함'은 풍요로운 환경과 다를 바 없지만, 실험실 환경은 안타깝게도 참된 결핍을 의미한다는 사실을 지적하고 있다. 이런 실험 결과들보다 더 충격적인 것은 이것들이 지닌 함축이다.

1999년에 심리학자 토머스 G. 오코너와 그의 동료들은 특별한 감각적 사회적 자극이 거의 없는 악명 높은 국립 고아원에서 생애의 첫해를 보낸 루마니아 아기들을 대상으로 환경적 결핍이 인간의 뇌에 미치는 영향을 연구했다. 그 아기들이 말과 걸음마를 늦게 시작하고 사회적 감성적 인지적 발달이 뒤처지는 경우가 많다는 것은 놀라운 일이 아닐 것이다. 일부 욕심 많은 부모들은 아이가 여러 능력을 더 빨리 습득하고 이후의 삶에서 탁월한 지위에 오르기를 바라면서 아기에게 강력한 자극을 주려 노력한다.

그런 노력이 반드시 성공을 보장하는지에 대해서는 큰 논란이 있다. 의도된 자극이 충만한 온실은 아기에게 부정적인 작용을 할 수 있다는 우려의 목소리도 있다. 그런 환경이 낮은 자기존중감, 패배감, 능력에 못 미치는 성취를 초래할 수 있다는 것이다. 더 나아가 그런 방법이 효과를 거두어 아이가 우수한 학생이 된다 하더라도, 또래보다 더 집중적인 교육을 받은 아이들은 흔히 성장 후에 더 많은 사회적 감성적 곤란을 겪는다. "나는 사람들이 어린아이에게 시험을 보게 하는 이유를 이해할 수 없다. 부모의 자랑거리를 얻자는 것 외에 다른 이유는 없어 보인다"라고 『영재들의 성장 이후*Gifted Children Grown Up*』의 저자 조앤 프리먼 교수는 말한다.

뇌세포의 명백한 적응성(유연성)은 인간의 뇌가 수용할 수 있는 자극의 정도와 폭을 반영한다. 또한 가장 극적인 변화가 일어나는 예민한 시기가 있을 수 있겠지만, 덴드라이트의 성장과 소멸은 성인이 된 후에도 계속 진행된다. 당신의 특수한 경험에 맞게 뉴런 연결이 형성되고 성장할수록 당신의 뇌와 외부세계 사이의 대화는 더욱 쌍방향적으로 된다. 감각 자극들은 개별적이고 추상적인 상태—달콤함, 추움, 시끄러움, 부드러움—로 머물러 있는 것이 아니라 연합하여 사람이나 사물을 형성한다. 그런 사람이나 사물이 당신의 다양한 경험 속에 반복해서 등장하면, 덴드라이트의 성장에 의해 그것들로 연결되는 연상들이 증가한다. 그것들은 더 중요해지고 더 많은 '의미'를 가지게 된다. 뇌의 개인화는 당신의 일상에서 끊임없이 뇌로 들어오는 복잡한 입력에 따라 다양한 뇌세포 회로들이 모양과 크기와 용량을 갖춤으로써 일어난다. 그렇게 뉴런들 사이에 새로운 연결이 형성되는 것, 그것이 바로 학습의 본질이다.

몇 년 전에 흥미로운 사례 하나가 언론의 주목을 받은 일이 있다. 뇌 스캔을 통한 관찰 결과, 런던 택시 운전사들의 뇌의 특정 구역이 비슷한 나이의 다른 직업인들보다 크다는 사실이 밝혀진 것이다. 그 구역(해마hippocampus)은 기억 기능과 관계가 있고, 택시 운전사들은 런던 시내의 모든 거리의 이름과 지도를 암기해야 하는 사람들이므로, 그 관찰 결과는 뇌가 성인기에도 자극에 반응한다는 것을 보여주는 분명한 증거임에 틀림없다.

또 다른 연구에서는 뛰어난 음악가들의 경우 청각과 관련된 뇌의 주요 부분(청각 피질)이 악기를 전혀 다루지 않는 사람들보다 25퍼센트 크다는 사실이 뇌 스캔에 의해 밝혀졌다. 더욱 의미심장한 것은 음악가들의 청각 피질의 크기가 숙달된 솜씨에 이른 시기보다 악기를 익히기 시작한 나이에 좌우된다는 보고이다. 중요한 것은 솜씨가 아니라 연습 활동 그 자체인 것처럼 보인다.

역시 성인을 대상으로 한 또 다른 실험은 당신이 음악과 관련된 뇌의 부분들의 크기를 변화시키기 위해 반드시 직업을 바꾸거나 장기간 음악을 연습할 필요는 없다는 것을 보여준다—하루에 두 시간씩 5일 동안 피아노 교습을 받는 것으로 충분하다. 실험은 피아노를 칠 줄 모르는 사람들을 세 집단으로 나누어 진행되었다. 첫번째 집단에게는 그냥 피아노만 주고 마음대로 치게 했으며, 두번째 집단에게는 다섯손가락 연습곡을 가르쳤고, 세번째 집단은 그 연습곡을 연주하는 것을 상상만 하도록 시켰다. 쉽게 예상할 수 있듯이, 손가락 운동과 관련된 뇌의 부분은 두번째 집단이 교습을 받지 않은 첫번째 집단보다 훨씬 커졌다. 그러나 참으로 놀라운 결과는 상상 훈련만 한 세번째 집단에서 실제로 훈련을 한 두번째 집단에 버금가는 뇌의 변화가 일어난 것이었다. 이런 결과들은 과거의 정신적인 것과 물리적인 것의 이분법, 즉 정신과 뇌의 이분법을 부정할 뿐 아니라, 당신의 행위가 당신의 뇌의 세부 구조에 반영되며 당신의 뇌세포들의 특정한 연결 구조가 당신에게 특정한 솜씨를 발휘하는 능력을 준다는 사실을 보여준다.

그러나 경험의 영향을 강조하는 이런 연구들은 신경학이라는 빙산의 일부에 불과하다. 신체의 다른 부분들과 마찬가지로 뇌의 구역들도 훈련시킬수록 발달한다. 이때 발달한다는 말은 덴드라이트들이 무성해져서 그 구역들이 차지하는 공간이 확대됨을 의미한다. 훨씬 더 작은 규모에서는 당신이 하는 모든 행동과 당신에게 일어나는 모든 일이 말 그대로 뇌에 흔적을 남긴다. 실제로 인간의 뇌는 매우 뛰어난 학습 능력을 가지고 있다. 환경에 적응하고 경험으로부터 배우는 우리의 능력은 우리를 다른 모든 영장류로부터 구분짓는다. 독특한 인간의 뇌를 가지고 있기 때문에 우리는 지구에 사는 다른 어느 종보다 더 넓은 생태학적 환경을 차지할 수 있었다. 적응을 위해 뉴런 연결을 형성하는 능력 덕분에 우리는 타고난 본능의 지배를 벗어날 수 있었던 것이다. 지리적으로 멀리 떨어진, 혹은 시간적으로 멀리 떨어진 두 문화는 서로 많이 다르다. 그것은 두 문화를 형성한 사람들의 뇌가 서로 다른 영향에 노출되었기 때문이다.

발달 과정에 있는 당신은 당신의 고유한 행로를 걸으면서 과거의 경험에 비추어 세계를 보며 점차 무차별적으로 정보를 흡수하는 스펀지에서 열매를 따 모으듯이 정보를 수집하는 채집자로 변해간다. 현재 당신의 무조건적이고 자동적인 정보 수용 능력은 과거의 어린 시절에 비해 떨어졌을 것이다. 그러나 당신의 이해력 — 한 대상을 다른 대상과 관련해서 보는 능력 — 은 점점 더 향상될 것이다. 그렇게 삶의 과정 속에서 독특하게 개인화된 뇌세포들의 회로가 바로 '정신'의 물리적 상관물이라고 나는 믿는다. 그렇다면 동굴에 거주했던 우리 조상들의 정신이 우리의 정신과 달랐으리라는 것을 쉽게 짐작할 수 있다. 또한 각 세대가 이전 세대의 도움을 받아 효과적으로 학습함으로써 기술이 가속적으로 발전해온 것도, 우리가 우리 자신의 발견들을 기존의 지식에 보태어 보존한다는 것도 쉽게 이해할 수 있다. 새로운 기술들이 21세기의 젊은 정신들을 어떻게, 그리고 어느 정도까지 규정할지 탐구하기 위해서는 먼저 학습 과정의 핵심 요소들을 살펴보아야 한다.

어떤 자극이든 그것이 자극인 한에서 유익하다는 생각은 너무 단순한 생각일 것이다. 어쨌든 한 종류의 자극을 무차별적으로 가하는 것만으로 학습을 이룰 수 있다고 생각할 수는 없다. 런던에서 택시를 모는 기술이나 피아노를 치는 기술을 습득할 때 뇌의 특정 구역이 확대된다면, 그 대가로 뇌는 무언가 다른 능력을 잃을 것이 분명하다. 우리는 어떤 능력을 잃게 될까? 현재 우리는 뇌의 한 구역이 하나 이상의 행위에 기여한다는 것을 안다. 그렇다면 해마가 확대된 택시 운전사들은 기억력 외에 해마와 관련된 다른 많은 능력에서도 우수할까?

뇌의 학습 능력을 결정하는 또 하나의 매우 기초적인 요소는 잠일 수 있다. 적어도 쥐의 경우에는 학습 기간과 흔히 꿈을 동반하는 렘(REM, 빠른 눈 운동) 수면이 증가하는 기간이 일치한다. 또한 렘 수면의 결핍은 쥐의 기억력을 손상시킨다. 피에르 마크 박사와 연구진은 더욱 흥미로운 연구 결과를 보고했다. 그들에 따르면, 훈련을 받은 사람들의 뇌의 일부 영역들은 수면 중에 훈련을 받지 않은 사람들의 뇌의 같은 영역들보다 더 활발하게 활동하며, 훈련의 효과는 꿈을 충분히 꾼 다음날에 더 향상되었다.

꿈은 오래 전부터 사상가들을 매료시킨 주제이며 오늘날에도 신경과학자들에 의해 집중적으로 연구되는 현상이다. 그러나 꿈의 목적이나 우리가 꿈을 꿀 때 일어나는 사건들은 아직 명확하게 해명되지 않았다. 많은 사람들은 꿈이 낮에 겪은 단편적인 일들을 정리하는 데 도움을 준다고 믿는다. 그러나 이런 유형의 '설명'은 꿈의 원인이 아닌 효과를 얘기하는 것에 불과하다. 꿈은 다만 정상적인 감각적 입력에 의해 유발되지 않는 특수한 의식 상태에 불과하며, 그래서 꿈속의 경험은 실재 경험과 많이 다르고 또한 실재의 제약을 덜 받는 것일지도 모른다. 만일 그렇다면 꿈을 유발하는 주요인은 뇌의 잉여 활동이며, 그 활동이 우연히 최근의 사건들을 반영하는 것이라고 추측할 수 있다. 다시 말해서 기억의 정리는 꿈에 동반되는 부수 효과일 뿐 꿈의 본질적인 원인은 아닐 것이다. 실제로 정리할 기억이 거의 없는 자궁 속의 태아가 성인보다 더 많이 꿈을 꾼다는 사실을 상기하라. 그러므로 꿈은 아마도 뇌의 잉여활동 그 자체일 것이다. 물론 그 잉여활동이 감각적인 입력의 제약을 받지 않으며 학습에 매우 중요하다는 것은 분명한 사실이다. 어느 나이에서든 뇌 속의 뉴런 연결이 전기화학적 활동을 반복하면, 그 연결은 더 강하고 효율적이게 된다.

잠 외에도 여러 다른 항목들이 뇌의 학습에 영향을 미치는 요소로 주장되었다. 특히 1993년에 처음 수행된 한 실험은 거대한 논쟁과 사변을 불러일으켰다. 실험 참가자들은 종이를 접고 특정한 방식으로 오리면 어떤 모양이 될지 알아내는 과제를 받았다. 첫 과제를 수행한 후에 한 집단은 10분 동안 고요 속에 앉아 있었으며, 두번째 집단은 모차르트의 피아노 소나타를 들었고, 세번째 집단은 반복적인 음악이나 구연동화를 들었다. 그러고 나서 세 집단은 다시 과제에 도전했다. 2차 과제 수행에서 '모차르트' 집단의 적중률은 62퍼센트 향상된 반면에 아무것도 듣지 않은 집단의 적중률은 겨우 14퍼센트, 반복적인 음악이나 동화를 들은 집단의 적중률은 11퍼센트 증가했다. 그러나 이런 극적인 결과는 지금까지 다시 재현되지 않았으며, 많은 사람들은 이 결과에 대해 지금도 매우 회의적이다. 하지만 하버드 교육대학원의 루이 헤트랜드는 규모를 확대하여 1,014명을 대상으로 같은 실험을 했고, 모차르트 집단이 우연으로는 설명할 수 없는 잦은 빈도로 다른 집단들을 능가하는 것을 발견했다.

실제로 모차르트가 뇌에 유익하다는 것을 보여주는 전혀 다른 유형의 실험도 있다. 그 실험에서 모차르트의 음악을 들으며 성장한 쥐들은 다른 쥐들보다 미로를 더 빠르고 정확하게 통과했다. 설치류 동물이 위대한 작곡가를 알아본다는 것은 불가능한 일일 것이다. 그렇다면 관찰된 효과는 음악의 수준이나 음악이 일으킨 좋은 기분, 혹은 흥분과 거리가 멀 것이다.

한 가지 단서를 캘리포니아 대학 어바인 캠퍼스의 고든 쇼의 연구에서 얻을 수 있다. 그는 뉴런 연결망 속의 전하 흐름을 소리로 표현하면 마치 음악처럼 들린다는 사실을 발견했다. 그렇다면 역으로 음악이 뉴런 연결망 형성을 촉진하여 정신적 기능을 향상시킬 수도 있는 것일까?

일리노이 대학 메디컬 센터의 신경학자 존 휴즈는 음악의 지능 향상 효과에 가장 큰 영향을 미치는 요소는 10여 초 동안 소리의 크기가 커지거나 작아지는 빈도라고 주장했다. 그 빈도에서 모차르트의 음악은 매우 단순한 다른 음악이나 대중음악보다 두세 배 우월하다. 30초의 주기를 가진 뇌파 패턴에 가장 잘 맞는 음악은 20초에서 30초를 주기로 규칙적인 반복이 일어나는 음악인 듯하다. 그러므로 오직 특수한 음악만이 뇌를 제대로 자극할 것이다. 실제로 베토벤의 〈엘리제를 위하여〉나 1930년대의 대중음악을 듣는 사람의 뇌는 표층(피질)의 청각 관련 부분만 활성화되는 반면에, 모차르트를 듣는 사람의 뇌는 피질 전체가 활성화된다!

이 놀라운 발견들은 신경과학자와 교육학자들로 하여금 많은 의문을 품게 만든다. 먼저 우리는 외적인 자극이 어떻게 뇌 회로를 훈련시키는

지, 그리고 왜 청각적인 자극이 우리의 사고 능력을 향상시키는지 알아내야 한다. 공식적인 교육과 거리가 먼 행위들, 그러니까 꿈을 꾸거나 모차르트를 듣는 것 같은 행위들이 학습에 도움이 된다는 사실은 미래의 교육 정책에 반영될지도 모른다. 취학 전 아동을 위한 필수적인 과정으로, 또한 수업 전에 학생들이 늘 하는 준비운동으로 그런 '비공식적 능력 향상 훈련'이 실시된다고 상상해보라.

더 먼 미래에는 교실에서 학생들의 뇌 활동을 직접 정밀하게 관찰하는 새로운 광경이 연출될 수도 있다. 우리는 이미 뇌를 영상화하는 기법들이 무서운 속도로 발전하고 있음을 안다. 아마도 머지않아 우리가 관찰할 수 있는 뇌 활동의 시간 규모는 뉴런들이 실제로 작동하는 극히 짧은 시간 규모를 따라잡을 것이다. 그러나 관찰 장치를 발전시켜 살아 있는 뇌를 정밀하게 관찰하는 방법을 깊이 연구한 사람은 아직 아무도 없다. 언젠가는 어느 기술적 대가가 등장하여 살아 있으며 의식을 가진 뇌 속의 개별적인 뉴런들을 볼 수 있을 만큼 시간적 공간적 해상도가 높은 관찰기법을 내놓을 것이 분명하다.

그렇게 시간적 공간적 해상도가 탁월한 장치가 개발된다면 어떤 일들이 일어날지 상상해보자. 오늘날 뇌 스캔을 받을 사람은 실험실이나 병원을 방문하여 많은 양의 자석이 내장된 거대한 원통 속으로 들어가야 한다. 그러나 이런 상황은 오늘날의 노트북 컴퓨터보다 성능이 낮으면서도 방 전체를 차지했던 초기의 컴퓨터에 비유할 수 있는 상황일지도 모른다. 초기의 거대한 컴퓨터가 현재의 간편한 컴퓨터로 발전했듯이, 기술적으로 신뢰성이 낮고 불편하며 값비싼 현재의 영상화 장치들은 가볍고 간편한 헬멧으로 대체될 것이다. 그렇게 된다면 역동적인 뉴런 연결망의 형성과 해체를 교실과 같은 일상적인 환경에서 관찰하고,

더 나아가 학습 중에 일어나는 뇌의 활동을 관찰할 수 있을 것이다. 교사는 공식적인 수업에 앞서 예를 들어 모차르트를 들은 것이 학생에게 얼마나 도움이 되었는지를 소형 화면을 통해 확인할 수 있을 것이다.

우리의 상상을 더 심화시켜보자. 뉴런 연결 패턴을 정확하게 기록하고 위치를 확인하며 특정 유형의 학습과 짝지을 수 있다면, 관찰을 넘어 조작으로 나아가는 것은 어려운 일이 아닐 것이다. 어쩌면 헬멧에서 특정 뉴런 집단으로 전달되는 저항감이 적은 전파 자극을 통해 원하는 형태의 뉴런 연결 패턴이 형성되도록 유도할 수 있을지도 모른다. 신경과학자 마이클 퍼싱거 박사는 이런 생각이 전혀 터무니없지는 않음을 보여준다. 비록 특정 뉴런 연결망을 조작하기 위해 필요한 해부학적 정밀도에 도달하지는 못했지만, 그는 이미 인간의 뇌를 우리가 상상한 방식으로 자극하는 연구를 하고 있다. 그의 실험 목표는 정신을 자극하여 '종교적 체험'을 하게 만드는 것이다. 물론 종교적 체험의 의미는 개인마다 크게 다르고, 자극할 뇌의 부분도 정확하게 결정할 수 없을 것이다.

그러나 '감마 나이프(Gamma Knife)'라는 장치는 이미 뇌 속의 목표물에 매우 정확하게 접근할 수 있게 해준다. 그 장치는 물질을 이온화시키는 복사선을 이용하며, 신경외과의가 뇌를 절개하지 않고 비정상 구역을 수술할 수 있게 해준다. 이 기술은 아직 선택된 뉴런 집단을 자극할 수 있을 정도로 정밀하지는 못하지만 작은 뇌 조직이나 종양을 파괴할 수 있다. 아마도 미래에는 확실하게 선택된 뇌세포 집단을 자극하는 기술이 개발되어 능동적인 활동이 없어도 학습이 이루어지도록 만드는 가장 직접적인 '교육' 방법이 실현될 것이다.

그러나 뇌에 강압적으로 사실들을 주입하는 방법이나 온실처럼 제어된 환경 속에서 덜 강압적인 방식으로 교육하는 방법이 반드시 성공을 보장하지는 않는다. 더구나 사이버 시대에는 모든 사람이 사실들에 쉽게 접근할 수 있기 때문에 암기의 필요성은 거의 없을 것이다. 또한 한 사실을 배웠다는 것이 이해했다는 것을 의미하지는 않는다. 사실 그 자체는 항상 내적으로 무의미하다. 한 사실은 다른 사실과 연결될 때, 그렇게 연상될 때 비로소 의미를 얻는다. 예컨대 나는 아주 어린 동생에게 『맥베스』에 나오는 유명한 독백을 가르친 적이 있다. 영웅 맥베스는 이렇게 한탄한다. "내일, 또 내일, 또 내일/ 하루하루 이토록 보잘것없는 속도로 기어오는군/ 기록된 시간의 마지막 음절까지/ 그리고 우리의 모든 어제는 바보들에게 빛을 주었지/ 먼지투성이 죽음을 향한 길을 비췄어……" 세 살이었던 그레이엄은 대사 전체를 외웠지만 그것을 이해하지 못했다. 걸음마를 배우는 아이가 '보잘것없는 속도'에 담긴 은유와 '먼지투성이 죽음'의 의미를 어떻게 이해하겠는가? 그런 이해를 위해서는 먼저 거대한 양의 정보를 미리 획득해야 하고, 또한 — 교육을 통해 습득한 — 능숙한 솜씨로 사실들을 연결하여 우리가 '이해'라고 인정하는 다층적인 연상 체계를 형성해야 할 것이다. 만일 강압적이고 정확한 뇌 자극 기술이 더욱 발전하여 고립된 사실들을 연결하고 자동적인 이해를 유도하며 사고 체계를 완벽하게 프로그래밍하는 수준에 도달한다면, 훨씬 더 심각한 문제들이 발생할 수 있을 것이다.

그러나 다시 내다볼 수 있는 미래에 관해 논하기로 하자. 가까운 미래의 아이들은 여전히 일상 속의 우연적이고 간접적인 자극에 의존하여 뇌와 사고 체계를 형성할 것이다. 현재와 마찬가지로 미래에도 매우 중시될 또 하나의 요소는 실행을 통한 학습일 것이다. 타인이 운전하는 것을 관찰함으로써 운전을 배우려 시도한 일이 있는 사람이라면 누구나 실행을 통한 학습의 중요성에 동의할 것이다. 아동들이 감각적 인지적 학습을 얻는 주요 원천은 놀이나 여행이나 일상적인 대화나 형제와 또래들과의 교류 같은 활동들 속에서 스스로 얻는 경험이다. 따라서 이른 시기의 경험은 아동이 나중에 공식적인 학습 상황에서 정보를 얼마나 잘 소화할지를 결정하는 중요한 요소이다. 아동이 속한 가정이 저소득일 때 발생하는 부정적인 효과는 이미 잘 알려져 있다. 그 부정적인 효과는 불평등의 문제를 해결하기 위해 기획된 미국의 한 프로그램에 의해 훌륭하게 공론화되었다.

'헤드스타트(Head Start)'라는 이름의 그 프로그램의 목표는 루마니아의 고아들처럼 결핍이 심하지는 않지만 여전히 사회경제적인 불이익을 당하는 취학 전 아동들을 돕는 것이다. 각종 신체적 정신적 능력 개발을 위한 실험적인 학습 과정 속에는 물건을 세고 나누어주기, 비슷한 물건을 짝짓기, 이어지는 사건들을 예측하고 기억하기, 역할놀이, 흉내내기, 물건을 기억하기, 간단한 악기 연주, 타인과 대화하기 등이 포함된다.

헤드스타트 프로그램은 경제적 이익을 가져온다. 청소년 비행과 교정 교육으로 인한 사회적 비용, 그리고 선도된 아동이 성장하여 창출할 수입과 세금을 생각하면, 헤드스타트에 투자된 1달러가 7배의 이익을 낳는다는 것은 놀라운 일이 아니다. 이 프로그램의 도움을 받은 아동들과 제도권 속에서 직접적인 교육을 받는 아동들, 그리고 유아보육학교(nursery school)에서 놀이만을 경험한 아동들에 대한 비교는 특히 많은 것을 시사한다. 처음 두 집단의 아동들은 입학 당시 유아보육학교 출신 아동들보다 지능지수가 높았고, 헤드스타트를 거친 아동과 유아보육학교 출신 아동은 사회적 경험의 혜택을 얻지 못한 채 직접적인 교육을 통해 지적인 능력만을 키운 아동들보다 15세에 50퍼센트 적게 비행을 저질렀다. 더 나아가 취학 전에 공식적인 교육만 받은 아동들은 23세에 인격적 감성적 측면에서 분명한 약점을 드러냈다. 그러므로 헤드스타트 프로그램은 지성적인 측면과 사회적인 측면 모두에서 최선의 결과를 내고 있는 것이다.

이 결과들은 4세 혹은 5세 아동들이 공식적인 교육을 통한 학습의 효과를 최대화할 정도로 충분히 사회적 인지적 능력을 발전시키지 못했음을 보여준다. 그러므로 어린 아동을 위한 최선의 선택은 공식적이고 제도적인 학업이 아니라 자발적인 놀이와 탐험이다. 이상적인 프로그램들은 부모의 적극적인 참여와 아동들이 스스로 사물을 발견할 수 있는 공간과 시간을 요구한다. 우리는 지금 어린 정신들에게 가장 직접적이고 또한 가장 강력하게 영향을 미치는 것이 무엇인지 반드시 돌아보아야 한다. 그것은 바로 가정이다.

현재 미국에서 전통적인 기준에 맞는 가족—집에 머무는 어머니와 밖에서 돈을 버는 아버지, 그리고 두 명의 자녀—은 전체의 17퍼센트에 불과하다. 적어도 선진 세계에서 가족은 훨씬 더 다양해지고 불분명해지고 있다. 오늘 태어나는 아이들의 3분의 1 이상이 18세 이전에 새어머니나 새아버지와 함께 살게 될 것이다. 결혼은 더 늦어지고 짧아지고 덜 신성해질 것이며, 이혼은 더 쉬워지고 신속해지고 상처를 덜 남길 것이라는 예측은 놀라운 것이 아니다. 어쩌면 언젠가는 결혼과 이혼을 위한 법적 절차가 화상회의나 인터넷을 통해 처리될지도 모른다. 미국의 이혼율은 1981년의 51퍼센트에서 현재 43퍼센트로 하강했다. 그러나 이 이혼율 하강의 일차적인 원인은 결혼이 드물어진 것에 있을 것이다. 같은 맥락에서 동거는 1970년 50만 쌍에서 1995년 370만 쌍으로 증가했다. 이는 미국 아동 전체의 거의 절반이 동거 가족 속에서의 삶을 체험한다는 것을 의미한다. 동거가 증가하는 경향성은 나이나 인종이나 경제적 지위와 상관없이 전체적으로 나타나고 있다.

가족의 다양화를 부추기는 다른 요인들 중에는 집에 머무는 아버지의 증가도 있다. 미국에서 집에 머무는 아버지의 수는 지난 3년간 25퍼센트 증가하여 210만 명에 이르렀다. 또한 집값의 상승과 경제적 형편이 어려운 이민자들 때문에 한 집을 공유하는 가족들도 증가할 것이다. 일부일처제 역시 논외의 대상일 수 없다. 『플레이보이*Playboy*』지의 창간인인 바람둥이 휴 헤프너는 일부일처제가 미래에도 '그럴듯한 선택'일 수 있을 것이라고 마지못해 인정한다. 전통적인 일부일처제의 한 변양태로 증가하는 가정의 유동성에 어울리는 순차적 일부일처제가 있다. 작가 애덤 필립스는 성적인 충실성 개념을 모든 실질적인 문제와 논란을 포용할 수 있게 확장하여, 미래에도 유지될 것은 일부일처제의 **가치**―신의, 충실성, 장기적인 애정―이지 한 명의 파트너와만 섹스를 한다는 생각이 아니라고 주장한다.

성적인 관계가 점점 더 유연해질 뿐 아니라 한때 완고했던 세대들간의 구조도 흔들리게 될 것이다. 우리는 이 세기에 노인들의 삶의 질이 크게 향상되는 것을 목격했다. 그러나 그 노인들이 현재의 핵가족과 어떤 관계를 맺게 될지는 미지수이다. 노인들은 신체적 정신적으로 더 건강해지고, 어쩌면 심지어 말년에 부모가 될 수도 있을 것이다. 그들은 아마도 자녀나 손자의 핵가족으로부터 고립된 개인으로서 독립적으로 살게 될 것이다. 혹은 가정 자체가 해체되어 모든 사람이 가능한 한 빨리 독립하여 독신으로 살게 될지도 모른다. 혹은 가족과 대가족의 개념이 매우 다양해지고 모호해져서 온갖 종류의 관계가 모두 가족 관계로 여겨지게 될 가능성도 있다. 어쨌든 노인 인구의 증가는 사회가 맞을 거대한 변화의 한 부분에 불과할 것이다.

그러나 먼 미래로 갈수록 개인들이 점점 더 균질화될 것이라는 전망을 상기하라. 개인들은 세대의 전형성을 벗어날 것이며, 유전자풀과 육체적 건강뿐 아니라 사고 체계와 관점에서도 타인들과 더 유사해질 것이다. 개인들이 사이버 세계의 수동적인 수용자가 되는 경향성도 강화될 것임을 상기하라. 그렇다면 우리의 후손들은 현재의 개인들보다 훨씬 더 교환 가능한 존재가 될 가능성이 높다. 따라서 가족 구성원의 교체는 더 잦아지겠지만, 역설적으로 가족 내의 관계와 태도와 생활양식의 진정한 다양성은 감소할 것이다. 그러므로 흥미로운 질문은 새 부모가 얼마나 자주 들어올지가 아니라 부모가 다른 개인으로 교체되는 것이 특별한 의미를 가질지 여부이다.

"이 세기〔20세기〕 말에 발생한 주요 문제 중 하나는 부모가 아니라 자녀가 받는 수많은 영향들이다. 부모는 항상 중요할 테지만, 진정한 의미의 경쟁이 있을 것이다"라고 『현명한 부모 되기 *Smart Parenting*』의 저자 실비아 림은 경고한다. 아동들은 이미 호출기와 휴대전화와 비디오 상가와 24시간 영화 채널과 인터넷과 이메일과 채팅과 온라인 쇼핑과 가상세계에 노출되어 있다. 부모의 영향력이 감소하는 것은 매우 현실적인 가능성이다. 뇌를 자극하는 것은 중요한 일이다. 그러나 그 자극의 원천은 부모에서 컴퓨터로 바뀔 가능성이 높다. 그리고 그렇게 된다면, 사이버 세계에 더 많이 의존할 미래의 아이들은 우리와 많이 다른 관점을 가지게 될 것이다.

현재 사이버 기술은 가장 전통 깊은 아동 관련 산업인 장난감 산업과 손을 잡고 있다. 1999년에 장난감 매출액은 710억 달러 규모에 도달했다. 장난감 산업은 거대 산업임에 분명하며, 소프트웨어의 가격이 낮아지면 '영리한' 장난감은 필연적으로 더욱 증가할 것이다. 이미 지난 몇십 년 동안에 장난감이 사용자와 소통하는 방식은 복잡하게 발전했다. 1950년대의 어느 성탄절에 내가 받았던 장난감, 그러니까 뱃속에 스피커가 들어 있어서 '말을 할 수 있었던' 인형 같은 것은 오늘날 장난감 축에도 못 낀다. 오늘날 아이들은 원격조종 다기능 장난감 자동차를 인터넷을 통해 주문하며, 음성 명령으로 장난감 기차를 조종하여 가속시키거나 정지시킨다. 장난감 인형 '마이 리얼 베이비(My Real Baby)'는 점점 더 '독립성'을 얻고 있다. 교묘한 소프트웨어는 그 인형이 자발적으로 행동하고 선택하는 듯한 인상을 점점 더 강하게 심어준다. 또 다른 사이버 인형인 '마이 드림 베이비(My Dream Baby)'는 실제로 물리적으로 4인치 '성장'하며, 기는 행동에서 걷는 행동으로 발전한다. 물리적인 발전뿐 아니라 지적인 발전도 일어나는 듯이 보인다. 그 인형은 음성 기억 장치를 이용하여 새 단어를 '학습'한 듯한 인상을 주는 것이다. 사이버 장난감의 세계에는 아기뿐만 아니라 애완동물도 있다. 예컨대 키가 10인치인 로보키티(Robokitty)는 비디오카메라로 된 눈과 스테레오 마이크로 된 귀와 스피커로 된 입을 가지고 있다. 적절한 위치에 장착된 센서들 덕분에 로보키티는 쓰다듬어주면 기분이 좋음을 표현하는 듯한 소리도 낼 수 있다.

정보기술 전문가 마크 페셰는 자신의 책 『재미있는 세계*The Playful World*』에서 지금까지 장난감이 아이들을 '인류 문화의 복잡한 세계'로 안내하는 역할을 어떻게 해왔는지에 대해 논한다. 그러나 과거와 달리 오늘날의 물리적 세계는 고도로 쌍방향적이고, 따라서 유연하다. 우리는 소통이 학습에서 필수적인 요소임을 보았다. 실제로 널리 인정되는 바에 따르면, 주변의 사물을 조종할 기회를 최대화하는 것은 모든 사람에게, 특히 노인에게 정신적 건강을 위해 유익하다. 그러므로 일반적으로 아동이, 혹은 성인이나 노인이 자신의 환경을 조작할 수 있는 능력을 많이 확보하는 것은 분명 이로운 일이다.

다른 한편 나는 변화가 지배하는 세계 속에서의 삶이 어린 정신에게 미칠 부정적인 영향을 염려한다. 아동은 규칙적으로 만나는 일관적인 얼굴들과 가치관과 규범을 필요로 하는 듯하다. 만일 당신이 간단히 단추를 눌러서, 혹은 음성 명령으로 주위의 모든 것을—모양이든, 맥락이든—바꿀 수 있다는 것을 이른 나이에 깨닫는다면, 당신은 '현실'을 어떻게 생각하게 될까? 당신 주위의 모든 것을 바꿀 수 있다고 상상해 보라. 아마도 당신은 그 비일관적인 현실과 당신 사이의 관계에 대해 흔들리는 개념을 가지게 될 것이다. 당신 자신의 정체감도 흔들릴 것이며, 심지어 애초부터 형성되지 않을지도 모른다.

어린이들의 사고를 그렇게 크게 변화시킬 것으로 보이는 첨단 기술 장난감의 실질적인 시초는 1990년대 말에 등장한 다마고치였다. 우리는 2장에서 다마고치를 언급한 바 있다. 처음에 다마고치에 사용된 기술은 그다지 대단한 것이 아니었다. 최초의 다마고치는 작은 플라스틱 통 속에 들어 있는 2차원적인 가상적 애완동물에 불과했다. 그러나 1998년 10월에 참된 의미의 최초의 동물 인형 퍼비(Furby)가 탄생했다. 퍼비는 쌍방향적이고 말을 할 뿐 아니라 3차원적인 존재였다. 퍼비가 출시되었을 때 수요가 공급을 4배나 초과한 것은 놀라운 일이 아니다. 퍼비는 자세를 바로잡는 기능을 가지고 있고, 광센서 덕분에 '잠들고 깨어날 수' 있으며, 귀 속에 마이크를 가지고 있다. 퍼비에 내장된 소프트웨어가 발휘하는 '정신적 능력'은 인간의 정신적 능력의 1억분의 1에 불과하다. 그러나 퍼비는 우리의 본능적인 의인화 욕구에 호소함으로써 마치 살아 있는 듯한 인상을 준다. 퍼비가 만들어내는 표정들은 특히 어린 사용자들에 의해 쉽게 놀람, 분노, 졸음, 기쁨 등으로 해석된다. 소프트웨어는 퍼비가 우리 인간과 같다는 인상을 주는 것에서 더 나아가 5세 아동의 언어 능력에 상응하는 말들을 천천히 펼쳐놓는다. 결정적인 특징은 다마고치와 마찬가지로 퍼비도 욕구를 가지고 있다는 점이다. 퍼비는 예를 들어 '식욕'을 가지고 있다. 그러나 일본에서 탄생한 2차원적인 다마고치와 달리 퍼비는 실제로 혀를 가지고 있어서, 사용자가 그 혀를 눌러주어야 한다. 그 활동이 충분히 자주 이루어지지 않으면—퍼비가 부족하게 '먹으면'—퍼비는 불만을 표현하는 소리를 낸다. 더 나아가 퍼비는 인간 사이의 관계를 흉내내는 행동들을 순차적으로 보여줌으로써 '학습'이 일어나는 듯한 환상도 심어준다.

미래의 장난감들은—우리가 본 차세대 작업용 로봇들이 그러하듯이—대개 처음에는 신생아처럼 '무지하다가' 점차 경험을 통해 학습하는 특징을 가지게 될 것이다. 그 새로운 세대의 장난감 아기들은 피드백 작용의 결과로 어린 소유자를 본받아 많은 인간적인 표정들을 습득할 것이다. 더 나아가 그 장난감들은 사용자를 따라서 사물을 탐색하고 인지하기 시작할 것이다. 그러므로 장난감은 아동 자신의 발달을 반영하는 거울 역할을 하고, 일종의 친구처럼 행동할 것이다. 그러나 장난감은 언제나 사용자와 동등한 지위에 있는 자율적인 존재로서 활동하는 것이 아니라 수동적인 공명판처럼 활동할 것이다.

미래의 아동들은 자아감이 불분명함에도 불구하고 자신의 의지를 관철시키는 것에 익숙할 가능성이 있다. 다른 아동들과의 만남은 문제를 일으킬 수 있고, 따라서 아동들은 점점 더 서로를 피하면서 고분고분한 사이버 존재들과의 교류를 선호하게 될 것이다. 오늘날의 아동들은 실제 사랑과 '펴비 사랑'을 쉽게 구별할 수 있지만, 이런 상황이 언제까지나 지속될 것이라고 안심할 수는 없다. 성인들이 점점 더 많이 무생물과 교류하듯이 아동들도 매우 편협한 관계관을 가지고 성장하게 될지도 모른다.

아동은 전 지구적인 차원에서 외부세계와 어떤 관계를 맺을까? 이 문제는 사이버 장난감을 통한 학습의 문제보다 더 보편적이고 심각한 문제가 될 것이다. 인터넷이 일으키는 삶의 변화가, 스크린에서 홍수처럼 쏟아져 나오는 정보가 교육에 미치는 영향은 실로 엄청나다. 가장 물리적인 차원에서 우리의 언어활동은 점점 더 컴퓨터에 의존하게 될 것이다. 종이에 인쇄된 『브리태니커 백과사전』의 가격은 약 1천 파운드이다. 반면에 같은 백과사전의 시디롬은 50파운드에 불과하며, 누락된 사항이 없음을 확신할 때까지 얼마든지 인터넷을 통해 교환할 수 있다. 사실상 모든 비소설 서적들은 매일 증가하고 있는 무료 온라인 정보와 이미 경쟁하고 있다. 모든 정보의 가격은 급격히 0으로 하락하고 있다. 곧 모든 사람이 언제나 지체 없이 모든 정보를 얻게 될 것이다. 그러나 미래의 세대들은 그 정보를 가지고 무엇을 하게 될까?

이 세기의 벽두에 태어난 아이는 인터넷이 없는 세상을 모를 것이다. 그러나 가장 중요한 것은 인터넷이 점점 더 유연하게 반응하는 쪽으로 발전하고 있다는 사실이다. 젊은이들이 이미 당연시하는, 접근이 매우 용이하고 쌍방향적인 대화는 아마도 향후 20여 년간 세대간의 격차를 심화시키는 주요인이 될 것이다. 마크 페셰가 예언하듯이 20세기에 속한 나 같은 사람들에게 인터넷의 '자유'는 '혼란스럽고, 어지럽고, 불편하게' 느껴질 것이다. 그러나 21세기의 젊은이에게는 즉각적인 정보

접속이 너무도 당연한 전제가 될 것이다. 문제는 더 심층적이다. 문제는 우리가 무엇을 배워야 하고 무엇을 배우지 않아도 되는지에 국한되지 않고, 우리의 사고방식 전체와 맞물려 있다.

최근에 『타임』지는 20세기 후반기에 성장한 우리를 '책의 사람들'로 규정하고 새로운 세대를 '스크린의 사람들'로 규정하여 두 집단을 분명히 구분했다. 책의 사람들인 우리는 신문과 법의 문화 속에서, 규율이 있는 사무실과 경제의 법칙 속에서 일한다. 가장 중요한 것은 이 문화의 토대가 글에 묶여 있다는 사실이다. 미국적인 시각에서 표현하자면, 이 문화는 동부 해안에 묶여 있다고 할 수 있다. 반면에 새로 등장하는 스크린의 사람들은 문화적으로 서부 해안에 더 많이 기울어 있다. 그들은 텔레비전과 컴퓨터와 전화와 영화 속에 파묻혀 일한다. 저널리스트 케빈 켈리는 이렇게 말한다.

> 스크린 문화는 끊임없는 흐름과 끝없는 음향과 신속한 단절과 미숙한 발상의 세계이다. 그것은 흥미 위주의 짤막한 소문과 주요 기사의 표제와 유동적인 첫인상의 세계이다. 사상은 홀로 있는 것이 아니라 다른 모든 것과 복잡하게 연결된다. 진실은 저자나 권위자에 의해 제공되는 것이 아니라 청중들에 의해 조립된다.

책의 사람들은 논리가 코드(code)에게 자리를 내주고 읽기와 쓰기가 소멸하는 것을 두려워한다고 켈리는 말한다. 이미 1960년대에 미래학자 테드 넬슨은 글과 관련하여 의미심장한 예언을 했다. "우리는 더 이상 단선적인 글에 매달리지 않게 될 것이며, 내적으로 긴밀하게 연결된 글과 영상으로 이루어진 완전히 새로운 정원을 창조하여 사용자가 자유롭게 탐험하게 만들 것이다."

물리적인 세계의 불변성이 감소할 뿐만 아니라 이론의 여지가 없다고 인정된 지식의 불변성도 감소할 것이다. 현재의 모든 기술은 그런 방향으로 발전하고 있다. 음성 작동 시스템은 처음에 생각했던 것보다 개발하기 어렵다는 것이 밝혀졌지만, 조만간 그 시스템이 일상화되리라는 것을 부정하는 사람은 아무도 없다. 또한 만일 우리가 기술적으로 더 간단한 음성 작동 컴퓨터를 가지게 된다면, 가까운 미래의 평범한 아동이 글을 배워야 할 이유를 제시하기 어렵다. 사실상 우리는 쓰는 것보다 훨씬 빠르게 — 분당 약 백 단어 — 말한다. 미래에 당신이 컴퓨터에게 시간당 6천 단어를 불러준다면, 당신은 20시간 이내에 장편소설을 완성할 수 있을 것이다.

또 다른 가능성들을 생각해보자. 당신이 완성한 소설은 다양한 형태로 독자에게 전달될 수 있다. 독자들은 그 소설을 종이에 내려받지 않고 전자 매체 속에 유지하면서 스크린을 통해 접속하고 하이퍼텍스트로 메모를 달거나 시각적인 자료를 첨가할 수 있다. 그렇게 소설은 쌍방향적인 작품이 될 수 있다. '독자'는 이야기의 전개를 선택할 수 있을 뿐 아니라 등장인물들의 모습에 자신이나 가족의 얼굴을 합성시킬 수 있다. 과도기에는 여전히 스크린 속의 단어들이 사용되겠지만, 결국에는 읽는 텔레비전과 시청하는 책이 등장할 것이다. 저자와 독자, 사실과 허구 사이의 경계가 흐려지고, 소비자를 통제하는 것도 가능해질 것이다. 물론 소비자가 누구인지는 고정된 현실에 의해서가 아니라 매 순간의 상호교류에 의해서 정의될 것이다.

책에 대한 인류의 사랑은 20세기 문화 이전의 아득한 과거까지 거슬러 올라간다. 그러나 우리는 21세기 초에 태어난 사람들이 책에 특별한 향수를 느낄 것이라고 확신할 수 없다. 오히려 책은 스크린을 위주로 한 교육을 받은 사람들에게 신기한 물건이 될지도 모른다. 그러므로 미래에는 책의 본성 자체가 달라질 것이다. 우리는 2장에서 앞으로 십여 년 후면 새로운 기술이 책에 변화를 일으킬 것임을 논했다. 스크린의 해상도가 향상되어 우리는 종이 책을 읽는 것만큼 편하게 스크린을 읽게 될 것이다. 그러나 간편하게 손에 쥐는 책의 편리성과 낭만을 보존하기 위해 디지털 시대는 특별한 내려받기 장치들도 제공할 것이다. 이 링크 시스템스(E Link Systems) 사와 제록스(Xerox) 사는 디지털 잉크를 흡수하는 얇은 종이 필름과 플라스틱 필름을 개발하고 있다. 그 필름으로 된 책을 다 읽은 후 특수한 장치에 꽂아두면 새로운 내용을 내려받을 수 있을 것이다. 물리적으로 동일한 책이 끝없이 새로운 읽을거리를 제공할 것이다.

그러나 당신은 물리적 대상으로서의 책에 초점을 맞추는 것은 핵심을 벗어나는 일이라고 느낄지도 모른다. 사실 책은 전혀 다른 이유에서 매우 특수한 현상이다. 문화적인 함축과 상관없이 책은 우리의 상상력을 자극하고 강화한다. 신경과학자로서 나는 오래 전부터 단지 글을 읽고 있을 뿐인 우리를 빅토리아 시대의 화실로, 우주선 속으로, 혹은 동화 속의 풍경으로 데려가는 뇌의 활동에 깊은 관심을 가져왔다. 단지 글의 도움만으로 우리가 상상하는 세계는 너무나 현실적이어서 우리는 거의 언제나 책이 같은 이야기를 다룬 영화보다 낫다고 주장하곤 한다. 실제로 우리는 좋은 책을 원작으로 삼은 영화에서 흔히 실망을 느낀다. 어쩐지 등장인물들이 적절하지 않아 보인다. 모든 것이 너무 산문적이고, 너무 설명적이고, 너무 감각에 의존하는 듯하다. 글이 가진 매력은 우리가 글을 읽을 때 단순한 묘사를 초월한 함축이 함께 전달된다는 점에 있다. 글은 심층적인 의미를 산출하는 연상을 유도한다. 그러므로 우리가 읽는 글 속의 인물들은 물리적인 외관이 불분명함에도 불구하고 사진 속의 인물보다 훨씬 더 현실적이다.

인간의 상상력이 지닌 이 매력적인 특징 때문에 책 형태의 소설이나 처음부터 끝까지 지속적으로 읽는 습관은 오랫동안 대중성을 유지할지도 모른다. 적어도 비행기 안이나 해변에서는 책이 편리한 것이 사실이니까 말이다. 물론 이런 예측이 가까운 미래에만 타당할 수도 있다. 우리는 우리의 후손들이 우리와 같은 상상력을 가질 것이라고, 또는 미래의 컴퓨터가 여전히 크고 불편할 것이라고 전제할 수 없다. 이미 우리는 정보기술이 눈에 띄지 않게 되고 어느 곳에나 있게 될 것이라는 사실을 언급한 바 있다. 우리는 또한 인간과 컴퓨터가 우리의 상상을 초월할 정도로 긴밀하게 연결되고 활발하게 소통하리라는 것을 얘기했다. 마치 부족의 전설을 구전으로 암기하던 우리 조상들의 능력이 오늘날 과거의 유물이 된 것과 마찬가지로 우리가 아는 고립적이고 사적인 상상의 세계도 머지않아 역사 속으로 사라질 가능성이 높다. 미래의 세대들은 어쩌면 소설 속의 이야기를 따라가기 위해 필요한 집중력과 인지력을 가지지 못할지도 모른다. 미래의 인류는 아마도 매순간 지금 여기에 뿌리를 두고 살게 될 것이다.

이미 미국 고등학생의 4분의 3은 참고서적을 뒤지는 것보다 인터넷을 검색하는 것을 선호한다. 그들은 진실로 스크린의 사람들인 것이다. 뿐만 아니라 컴퓨터의 도움을 받는 교육이 유익하다는 몇 가지 증거도 있다. 전원 지역인 조지아의 중학생들은 개인용 컴퓨터를 지급받은 후 성적이 향상되고 출석률이 높아졌으며, 학교를 떠났던 많은 학생들이 학교로 돌아왔다. 이런 변화의 한 원인은 교육이 쌍방향적일 때 가장 이상적이라는 사실에 있다. 키보드와 마우스를 사용하는 컴퓨터 학습은 표준적인 교실 학습보다 많은 쌍방향 교류를 가능케 한다.

다른 한편 교실에 컴퓨터를 도입함으로써 학생들의 학업 성취도가 통계적으로 유의미할 정도로 향상되는 일이 모든 지역에서 발생하지는 않았다. 어떤 이들은 우리가 1980년대에 직장에서 정보기술에 헛된 투자를 하고 성과를 거두지 못했던 일을 교훈으로 삼아야 한다고 경고한다. 20여 년 전에 우리가 간과했던 핵심적인 사실은 기술 자체를 위한 비용보다 두 배에서 네 배 많은 비용이 훈련을 위해 지속적으로 투자되어야 한다는 점이었다. 실제로 장비 자체에 드는 것보다 세 배에서 다섯 배 많은 비용이 업무 재편과 조직의 재구성을 위해 필요한 것으로 나타난다. 그러나 교육기관들에게는 모든 교사를 훈련시키는 어려움은 말할 것도 없고 장비를 위한 자금을 확보하는 것조차도 이미 커다란 문제이다.

정보 시대의 학교는 단지 컴퓨터만 더 많이 있는 학교가 아닐 것이다. 우리가 앞에서 보았듯이 미래에 일어날 가장 근본적인 변화는 기계들과의 음성 소통, 그리고 기계의 인격화이다. 아동들은 개인용 컴퓨터에서 나온 수십 명의 인물들과 교류하며 성장할 것이고, 따라서 실제 세계와 하듯이 아무 불편 없이 사이버 세계와 대화할 것이다. 뇌는 발달 상태에 있을 때 특히 유연하고 감수성이 강하다. 이른 나이에 컴퓨터와 하이퍼텍스트와 마우스 조작과 메뉴와 이분법적인 선택에 노출되면, 시냅스 형성에 필연적으로 영향이 미친다. 언론에 널리 보도된 최근의 연구 결과에 따르면, 오늘날의 젊은이들은 게임기와 문자 메시지를 끊임없이 사용하기 때문에 엄지손가락이 다른 손가락들만큼 발달되어 있다. 심지어 아동들이 엄지손가락으로 사물을 가리키기 시작했다는 얘기도 있다. 언젠가는 다른 모든 학교 내 활동과 마찬가지로 시험도 스크린에 의존하는 방식으로 이루어지게 될 것이다. 그런 변화는 세 시간 동안 펜과 종이를 들고 죽치고 앉아 애써 글을 써서 자신의 생각을 표현할 것을 강요당하는 오늘날의 세대들도 환영할 것이다. 왜냐하면 그들도 이미 키보드와 스크린을 써서 정보를 획득하는 것에 점점 더 익숙해지고 있기 때문이다.

그러나 이런 새로운 유형의 환경이 궁극적으로 이로울지 혹은 해로울지 우리는 전혀 모른다. 멀티미디어를 통한 자극이 뇌의 배선을 강화시켜 인지 기능이 향상될 수도 있다. 그러나 다른 한편 반성하는 능력과 상상력은 어떻게 될까? 이미 만들어진 이차적인 영상들이 스스로 자신만의 독특한 상을 만들 필요성이나 기회를 앗아가지 않을까? 쉴 새 없이 멀티미디어에 매몰되어 사는 동안 미래의 세대들은 오로지 현재와 교류할 뿐, 한 걸음 물러나 여유 있게 삶을 반성할 시간을 갖지 못하지 않을까?

그러나 우리는 과거의 가치관으로 새로운 정신을 평가하지 말아야 할 것이다. 수만 년 동안 인간 뇌의 본성은 새로운 외적인 요구에 적응하는 것이었으므로, 어쩌면 우리는 새로운 세대들의 뇌가 우리의 뇌와 근본적으로 다를 것이며 인지적으로나 물리적으로나 컴퓨터와 사이버 세계에 매우 적합할 것이라는 사실을 그대로 받아들여야 할 것이다. 이 세기 초에 태어난 사람들은 당연히 더욱 빠른 기술의 변화를 경험할 것이다. 다음 세대는 과거 어느 세대보다 더 기민하게 기술의 혁신에 적응해야 할 것이다. 그러나 한 가지 근본적인 문제는—미래의 세대들을 '저 바깥세상'에서 일어나는 혼란스럽고 불규칙적인 인간적 본성의 분출로부터 보호하는 스크린의 힘을 생각할 때—젊은이들이 지적으로는 이해하지만 감성적으로는 느끼지 못하는 것들을 과연 소화할 수 있을지 여부이다. 21세기의 새로운 삶의 방식 속에서 젊은이들은 더 성숙해질까, 아니면 더 미숙해질까?

1927년생인 나의 어머니는 그녀의 시절에는 '십대 따위'는 없었다고 종종 말하곤 했다. 실제로 지금도 일부 저개발국가에는 십대 개념이 존재하지 않으며, 십대 문화가 꽃피기 시작한 것은 20세기 후반기의 전후 세계에서였다. 그 이전에는 청소년들이 견습공이거나 학생이거나 군인이거나 농부였을 뿐, 십대는 아니었다. 1930년대의 아동노동법 개혁, 그리고 1950년대의 교외 지역 확대와 청소년 대상 판촉활동 속에서 독특한 의복과 음악과 말투와 사상과 행동으로 무장한 '특별한' 우리 세대의 문화가 발생했다.

그러나 머지않아 세대 차이가 사라지면서 청소년들은 원래의 중간자의 지위로 돌아가게 될지도 모른다. 미래의 젊은이는 말할 것도 없고 현재의 젊은이들이 조숙하다는 것을 부정할 사람은 거의 없을 것이다. 생리를 시작하는 평균 나이는 1800년대에 15세였던 것과 달리 지금은 12세이다. 십대 산모는 이미 극적으로 증가했다. 원치 않은 십대 임신은 현재 유럽에서 영국이 가장 많다. 최근 조사에서 15세 소녀의 거의 38퍼센트가 성경험이 있다고 고백했다. 두드러진 소비문화는 잡지와 광고와 음악을 통해 점점 더 어린 소녀들의 관심을 옷에 집중시켰고, 많은 비판자들은 이런 변화를 일으킨 장본인으로 그 소녀들의 남자친구들을 비난한다. 이런 모습은 더 강한 자제력과 통찰력을 의미하는 '성숙'과 거리가 멀고, 다만 이른 나이에 아동성을 상실하는 것에 지나지 않는다.

그러나 십대 소멸의 원인은 정보기술에 의한 활동력 증가와 이른 나이에 가능해진 독립에만 있는 것이 아니다. 성인의 노화 속도가 감소한 것도 십대 소멸의 한 원인이다. 직장에서 필수적으로 실시하는 평생교육은 성인들이 과거의 경험을 최선으로 이용하는 것과 동시에 가능한 한 오랫동안 학습 능력을 유지할 것을 요구한다. 개혁에 대해 열린 태도를 유지하면서 동시에 새로운 사람과 사물과 방법을 경험에 비추어 평가할 수 있어야 한다는 이 이율배반적인 요구는 감성적인 혼란과 고통을 일으킬 가능성이 높다. 어쨌든 핵심적인 사실은 성인들이 더 오랫동안 젊은이들처럼 활동할 것이며 그렇게 하기 위해 노력할 것이라는 점이다. 발전된 건강 관리와 건강에 대한 의식 덕분에, 그리고 배우자 선택의 가능성이 넓어짐에 따라서 십대와 이십대와 삼십대 사이의 구별은 희미해질 것이 분명하다. 또한 중년층과 노년층의 구별도 희미해질 것이다.

그러나 연령대간의 격차가 희미해진다 하더라도 전통적으로 십대들이 직면했던 문제들이 사라지지는 않을 것이다. 특히 정체성과 자기성찰에 관련된 문제들은 더욱 심화될 것으로 보인다. 1995년의 청소년 위험 행동 조사에 따르면, 미국 여고생의 30퍼센트와 남고생의 18퍼센트가 자살을 심각하게 고려하고 있다. 실제로 자살은 고교생 사망의 최대 원인이다. 학업과 성적에 대한 기대 수준은 점점 높아지고, 에이즈와 때 이른 임신의 위험이 따르는 섹스를 강요하는 또래 문화의 압력도 증가하고 있다. 스스로 결정하고 가치관을 확립하는 것은 현대적인 사이버 문화 속의 가정에 속한 젊은이들에게 과거 어느 때보다 중요하고—부모의 영향력이 감속하고, 지속적이며 확고한 개인적 자아의 개념이 약화되고 심지어 사라지는 것을 생각할 때—어려운 일이다. 특히 전통적인 십대 비행의 대표적인 예라 할 수 있는 쾌락 중심의 이성교제와 관련해서 그 어려움은 뚜렷하게 나타난다.

이미 최초의 수단인 문자 메시지에서부터 사이버 이성교제의 매력은 확실해 보인다. 문자 메시지를 교환하면서 당신은 결속감을 느끼고 자신이 특별한 종족이라는 생각을 품는다. 또한 순간성과 흥분, 그리고 미지의 것이 주는 신선함도 있다. 그러나 더 암울하고 심각한 문제는 미래를 숙고할 때 번번이 돌출되는 문제, 바로 정체성의 문제이다. 어느 사이버 연애자는 사이버 연애가 "나를 다른 사람으로 느끼게 해주었기 때문에" 즐겼다고 말했다. 사이버 세계 특유의 분절적인 문체는 대인관계와 관련된 다양한 어려움을 은폐할 수 있다. 발전된 소프트웨어가 제공하는 인물 뒤에 숨는 것은 사이버 세계와 함께 성장한 다음 세대의 성인들에게 자연스러운 일이 될 것이다. 또한 허구적인 사이버 가족이 등장하는 것과 마찬가지로 사이버 연애도 허구적인 대상과의 연애로 확장될 수 있다. 이런 예측이 전혀 터무니없지 않음을 보여주는, 또한 이 시대를 상징적으로 보여주는 일이 있다. 놀랍게도 나는 허구적인 존재와의 연애를 제공하는 서비스가 있음을 발견했다. 일본의 한 휴대전화 회사는 월 2.4달러에 가상적인 남자친구가 보내는 메시지들을 제공한다. 그 남자친구는 컴퓨터가 만든 완전히 허구적인 인물이다.

현재 정보기술을 가장 활발하게 이용하며 가정과 직장에서 가장 많은 여가시간과 자유를 누리는 십대들이 성장하고 그들의 특권이 거의 모든 집단으로 확대될 몇십 년 후에 허구적인 사이버 연애는 어떻게 발전할지 상상해보라. 우리는 수백 년 동안 서양 사회의 특징이었던 '실제적인' 연애가 사라지고 전통적인 분노와 기쁨과 긴장이 개인에게 피해를 덜 주지만 바로 그 때문에 만족감도 덜 주는 방어적인 행위들로 대체된 사회를 직면하게 될지도 모른다.

"사이버 세계가 확대되면서 아동이 차지하는 물리적인 공간은 축소되고 있다"고 캘리포니아 소재 휘티어 칼리지의 아동발달 전문가 주디스 와그너는 경고한다. 젊은이들은 더 많은 시간을 실내의 개인용 컴퓨터 앞에서 보내고 있다. '자연'은 이제 그들이 비디오에서 보는 대상이다. 물론 지금도 물리적인 세계와의 교류가 가능하지만, 그 교류는 충분히 거리를 둔 안전하고 원격적인 교류이다. 예를 들어 켄 골드버그는 1994년에 머큐리 프로젝트를 개발했다. 그 프로젝트는 인터넷과 로봇을 연결하여 인터넷 사용자들이 개인용 컴퓨터로 굴삭기 로봇을 조종하게 해준다. 원격으로 조종되는 로봇 팔은 실제 통 속에 들어 있는 실제 '보석'을 찾아내려 애쓴다. 골드버그는 후속작으로 집단적인 협동과 고도의 동작이 더 많이 필요한 '텔레가든(Telegarden)'을 내놓았다. 개인용 컴퓨터 사용자들의 집단은 폭이 6피트인 통의 일부를 분양받아 로봇 팔을 이용하여 경작한다. 이것은 사이버 세계에서 외부세계를 간접적으로 보며 조작하는 최초의 상용화된 사례이다. 이미 인터넷은 누구나 스크린 상에서 지구를 관찰할 수 있게 만들었다. 화면들은 인공위성에서 연속적으로 공급된다. 기술옹호자 마크 페셰는 "나는 내가 신인 것처럼 느꼈다"고 감회를 밝혔다.

정보 시대가 가하는 충격은 사이버 친구들의 진화와 심리적인 혁명에 국한되지 않는다. 그 충격은 당신이 컴퓨터를 통해 즉시 접속할 수 있는 지구 곳곳의 벌거벗은 현실에도 영향을 미친다. 어떤 이들은 재미있는 상상력을 발휘하여 지구를 뇌에, 인간을 고립된 세포에, 인간들 사이의 연결을 인터넷에 비유하기도 한다. 어쨌든 이런 사이버 세계화는 우리가 어떤 큰 문화적 변화를 앞두고 있음을 의미한다. 언어를 번역하고 전 세계의 뉴스를 실시간으로 보는 능력 덕분에 심지어 '사이브러리안'(cybrarian, 사이버 도서관 전문가)이라는 직업이 등장할 수도 있다. 사이브러리안은 학생들에게 필요한 교육 자료를 음성 인식 장치를 이용하여 인터넷에서 찾을 것이다.

더 나아가 정보는 자유로운 조합을 위해 비선형적으로, 즉 하이퍼텍스트적인 방식으로 조직화될 것이다. 또한 조합된 정보들은 사상을 전달하는 글과 극명한 대조를 이루는 시각매체를 통해 표현되어 경험을 전달할 것이다. 따라서 다음 세대는 시각적 감수성이 더 발달할 것이며, 그들의 부모와 조부모—우리—가 언어를 다루는 것만큼 능숙하게 영상을 다룰 것이다. 언어가 마치 오늘날의 계산자나 로그표처럼 과거의 유물이 된다면, 교육은 사고 과정이 아니라 **체험**으로 완전히 채워지게 될 것이다. 예컨대 BBC 방송의 간부진은 이미 스턴트맨들이 피타고라스 정리를 써서 낙하 궤도를 계산하고, 불을 뿜는 마술사가 원소의 성질을 보여주고, 3차원 애니메이션이 원자의 구조를 보여주는 식으로 교육이 이루어질 것을 예견하고 있다. 그러나 그런 식의 교육은 말과 분필을 통한 과거의 교육보다 더 생생하고 화려하겠지만 단점도 가지고 있을 것이다.

첫번째 문제는 쌍방향 활동의 강조 때문에 충동적이고 즉각적인 대답과 신중한 견해 사이의 경계가 흐려질 것이라는 점이다. 학생의 대답은 전문가의 입장에서 어떤 수준으로 평가될까? 과연 어떤 식으로든 평가가 가능하기나 할까? 결국엔 지식의 개념도 '전문가'도 완전히 사라질지 모른다. 미래의 아이들은 단선적으로 이어지는 언어를 장시간 집중하여 들을 필요를 느끼지 못하고, '현재'의 직접성 안에 갇혀버릴 것이다. 학생들이 동기를 얻고 몇 초 동안 집중하게 만들기 위해 교사들은 점점 더 강한 섬광과 소리를 이용하게 될 것이다.

둘째, 혼란스럽고 밝고 빠르게 움직이며 언제든 단추나 스크린을 건드려 변형시킬 수 있는 화면은 학생들이 추상적인 개념을 이해하는 데 도움을 주지 못한다. 실제로 교육에 새로운 기술들을 이용할 경우, 감각 자극이 과잉된 우리의 사이버 삶 전반이 그렇듯이 교육도 수동적인 '재미'에 초점을 맞추게 될 위험성이 있다.

그러나 우리가 애초에 지적했듯이 쌍방향성은 교육에 매우 유익할 수 있다. 한 예로 컴퓨터로 조종되는 레고 블록인 레고 마인드스톰스(Lego Mindstorms)를 살펴보자. 마인드스톰스가 개발 단계에 있을 때 시험에 참여한 아동들은 그것이 곧 학교 수업의 일부가 될 것이라는 사실을 믿을 수 없었다. 한마디로 마인드스톰스가 너무 재미있었기 때문이다. 마인드스톰스 블록은 컴퓨터와 연결할 필요가 없다. 대신에 소프트웨어를 블록 속으로 내려받아 프로그램을 실행한다. 마인드스톰스 블록은 적절한 균형점을 찾은 듯하다. 그 블록은 미리 내장한 기술을 충분히 이용하면서도 아동의 창조성을 방해하지 않는다. 아동들과 관심이 있는 성인들은 실행을 통해 그 블록을 조종하는 법을 배운다. 일반적으로 쌍방향 교류가 그 자체로 교육의 충분조건인 것 같지는 않다. 그러나 쌍방향 교류는 최선의 교육 방법을 개발하기 위해 확보해야 할 필수적인 출발점이다.

물질에 대한 획기적인 통제력을 약속하는 나노기술도 마인드스톰스와 유사한 장난감들의 발전에 기여할 수 있다. 마크 페셰는 나노기술이 원자들을 조작하는 '장난감'에 이용될 것이라고 예언한다. 이미 아동들은 블록과 연결된 컴퓨터를 이용한 학습을 하고 있다. 그러므로 미래의 아동은 컴퓨터와 연결된 플라스틱 암나사—본질적으로 원자들의 집단—로 교실을 어질러놓을지도 모른다. 아동이 탄소 고리—벤

젠—를 만들고 원자 수준에서 기초적인 조작을 가하며, 이를테면 분자 계산기를 만드는 것이 상대적으로 쉬운 일이 될 것이다. 물론 큰 문제는 나노기술이 언젠가 실질적인 힘을 발휘하고 충분한 정밀성에 도달할지 여부이다. 이에 대해 합리적인 이유에서 비관적인 입장을 취하는 사람들이 많다.

그러나 더 큰 규모의 유사한 장난감, 즉 부품들이 나노 규모가 아니라 마이크로 규모인 장난감은 실현될 가능성이 높다. 2000년 11월에 출시된 플레이스테이션2는 역사상 가장 빠르게 팔린 소비자용 전자제품이 되었다. 그 게임기는 미래의 사이버 장난감이 얼마나 다재다능할 수 있는지 시사한다. 그 마술상자는 게임을 하게 해줄 뿐 아니라 DVD를 재생하고 개인용 컴퓨터와 유사한 연결 능력도 발휘한다. 인간의 얼굴은 영화 화면 수준으로 시뮬레이션되고, 이미지 스캐너와 캠코더 연결 장치도 장착되어 있다. 그러므로 사용자는 자신의 모습을 게임 속의 인물에 부여할 수 있다. 우리는 미래의 독자들—어쩌면 단순히 소비자라 칭해야 할지도 모른다—이 소설의 진행을 결정하고 이야기에 능동적으로 참여하게 될 것이라고 언급한 바 있다. 이제 한 걸음 더 나아가 소비자는 게임의 주인공이 되는 것이다. 작품을 만든 사람과 그것을 읽거나 보는 사람의 구분은 희미해진다. 한 정신과 다른 정신을 나누는 장벽은 무너지고 모든 정신을 포괄하는 거대한 뇌와 같은 연결망이 출현할 것이다. 더 나아가 아동과 성인이 함께 소설과 게임에 참여하고 추상적인 사고와 상상과 반성에서 점점 더 멀어짐에 따라서 사건들의 의미와 그것을 이해하려는 욕구가 점차 감소할 위험이 있다.

그러므로 미래의 교육은 아마도 사실들보다 맥락을 강조해야 할 것이다. 왜냐하면 사실들은 암기할 필요 없이 쉽게 접속할 수 있기 때문이다. 사실들을 다양한 개념틀 속에 넣는 일이 과제로 부상할 것이다. 하이퍼텍스트 기법은 독자적인 과목으로 강화될 것이다. 결국 우리가 아는 유형의 학습은 사라지고 그 대신에 자유 연상 하이퍼텍스트 기법을 배우는 일이 교육의 중심을 차지할지도 모른다. 그러니까 이를테면 영국의 튜더 왕조에 관한 단선적인 지식과 그와 관련된 16세기 문학과 역사에 대한 통찰이 뒷전으로 물러나고, '헨리 8세'라는 단어를 중심으로 그것에서 연상되는 비만, 매독, 이혼, 성별 선택, 해전, 마틴 루터, 햄프턴 왕궁, 빨간 머리 등의 단어들을 연상의 이유를 밝히지 않은 채 나열하는 일이 교육의 중심을 차지할지도 모른다. 그런 교육 속에서 아동은 튜더 왕조에 관한 '모든 것'을 알지 못할 것이고, 유럽의 종교개혁을 추진한 요인들을 '이해하지' 못할 것이며, 예를 들어 종교의 일반적인 개념을 전혀 파악하지 못할 것이다.

뿐만 아니라 하이퍼텍스트를 만들려면 적절한 기본 지식을 가지고 있어야 한다. 미래에는 어떻게 그 기본 지식을 얻게 될까? 정보는 지식과 동일하지 않으며, 젊은 정신이 입력된 정보와 관련해서 적절한 질문을 제기하기 위해서는 어떤 식으로든 핵심 개념들을 알아야 한다. 우리의 자녀와 손자들은 스크린을 통해 지구 전체를 탐험하고, 산성비나 오존층 파괴와 관련된 사실들을 과거 어느 때보다 권위 있는 정보원으로부터 풍부한 관련 자료와 함께 얻을 수 있을 것이다. 그러나 그들은 어쩌면 그 사실들을 종합하고 반성하여 우리가 말하는 이해에 도달하기 위한 노력을, 또는 창조적인 생각에 도달하기 위한 노력을 하지 않을지도 모른다.

또 다른 근심거리는 미래의 아이들이 과연 키보드만 누르면 열리는 광활하고 위생적인 세계를 벗어나 물리적인 체험이 있는 현실적인 뒤뜰이나 공원 같은 제한된 공간으로 나올 필요성이나 욕구를 느낄지 여부이다. 교육이 체험으로 대체되면서, 따라서 교육이 일상생활과 크게 다르지 않게 되면서, 또한 그 체험이 점점 더 스크린에 의존하여 이루어지게 되면서 '학습'의 개념뿐 아니라 심지어 전통적인 '학교'와 '대학'의 개념도 의미를 상실하기 시작할 수 있다.

정보시대의 성숙으로 인해 우리가 배우는 **내용**과 **방법**에서부터 배움에 이용하는 **도구**까지 교육의 모든 측면이 혁명적으로 변한다면, 우리가 배우는 **장소**에도 변화가 일어나는 것은 놀라운 일이 아닐 것이다. 모나시 대학의 교육학 강사 글렌 러셀은 세 가지 유형의 가상 학교(virtual school)를 거론한다. 첫번째 유형은 학생들이 스스로 원할 때 접속하여 이용하는 '독립적인' 학교이다. 그런 학교는 교사와 학생의 실시간 대화에 의존하지 않을 것이다. 두번째 유형은 교사와 학생들이 정기적으로 온라인으로 만나 실시간 채팅과 화상회의를 하는 '시간 맞춤' 학교이다. 이 체제는 더 많은 사회적 교류의 기회를 제공하는 대신에 시간적 융통성은 적게 허용할 것이다. 세번째 유형은 학생들이 인터넷을 통해 강의나 방송에 접속하는 방식으로 운영되는 '방송' 학교이다. 이 체제의 가장 큰 단점은 당연히 쌍방향 교류가 크게 제한된다는 점이다.

당연한 말이지만 미래에는 이 세 유형이 통합될 수도 있다. 그러나 어쨌든 학생들이 전통적인 교실에 있지 않고 집에서 인터넷을 통해 공부한다면 커다란 문제가 발생할 수 있다. 원격 수업을 받는 미래의 학생들은 지체장애가 있거나 거리가 멀어서 학교에 출석할 수 없는 아이들에 국한되지 않을 것이다. 점점 더 많은 '정규' 학생들이 단지 그들이 원하기 때문에 가상 학교를 선택할 것이다. 그러므로 교육 체제가 이원화될 가능성이 매우 높다. 그러나 가상 교육의 등장은 학교의 목표가 무엇인지에 대한 진지한 질문을 던지게 만든다.

실제로 얼굴을 대면하는 인간관계를 발전시키는 것은 사실들을 배우는 것 못지않게 중요하다고 많은 사람들은 주장할 것이다. 가상 학교의 증가로 인해 학생들은 자신과 타인의 감정을 이해하는 능력을 개발하지 못할 수도 있다. 평생 유지되는 우정은 감소할 것이다. 참된 경험과 자발적인 대화에서 나온 지혜보다 단순한 사실들에 대한 지식이 우선이 될지도 모른다. 교육 과정 전체를 컴퓨터 앞에 홀로 앉아 소화하는 외톨이 학생의 모습은 직관적인 반감을 일으킨다. 그러나 가상 학교의 등장은 아마도 불가피할 것이다. 현재 우리의 교육 체계는 정보 시대가 아니라 산업 시대의 산물이라 할 수 있다. 현재의 학생들은 학년과 학급으로 세분되고 표준적인 교과서를 받으며 정보를 암기했다가 시험에서 되살릴 것을 강요받는다. 학생들을 분류하고 세분하는 것은 마치 품질관리 체계처럼 19세기의 요구에 매우 잘 맞는 일이었다. 적어도 영국의 전통적인 공교육은 반지성적인 문화와 집단 놀이와 지도력에 대한 강조와 신체적 불편과 열악한 급식을 통해 대영제국의 가장 척박한 변방에서도 잘살 수 있는 시민들을 양산했다. 영국 시민들은 엄격한 질서와 위계 속에서 아무런 반항심 없이 타인들과 긴밀하게 협조하며 일했다.

그러나 오늘날…… 전 세계 지식의 총량은, 혹은 더 정확히 말해서 정보의 총량은 4년마다 두 배로 증가하고 있다. 글과 소리와 사진과 비디오를 갖추고 있으며 세부까지 개별 아동의 학습 특징에 맞게 제작되는 멀티미디어 교육 자료들이 개발되고 있다. 뿐만 아니라 전통적인 학교 건물은 많은 비용을 요구한다. 미국에서 이루어진 한 추정에 따르면 8만 개의 학교 건물을 보수하고 개량하는 데 1,120억 달러가 투자되어야 한다. 그러므로 집단적인 교과 과정과 집단적인 학교 건물을 없애자는 주장이 설득력을 가질 수 있을 것이다.

미래의 가상 학교는 앞에서 열거한 것과 다른 유형일 수도 있다. 여러 학교들이 긴밀한 연결망을 형성할 수도 있고, 열 명 이하의 학생을 둔 블록 학교도 가능하며, 개별 아동에게 보조를 맞추는 홈 스쿨도 가능하다. 학교에 다니지 않고 집에서 공부하는 영국 아동의 수는 현재 약 15만 명이며, 그 수는 2010년경까지 세 배로 증가할 것이라고 한다. 고도로 고립적인 이런 교육에서는—부모도 집에서 일할 수 있고, 친구들이나 이웃들이 특정 종교나 문화의 맥락 안에서 아동을 교육하려 할 수도 있다—취미활동이나 운동 같은 다른 방법을 통한 사회화가 필수적일 것이다. 아동의 정신이 자신이 속한 문화나 가정에 국한되어 편협해질 것이라는 비판이 당연히 제기될 수 있다. 그러나 그런 약점은 세계 곳곳의 다른 문화에 속한 아동들을 접할 기회를 늘림으로써 보완할 수 있을 것이다.

특수한 사실들은 원하는 순간 언제나 접속할 수 있으므로, 교육의 초점은 **어떻게** 배울 것인지에 놓이게 될 것이다. 개념을 이해하고 비판적으로 생각하고 효과적으로 자신을 표현하는 것이 교육의 핵심이 될 것이다. 그런 교육은 21세기 후반기에 삶의 당연한 일부가 될 평생 동안의 독립적인 학습을 위한 준비라고 할 수 있다. 이런 추세 속에서 공식적인 교육은 지금보다 훨씬 일찍 종결될 수도 있다. 학습은 공식적인 기관에 덜 의존하게 되고, 필요에 따라 직장에서 이루어지는 학습이 활성화될 것이다.

그러므로 미래의 세대들은 광범위한 능력의 소유자들이 아닐 것이다. 우리가 4장에서 보았듯이 정보 사회는 더 강력한 전문화를 유도할 것이며, 사회의 다양한 측면에서 나오는 특수한 요구들은 적절한 기술들에 의해 충족될 것이다. 또한 그 기술들은 끊임없이 변해야 하고, 변할 것이다. 우리는 곧 이른 나이에 직업을 위한 견습생 생활을 하고 사회의 요구에 맞는 '천직'을 배우던 19세기 중반의 분위기로 회귀할지도 모른다. 유일하게 과거와 다른 점은 끊임없는 재교육—평생교육—이 평범한 일상의 한 부분으로 당연시될 것이라는 점이다. 또한 미래의 세대들이 익히는 기술은 손기술이 아니라 예외 없이 정보 관련 기술일 것이다.

개인의 발전 속도와 요구와 호기심에 초점을 두는 교육의 문제점은 우리가 일관성 있는 사회의 구성원으로서 무엇을 배워야 할지와 관련해서 불가피하게 방향성 상실이 일어날 것이라는 점이다. 만일 모든 사람이 쌍방향적이고 개인화된 교육 프로그램을 거친다면, 우리는 공동의 지식 기반을 확충하고 진리를 추구하는 면에서 어떻게 진보할 수 있을까? 비판자들은 심지어 이런 새로운 유형의 사이버 교육이 학생들을 유혹하는 것에나 적당하다고 말할 것이다. 모든 학생이 우등생이 될 테니 말이다. 개인화된 교과 과정은 결국 모든 학생을 바보로 만들 수도 있다.

원격 학습이 새로운 기술을 체험할 기회를 더 많이 제공하고 교육자의 이동을 최소화하며 외부 강사 초빙을 용이하게 할 뿐 아니라 과거에는 일주일쯤 전에 미리 교실을 준비해야 했기 때문에 불가능했던 시기적절한 훈련을 가능케 하는 장점을 가지고 있다는 사실에는 의심의 여지가 없다. 집단 화상회의의 또 다른 장점은 학생들이 직접적인 수업에서처럼 주변에 앉은 학우들만 사귀는 것이 아니라 더 많은 학우들을 사귈 수 있다는 점이다. 원격 학습에 참여하는 학생들이 자신의 생활과 학업을 더 잘 조화시킨다는 사실, 그리고 원격 학습에서는 정해진 수업이 더 적다는 사실은 원격 학습을 포기하는 학생의 수가 매우 적은 이유라고 할 수 있다.

이 새로운 기술을 대학에 적용하면 어떨까? 이미 미국 아동의 3분의 2가 대학까지 진학하며, 미국 교육부의 추정에 따르면 대학생 수는 2009년까지 1,630만 명으로 증가할 것이다. 현재 전체 대학생에서 25세 이상인 학생이 차지하는 비율은 약 40퍼센트이다. 몇 년 후면 35세 이상의 노숙한 대학생들이 18세나 19세의 대학생보다 많아질 것이다. 버지니아 테크(Virginia Tech) 사는 이미 학부생을 위한 수학 교육방송을 하루 24시간 제공하고 있다. 학생들은 공동 공간에서 컴퓨터를 가지고 공부하며 교수와 조교들은 강의를 주관하는 대신에 서둘러 복도를 뛰어다닌다. 어느 32세의 대학생은 실망스러운 어조로 이렇게 말했다. "이건 조지 오웰 식의 수학입니다. 오직 나와 컴퓨터가 있을 뿐이고, 교수는 일주일에 한 번 이메일을 보내주는 희미한 그림자일 뿐입니다."

그러나 수강생의 수와 성적은 향상되었고 퇴학생은 감소했으며 비용은 절감되었다. 중등학교와 마찬가지로 대학도 다양한 유형의 가상 대학이 될 수 있다. 첫째, 이미 텍사스와 캘리포니아의 대학들에서 활발하게 이루어지고 있는 대중 교육을 본업으로 하는 대학이 있을 수 있다. 둘째, 텍사스와 캘리포니아를 제외한 서부의 거의 모든 주의 대학들이 협력하여 만든 웨스턴 고버너스(Western Governors)와 같은 가상 대학이 있을 수 있다. 셋째, 재학생이 6만 명인 피닉스 대학과 같은 사립 가상 대학이 있을 수 있다. 마지막으로 전 세계에 훈련 프로그램과 교육 서비스를 제공하는 마리오트 법인(Marriott corporation)과 같은 훈련 기관들의 수는 더욱 증가할 것이다.

그러나 우리는 중등학교의 경우에서보다 더 절실하게 다음의 질문을 던져야 할 것이다. 대학생들이 철저히 자신의 속도와 방향에 맞게 공부한다면, 정규 교육 과정은 어떻게 될까? 개인화된 학위라는 것은 이상한 개념이다. 그러나 그것은 미래 대학의 한 특징이 될 수도 있다. 지원할 수 있는 개인들의 요구와 관심과 능력을 생각할 때, 그리고 컴퓨터가 시험을 출제하고 채점할 수 있음을 생각할 때, 교육의 극단적인 개인화를 막는 기술적인 이유는 존재하지 않는다. 물론 특정 지식이나 경험에 점수를 부여하는 규칙이 마련되어야 할 것이다. 또한 각각의 회사가 원하는 능력을 갖춘 학생에게 산학 합동 학위를 수여하는 일이 흔해질 것이며, 협력하는 회사들간의 교육 표준화 작업도 활발해질 것이다.

그러므로 미래의 대학은 평생 동안 유효한 지식을 배우는 장소라기보다 기술적인 진보의 엔진이 될 것이다. 하와이 대학의 짐 데이터는 변화가 불가피하며 물리적인 건물에 자리 잡은 대학은 과거의 유물이 될 것이라고 생각한다. 대학의 전통은 매우 길지만, 대중 교육 체계는 겨우 150년밖에 되지 않았으며 새로운 산업국가의 필요에 부응하여 만들어졌다고 데이터는 주장한다. 느리게 움직이는 봉건적인 농업 경제에서는 공식적인 교육이 필요하지 않았다. 그러나 농부와 농노가 관리자와 노동자로 변신했고, 새로운 산업국가가 원했던 것은 학자들이 '진리를 추구하지 못하게' 만드는 것이었다고 그는 말한다.

21세기로 접어들면서 교육뿐 아니라 삶의 전반에서 시간과 공간은 점점 더 표준성을 벗어날 것이다. 학생들은 다양한 장소에서 다양한 속도로 배울 것이다. 새로운 기술들은 국제적인 차원에서 다양한 문화적 관점의 공유를 가능케 할 것이다. 서양 사상은 지배력을 잃고 유교, 힌두교, 이슬람 사상에 이어 네번째 지위를 차지하게 될 것이라고 한다. 또한 학생들은 가상적인 병원과 공장에서 시뮬레이션된 실시간 경험을 통해 기술을 숙련할 것이다. 또한 즉각적인 군사적 혹은 상업적 보상이 없는 연구는 중단될 것이다. 한편 캠퍼스는 테마 파크와 유사해질 가능성이 있다. 이미 빌 게이츠는 1925년에 지금의 형태를 갖추고 마르크스주의나 상대성 이론 같은 당대의 관심사에 관한 강의들을 구비한 후 별다른 변화를 겪은 일이 없는 하버드 대학을 그런 식으로 새롭게 바꾸는 사업에 자금을 투자했다. 당신의 손자나 증손자가 받을 미래의 교육은 가상 대학 안에서 철저히 학생 개인이나 기업의 요구에 맞게 짜여진 과정에 따라 이루어질 것이다. 오레곤 대학의 데이비드 웨이그스팩은 다음과 같이 상황을 요약한다.

> 가상 대학은 온갖 잡동사니가 들어 있는 가방이다. 혜택과 함께 경쟁과 선택과 더 큰 기회도 있다. 최선의 경우 가상 대학은 하나의 대안으로 존재하면서 지역 대학들의 발전과 교수법에 대한 반성을 촉구할 것이다. 가상 대학이 지닌 부정적인 측면으로 교육이 상품으로 전락하고 대학생활의 질이 낮아지는 것을 들 수 있다. 최악의 경우 가상 대학은 배움보다 증명서가 강조되는 상황을 초래할 것이며, 교육의 편리성은 학생들의 편의로 이어지지 못할 것이다. 진실은 아마도 이 두 극단 사이 어딘가에 있을 것이다. 그러나 가상 대학의 최종 결과는 학자들의 의견에 달려 있는 것이 아니라 교육의 소비자들이 가상 대학을 원할 것인지에 달려 있다.

우리는 교육에서 무엇을 원하는가? 가장 암울한 예측은 우리가 물질적인 필요와 욕구에 끌려가는 사회 속에서 살면서 시간과 공간의 제약이 사라졌음에도 불구하고 세계적인 문제를 등한시하게 되는 것이다.

우리는 추상적인 사상을 벗어나 경험의 세계 속에서, 더 정확히는 스크린 경험의 세계 속에서 살게 될 것이다. 어떤 명확한 질문과도 연결되지 않은 수많은 대답들이 스크린을 가득 채우고 우리의 관심을 끌기 위해 경쟁할 것이다. 우리의 새로운 세계에 대해서 우리가 숙고해야 할 것은 아무것도 없을 것이다. 대학은 더 이상 우리 문화의 주춧돌이 아닐 것이다. '진리'가 저 밖에 있어 우리가 발견하기를 기다린다고 믿는 사람도, 진리가 아름답다고 믿는 사람도 없을 것이기 때문이다. 정녕 우리를 기다리는 것은 이러한 지적인 이교도 문화일까?

07

과학

우리는 어떤 질문을 던지게 될까?

나는 사람들이 과학자에 대해 그릇된 인상을 가지고 있다고 생각한다. 사람들은 과학자들이 질서정연하게, 1단계에서 2단계를 거쳐 3단계로 착실하게 사고한다고 믿는다. 그러나 실제로 일어나는 일은 흔히 그 당시에는 터무니없어 보일 수도 있는 상상력의 도약이다. 그런 일이 이루어지는 단계에 당신이 과학자들을 만난다면, 그들은 마치 증명 없이 상상하는 시인처럼 보일 것이다.

_ 폴 스타인하트, 물리학자

지금까지 우리가 어떻게 살고 일하고 사랑하고 배울지 살펴보았으므로 이제 미래에 인류의 상상력이 어떤 힘을 발휘할지 논할 차례이다. 새롭고 큰 과학의 질문들 앞에서 우리의 후손들은 어떤 능력을 보여줄까? 다가오는 21세기의 처음 몇십 년에 대한 지금까지의 논의는 다양한 기술의 놀라운 발전을 주요 화제로 삼았다. 그러나 우리의 삶 속으로 침입하는 그 혁신적인 기술들은 사실상 20세기에 도입된 기초적인 개념들 — 컴퓨터와 유전학 — 에 의해 잉태되었다.

컴퓨터와 유전학은 서로 무관해 보이지만 공통의 기원을 가지고 있다. 이 두 개념은 거의 한 세기 전에 기초 과학에서 일어난 단 한 번의 상상력의 도약이 낳은 산물이다. 결정적인 의미를 가지는 지적인 이정표는 1920년대에 베르너 하이젠베르크와 에르빈 슈뢰딩거가 개척한 양자 이론이었다. 양자 이론은 당시로서는 견고하다고 여겨진 입자와 파동의 이분법을 공격하고 그 둘이 분리될 수 없다고 주장했다. 하이젠베르크와 슈뢰딩거는 에너지의 '양자화'를 설명하기 위해 파동과 입자가 동전의 양면이라는 생각을 도입했다. 에너지의 양자화란 에너지가 당시까지의 생각처럼 연속적으로 이동하는 것이 아니라 꾸러미로 뭉쳐 이동하는 현상을 의미한다. 양자 이론은 추상적이고 난해하게 느껴질 수 있지만, 그 이론이 물질과 에너지에 관한 기초 이론에 준 통찰은 실용적인 과학 분야들에 지대한 영향을 미쳤다. 레이저와 트랜지스터, 그리고 궁극적으로 컴퓨터 같은 발전된 장치들은 양자 이론의 원리에 의존하고 있다. 생물학에서도 원자를 조작하는 능력이 발단이 되어 현재 성장하고 있는 유전자 조작 기술은 분자 결합에 대한 이해와 엑스선 결정학 기술에 의존하고 있는데, 이들 모두의 기반을 이루는 것은 양자 이론이다.

양자 이론의 이러한 파급 효과는 지난 세기에 여러 세대의 과학자들에게 충분한 일거리를 제공했고, 현재의 과학자들 역시 양자 이론의 새로운 함축을 연구하는 데 온전히 몰두하고 있다. 그런데 양자 이론과 그것이 일으킨 다양한 과학적 혁명들은 재현 불가능한 일회적 사건일까? 어떤 이들은 양자 이론에 비길 만한 거대한 약진은 더 이상 없을 것이라고 생각한다. 예컨대 『과학의 종말*The End of Science*』의 저자인 과학 저널리스트 존 호건은 이렇게 주장한다. "과학자들은 계속 점진적인 진보를 이루겠지만, 그들이 품은 가장 야심적인 목표에 도달하지 못할 것이다. 우주와 생명과 인간의 의식의 기원을 이해하는 것과 같은 목표에 말이다."

이 주장은 얼마나 타당할까? 앞 장에서 미래의 교육을 논하면서 우리는 수동적이고 쾌락 중심적이고 실험적인 태도를 추상적 사고나 상상보다 중시하는 새로운 생활양식이 부정적인 결과들을 가져올 수 있음을 경고했다. 그런 정신적 태도는 독창적인 과학적 노력에 악영향을 끼칠 것이 분명하다. 그러나 인류의 상상력이 극도로 안락한 생활양식으로 인한 질식을 벗어나 어떻게든 살아남는다고 가정해보자. 기존의 사상에 도전하는 매우 혁신적인 생각이 모든 사람의 일상에 영향을 미치는 실용적인 기술로 전환되는 데는 시간이 필요하다. 그러므로 이 세기의 과학자들의 생각이 삶 속에 제대로 자리를 잡는 것은 2200년이나 그 이후가 될 것이다.

2200년 이후의 삶에 큰 영향을 미칠 과학자들은 누구일지 생각해보자. 19세기의 강인한 개인주의자들, 그러니까 자신의 지하실에 실험실을 차리거나 주위의 암석들을 수집하거나 다만 주변 세계를 관찰한 마이클 패러데이나 존 돌턴이나 다윈 같은 과학자들은 결국 제도화된 과학 분야들을 탄생시키고 정부의 우호적인 신뢰와 지원을 받아냈다. 오래 전에 할데인이 예언했듯이 "소수가 제시한 대답들이 다수의 부와 안락과 승리를 가져올" 것이라는 믿음으로 사람들은 과학자들을 지원했다. 그러나 오늘날 주로 대학에 있는 과학자들의 입지는 새로운 두

방향으로 확대되고 있다. 첫째, 신제품에 사활이 걸린 첨단 기술 산업체나 특히 제약회사 같은 민간 영역에서 혁신적인 과학에 대한 수요가 증가하고 있다. 만일 경제적 사정이 충분히 좋다면, 아이디어에 기반을 둔 사업체의 수는 더 늘어날 것이다. 그런 사업체들은 대학 내에서 지식이 발전할 기회를 다양한 방식으로 제공하여 지적인 혁신을 추진할 것이다. 기업가들이 첨단 기술에 대한 신뢰와 투자력을 회복한다면, 과학은 더 풍요롭고 흥미로우며 또한 무엇보다도 유익한 직업 분야가 될 것이며, 과학자라는 직업은 향후 몇십 년 동안 법률가나 의사가 그러할 것처럼 인기 있고 안정적인 직업이 될 것이다.

과학자들의 입지가 확대되는 두번째 방향은 아마추어의 부활이다. 예를 들어 내가 소장으로 있는 런던의 왕립과학연구소를 보자. 1799년에 창립된 그 연구소의 강령에는 "삶의 공동 목표들을 위해 과학을 확산시킨다"는 문구가 들어 있다. 그 문구의 바탕에 깔려 있는 것은 당대의 과학적 발견에 관한 대중 강연이 다른 어느 행사 못지않게 유익하다는 확신이었다. 총이나 연기나 기타 흥미로운 실험도구들을 동원한 당대의 위대한 과학자들의 강연은 매우 성공적이었고, 런던 중심부의 강연회장은 순식간에 매력적인 사교장이 되었다. 사람들은 과학이 — 예를 들어 새로 발명된 전기 모터가 — 기존의 생활방식에 어떤 영향을 미칠지 묻고 생각하기 위해서뿐만 아니라 단지 사람들을 만나기 위해 강연회장을 찾았다. 오늘날 우리는 이런 문화의 부활을 목격하고 있다. 지난 몇십 년 동안 대중과학 서적들과 과학 관련 방송들은 대중의 상상력을 사로잡았다. 심지어 어떤 이는 오늘날 과학은 19세기의 해외여행과 같다고 말했다. 해외여행의 기회가 적었던 시절에 많은 사람들이 경험자의 말에 귀를 기울였던 것처럼, 오늘날의 사람들은 직접 접근하기 어려운 과학을 전문가의 과감하고 명료한 설명을 통해 간접적으로 경험하는 것이다. 과학 토론회나 과학 서적 저자의 강연회는 수천은 아닐지라도 수백의 청중을 끌어들인다. 무엇보다도 대중들은 이 세기에 과학이 일으킬 거대한 논쟁들에 참여하기 위해 지식을 보충하고 과학에 눈을 뜰 필요를 느끼고 있다.

민간 차원의 자금과 지식과 호의를 가지고 과학을 후원하는 시민들은, 만일 사이버 쾌락주의나 정치 관련 과학의 추문이 거세지만 않다면, 과학자들이 상상을 실현할 기회를 줄 것이다. 실제로 과학자들은 지금 과거 어느 때보다 힘차게 전진할 수 있다. 자동화 기술은 그들을 실험실에서의 고된 반복 작업에서 해방시켰다. 손만 뻗으면 각종 자료를 얻을 수 있고, 수많은 새로운 과학 분야들이 **실리콘 속에서**—실험용 접시나 동물 속에서가 아니라 컴퓨터의 실리콘 기억 장치 속에서—열리고 있다. 미래에 당신은 실제 실험을 수행하는 대신에 자료를 '발굴'하게—'저 밖에' 있는 사실들의 거대한 집단 속에서 연구할 주제와 관련 자료를 골라내게—될 것이다. 당신은 실험을 선택할 수도 있다. 그러나 그 실험은 컴퓨터 모형 속에서 이루어질 것이다. 당신은 사이버 심장에서 신약을 실험하고 과거에는 번거롭고 위험한 생체 실험이 불가피했던 분자생물학적 생리학적 관찰도 할 것이다.

정보 시대는 우리 삶의 다른 모든 영역과 마찬가지로 과학 연구의 세계도 변화시켰다. 오늘날의 연구는 이해하기 쉽고, 신뢰할 수 있는 결과를 신속하게 산출하며, 고도의 신체적 기술이나 실험실에서 숙련된 전문 인력을 요구하지 않는다. 오늘날의 과학자들은 산더미 같은 정보를 다루는 가장 위압적인 과제도 순식간에 해결되는 세계 속에서 일한다. 다른 한편 최신의 과학적 발견으로 기술을 보강하는 일은 점점 더 활발하게 이루어질 것이다. 보강된 기술은 우리가 원하는 대상들을 제공하고, 우리가 앞에서 언급한 '부와 안락'을 선사해줄 것이다. 대학에서도 거대 제약회사와 첨단 기술 산업체에서도 자동화 기술은 지금까지 과학 연구의 특징이었던 독창성과 행운과 난해한 물리적 세계와의 씨름이 사라지게 만들고, 다양한 시도의 회수를 늘리는 방법이 주도적인 연구 전략이 되게 만들 것이다. 성공 가능성이 얼마나 되든 상관없이 모든 발상을 기계를 통해 시험할 수 있을 것이다. 로봇 연구자들은 엄청난 속도로 모든 가능성들을 빠짐 없이 검토하는 방식으로 통찰력의 결핍을 보완하여 극히 짧은 시간에 옳은 해답에 도달한다.

이제 반복 작업에서 해방된 직업적인 과학자가 **무엇**을 새로운 문제로 탐구하게 될지 생각해보자. 이론물리학자 프리먼 다이슨은 혁신적인 과학을 두 부류로 분류할 수 있다고 주장했다. 첫째, 기존의 사실을 새로운 방식으로 설명하는 '개념 주도형 혁명'이 있다. 아인슈타인, 다윈, 프로이트의 이론이 이 부류의 혁신적 과학이다. 둘째, 설명해야 할 새로운 사실을 발견하는 '도구 주도형 혁명'이 있다. 망원경을 이용한 갈릴레오의 연구나 결정학을 이용한 분자생물학 연구가 이 예에 속한다. 이 두 부류의 과학에서 21세기의 과학자들은 어디까지 진보할까?

진보의 서곡으로 전통적인 과학 분야들이 차별성을 잃고 통합될 가능성이 매우 높다. 예를 들어 컴퓨터과학은 수학, 공학, 물리학 등의 다양한 분야들의 통합에서 발생했고, 뇌를 연구하는 신경과학은 컴퓨터과학, 생리학, 해부학, 생화학, 심리학 등의 다양한 분야들의 산물이다. 더 나아가 신경과학 자신도 전기공학 및 분자생물학과 연합하여 '신경공학'이라는 새로운 분야를 형성할 수 있다. 미래의 신경공학자들은 뇌를 관찰할 뿐 아니라 신속하고 정확하게 파악하고 보여주고 조작하여 우리의 삶에 다양한 영향을 미칠 것이다.

한편 컴퓨터의 성능이 향상되어 머지않아 뇌 작용의 모든 측면에 관한, 신경과학이라는 복합적인 연구 분야에 관한 완벽한 데이터베이스가 구축될 것이다. 과거에 약학이나 생리학이나 유전학의 전문가를 중심으로 분열되어 있던 신경과학은 완벽하게 통일될 것이다. 여러 학문에 걸친 그 방대한 자료 덕분에 심지어 일반인들도 뇌와 관련된 모든 주제를 섭렵하고 나름대로 이론을 구성하며 그 이론이 자동적으로 보급되고 기존의 실험에 비추어 검증되고 새로운 예측을 만드는 데 이용되도록 만들 수 있을 것이다. 이미 유전학자들이 실리콘 시스템을 이용하여 생명정보학을 연구하고 있는 것처럼, 신경과학자는 그와 유사하게 신경정보학(neuroinformatics)을 개발할 수 있을 것이다. 간단히 말해서 21세기의 과학은, 적어도 생물학은 환원주의에서 벗어나는 움직임을 특징으로 가지게 될 것으로 보인다. 21세기의 과학은 20세기 과학 대부분의 특징이었던 분석을 버리고 종합을, 분리된 영역들간의 관계에 대한 설명을, 세부 분야들을 초월하는 포괄적인 이해를 추구할 것이다.

분야들간의 연결은 새로운 통찰을 낳고 차세대 '개념 주도형 혁명'을 일으킬 수 있다. 몇 가지 매우 위대한 과학은 고전적인 지식의 첨단에서 일어난 상호교류에서 발생했다. 예를 들어 라이너스 폴링은 20세기 전반기에 양자역학의 원리를 화학에 도입하여 화학결합에 대한 우리의 이해를 혁명적으로 발전시켰다. 또한 프랭크 맥펠레인 버네트 경은 1959년에 다윈의 진화 원리를 전혀 다른 영역인 면역체계에 적용할 수 있음을 깨달았다. 그 깨달음은 결정적인 통찰이었다. 미래에는 인터넷 덕분에 쉽게 많은 주제를 탐색할 수 있을 것이므로 그렇게 두 분야를 연결하는 연구가 더 빈번히 이루어질 것이다. 우리는 정보기술을 이용하여 주제의 규모나 전문성이나 난이도에 상관없이 패턴의 유사성과 심층적인 구조를 점점 더 쉽게 탐구하게 될 것이다.

그렇게 다양한 과학 분야의 연결과 통합은 말하자면 적자생존과 유사한 방식으로 근본적인 개념들이 드러나도록 만들 것이다. 그러나 근본적인 개념들은 과학자들이 먼저 올바른 질문을 던질 때만 드러날 수 있다. 그렇다면 미래에 설명되거나 발견될 필요가 있는 것들은 무엇일까? 생물학자 할데인은 1923년에 케임브리지 대학의 연구 모임 헤레틱스(The Heretics, 이단자들)에 과학의 미래에 관한 논문을 제출했다. 그는 그 논문을—그 논문은 앨더스 헉슬리로 하여금 『멋진 신세계』를 구상하게 만들었다—「다에달루스Daedalus」라 명명했다. 다에달루스는 그리스 신화 속의 인물로 이카루스의 아버지이며, 왁스로 된 날개를 달고 태양에 너무 가까이 접근하지 **않았던** 인물이다. 기계화된 전쟁의 공포에서 아직 벗어나지 못한 상태에서 할데인은 "인간의 신성한 능력인 이성과 상상력의 자유로운 활동"이라고 스스로 정의한 과학의 미래를 논했다.

「다에달루스」 속의 많은 예측들은 섬뜩할 만큼 정확한 것으로 판명되었다. 그 예측들은 거의 한 세기가 지난 지금 우리가 이 책에서 논한 것과 유사한 두려움을 분명하게 표현한다. 할데인에 따르면, 기술이 항상 어떤 손쉬운 천국을 가져오지는 않았으며, 천국을 가져온 경우에도 자신 안에, 우리가 논한 제한 없는 안락에서 발생하는 문제를 가지고 있는 천국을 가져왔다. 우리가 새로운 사이버 수동성에 맞서야 할 것을 강조한 것처럼, 할데인은 인간이 결국 '기계의 기생충'으로 전락할지 모른다고 예언했으며, 물리학이 낮과 밤의 제약뿐 아니라 우리의 삶을 규제하는 다른 시간 공간적인 제약들도 제거할 것이라고 예측했다. 그 예측은 오늘날 인터넷에 의해 실현되었다.

할데인은 화학이 아직 과학이 아니었던 시절에도 화약과 염료와 약물을 통해 삶을 바꾸었던 것처럼 계속해서 삶을 바꾸어갈 것이라고 예견했다. 그러나 정말 큰 변화는 생물학에 의해 일어날 것이라고 그는 생각했다. 당대에 등장했던 우생학의 열풍을 냉정하게 바라볼 때 '우생 관리 공무원'이나 '지정된 결혼'은 거의 확실한 가능성으로 보였다. 이런 현상들은 가상 짝짓기나 디자이너 베이비를 통해 간접적으로만 실현되었지만, 할데인의 다른 예측들은 무섭도록 정확했다. 그는 많은 감염성 질병의 퇴치를 예견했을 뿐 아니라, '질소 포획' 식물의 개발을 예언했다. 그 예언은 어떤 의미에서 유전자변형 작물을 내다본 것이라 할 수 있다. 그는 심지어 오늘날 우리에게 아주 익숙한 생태학적인 사건이 일어날 가능성도 지적했다. 바다가 식물에 의해 오염되어 자주색으로 변하는 현상이 그것이다. 할데인은 또한 비록 1920년대의 시각에서였지만 내가 5장에서 다룬 미래의 모습도 묘사할 수 있었다. 실제로 그는 체외수정의 발전, 그리고 섹스와 증식의 완전한 분리를 예언했으며, '외발생(ectgenesis)'이라는 개념을 만들었다. 심지어 그는 프로작의 출현도 생각했다. "금식이나 채찍질보다 더 직접적인 방식으로 우리의 열정을 통제하는……" 수단을 생각했던 것이다. 또한 호르몬 대체 요법(HRT)에 대한 그의 예언은 명확히 적중했다. "이 변화는 난소에서 생성되는 특정한 화학물질이 갑자기 결핍되는 것에서 비롯되는 듯하다. 우리가 그 물질을 분리하고 합성할 수 있다면, 여성의 젊음을 연장하고, 여성이 평균적인 남성처럼 점진적으로 노화하게 만들 수 있을 것이다."

할데인은 당대의 과학에 대한 폭넓은 이해는 물론, 미래에 따라올 결과들에 대해서도 대단한 감각을 가지고 있었다. 그러므로 나는 우리가 현재 논의에서 가장 중요한 쟁점을 찾기 위한 기본들을 그에게서 구할 것을 제안한다. **근본적인** 과학과 관련해서, 다음 세기의 기술들을 낳을 과학과 관련해서, 이제 남아 있는 큰 문제들은 무엇인가?

할데인은 「다에달루스」에서 그 문제들을 열거했다. '공간과 시간의 시초'에 대한 문제—우리의 용어로 표현한다면, 빅뱅의 문제—, '물질 그 자체'에 대한 문제—양자 이론의 난해성과 나노과학의 꿈—, '인간과 동물의 몸'에 대한 문제—다양한 생명과학 분야들의 통합, 그리고 어떻게 뇌가 의식의 주관적인 경험을 산출하는가, 라는 매우 큰 문제—, 마지막으로 '인간의 영혼 속에 있는 어둡고 악한 요소들을 정복하는 문제'—어떻게 우리가 과학을 이용하여 책임감을 확립할 것인지의 문제, 생물학적 결정론의 문제, 신경공학 시대의 자유의지의 수수께끼—를 할데인은 언급했다. 이와 동일한 문제들이 과학의 '가장 야심적인 목표들'에 대한 존 호건의 생각에서도 등장한다.

당신이 몇십 년 후의 미래에 위에 열거한 문제들 중 하나를 탐구하는 과학자라고 상상해보자. 당신은 그 문제를 위해 상상력을 발휘하기를 원한다. 왜냐하면 그것은 지적으로 탐닉할 수 있는 유일한 일거리이기 때문이다. 또한 당신이 독창적인 생각에 도달한다면, 당신은—21세기 중반인 그 시점엔 희귀한—개인적인 성취감을 얻을 것이기 때문이다. 과학 탐구는 21세기 중반인 현재의 흐름에 저항하고 자신이 아직도 완전히 독립적인 개인인 듯이 느끼는 가장 효율적인 방법이다. 당신은 대부분의 시간을 스크린과 대화하며 보낸다. 필요할 경우 당신은 아주 쉽게 3차원 모형들을 만들 수 있다. 또한 과거에 현기증이 날 정도로 고가였던 입자가속기 같은 장비며 상당한 고가였던 원자 조작용 특수 현미경 같은 장비며 10만 배 정도의 배율로 생물학적 조직 속의 세포를 확대하여 구성요소들을 관찰하는 데 쓰는 더 오래된 장비가 지금은 모두 당신의 음성 명령에 따라 당신 마음대로 작동한다.

대부분의 경우 시뮬레이션은 숨이 막힐 정도의 정확도로 실제 사물을 재현한다. 고도로 발전된 프로그램들은 실험 상황과 관련된 모든 우연적 요소들을 고려하며, 당신이 가상적인 실험을 구상하고 프로그램하자마자 '가상적인 데이터'를 제공한다. 그러므로 점점 더 많은 대중이 과학 서적을 읽을 뿐 아니라, 과학을 하고 가상적인 실험을 할 것이다. 실제로 요즘은 당신 같은 전문 과학자들도 사이버 연구의 정확성을 검증하기 위해 외딴 곳에 있는 실제 장치를 이용하는 일이 드물다. 특별히 놀라운 결과가 나왔을 때 그런 검증이 실시되지만, 지금까지 가상적인 데이터는 훨씬 더 힘들게 얻은 실제 실험 데이터와 의미 있는 차이를 나타내지 않았다.

그러나 과학은 여전히 현실과 가상현실을 세심히 구분할 것을 요구한다. 당신이 만든 모든 시뮬레이션은 상호작용들의 모형에, 입자들 사이에서 작용하는 힘의 모형에, 그리고 존재하는 것들에 대한 전제에 기초를 둔다. 시뮬레이션이 자신의 전제를 끊임없이 실재와 비교하는 '실제' 과학의 대체물이 될 수 없다는 것을 당신은 안다. 바로 여기에 발전을 막는 장벽이 있다. 왜냐하면 실재와의 비교를 통한 검증은 사실상 고려의 여지가 없을 정도로 실행이 어렵기 때문이다. 기본입자들에 관한 일부 이론들은 영원히 완전하게 검증될 수 없을 것이다. 그 이론들의 검증에 우주를 채울 정도로 거대하며 세상의 모든 경제적 산물을 소모하는 엄청난 가속기가 필요하기 때문이다.

관찰을 본질로 하고 시뮬레이션을 지침으로 삼는 연구로 할데인이 첫번째로 언급한 문제, 즉 우주의 기원 문제에 대한 연구가 있다. 당신을 비롯한 우주과학자들은 우리의 우주가 약 150억 년 전에 탄생했고 그후 계속 팽창했다는 사실을 의심하지 않는다. 태초에 가시적인 우주 전체는 특이점이라는 한 점에 국한되어 있었다. 그러나 그 점까지 거슬러 오르기도 전에 현재의 공간과 시간 개념은 의미를 상실한다. 현재 당신은 그 특이점 근처까지 과학의 기법들을 확장하려 노력하고 있다. 양자적인 사건들이 지배할 정도로 작은 아주 이른 초기의 우주를 이해하려면, 양자 이론이 중력을 설명하지 못하는 현재의 결함을 어떻게든 극복해야 한다. 당신은 '양자중력'을 설명해야 한다. 현재 많은 제안들이 있지만, 당신은 당신의 동료들과 마찬가지로 그 설명이 어떻게 가능한지 모른다. 낙관적인 과학자들은 양자중력 이론이 정립되어 우리가 우주의 처음 순간을 이해하게 될 것이라고 믿는다. 그러나 과학은 그 최초 창조의 순간을 넘어 더 전진하여 우주가 어떻게 기원했는지도 밝혀낼 수 있을까? 당신은 모른다. 어떤 이들은 회의적인 입장이지만, 또 어떤 이들은—당신도 그들 중 하나이다—창조 이전으로 거슬러 오르는 일에 매료되어 있다.

예를 들어 당신은 고대 이래 우리 문명의 일부였던 소중한 생각들이 진실을 추구하는 과학의 발전에 밀려 사라질 것임을 안다. 20세기 말까지만 해도 모든 사람들은 물질을 분해하여 도달하는 최종점을 말 그대로 점으로 생각했다. 우리에게 물질은 점들의 집합이었다. 그러나 21세기 초에 대안적인 이론이 등장했다. 그 이론에 따르면, 궁극적인 존재는 미세하고 단단한 선이며, 그 선은 '끈(string)'이라 불린다. 그 이론은 입자를 끈의 진동으로 해석한다.

끈은 최종적인 결론일까? 아니면 당신은 끈의 개념도 결국 폐기될 것이라 예상하는가? 대부분의 과학자들은 최종적인 해답인 '**만물**의 이론(theory of everything)'이 있다고 생각한다. 그러나 진실을 아는 사람은 아무도 없다. 끈들은 10차원 또는 11차원 시공 속에 존재한다고 생각된다. 기묘하게 들리는 시공 개념은 19세기 수학자 헤르만 민코프스키에 의해 처음 도입되었다. "이제 앞으로는 공간 자체와 시간 자체는 한낱 그림자로 전락할 것이며, 그 둘의 모종의 결합만이 독립적인 실재성을 유지할 것이다."

시공은 그 이름이 암시하듯이 시간과 공간을 동일한 기반 위에 놓는 개념이며 우리의 삶과 세계와 우주를 구획하는 상식으로부터 우리를 해방시킨다. 시공에 대한 이해가 증가하면서 우리는 시공을 여행하는 새로운 방법들과 그 여행을 막는 새로운 장애물들을 발견했다. 시간여행은 항상 우리 곁에 있었다. 우리 모두는 예외 없이 미래로 흘러가고 있으니까 말이다. 그러나 아인슈타인의 특수상대성 이론은 그 미래로의 움직임이 우리가 생각했던 것보다 복잡하다는 사실을 보여주었다. 우리가 공간 속을 더 빠르게 움직일수록 우리의 시계는 더 느리게 간다. 만일 우리가 광속에 가까운 속도로 이동할 수 있다면, 우리는 우리의 노화를 지연시킬 수 있을 것이다. 그러나 우리가 시간을 역전시켜 점점 젊어지면서 기억들을 잃는 것은 불가능해 보인다. 그러나 양자중력 이론이라는 성배(聖杯)는 시간 역전을 가능하게 해줄지도 모른다.

21세기 후반기의 과학자인 당신과 당신의 동료들은 확답을 할 수 없다. 그러나 시공의 거품과 유사한 구조를 이용하여 미래로 더 빨리 이동하거나 심지어 과거로 이동할 가능성을 진지하게 숙고하는 과학자들의 수는 증가하고 있다. 21세기의 시작 이래 과학자들은 그런 이동을 가능케 하는 통로인 웜홀(wormhole)을 연구해왔다. 웜홀이 공상과학소설 속의 상상물에 불과하다는 생각은 점점 줄어들고 있다. 전자보다 큰 사물에게는 웜홀을 통한 여행이 아직 환상에 불과하다. 그러나 그 여행은 가능한 미래의 대안으로 남아 있다. 시간여행의 개념은 그 자체로 역설들을 품고 있다. 그러나 현재 고전적인 논리학의 개념들은 시간의 경과나 인과율의 본성과 관련해서 수정을 겪는 중이다. 논리학은 과학에서 매우 중요하지만 실험이나 관찰보다 우월한 지위를 차지할 수는 없다.

시간여행처럼 상식을 비웃는 상상력의 도약, 빅뱅이나 현시점에서 우주의 팽창 등에 관한 실질적이고 까다로운 질문들, 이 모든 것의 운명은 두 종류의 물리학이 언젠가 조화를 이룰지 여부에 달려 있다. 그 두 물리학 중 하나는 원자구성입자들을 지배하는 법칙들이며, 다른 하나는 거시적인 세계를 지배하는 법칙들이다. 당신이 어떤 포괄적인 개념틀을, 물질 및 에너지와 시공의 상호작용을 이해하기 위한 '만물의 이론'을 발견한다면, 당신은 우리의 거시적인 일상세계에 시간과 공간과 인과율을 부여하는 기묘한 양자 현상들을 이해하는 극적인 성취를 이루게 될 것이다. 그 성취는 실재에 대한 이해를 가로막는 가장 큰 장벽을 허무는 사건이 될 것이다. 21세기 중반인 지금 당신은 현실세계에 있는 그 어떤 것과도 상관이 없는 삶을 살고 있다. 왜냐하면 사이버 세계가 당신을 현실로부터 격리시켰기 때문이다. 그러나 이제 현실세계 자체가 시간과 공간이 더 이상 존재하지 않는 세계로 바뀌었다면, 당신의 기분은 어떨까?

공간과 시간의 독립성을 지키려 노력하는 물리학자들에 관한 논의는 생략하기로 하자. 대신에 이제 당신이 화학자이며 할데인의 두번째 질문—'물질'에 대한 질문—에 더 큰 매력을 느낀다고 상상해보자. 20세기 말 이래 당신의 선배들은 사상 유례없는 통제력으로 원자를 조작하는 시도를 해왔다. 나노과학이라 불리는 이 새로운 과학 분야는 여전히 과학자들과 사회 모두를 흥분시키고 있다. 그것은 아마도 나노과학이 옛것들을 새로운 방식으로 보게 하는 '개념 주도형 혁명'인 동시에 새로운 발견들을 가능케 하는 '도구 주도형 혁명'이기 때문일 것이다.

나노과학의 개념은 훗날 노벨상 수상자가 된 물리학자 리처드 파인만이 1959년에 행한 '바닥에는 충분한 공간이 있다'라는 제목의 유명한 강의에서 처음 도입되었다. 파인만은 양자물리학의 법칙들이 분자 크기의 기계를 제작하는 것을 막지 않는다고 주장했다. 그의 기본적인 발상은 언젠가 과학자들이 원자들을 원하는 자리에 정확히 배치할 수 있게 되리라는 것이었다. '나노기술'이라는 용어는 몇 년 후 일본의 과학자 노리오 다니구치에 의해 만들어졌다. 그 용어는 0.1에서 100나노미터 규모의 기계를 만드는 기술을 의미했다. 다시 말해서 나노과학은—엄밀한 정의에 따른다면—100나노미터보다 작은 규모의, 즉 천분의 일의 천분의 일의 십분의 일 미터보다 작은 규모의 물질이나 계를 다룬다.

그러나 나노과학이라는 새 용어는 초기에 일부 사람들에 의해 부적절하게 사용되기도 했다. 어떤 이들은 매우 작으며 특수한 일을 하는 장치, 그러니까 예컨대 동맥에 침착된 혈전을 감시하고 제거하는 초소형 잠수함 같은 장치들을 수식하기 위해 그 용어를 사용했다. 그러나 그런 장치들은 사실상 나노미터보다 최소한 천 배나 큰 마이크로 규모였다. '참된' 나노과학과 단지 매우 작을 뿐인 기계들을 구별하는 것은 중요한 일이다. 하지만 그런 기계들—마이크로 전기역학 시스템(MEMS)—도 엄청난 성취가 아닐 수 없다. 예를 들어 먼지 입자 크기의 초소형 센서와 모터를 생각해보라. 그런 센서와 모터는 마이크로칩

생산에 이용되는 것과 같은 기술을 이용하여 실리콘 웨이퍼에 설계도를 새겨 넣는 방식으로 만들어진다. 초기에 개발된 초소형 장치의 예로 에어백 작동 감지 장치가 있다. 그 장치는 짧은 수염 정도의 크기이며 특정한 실험용 장비의 가격이 2만 달러에서 10달러로 대폭 하락하게 만들었다. 그밖에 혈관 속을 움직이는 장치, 철골이나 기타 건축자재에 내장되어 지진 때 발생하는 충격을 감지하는 장치, 또는 비행기 날개의 표면에 장착되어 비행 중에 날개가 받는 압력을 감지하는 장치 등을 언급할 수 있다. 그러나 2020년 이후 MEMS는 참된 나노 규모 기계들에게 주도권을 내주었다.

나노 규모가 실제로 얼마나 작은지 실감하려면, 인간의 머리카락의 굵기가 1만 나노미터라는 것을 생각해보라. 과학저술가 개리 스틱스가 지적했듯이, 나노 세계는 "개별 원자와 분자의 영역(양자역학이 지배하는 영역)과 거시 세계(수조 개의 원자들의 집단 행동으로부터 물질의 집합체적bulk 성질이 출현하는 영역) 사이에 있는 신비로운 중간 지역"이다. 나노공학은 자연적인 구조의 최소 크기를 정의한다. 간단히 말해서 더 작은 것을 제작하는 것은 불가능하다. 나노 세계에 대한 들끓는 관심은 그 작은 규모의 구조들이 전기적, 화학적, 역학적, 혹은 광학적 성질에서 탁월할지도 모른다는 생각에서 발원했다. 2020년경에 전통적인 실리콘 전기공학이 수명을 다한 이후 새로운 나노공학은 가장 현실적이고 매력적인 대안으로 자리 잡았다.

과학자들이 나노과학을 진지하게 받아들이기 시작한 것은 1990년대부터이다. 당시에 IBM의 과학자들은 35개의 크세논 원자를 니켈 표면에 배열하여 회사의 로고를 새기는 데 성공했다. 나노과학에 지원되는 자금은 1997년에 3억 1천6백만 달러에서 불과 4년 후에 8억 3천5백만 달러로 급증했다. 나노공학 예찬론자들은 나노공학의 잠재력을 거창하게 자랑했고, 나노공학이 21세기의 일상생활과 대학에서의 연구와 상업활동에 미칠 효과를 환상적으로 묘사했다. 1990년대 중반 나노 단계 공학회사(Nano-phase Technologies Corpration)가 나노 입자 1그램을 생산하는 데 드는 비용은 천 달러였다. 그후 나노 입자의 그램 당 가격은 10년 내에 몇 센트로 떨어졌고, 나노 입자는 악취를 제거하는 발 전용 파우더에서부터 선박까지 매우 다양한 생산품에 사용될 수 있게 되었다. 그후 채 몇 년이 지나기 전에 나노공학자들은 많은 자동차의 촉매 변환 장치에 쓰이는 값비싼 팔라듐*을 다른 물질로 대체하는 문제를 비롯한 많은 복잡하고 새로운 문제에 대해 환영할 만한 해법들을 제시하고 있었다.

이렇게 기초적인 나노과학을 산업에 성공적으로 응용한 사례들은 공적 자금을 나노과학으로 끌어들이는 계기가 되었다. 1999년에 빌 클린턴은 국립 나노공학 지원국(National Nanotechnology Initiative)에 4억 2천2백만 달러의 예산을 배정했고, 그의 후임자인 조지 W. 부시는 2001년에 4억 8천7백만 달러를 배정했다. 전 세계의 정부들이 나노공학 연구와 개발에 투자하는 자금은 수십 억 달러에 달할 것으로 추정된다. 이 정도의 지원은 놀라운 일이 아니다. 왜냐하면 나노공학은 도구 주도형 과학으로 삶의 거의 모든 부분에서 즉각적으로 실용화될 수 있기 때문이다. 곧이어 암세포들이 해로운 작용을 하기 전에 그것들을 찾아내어 죽이는 약들이 개발되었고, 보잉 747 여객기는 새로운 물질을 재료로 사용한 덕분에 무게를 50분의 1로 줄이게 되었다. 새로운

* palladum, 주기율표 8족에 속하는 금속원소. 원소기호 Pd.

나노 작용자들(nano-agents)을 병원의 환기구에 집어넣어 병균을 검출하는 일이 일반화되었고, 콜레스테롤과만 결합함으로써 경화된 동맥에서만 선택적으로 작용하는 나노 작용자도 개발되었다. 여름에는 시원하고 날씨가 추워지면 따뜻해지는 새로운 직물과 오염 방지 기능을 가진 차세대 가정용 페인트가 개발되어 일상생활에도 혁명적인 변화가 일어났다. 그러나 정말 획기적인 변화는 기존의 일상용품들이 갑자기 '영리해진' 것에 있다기보다, 그것들이 놀랄 만한 새로운 특징들을 획득한 것에 있었다. 물체들의 표면은 원자 수준의 정밀도로 처리되기 시작했고, 사람들은 과거에 전혀 상상할 수 없는 현상들에, 이를테면 마찰이 없는 베어링이나 흠집이 생기지 않는 안경 또는 더욱 강력한 광섬유 케이블 등에 곧 익숙해졌다.

물론 모든 일이 순조롭지는 않았다. 초기에 떠오른 근심거리 가운데 하나는 나노공학에 사용할 적당한 크기의 전선이 없다는 사실이었다. 기계 속의 부품들을 연결할 수 없다면 분자 크기의 기계는 아무 소용이 없을 것이었다. 이 문제는 '나노튜브'에 의해 극복되었다. 지금도 지난 세기말에 개발된 원형을 거의 그대로 유지하고 있는 나노튜브는 5만 가닥을 나란히 늘어놓아야 인간의 머리카락을 덮을 수 있을 정도로 가늘다. 나노튜브는 탄소를 가열하여 기체 상태로 만든 후 진공이나 불활성 기체 속에서 냉각하여 만든다. 냉각된 탄소는 놀랍게도 축구공에 있는 것과 유사한 육각형들이 원통형으로 배열된 구조물을 이룬다. 그 원통형 구조물은 전기를 전달할 뿐 아니라 강철보다 여섯 배 가벼우면서 약 백 배 강하다.

파인만의 강의가 있은 지 채 반세기가 지나지 않은 지금 과학자들은 이미 자연의 구성요소들을 조작하기 위한 눈과 손가락을 가지게 되었다. 그 '눈'은 인간의 눈보다 백만 배 강력한 현미경이다. 초기의 주사형 터널링 현미경(STM)은 작은 바늘이 물체의 표면을 누비고 다니는 방식으로 작동했다. 전자들은 바늘과 물체에 속한 원자들 사이의 전기적 장벽을 '터널링(관통)'하여 전류를 발생시키고, 그 전류에 의해 원자들의 위치가 측정되었다. 더 나아가 그 바늘은 극도로 날카로운 끝을 통해 전압을 가함으로써 분자들을 움직여 상온에서 안정적인 육각형 고리를 형성시키는 '손가락'의 기능도 했다. 얼마 후 더욱 발전된 원자 현미경(AFM)이 개발되었다. 이 현미경 역시 물체의 표면을 조사하고 사진처럼 선명하게 개별 원자들의 영상을 산출한다. 이런 나노 규모의 손가락과 눈들은 곧 원자와 분자 수준에서 물질의 작용에 관한 새로운 지식을 제공하기 시작했다. 그 결과 과거에 결합된 적이 없는 분자들을 결합시킬 수 있게 되었고, 분자들을 붙잡아 끌어당기는 나노핀세트(nanotweezer)도 개발되었다. 사상 최초로 과학자들은 인간의 세포 속에 있는 다양한 구성요소들을 조작하기 시작했다. 오늘날 인공 염색체를 세포에 주입하는 것은 쉬운 일이다. 사실 2030년경에는 개별 원자들을 훨씬 더 정밀하게 조작하는 발전된 기계들을 흔히 볼 수 있게 되었다. 21세기의 처음 몇십 년 동안에는 나노공학자들의 꿈에 한계가 없었다. "자연이 석탄 속의 원자들을 재배열하여 다이아몬드를 만드는 방법을 알아냈다면, 우리도 그 방법을 알아낼 수 있을 것이다"라고 당시의 한 전문가는 예언했다. 그는 불과 25년 안에 과학적 기반을 갖춘 새로운 연금술이 유행하게 될 것이며, 나노과학의 기적이 하찮은 것을 특별한 것으로 만들고 뼈나 척수나 심장같이 생명과 직결된 대상들도 만들 것이라고 생각했다.

그러나 그후 진정한 문제들이 불거지기 시작했다. STM과 AFM은 개별 입자들을 움직일 수 있지만 대량생산에 이용하기에는 너무 느렸다. 더 나아가 화학반응들을 세심하게 통제함으로써 분자와 원자를 2에서 10나노미터 정도의 작은 구조물로 조립할 수는 있었지만, 마이크로칩과 같은 전자 장치에 필요한 유형의 설계된 연결 패턴을 산출하는 작업은 실패로 돌아갔다. 뿐만 아니라 파인만은 물리학 법칙들이 나노 장치의 제작을 막지 않는다고 선언했지만, 참된 나노 규모의 기계는 심지어 현재까지도 단 한 대도 만들어지지 않았다. 마이크로 기계가 나노 기계에 밀려 물러나면서 목표 자체가 달라진 것이 문제였다. 유연하고 허용적인 물리학 법칙들 대신에 까다롭고 완고한 화학 법칙들이 새로운 제한조건으로 등장했던 것이다.

예를 들어 원자들간의 결합은 그 원자들에 우리가 예측할 수 없는 방식으로 영향을 미칠 수 있다. 전자 한 개가 전류를 이루는 작은 장치에서는 아마도 양자역학이 지배적인 역할을 할 것이다. 그러나 장치가 작아질수록 장치의 물리적 성질들은 변덕스러워진다. 집합체 물리학(physics of bulk)이 지배력을 잃고 표면의 화학적 성질들이 가장 중요해지는 것이다. 폭 10나노미터, 길이 100나노미터인 실리콘 막대의 경우 전체 원자의 10퍼센트가 표면이나 표면 근처에 놓인다. 심지어 나노튜브도 고도의 진공이 유지된 원래의 탄생 장소를 벗어나면 전기적인 성질이 크게 달라진다. 많은 분자들이 표면에 놓인다는 것은 매우 중요한 의미를 가지는 조건일 것이 분명하다. 하지만 그 의미는 과연 무엇일까?

일반적으로 우리는 아직 임의로 결집된 중성자들과 양성자들과 전자들이 최종적으로 어떤 집단적 행동을 할지 예측하지 못한다. 그러므로 나노과학의 정말로 중요한 과제는 그런 작은 구성요소들을 통제되고 합목적적인 방식으로 결집시키는 방법을 발견하는 것이다. 전통적인 회로 제작에서와 달리 당신은 10개에서 24개나 되는 나노 규모의 구성요소와 전선이 무질서하게 뒤섞인 집단에서 시작해야 한다. 그 구성요소와 전선들 모두가 작동하게 되지는 않을 것이며, 당신은 그것들의 집단으로부터 어떻게든 유용한 장치를 만들어나가야 한다. 혹은 문제를 이렇게 달리 표현할 수도 있다. 당신은 나노 세계와 마이크로 세계를 연결하는 방법을 생각해내야 한다. 이런 심층적인 개념적 난점들로 인해 나노공학에 대한 초기의 무조건적인 열광은 얼마 전부터 수그러들었다. 화학자 데이비드 존스는 나노공학 시대의 벽두에 현실성을 검토할 것을 촉구하며 이렇게 물었다. "모든 원자 각각이 어디에 있는지 그 기계들이 어떻게 알까? 당신은 그 기계들이 기적적인 능력을 발휘하도록 프로그램할 수 있을까? 그 기계들은 어떻게 목표물에 이르는 길을 찾을까? 그 기계들은 어디에서 동력을 얻을까?"

이 질문들은 아직 대답을 찾지 못했지만, 일부 나노과학자들의 핵심적인 꿈은 나노 기계들이 인간의 거시적인 세계로부터 독립하여 스스로 자신을 제어하도록 만드는 것이다. 진정한 나노과학 지지자들은 스스로 자신을 조립하는 나노 로봇을 꿈꾼다. 지름이 원자 몇 개 정도의 크기인 기어와 바퀴들이 스스로 조립되어 원자 규모의 기계를 이루고, 그 기계는 주위에서 분자들을 구해 자신을 재생산할 것이다. 크기가 10분의 1 마이크로미터 정도인 이런 분자적인 로봇들은 스스로 증식하면서 더 많은 원자들을 조작할 수 있을 것이다. 이런 나노 기계들은 박테리아나 바이러스처럼 작용할 것이다. 그것들은 감염을 일으키는 미생물을 파괴하고 종양 세포를 죽이고 혈류를 점검하고 환경 속의 위험한 폐기물을 먹어치워 식량 생산을 증진시킬 수 있다. 더 나아가 나노 기계는 로켓이나 마이크로칩이나 슈퍼컴퓨터 같은 다른 기계들을 만드는 일을 할 수도 있다……

그러나 가장 환상적인 꿈은 나노공학을 이용하여 원자들의 원래 패턴을 복구하는 일, 따라서 궁극적으로 손상된 세포들을 복구하여 최소한 이론적으로는 젊음을 되찾는 일일 것이다. 많은 동료들과 마찬가지로 당신 역시 매우 회의적이지만, 노화를 역전시킨다는 개념은 충분히 단순하고 명료하다. 궁극적으로는 갓 사망한 사람의 뇌를 냉동해두었다가 얼음 결정이 세포벽을 파괴하여 생긴 손상을 복구함으로써 원래 상태로 되돌릴 수 있을 것이다. 이런 생각을 바탕에 두고 미국에서는 이미 지난 세기부터 인간 냉동 보존 사업이 번창하고 있다. 당신은 언젠가 정밀한 원자 조작 기술이 개발되고 '생존 유전자'가 발견될 것이라는 희망을 품고 당신이 죽은 후에 당신의 몸을 냉동 보존하기로 약속하는 계약서에 서명할 수 있다. 이를 통해 당신은 결국 불멸에 도달할지도 모른다.

이미 많은 사람들이 냉동 보존 계약서에 서명했다. 그러나 '생존 유전자' 개념은 다른 복잡한 과정이나 특징과 관련된 유전자들의 개념과 마찬가지로 유치하다고 할 수 있다. 또한 설사 우리가 므두셀라 유전자를 발견하여 우리 후손들의 게놈 속에 그것을 보강할 수 있게 된다 하더라도, 지난 시대에 냉동된 당신은 그런 행운의 수혜자일 수 없을 것이다. 어쨌든 유전자는 생명을 연장할 수 있을 뿐, 영원한 생명을 보장할 수는 없을 것이다. 유전공학에 대한 맹신으로 인해 생긴 더욱 중요한 일은 많은 경우에 냉동 보존이 지원자의 '머리'만 보존하는 방식으로 이루어진다는 사실이다. 그런 방식을 선택하는 사람들은 미래에는 새로운 몸을 배양하는 기술도 개발될 것이라고 확신하는 것이다. 우리는 손상된 세포들을 나노공학적으로 복구하고 냉동 상태의 인간을 부활시키는 기술이 새로운 몸을 배양하는 기술보다 먼저 개발되지 않기를 기원해야 할 것이다. 몸과 연결되지 않았지만 의식은 있는 머리들과 함께 살아간다는 것은 우리가 상상할 수 있는 가장 불쾌한 일 중 하나일 것이 분명하니까 말이다.

헐리우드 영화의 소재가 되기에 충분한 또 다른 상상적인 사태는 냉동되었던 인간들이 모두 한꺼번에 부활하는 일이다. 그러나 언젠가 그런 일이 가능해질 것이라고 과감하게 전제한다 하더라도, 과연 그런 일이 실제로 일어날까? 의학적인 특이 사례나 심리학적인 견본이나 일차적인 역사 자료로서 소수의 개체를 부활시키는 것은 납득할 수 있는 일이지만, 냉동된 인간들 전부를 부활시키는 것은 의미를 찾기 어려운 일이다. 세계는 이미 인간들로 넘쳐나고, 자원은 부족하다. 이런 상황에서 왜 대부분 늙고 병든 오랜 옛날의 사람들을 다시 깨우겠는가?

하지만 논리적인 검토를 일단 뒤로 미루고 다양한 과거 시대의 사람들이 부활하는 것을 상상하는 것은 흥미로운 일이 아닐 수 없다. 부활한 각각의 개인은 각자 다른 시간과 장소의 문화를 지니고 있을 것이다. 따라서 부활한 사람들이 무시할 수 없는 수로 늘어난다면, 그 누구도 더 이상 보편적인 상식을 얘기할 수 없을 것이다. 다른 한편 우리가 이미 언급했듯이 미래의 사람들은 어떤 지식도 암기하지 않으면서 필요할 때 즉시 데이터베이스에 접속하는 것에 익숙할 것이다. 그러므로 부활한 사람들의 문화적 적응이 중요한 문제로 대두될 것이다. 하지만 가장 관심을 끄는 것은 부활한 사람들이 언제 다시 죽을지, 혹은 다시 냉동을 요구할 수 있을지, 혹은 영원히 살지의 문제일 것이다. 만일 그들이 불멸한다면 지구는 곧 초만원이 될 것이다. 그러나 과학적 타당성과 정치적 사회적 경제적 함축을 두루 고려할 때 냉동 보존을 통한 시간여행은 광속보다 빠른 여행만큼 가능성이 낮아 보인다.

역시 억지스럽지만 약간 더 현실적이라 할 수 있는 또 다른 나노공학의 귀결이 있다. 나노 기계들은 자가증식할 수 있기 때문에 값이 매우 쌀 것이다. 그러나 가장 열렬한 나노공학 지지자들도 인정하듯이, 만일 자가증식하는 기계가 우리의 통제를 벗어난다면, 세계가 그 기계들로 가득 차는 끔찍한 일이 일어날 수 있다. 마이클 크라이튼이 2002년에 쓴 소설 『먹이*Prey*』는 바로 그런 시나리오를 전개한다. 현실적으로는 독자적으로 활동하는 나노 로봇 한 대가 1온스의 물질을 만드는 데 약 1천9백만 년이 걸린다. 그러나 자가증식은 사태의 진행을 가속시킬 수 있다. 예를 들어 10억 대의 나노 로봇이 물질을 만드는 일을 한다면, 1초 만에 약 50킬로그램의 물질이 만들어질 것이다.

화학자 리처드 스몰리 같은 사람들은 21세기 초에 과학소설과 상관없이 자기조립하는 나노 기계와 관련된 문제들을 지적했다. 일반적인 화학반응에서는 3차원적으로 작용하며 한 변의 길이가 1나노미터보다 작은 반응 부위 근처에 약 5개에서 15개의 원자들이 놓인다. 큰 문제는 나노 로봇이 한 개의 원자만 제어하는 것이 아니라 반응 영역에 있는 모든 원자들을 제어해야 한다는 점이다. 그러나 나노 로봇 자체도 원자들로 이루어지고 크기를 더 이상 줄일 수 없기 때문에, 나노 로봇의 '손가락'은 적절한 조작을 하기에 너무 굵을 수밖에 없다. 모든 나노 손가락들이 그 안에 들어가 화학반응을 완벽하게 통제하기에 나노 공간은 너무 좁은 것이다.

또한 나노 손가락들은 너무 굵을 뿐 아니라 너무 끈끈하다. 분자를 형성하는 결합들의 성질 때문에, 적절한 움직임 후에 나노 손가락에서 원자 하나를 분리하여 내려놓는 것은 어려운 일일 수밖에 없다. 이 극복하기 힘든 문제 외에도 소형화와 관련된 중요한 문제들 — 우리는 이미 표면이 매우 중요해질 것임을 언급했다 — 과 마찰이나 점성에 관련된 내재적인 문제들이 있다. 그러므로 지금까지 자가증식하는 기계가 어떤 크기로도 제작된 일이 없다는 것은 놀라운 일이 아니다.

나노공학 지지자들은 이미 자연 속에 존재하는 나노 기계들을 예로 들면서 나노공학의 실현 가능성을 주장한다. 그들은 유전암호가 RNA에 의해 단백질 생산으로 이행되는 과정이나 빛이 식물 속에서 엽록체에 의해 에너지로 변환되는 과정을 예로 든다. 또 다른 예는 진화 과정 속에서 비교적 늦은 시기에 세포 속에 자리 잡았으며 산소를 에너지로 변환하는 일을 하는 미토콘드리아 속에서 일어나는 전자의 이어달리기식 이동이다. 이제 이 예들과 나노 기계를 비교해보자. 나노 기계는 작기 때문에 적은 양의 동력만 필요로 하겠지만, 그 동력은 어딘가로부터 공급되어야 한다. 더 심각한 문제는 기계가 환경으로부터 필요한 모든 물질을 모아 자신을 복제하기 위해 필요로 하는 정보의 양이다. 생물학적인 계에서는 DNA와 미토콘드리아가 이 문제들을 해결한다. 그러나 살아 있는 세포를 지탱하는 이 두 기둥 없이 그 문제들을 해결할 방법은 뚜렷하게 보이지 않는다. 화학자인 당신은 DNA를 모방하지 않는 나노 기계가 제작된 일이 있는지 살펴본다. 하지만 도대체 진화의 산물을 능가하려는 노력이 과연 의미를 가질까?

당신이 생각할 때 나노공학을 더 가치 있게 이용하는 길은 DNA에 기초한 생물학적인 계와 협력하여 새로운 의학적인 기술을 성취하는 것이다. 예를 들어 나노 입자들은 기존의 약물이 쉽게 도달하지 못하는 위치를 찾아갈 수 있다. 또는 DNA와 결합하는 금 나노 입자를 이용하여 특정 조건에서 어떤 유전자들이 활성화되는지 알아낼 수 있다. 만일

DNA가 활동하면, 금 나노 입자들이 DNA와 결합하여 색깔의 변화가 일어난다. 또 다른 현상을 이용하면 신속한 진단법이 개발될 수 있다. 자성을 띤 나노 입자들과 결합한 항체들을 단순한 자기장 속에 놓으면, 항체들이 특정 물질들과 반응할 때 강한 자기 신호가 발생한다. 이 현상을 진단 기술에 이용할 수 있을 것이다. 또한 종양을 공격하는 항체들에 금 나노 입자를 결합시킨 후 적외선으로 충분히 가열하면 종양을 선택적으로 파괴할 수 있을 것이다.

나노과학을 의학에 응용한 사례들은 급증하고 있다. 예를 들어 뇌나 신체를 영상화하기 위해 주요 조직을 강화할 때 쓰는 물질들이 나노과학에 의해 만들어진다. 또한 이식되는 물체의 내구성과 생체 적합성을 향상시키기 위해 표면을 나노 규모에서 조작하는 기술도 나노과학에 의해 가능해졌다. 이제 당신은 주위의 뼈와 더 단단히 결합할 수 있는 나노 입자들로 표면이 덮인 인공 고관절을 이식받을 수 있다. 덴드라이머(dendrimer)라는 신물질도 나노과학에 의해 제안된 발상이다. 덴드라이머는 단백질과 유사한 크기이며 일종의 옷걸이라 할 수 있다. 덴드라이머는 단백질과 달리 쉽게 펴지지 않기 때문에 화학적 결합력이 더 강하다. 이 나노 규모의 옷걸이는 새로운 약물을 운반하는 수단으로 이용될 수 있다.

이런 현실적인 나노공학 응용 사례들은 화학의 원리에 도전하거나 까다로운 에너지나 자율성의 문제를 건드리지 않고 작은 규모의 대상을 다루는 기술만 이용한다는 점에서 자가증식하는 나노 로봇과 다르다. 나노과학에 열광하는 사람들은 나노 기계들이 거시 세계로부터 **독립하여** 작동하게 될 것이라고 믿는다. 바로 이 믿음에 문제가 있다. 현재 나노과학은 오히려 생물학적이거나 인공적인 거시적 계들의 기능이나 동력과 점점 더 긴밀하게 통합되고 있다. 그렇게 나노과학은 참된 의미의 '21세기의 제조기술'로 발전하고 있는 것이다.

할데인은 아마도 나노공학을 자신이 제시한 두번째 질문, 즉 '물질 그 자체'의 통제에 대한 질문에 답하는 만족스러운 해법으로 인정했을 것이다. 더 나아가 그는 나노공학이 그의 세번째 질문, 즉 인간이 '자신과 다른 생물들의 몸'을 통제할 가능성에 대한 질문과도 연관됨을 알 수 있었을 것이다. 그러나 어쨌든 우리는 이제 미래의 화학자에 관한 논의를 마치고, 과학의 세번째 무대 — 몸 — 에서 생명과학자들이 어떤 일들을 하게 될지 살펴보기로 하자.

기술적으로 비교적 평범한 한 분야가 현재 21세기 과학에서 출범하고 있다. 그러나 그 분야는 과거에 별개였던 생물의학 분야들을 포괄한다는 점에서 개념적으로 혁신적이다. 바로 정신신경면역학(psychoneuro-immunology, PNI)이다. PNI는 신체의 세 가지 주요 제어 연결망들 — 면역계, 신경계, 내분비계(호르몬계) — 이 서로 연결되어 있다는 합리적인 전제에서 출발한다. 이 전제는 직관적으로 타당해 보인다. 만일 그 세 연결망들이 서로 별개라면, 신체는 생물학적인 무정부 상태에 놓일 것이 분명하기 때문이다. 뿐만 아니라 오래 전부터 우리는 그 세 연결망 각각이 다른 둘에 영향을 미칠 수 있음을 알고 있다. 미국 국립 정신건강 연구소의 에스더 스턴버그 박사는 이렇게 지적했다. "감정이 질병과 관련이 있다는 생각 — 스트레스가 병을 유발할 수 있고, 신념이 건강을 가져올 수 있다는 생각 — 은 수천 년 전부터 문화 속에 깊이 뿌리내려 있었다. 그러나 매우 최근까지도 우리는 그 연관성을 엄밀한 과학적 방식으로 증명할 과학적인 수단을 가지고 있지 못했다."

의학자들 일반, 특히 PNI 전문가들은 스트레스가 건강에 미치는 효과에 관한 인상적이고 편견 없는 자료들을 축적하고 있다. 예를 들어 가이 병원(Guy's Hospital)과 성 토마스 병원(St. Thomas's Hospital)의 자궁절제 환자들에게 휴식에 도움이 되는 카세트를 들려주는 실험이 이루어졌다. 환자들의 절반은 봉합사(縫合絲)를 제거한 다음날 퇴원했지만, 카세트를 듣지 않은 나머지 절반은 10퍼센트만 그렇게 일찍 퇴원할 수 있었다. 스트레스에 강하게 반응하는 사람들이 신체적 정신적 질병에 걸릴 위험성이 높다는 것은 20세기 후반에도 상식적인 지혜였다. 실제로 스트레스는 잘못된 식습관이나 흡연보다 더 강력한 심장병의 원인이다. 고혈압 약물치료를 받는 환자 약 50명을 대상으로 이완을 유도하는 행동치료법의 효과를 실험한 연구도 있었다. 행동치료의 결과로 환자들의 59퍼센트는 약물 투여를 완전히 중단할 수 있었고, 35퍼센트는 투여량을 반으로 줄일 수 있었다. 또 다른 실험에서 정규적인 치료와 더불어 정서적인 지원도 받은 흑색종(melanoma, 멜라닌 생성세포 또는 모반세포가 악성화되는 종양/옮긴이) 환자들은 7주 만에 정규치료만 받은 환자들보다 60퍼센트나 많은 면역세포를 가지게 되었다.

정신과 몸 사이에, 혹은 더 구체적으로 신경계와 면역계 사이에 강한 연결이 있음을 증명하는 많은 스트레스와 건강에 대한 자료들 외에도 플라시보(placebo) 효과를 언급할 수 있다. '나는 기쁠 거야'를 의미하는 라틴어에서 이름을 따온 이 현상은 잘 알려져 있으며, 어떤 명백한 외적인 원인이나 약물도 사용하지 않은 상태에서 환자의 심리적인 기대만으로 건강이 크게 호전되는 것을 말한다. 예를 들어 40년 전에 심장학자 레너드 콥은 '허위' 수술을 실시했다. 그는 환자를 마취시키고 적절한 자리를 절개했지만 협심증이 있는 환자의 심장으로 들어가는 두 개의 동맥을 풀어 혈류의 양을 늘리는 작업은 하지 **않았다**. 그러나 그 허위 수술의 성과는 실제 수술만큼 좋았다.

이런 종류의 보고에 크게 놀라는 사람은 아무도 없다. 환자나 의사 할 것 없이 모든 사람이 플라시보 효과를 인정한다. 그러므로 덴마크에서 최근에 제시된 플라시보 효과에 대한 반례는 충격적인 화제가 아닐 수 없었다. 메타적인 분석을 위해 연구자들은 130가지 사례에서 플라시보 효과를 노린 처치를 했을 때와 아무 처치도 하지 않았을 때의 결과를 비교했다. 놀랍게도 결과는 두 경우에 아무런 차이가 없다는 것을, 플라시보 효과는 존재하지 않음을 보여주었다. 그러나 세밀하게 조사해보니 연구된 사례들 중에는 수술 후에 발생한 음부포진(genital herpes)이나 빈혈증 같은 것도 들어 있었다. 그런 사례들에서는 플라시보 효과를 기대하기 어려울 것이다. 연구자들 스스로 인정하고 있듯이, 만일 그들이 우울증 같은 주관적인 병들만 대상으로 삼았다면, 플라시보 효과는 실제로 중요하다는 결론에 도달했을 것이다. 실제로 최근에 어떤 항우울제 신약의 연구가 중단된 일이 있었다. 연구 중단의 이유는 그 신약이 플라시보 효과보다 더 강력한 효과를 내지 못했기 때문이다.

'주관적인' 질병, 즉 '단지 심리적일 뿐인' 요소가 관여한다고 인정되는 병의 개념은 우리가 생각하는 것보다 훨씬 넓을 수 있다. 한 예로 파킨슨병을 생각해보자. 이 병은 신경학적 장애로서 전달물질인 도파민을 생산하는 핵심적인 뇌세포들이 극적으로 기능을 잃어 환자의 운동능력이 상실되는 결과를 초래한다. 문제는 실제 뉴런들의 실제적인 죽음이다. 그러나 놀랍게도 플라시보 약물을 투여받은 환자들은 뇌 화학에 직접 작용하는 약물을 투여받은 환자들만큼 도파민 수치가 증가했다. 또 다른 실험에서는 사랑니를 뽑을 때 발생하는 매우 실제적인 통증을 허위 초음파로 실제 초음파 못지않게 경감시킬 수 있었다. 그 경우에 환자와 의사는 **모두** 실제 초음파가 작동하고 있다고 믿고 있었다.

이런 종류의 연구들은 우리가 '객관적인' 질병과 '주관적인' 질병을 가르는 선을 사실상 그을 수 없음을 보여준다. 물론 아무리 큰 희망을 품더라도 부러진 다리를 고칠 수는 없다. 그러나 통증이나 심지어 파킨슨병과 같은 많은 경우에 정신의 상태는 정말로 중요한 요소일 수 있다. 가장 중요한 결정적인 요소는 무엇일까? 통증과 파킨슨병, 그리고 확실히 우울증은 부러진 다리와 달리 뇌의 현재 상태와 긴밀하게 연결된다. 그렇다면 우리의 뉴런들이 그렇게 강력한 영향력을 발휘하는 기제는 과연 무엇일까?

어떤 이들은 면역계를 마치 음식을 연상시키는 종소리를 듣고 침을 흘린 파블로프의 개처럼 조건에 따라 반응하도록 만들 수 있다고 주장한다. 현재 우리는 쥐를 훈련시켜 어떤 무해한 자극에 노출되었을 때 쥐의 면역계가 기능을 잃게 만들 수 있음을 안다. 아무렇지도 않은 종소리가 죽음의 원인이 되도록 만들 수도 있다. 아마도 이런 현상들이 과거에 사람들이 말하던 '악마의 눈'의 효과와 같은 종류일 것이다. 어쨌든 인간과 관련해서 심리학자 안젤라 클로우는 긍정적인 또는 부정적인 기분 조작이 면역계에 즉각적인 영향을 미칠 수 있음을 증명했다. 예를 들어 환자가 몇 분 동안 초콜릿 냄새를 맡게 한 결과, 타액 속의 면역글로불린A(immunoglobulin A, 혈청 성분 중 면역에 중요한 역할을 하고, 또 항체 작용을 하는 단백질의 일종/옮긴이)의 양이 눈에 띄게 증가했다. 이는 환자의 면역계의 기능이 향상되었음을 의미했다. 이 현상의 교훈을 즉각적으로 확실하고 저렴하게 응용하는 방법은 초콜릿 냄새가 나는 파이프의 연기를 병원 쪽으로 내뿜는 것이다! 우리가 어떤 냄새가 어떤 조건에서 우리 면역계의 어떤 측면을 조작할 수 있는지에 대해 더 많이 알게 되면, 우리의 환경은 건강과 정신을 위한 최적의 상태로 꾸며지게 될 것이다.

과학과 의학은 아마도 이 세기에 플라시보 효과와 새로운 PNI를 처음으로 진지하게 받아들이기 시작할 것이다. PNI는 면역계와 신경계의 연결을 이해하게 해줌으로써 '도구 주도형' 과학에 기여할 것이 분명하다. 그러나 그뿐만이 아니다. 더 나아가 이 새로운 과학 분야는 고통을 완화시키는 새로운 방법을 제공하는 의학적인 가치를 가질 뿐 아니라, 우리의 생각이 우리의 몸에 영향을 미칠 수 있게 해주는 물리적인 기제에 대한, 궁극적으로는 생각 그 자체의 물리적인 기반에 대한 통찰을 약속한다.

이미 이루어진 한 플라시보 효과 연구는 뇌가 면역계와 연결되어 어떻게 작용하는지에 관한 암시를 제공한다. 실험 참가자들은 팔에 장치한 혈압계 때문에 약한 통증을 느꼈다. 그 통증을 모르핀으로, 또한 플라시보 약물로 제거할 수 있었다는 것은 놀라운 일이 아니다. 그러나 이 실험에서 흥미로운 점은, 모르핀의 작용을 차단하는 약물인 날록손(naloxone)을 투여하자 모르핀의 효과뿐 아니라 플라시보 효과도 사라졌다는 사실이다. 모르핀이 작용력을 가지는 이유는 우리의 몸속에 모르핀이 투입되면 자연적으로 모르핀 유형(morphine-like) 호르몬이 발생하기 때문이다. 차단제인 날록손은 그 자연적인 발생 시스템에 작용한다. 그런데 놀랍게도 날록손은 플라시보 효과도 차단한 것이다. 이 결과에 대한 즉각적인 해석은 우리의 자연발생적인 모르핀 시스템, 즉 엔케팔린(enkephalins)이 플라시보 효과도 매개한다는 것이다.

전혀 다른 유형의 한 연구의 결과들도 플라시보 치료가 전혀 치료를 하지 않는 것과 다르다는 생각을 지지한다. 플라시보 약물을 투여했을 때 통증이 가장 많이 사라지는 것은 대개 투여 1시간 후이다. 이는 실제 진통제를 투여했을 때와 같다. 만일 플라시보 효과가 아무 처치도 하지 않았기 때문에 일어나는 효과에 불과하다면, 최대 통증 완화 시점은 당연히 더 가변적이어야 할 것이다. 플라시보 약물과 진통제에 대한 반응 시간이 같다는 것은 이들이 거치는 최후 통로가 동일하게 엔케팔린이라는 것을 시사한다. 약물의 자극에 의해서, 혹은 우리가 아직 모르는 어떤 '생각'과 관련된 과정을 통해서 동일한 일이 일어나는 것이다. 생각은 단지 물리적인 뇌 속에서 일어나는 신경학적인 사건일 뿐이다. 비록 현재로서는 그 사건의 정체가 밝혀지지 않았지만 말이다. 그러나 뉴런들의 세부적인 구조와 작동 양태가 어떠하든 간에 플라시보 상황에서의 생각은 최종적으로 세포들의 집단이 엔케팔린을 신체에 분비하도록 만든다고 추측하는 것이 합리적일 것이다.

엔케팔린은 펩티드라는 체내 화학물질의 집합에 속한다. 흥미롭게도 펩티드는 세 가지 역할을 할 수 있다. 펩티드는 호르몬의 역할과 면역계 속의 전령 분자 역할과 뇌 속의 전달물질 역할을 할 수 있다. 펩티드는 세 가지 제어 연결망 모두 속에 있는 특정한 목표 분자(수용자)와 결합함으로써 목표 세포에 작용할 수 있다. 펩티드는 신체의 세 제어계들이 서로 소통할 수 있게 해주는 매개자의 역할을 하기에 이상적일 것이다. 펩티드가 실제로 매개 분자의 역할을 한다면, 펩티드는 실험 속에서 또는 실제 생활에서의 정신 상태에 따라서 분비될 수 있다. 정신의 상태들은 뇌의 뉴런 지형에서 일어나는 모종의 변화로부터 발생한다. 이때 무언가가, 어떤 뇌 기능의 전체적인 특징이 '읽혀져' 내분비계와 면역계로 전달된다. 펩티드를 통해 필수 장기와 신체의 나머지 부분에 전달된 자료는 정신과 신체의 결합을 형성시킨다. 그 결합을 우리는

'불안감' '행복' 혹은 단순히 '의식'이라 표현한다.

1980년대까지도 과학자들은 의식의 '문제'를 진심으로 진지하게 다루지 않았다. 의식의 문제는 철학자들이 떠드는 종류의 주제였다. 누구도 의식을 제대로 정의할 수 없었고, 의식은 불행하게도 지극히 주관적인 경험이었다. 의식이 주관적인 경험인 것은 지금도 마찬가지다. 지금까지 의식은 객관적인 과학의 장비로 포착하기에는 너무 불분명했다. 최근에 생긴 농담에 따르면, 과학자에게 의식 연구는 'CLM'(career-limiting move), 즉 과학자로서의 미래를 막는 일이다. 그러나 상황은 점차 바뀌기 시작했다. 더 이상 출세에 연연할 필요가 없었던 매우 연로한 과학자들—그들 중 상당수가 노벨상 수상자였다—이 의식이라는 매력적인 주제를 연구하기 시작했다. 특징들이 아주 단순하고 재질이나 색깔도 볼품없는 물리적인 뇌가 어떻게 미지의 내적인 관찰자에게, 즉 신체와 분리된 '당신'에게 다른 누구도 가로챌 수 없는 일차적인 경험을 주는 것일까?

지난 몇십 년 동안 몇몇 과학자들이 소파에서 일어나 창 밖을 내다보았지만, 여전히 이 문제의 공략과 관련해서 독점권을 주장할 수 있는 단일한 연구 분야는 존재하지 않는다. 사실 나를 비롯한 신경생물학자들은 실제로 복잡하고 까다로운 뉴런들을 다루는 전문가임에도 불구하고 논쟁에 거의 참여하지 않았다. 그러나 한 손에 활동을 멈춘 물리적인 뇌를 들고 있고, 다른 한 손에 만질 수 없고 까다로운 '당신'이라는 존재의 느낌을 가지고 있다면, 미래의 과학자에게 남아 있는 가장 큰 문제 중 하나는 뉴런이라는 '물'이 주관적인 경험이라는 '포도주'로 변신하는 과정을 이해하기 위한 첫발을 어떻게 내디딜 것인가에 있을 것이다. 이 문제는 '난해한 문제(hard problem)'라 불리게 되었다. 이 문제는 21세기 과학자들에게 가장 중요한 문제가 될 것이다.

다음 세대 혹은 그 다음 세대의 과학자들이 이 문제를 놓고 씨름할 때에는 다양한 주제 영역들을 총괄하고 참조하며 다양한 유형의 현상들을 새로운 '신경정보학'의 일부로 받아들이는 일이 쉬워질 것이다. 과학자들은 어떤 영역들을 살펴보게 될까? 먼저 가장 거시적인 영역이 있다. 그 영역에서 연구하는 것은 환경 속에서 인간의 실제 행동이다. 현재 이 영역에서 활동하는 사람은 진화신경생리학자 윌리엄 캘빈, 인지심리학자이자 철학자 댄 데네트, 언어심리학자 스티븐 핑커 등이 있다. 진화론적인 시각과 인간의 생각과 행동이 다른 동물들과 어떻게 다른가에 대한 숙고는 유전자가 다양한 종들에서 행동에 기여하는 다양한 방식을 비롯한 여러 주제와 관련하여 매우 값진 통찰들을 제공할 수 있다. 더 나아가 우리는 어떤 종류의 행동과 생각이 우리 인간을 이토록 특별한 존재로 만드는가에 대한 반성을 시작할 수 있다. 그러나 의식 자체와 관련해서는, 우리가 이 영역에서 물을 수 있는 질문은 의식의 본질에 대한 어려운 질문이 아니라 의식의 진화론적인 가치에 대한 보조적인 질문이다. '왜 그리고 언제 의식이 진화했을까?' 혹은 더 퉁명스럽게 묻는다면, '의식은 도대체 무엇 때문에 존재할까?'

의식의 생존 가치를 숙고하는 것은 의미 있는 일임에 분명하다. 흔히 채택되는 접근 방법은 만일 당신이 의식이 없는 기계라면 정확히 무엇을 할 수 **없을지** 생각해보는 것이다. 이제 당신이 감각에서 오는 입력과 근육 수축으로 나타나는 출력을 가지지만 입력과 출력 사이에 있어야 할 사적인 내면세계는 가지지 않는다고 가정해보자. 이때 당신에게 외부세계에 대한 행동이나 반응과 관련해서 무언가 큰 손실이 일어날 것이라고 생각하는 것은 거의 불가능한 일일 것이다. 그러나 우리가 지금 행동에 대해 얘기하고 있음을 상기하라. 의식은 행동이 아니다. 의식은 내적인 상태이며, 외부로 향한 행동, 즉 근육의 물리적인 수축과 분리될 수 있는 주관적인 경험이다. 예컨대 햇빛 아래 졸고 있는 사람은 전혀 움직이지 않을 수도 있지만 여전히 의식을 가지고 있다. 반대로 우리가 3장에서 보았듯이 고도의 반응을 할 수 있지만 그 뒤에 내면 상태는 가지고 있지 않은 시스템들의 예는 무수히 많다. 그러므로 행동을 기준으로 삼아 의식의 가치에 접근하는 것은 부적절하다.

아마도 우리는 의식을 출발점으로 삼고, 의식이 우리를 위해 무엇을 하는지, 의식이 우리의 삶에 어떤 도움을 주는지 물어야 할 것이다. 간단하고 자명한 대답은 의식이 우리의 삶을 살 가치가 있게 만든다는 것이다. 힐스보로 축구장 충돌 사고의 비극적 희생자인 토니 블랜드는 의식을 되찾지 못했고, 법원은 결국 음식 공급을 중단하여 그를 사망에 이르게 하는 것을 허락했음을 상기하라.* 이 사건의 교훈은, 만일 당신이 의식을 잃는다면, 그것은 죽는 것과 같다는 것이다. 우리는 의식을 가지기 위해 생존한다. 우리가 의식을 생존을 위한 부수적인 수단으로 이용하는 것은 아니다.

우리가 더 작은 규모의 세계를 더 세부적으로 연구한다면, 즉 뇌 자체를 연구한다면 어떤 결론을 얻을 수 있을까? 세부적인 뇌는 신경심리학자의 연구 주제이다. 목표는 뇌 손상에 의해서 또는 교묘한 실험 계획에 의해서, 또는 그 둘 다에 의해서 발생한 의식의 결함을 설명하고, 일반적으로 의식을 지탱하는 뇌의 기제에 대한 통찰을 얻는 것이다. 기발하게 고안된 검사들을 통해서 신경심리학자는 결함의 본질을 알아내

* 수전 그린필드, 『브레인 스토리』(지호, 2004)의 11장 '의식의 수수께끼'를 참조하기 바란다.

고, 그 결함을 고전적인 증후군들에 동반되는 알려진 결함들과 비교하고, 손상된 뇌의 영역과 관찰된 문제나 역설을 짝지을 수 있다. 이 방법을 사용한 연구 중에서 가장 유명한 것은 아마도 맹시(blindsight) 연구일 것이다. 맹시라는 이름은 당연히 역설적으로 들린다.

때때로 뇌의 시각 관련 부위가 손상되었지만 시력을 완전히 잃지는 않은 환자들이 발생할 수 있다. 그 환자들은 암점(scotoma)을 가질 수 있다. 이는 환자의 눈에 세계의 일부가 검게 보인다는 것을 의미한다. 지난 수십 년 동안 신경심리학자들은, 물체를 환자의 시야 속의 암점에 놓았을 때 환자는 당연히 그 물체를 볼 수 없다고 말해왔지만, 그 물체를 우연 이상의 정확도로 지적할 수 있다는 사실에 큰 흥미를 느껴왔다. 과학자들이 흥미를 느끼는 이유는, 이 경우가 의식이 뇌의 작용으로부터 분리된 듯이 보이는 상황이기 때문이다. 뿐만 아니라 이 경우에는 뇌를 영상화 장치들로 관찰하여 작동하거나 하지 않는 구역들을 확인하면서 실험을 할 수 있다는 장점이 있다.

이런 유형의 연구는 해답을 제시하는 듯이 보이지만, 문제는 그다지 명확하지 않다. 철학자 존 설은 맹시 환자가 맹점 속의 물체를 보려 노력하고 실패할 때, 그 환자는 평소처럼 의식을 가지고 있는 상태라는 점을 지적했다. 따라서 이 경우에 중심 사안은 다양한 의식적인 경험들일 뿐, 주관적인 경험이 어떻게 먼저 발생하는가, 라는 근본적이고 더 난해한 질문이 아니다.

또한 뇌 영상화 기법 때문에 우리는 우리가 실제보다 더 많이 이해한다고 착각할 수 있다. 우리가 앞에서 보았듯이 영상화 기술로 성취할 수 있는 것은 특정 실험 조건 아래에서 활발하게 작동하는 뇌의 부분들을 확인하는 것뿐이다. 우리는 좀더 나아가 우리가 주의를 집중할 때와

하지 않을 때, 혹은 맹시의 경우에서처럼 우리가 무언가를 볼 수 없다고 시인할 때, 뇌 구역들의 상태가 어떻게 변하는지 관찰할 수 있다. 그러나 우리가 볼 수 없음을 시인할 때 빛을 내지 않는 영역이 '의식의 중심지'라는 결론은 나오지 않는다. 오히려 그 영역은 우리의 뇌가 다른 모든 생물학적인 계나 인공적인 물건이나 장치와 다르게 만드는 결정적이고 난해한 생리학적인 과정(의식)과 관련해서 어떤 역할을 하는 것이 아니라 주의력을 이동시키는 것과 관련해서 어떤 역할을 할 것이다. 실제로 우리가 마취를 통해 뇌에서 의식을 제거하면, 단 한 개의 구역이 활동을 멈추는 것이 아니라 여러 구역들이 활동을 멈춘다. 어쨌든 현재 사용되는 영상화 기술들은 활동하는 뇌를 1초 이내의 짧은 시간 규모로—의식은 그렇게 짧은 시간에 발생한다—보여주지 못하며, 뇌 연결망들의 역동적인 상태 변화 역시 보여주지 못한다. 또한 미래의 발전된 영상화 기술에 의해 이런 정밀하고 생생한 관찰이 가능해진다 하더라도, 우리가 얻는 것은 어디에서 어떤 일이 일어나는지에 대한 지식일 뿐, **어떻게** 물리적인 상태가 주관적인 상태로 번역되는지에 대한 지식은 아닐 것이다.

이제 더 미세한 규모의 세계로, 뉴런과 뉴런의 연결망으로 내려가보자. 간접적인 침투 기술을 사용하는 실험실에서 우리는 학습과 기억에 관심을 가진 사람들이 그렇게 하듯이 뇌세포의 연결망들이 어떻게 외부의 사건과 경험에 반응하는지 연구할 수 있다. 그러나 우리는 여전히 가장 중요한 문제인 의식의 발생 문제에 답할 수는 없을 것이다. 그럼에도 불구하고 나는 의식의 물리적 기반에 관한 발견들이 이루어질 가능성이 가장 높은 곳은 바로 이 일시적인 뉴런들의 연합의 차원이라고 믿는다. 우리가 보았듯이 유전자는 간헐적으로 단백질을 생산하여 뇌의 물질적인 조직에 기여할 뿐, 뇌의 활동 전체를 결정하는 것은 아니다. 또한 특정한 정신적 기능을 담당하는 유전자가 없는 것과 마찬가지로 — 의식을 담당하는 유전자는 더더욱 없다 — 행복과 같은 느낌을 전달하는 물질도, 소형 뇌로서 독자적으로 활동하는 뇌의 구역도 존재하지 않는다. 설사 그런 것들이 존재한다 하더라도, 우리가 의식의 발생이라는 어려운 문제를 푸는 데 도움이 될 것 같지는 않다. 다만 문제가 더 작은 영역으로 집중될 것이다.

의식과 관련해서 우리가 과학자로서 직면하는 가장 큰 어려움은 일차적이고 개인적인 경험이 철저히 주관적이기 때문에 물리적인 뇌 속에서 그 경험이 자리하는 위치를 확정하기가 지극히 어렵다는 점에 있다. 그렇게 불분명하고 순전히 **질적인** 현상은 당연히 실험실에서 다루기에 적합하지 않다. 가장 따분하게 들리는 과학자들의 설명들 중 하나는 — 아마도 이 설명 때문에 많은 어린이들이 과학에 등을 돌렸을 것이다 — 과학이 하는 일이 '측정'이라는 것이다. 그러나 단순히 고체와 액체와 기체에 관한 다양한 데이터를 읽을 때와 달리 지금 우리가 다루는 것은 상황마다 여러 이유로 정도가 변하는 현상이나 반응 또는 과정이다. 만일 의식도 있거나 없는 존재가 아니라, 또한 말로 표현할 수도 없는 마술적인 성질이 아니라, 정도의 변화가 있을 수 있는 존재라면, 사정은 훨씬 좋아지지 않을까?

그러므로 미래의 과학자들은 아마도 진화론적인 차원에서부터 양자역학적인 차원까지 모든 차원에서 뇌의 전체적인 작동을 반영하는 무언가를 찾아내야 할 것이다. 그 무언가는 거시적인 뇌 활동과 미시적인 뇌 활동의 차원에서 모두 기술될 수 있을 것이며, 또한 다양한 의식의 정도에 대응하여 가시적으로 수축하고 팽창할 것이다. 그런 무언가를 찾는다면, 우리는 의식을 순간마다 깊어지거나 얕아지고, 확장되거나 수축되고, 증가하거나 감소하는 존재로 생각할 수 있을 것이다. 우리는 의식이 본질적으로 가변적이며, 신생아의 '변덕스럽고 복잡한 혼란'이나 꿈을 꿀 때나 술에 취했을 때의 몽롱함에서부터 깊이 반성하는 성인의 자기의식까지 양적으로 다양한 차이가 있을 수 있는 현상이라는 결론을 내릴 수 있을 것이다. 그렇다면 우리는 항상 변하는 의식의 수준이 뇌 지형의 변화에 어떻게 대응하는지 연구할 수 있을 것이다. 그러나 우리가 측정할 수 있는 그것, 뇌 속에 있으면서 항상 변하는 그것, 바로 그 무언가는 과연 무엇일까?

그렇게 민활하게 변화할 수 있는 최선의 후보자는 뇌의 구역이나 유전자나 심지어 특정 화학물질이 아니라 뉴런들의 역동적인 연합이다. 앞에서 우리가 보았듯이 뇌세포들은 1초 이내에 수천만 개가 연합하거나 해체할 수 있다. 미래에는 어쩌면 새로운 뇌 영상화 기술이 개발되어 뇌 전역에서 뉴런들의 거시 규모 연합이 순간적으로 형성되고 해체되는 모습을 정확하게 관찰할 수 있게 될지도 모른다. 그런 관찰이 가능할 때 비로소 과학자들은 뉴런들의 연합이 과연 의식의 물리적 상관물로 간주될 만한지 알게 될 것이며, 궁극적으로 뉴런 연합 형성의 기제를 연구하여 뇌가 주관적인 상태를 어떻게 발생시키는지를 이해하기 위한 결정적인 디딤돌을 놓을 수 있을 것이다.

수학자 로저 펜로즈와 마취학자 스튜어트 헤이머로프, 그리고 신경화학자 낸시 울프는 어떻게 뉴런들의 연합이 형성되어 의식의 물리적 상관물의 역할을 하는지 이해하기 위해 노력해왔다. 그들은 뉴런들의 연결망이 단일한 '하이퍼뉴런(hyperneuron)'으로 작용할 수 있음을 보이기 위해 양자역학의 원리들을 이용한다. 이른바 '양자 결맞음(quantum coherence)' 상태 속에서 각각의 뉴런은 다른 모든 뉴런들과 공진(共振)하면서 작동한다고 그들은 믿는다.

양자역학을 이용하는 이 연구에 대해 가장 먼저 지적할 수 있는 문제는 우리가 양자 컴퓨터에 관한 논의에서 보았듯이 양자적인 사건들은 일반적으로 매우 추운 환경에서만 가능하다는 점이다. 그러나 많은 물리학자들은 뇌가 양자적인 사건들을 고온의 환경으로부터 고립시키고 보호하는 특별한 수단들을 가지고 있는 예외적인 사례일 것이라고 주장한다. 더 중요하고 아직 해결되지 않은 또 다른 문제는 어떻게 수천만 개의 뇌세포들이 순간적으로 미묘한 가지들을 이용하여 전기적 화학적 신호를 주고받으면서 함께 활동하는지를 양자역학이 얼마나 정확하게 설명할 수 있을지의 문제이다. 뉴런 연합을 기술하는 양자 수준의 시도들이 일궈낸 현재까지의 성과는 화학물질의 변화에 노출된 임의의 세포 집단에도, 그러니까 심장이나 신장이나 기타 거의 모든 신체 부위에 있는 세포 집단에도 쉽게 적용된다. 그러나 심장이나 신장은 뇌처럼 의식과 밀접하게 연관되어 있지 않다. 의식을 연구하는 미래의 과학자는 심장에는 없고 뇌에는 있는 추가적인 제약조건이 무엇인지 밝혀내야 할 것이다. 뇌 속에서 형성되는 뉴런들의 연합에는 미세소관(microtubule)이나 시간맞춤(synchronize) 능력 외에 무언가 특별한 성질이 있음에 분명하다.

뿐만 아니라 거시적인 생리학에 관한 양자역학적 설명이 누군가에 의해 제시된다 하더라도 반드시 기억해야 할 사실은 뉴런들의 연합이 의식의 정도를 보여주는 믿을 만한 지표는 될 수 있겠지만 그 자체로 내적인 상태를 발생시키는 능력을 가지고 있지는 않을 것이라는 점이다. 과정을 보여주는 지표는 과정 그 자체와 동일하지 않다. 나는 살아 있는 상태로 접시에 담은 뇌의 얇은 조각은 절대로 의식을 가지지 못한다는 주장—물론 이 주장을 실제로 증명하는 것은 불가능하겠지만—에 기꺼이 거금을 걸 용의가 있다. 단지 뉴런의 개수가 부족하기 때문이 아니다. 예를 들어 연체동물도 어느 정도 의식을 가질 수 있을 것이다. 그 동물의 신경계가 전체적으로 온전하고 또한 신체의 나머지 부분들과 연결되어 있다면 말이다. 반면에 뇌의 조각의 경우에는 3차원적인 연결이 거의 모두 파괴되었고 신체의 나머지 부분들과 통하는 입력이나 출력이 없다.

그러므로 온전한 연체동물과 뇌의 조각은 전혀 다른 상황에 있다. 뇌의 조각에서 뉴런 연합은 소통 상대인 생물학적 계로부터 고립되어 있다. 반면에 연체동물에서 뉴런 연합은 자연적인 맥락 속에서 작동할 수 있다. 그러므로 뇌의 조각에서 뉴런 연합은 더 포괄적인 유기체와 아무 관련이 없는 공허한 지표이다. 반면에 연체동물에서 뉴런 연합의 크기는 신체의 나머지 부분과 소통하면서 변할 수 있다. 그 속에 약간이나마 의식이 있을지는 아직 알 수 없는 일이지만 말이다. 미래의 과학자들은 어떻게 뉴런들의 연결망이 뉴런 지형에 관한 정보를 펩티드의 흐름을 통해 면역계와 내분비계와 심장과 폐와 신장에 전송하여 몸 전체를 일관적으로 조율하는지를 탐구해야 할 것이다.

미래에는 뇌 속에서 뉴런 연합이 형성되는 모습을 실시간 영상으로 관찰하는 것이 가능해질 것이다. 또한 다양한 펩티드가 시기에 따라 신체의 어느 부위에 집중되는지 관찰하는 것과, 심지어 뉴런 연결이 의식의 정도를 보여주는 지표라는 이론을 검증하는 것도 가능해질 것이다. 그러나 그럼에도 불구하고 물리적인 뇌가 어떻게 특정한 주관적 경험으로 번역되는 상태를 만들어내는가, 라는 어려운 문제를 우리가 풀 수 있을 것이라는 결론은 여전히 나오지 **않는다**.

과학자들이 고찰해야 할 뇌 구조와 기능의 다양한 차원들에 대한 지금까지의 논의만으로도 우리는 의식에 대한 지식의 진보를 막는 커다란 장애물은 연구 방법이 양자 이론에서부터 진화론까지 매우 다양하다는 점이라는 것을 알 수 있다. 그 다양한 연구 기법들과 다양한 연구 유형들의 본성이 참된 문제와 사실상 관계가 없는 질문들이 제기되고 대답되도록 이끌어왔다는 사실은 정말 큰 문제가 아닐 수 없다. 그러나 미래에는 신경정보학이 해결사로 등장할 것이다. 신경정보학은 최소한 특정 기법이나 분과에만 관련된 주변적인 사안들이 참된 질문을 가리는 것을 막을 것이다. 또한 여러 분과들이 축적한 자료를 모아 새로운 이론이 만들어질 수 있을 것이다. 나는 여러 차원에서 연구하는 경쟁적인 이론들을 비교하고 평가할 때 최소한 다음의 기준들을 고려할 것을 제안한다.

1. 이론이 실제로 탐구하는 질문은 무엇인가? 그것이 의식의 발생 문제나 그것의 변양태가 아니라면, 이론은 사실상 핵심을 건드리지 않는 것이다.

2. 이론은 꿈꿀 때의 의식과 정상적인 의식의 동일성과 차이를 설명할 수 있는가? 꿈꿀 때의 의식이 깨어 있을 때의 의식과 크게 다르다는 것에는 의심의 여지가 없다. 그러나 뇌전도(EEG) 패턴이나 단백질 합성 속도 등의 다양한 지표들은 꿈꿀 때와 깨어 있을 때 거의 동일하다. 그렇다면 그 두 주관적인 상태의 차이를 어떤 물리적인 지표가 반영할까?

3. 이론은 인간이 아닌 동물의 의식과 인간의 의식이 어떻게 같고 어떻게 다른지 설명할 수 있는가?(이는 2번에서 제기한 것과 유사한 질문이다.) 어떤 이들은 바닷가재 같은 동물들은 자동기계에 불과하다고 주장하지만, 대부분의 사람들은 포유류는 거의 모두 의식을 가지고 있다고 인정할 것이다. 그러나 동물계에는 의식의 유무를 가르는 명확한 해부학적 경계선이나 생리학적 경계선이 존재하지 않는다. 실제로 신경계는 가장 하등한 해삼에서부터 영장류까지 모두 동일한 원리에 따라 설계되어 있다.

4. 이론은 자기의식과 잠재의식과 무의식을 의식과 어떻게 구별하는가?(이는 2번과 3번에서 제기한 질문과 같은 맥락에 있다.) 인간이 아닌 동물들이 모두 의식을 가진다 하더라도, 그들은 신생아와 마찬가지로 우리가 자기의식이라 부르는 경험을 하지는 못할 것이라고 추측하는 것이 합리적으로 보인다. 또한 때때로 스포츠나 춤이나 섹스나 약물에 취한 극단적인 상황에서 우리도 '우리 자신을 놓아버릴' 수 있다. 의식이 있는 상태에서 자기의식을 버릴 수 있는 것이다. 훌륭한 이론은 우리가 '도취에 빠질 때' 뇌 속에서 무슨 일이 일어나는지 설명할 수 있어야 한다.

5. 이론은 의식이 자아의 경계선인 신체와 어떤 관계를 맺는지 설명하려 노력하는가? 의식이 뇌 속에서 발생한다면, 신뢰할 수 있는 이론은 왜 우리가 우리의 신체를 우리 자신의 경계선으로 느끼는지 설명할 수 있어야 한다. 이는 당연한 말로 들릴지 모르지만, 정신적인 연결망이 주도하는 사회에서는 이 조건이 훨씬 더 중요해질 수 있을 것이다. 우리는 자신이 개인이라기보다 더 큰 집단의 일부라는 느낌의 위험성이나 불합리성을 평가할 필요가 있을 것이다.

6. 이론은 구조적으로 대략 유사한 피질의 두 부분에 도착한 동일한 유형의 전기신호가 어떻게 시각 경험과 청각 경험으로 전혀 다르게 번역되는지 설명할 수 있는가? 이 문제 역시 겉보기보다 훨씬 까다롭다. 3장에서 말했듯이 뇌의 표층인 피질은 전체적으로 동일한 뉴런 구조를 가지고 있다. 우리는 피질의 특정 부분이 활성화되는 것이 시각 경험에 대응하고, 다른 부분이 활성화되는 것이 청각 경험에 대응한다는 것을 안다. 망막이나 달팽이관으로부터 각각의 피질 구역으로 들어오는 입력이 서로 다르기 때문에 다른 경험이 생긴다는 대답이 간단한 정답일지도 모른다. 그러나 모든 입력들이 동일한 전기신호 체계를 사용한다는 사실은 여전히 남아 있는 까다로운 수수께끼이다. 시각 피질이나 청각 피질로 들어오는 입력에는 경험의 차이에 대응할 만한 내재적인 특징이 없다. 이 문제와 관련해서 지식의 진보가 일어난다면, 그것은 뇌에서 일어나는 사건들과 주관적인 상태들 사이의 인과 관계를 이해하는 데 커다란 전진이 될 것이다.

7. 이론은 모르핀, LSD, 암페타민 같은 다양한 약물이 어떻게 다양한 의식 상태를 산출하는지 설명할 수 있는가? 그 자체로 의식을 발생시키기에 충분한 하부 구조—해부학적 구조이든, 유전자 구조이든, 화학적 구조이든 상관없이—가 뇌 속에 존재하지 않음을 우리가 인정한다면, 우리는 왜 약물을 통해 다양한 화학물질들의 조성을 바꾸면 다양한 유형의 의식이 발생하는지 이해해야 한다. 약물은 뇌 속의 화학적 계들에 영향을 미치고, 그 영향은 다시 뇌의 전체적인 구성과 작동 방식을 변화시켜 결국 주관적인 느낌의 변화를 일으킨다. 이 과정을 무시하거나 설명하지 못하는 이론은 어떻게 뇌가 다양한 유형의 의식에 대응하는 다양

한 '느낌'을 산출하는지를 충분히 정확하게 설명하지 못하는 이론이다.

8. 이론은 플라시보 효과를, 그리고 고혈압에 쓰는 프로파놀놀(propanolol)과 같이 부수적으로 작용하는 약물들의 심리적인 효과를(프로파놀놀은 심장병뿐 아니라 불안장애에도 효과가 있다/옮긴이), 그리고 좋은 소식이나 나쁜 소식과 같은 인지적인 자극에 의해 일어나는 감정의 변화를 설명할 수 있는가? 이 질문은 신체의 나머지 부분이나 외부 세계로부터 오는 피드백 자극과 같은 간접적인 요인들에 의해 주관적인 상태가 발생하는 기제를 묻는다. 먼저 뉴런 연결망에 중간 단계의 변화가 일어나고, 그 변화의 영향으로 뇌가 의식의 변화를 일으키는 것이 분명하다. 그러나 현재 우리는 그런 사건들이 어떻게 연쇄적으로 전개되는지에 대해 아는 바가 없다. 심지어 어떤 사건들이 일어나는지에 대해서도 우리는 모른다.

9. 이론은 의식의 어떤 특징을 모형화하고 어떤 특징을 버리는가? 모형은 계의 두드러진 특징을 추출하고 나머지는 모두 버림으로써 만들어진다. 실리콘 모형과 관련해서 우리가 보았듯이, 무엇을 버릴지를 확실히 모를 경우, 가장 중요한 요소가 버려질 위험이 있다. 안전을 위해 모든 것을 유지하려 한다면, 모형을 만들 수 없을 것이다.

10. 이론을 검증하는 실험은 무엇이며 설득력 있는 '해답'은 무엇인가? 이 질문은 거의 의식의 문제 그 자체만큼이나 난해하다. 물리적인 뇌가 어떻게 오직 당신만 직접적으로 경험할 수 있는 내적인 세계를 만들어내는지 이해했다고 주장하려 할 때 어떤 **유형**의 설명을 제시해야 하

는지, 그리고 그 설명을 어떻게 검증해야 하는지에 대해 확실하게 말한 사람은 아직 아무도 없다. 더 흥미로운 것은 어떤 식으로든 의식의 문제가 풀린다고 가정하는 것이다. 그러면 어떤 일들이 벌어질까? 참된 이해는 관찰 능력뿐 아니라 조작 능력도 준다. 그러므로 우리는 가공할 만한 정확도로 개인의 의식을 변화시키고 망가뜨리고 널리 공유할 수 있을 것이다.

의식을 연구하는 미래의 과학자들은 아마도 지금의 우리와 달리 위에 열거한 질문들에 대해 만족스러운 대답을 제시할 수 있을 것이다. 그러나 더 중요한 것은 그들이 과학에 남아 있는 그 최대의 문제에 답하는 모형이나 가설을 생각해낼 수 있을지가 아니라, 그들이 그런 모형이나 가설을 반증하는 실험을 고안할 수 있을지이다. 철학자 칼 포퍼가 지적했듯이 과학의 핵심은 검증에, 생각을 경험적인 자료를 가지고 반증하는 일에 있다.

할데인이 제시한—또한 냉소적인 존 호건도 동의한—세 가지 큰 질문은 시간과 공간에 대한 질문, 물질에 대한 질문, 그리고 우리 자신의 몸에 대한 질문이었다. 이 질문들은 여전히 미래 과학의 거대한 과제로 남아 있다. 미래에도 과학자가 여전히 존재한다면, 또한 인류의 상상력과 호기심이 끊임없는 감각 자극과 손쉬운 접속으로 인해 질식되지 않고 살아남는다면, 미래의 기술은 새로운 사상의 혁명과 수십 년이 아니라 수백 년 동안 사용될 새로운 기술들의 개발에 이용될 수 있을 것이다. 내다볼 수 있는 미래에 누군가가 공간과 시간과 물질과 개인의 주관적 경험이 더 이상 의미가 없다는 사실이 함축하는 바에 관한 책을 쓰게 되지는 않을까? 그 책이 펼치는 시나리오 속에는 그 책도 그런 누군가도 존재할 수 없을 것이다……

그러나 아직 할데인이 제시한 마지막 큰 문제, 즉 '인간의 영혼 속에 있는 어둡고 악한 요소들'과 관련된 문제가 남아 있다. 20세기의 위대한 사상가 버트런드 러셀은 과학이 종교를 대신할 수 없을 것이라고, 과학이 사람들이 원하는 것을 모두 주지는 못할 것이므로 분쟁을 완화시키기보다는 악화시킬 것이라고 예언했다. 1924년에 러셀은 할데인의 「다에달루스」에 답하여 다음과 같이 썼다.

> 과학은 사람들에게 더 강한 자제력과 친절함과 냉정한 판단력을 주지 않았다. 과학은 집단들에게 집단적인 열정에 빠져들 힘을 주었지만, 사회를 더욱 유기체적으로 조직함으로써 개인의 열정이 하는 역할을 축소시켰다. 인간의 집단적인 열정은 주로 악하다. 집단적인 열정들 중에서 가장 강력한 것은 다른 집단을 향한 경쟁심과 적대심이다. 그러므로 현재 인간에게 집단적인 열정에 빠져들 힘을 주는 것은 모두 나쁘다. 이것이 바로 과학이 우리의 문명을 파괴하는 원인이 될 수 있다고 우려하는 이유이다.

러셀의 글의 제목은 '이카루스(Icarus)'였다. 이카루스는 다에달루스의 아들로, 왁스로 된 날개를 달고 태어나 자만심으로 태양에 너무 접근했기 때문에 파멸한 인물이다. 러셀의 비관적인 예언은 얼마나 진실에 가까울까? 21세기의 과학과 기술이 우리의 '사적인' 열정들과 개인적인 자유의지를 앗아간다면, 인간이 지닌 악한 경향성에게는 무슨 일이 일어날까?

08

테러

우리는 여전히 자유의지를 가질까?

사무실에 들어서는 당신은 늘 그랬듯이 관리요원이 다가와 안전 배지의 플라스틱 주머니에 들어가는 구멍 뚫린 카드를 건네줄 것을 예상한다. 당신은 공항에 들어가면서 손톱깎이를 압수당하거나 검색을 위해 구두를 벗는 일을 불합리하다거나 특별하다고 느끼지 않는다. 그때 안전요원들의 시선은 붐비는 홀에 놓인 주인 없는 가방 하나에 집중된다. 가방은 곧바로 조심스럽게 검사된다. 몇십 년 전에 이런 장면들을 예언했다면, 사람들은 믿을 수 없다는 반응을 보였을 것이다. 그러나 지금 우리는 더 이상 평화로운 세계에 살고 있지 않다. 안전 보장은 제2의 천성이 되었다. 내가 이 글을 쓰는 지금 미국은 두번째로 강력한 국가적 위험을 의미하는 '오렌지 경보'가 발령된 상태이다.* 충분히 자주 대규모로 발생한다면 테러 행위는 우리가 아는 문명화된 삶을 종식시킬 것이다. 또한 우리에게 다가오는 고도 기술로 둘러싸인 삶도 불가능하게 만들 것이 분명하다.

그러나 진보하는 기술은 결국 광신자들의 편협한 정신에 제동을 걸 것이 분명하다. 21세기 생활양식의 특징이 되어가는 듯이 보이는 수동성과 쾌락주의, 그리고 인터넷을 검색할 자유, 또한 정보기술로 인해 사람들이 지나치게 신뢰하는 상대로부터 물리적으로 거리를 두게 되는 경향성은 민족주의적이거나 극단주의적인 기질을 지니지 않은 개인들에게 좋은 조짐일 것이다. 실제로 우리는 사이버 세계 속에서 다른 인종이나 성별을 가장할 수 있으므로, 다른 문화와 풍습은 그다지 낯설지 않아질 것이며, 우리는 점점 더 관용적이고 마음이 넓은 사람들이 되어갈 것이다. 하지만 반대로 발전하는 기술들이 집단 소속감에서 나오는 강렬한 감정들을 과거 어느 때보다 파괴적이고 말세적인 수준으로 강화할지도 모른다. 과학의 발전이 전쟁 무기들의 성능을 얼마나 강화할 것인지, 또한 미래 세대들의 정신을—러셀이 예언했듯이—무기를 사용한 폭력 행위 쪽으로 더욱 강하게 이끌 것인지는 21세기 삶의 중요한 관심사가 될 것이다.

〈스타워즈〉 영화 연작과 그밖에 공상과학소설들 덕분에 우리에게 가장 확실하게 떠오르는 상상물은 광선총이다. 그러나 놀랍게도 광선총은 미래의 무기로 등장하지 않을 것이다. 에너지를 전송하고 투사하기 위해 빛을 이용하는 일은 1958년부터 시작되었다. 레이저는 통신이나 거리 측정에 유용하다. 그러나 레이저를 직접적인 살상에 응용한 광선총을 개발하기 위해서는 아직도 많은 장애물들을 극복해야 한다. 광선

---

* 미국은 2002년에 9·11 테러 사건 일주년을 하루 앞두고 오렌지 경보(code orange)를 발령한 이후 테러 경계를 위해 2003년 5월까지 세 차례에 걸쳐 오렌지 경보를 발령했다.

총이 목표물을 파괴하려면 많은 양의 에너지를 단번에 발사해야 한다. 그 엄청난 에너지를 감당하려면 거대하고 따라서 공격에 노출되기 쉬운 발전소들이 필수적일 것이다. 뿐만 아니라 대기의 요동은 레이저가 진행하는 방향의 정확도에 문제가 발생하게 만들 것이다.

반면에 나노기술은 군사적으로 폭넓게 활용될 가능성을 확실히 가지고 있다. 매우 민감한 나노센서를 이용하여 아프가니스탄같이 멀리 떨어진 곳의 지형을 더 정확하게 파악할 수 있을 것이며, 여러 장비의 재료를 나노과학으로 만든 새로운 종류의 물질로 대체할 수 있을 것이다. 어느 군사 관계자가 기대에 찬 어투로 말했듯이, "우리는 나노과학을 이용하여 물질들이 원래 가지지 않은 속성들을 추가할 수 있을 것이다". 2025년에는 공격을 받는 군인들이 주변 환경과 구분할 수 없도록 자신의 모습을 바꿀 수 있게 될 것이다. 나노 입자들이 군복이 지닌 색깔을 비롯한 여러 속성들을 바꿀 것이기 때문이다. 또한 헬멧은 40에서 60퍼센트 가벼워질 것이며, 천막의 소재는 찢어질 경우 스스로 복구될 것이다.

현재 나노기술이라는 말은 단지 매우 작을 뿐인 장치들에서부터 화학 법칙들에 도전하는 원자 조작까지 다양한 대상을 가리키는 포괄적인 용어로 사용되고 있다. 과감한 상상력이 자기조립 능력을 가진 파괴적인 무기들로 가득한 창고를 떠올리는 것은 거의 불가피한 일이다. 그러나 그 상상은 단지 기술적으로만 문제가 있는 것이 아니다. 우리가 앞 장에서 보았듯이 그 상상은 사실상 개념적으로 실현 불가능하다. 그러나 우리는 우리의 시각을 현 시점에서 가능해 보이는 것들에만 한정하지 않도록 주의해야 할 것이다. 확고한 화학 법칙들은 미래에도 깨뜨릴 수 없겠지만, 생산 속도를 높이는 연료전지나 기타 수단들을 군사적으로 이용하는 것과 관련해서 패러다임 전환이 일어날 수 있다. 그런 패러다임 전환은 무기 생산을 위협적으로 가속시키는 결과를 가져올 것이다.

그러나 파괴적인 잠재력을 지닌 것은 물리적인 과학들만이 아니다. 이미 고대에도 군대는 적을 살상하기 위해 질병의 힘을 이용했다. 봉쇄된 도시의 성벽 너머로 흑사병으로 죽은 시체들을 던져 넣는 것은 흔히 있는 일이었다. 영국 역사의 오점으로 남은 한 사례는 미국이 아직 영국 왕의 지배 하에 있던 시절에 일어났다. '불만을 품은 인디언 부족들'을 진압하는 것을 목표로 세운 영국군 사령관 제프리 암허스트는 인디언들에게 천연두균으로 오염된 담요를 '선물'로 나누어주었다. 더 최근인 1984년에는 힌두교 지도자 오쇼 라즈니쉬의 추종자들이 다가오는 선거에 참여하는 유권자의 수를 줄이려는 목적으로 식당들을 살모넬라균으로 오염시키는 치밀한 생명공학적 테러를 저질렀다. 사망자는 발생하지 않았지만, 751명이 감염되었다.

1995년 도쿄 지하철에서는 종교집단 옴진리교 신도들이 퍼뜨린 신경가스로 인해 12명의 시민이 사망하고 약 5천 명이 부상을 당했다. 원래 제2차 세계대전 중에 개발된 신경가스는 실제로는 기체가 아니지만, 용액 상태로 섭취되거나 증기 상태로 흡입된다. 그렇게 인체에 침입한 신경가스는 신경과 근육을 연결하는 전달물질인 아세틸콜린을 파괴하는 효소인 아세틸콜리네스테라제를 무력화시킨다. 그 결과 인체의 필수 장기들에 아세틸콜린이 과도하게 축적되는 현상이 발생한다. 뇌와 신체에서 일어나는 많은 과정들은 정상적인 양의 아세틸콜린을 필요로 한다. 그러나 지킬 박사와도 같은 이 전달물질은 아세틸콜리네스테라제에 의해 제거되지 않을 경우에 하이드로 변신한다. 아세틸콜린이 목표 근육을 계속 자극하게 방치하는 것은 가속 페달을 힘껏 밟아 엔진이 꺼지도록 만드는 것과 유사하다. 결국 온몸의 근육들은 작동을 멈추게 된다. 증기 밀도가 충분히 높은 상황에서 신경가스를 흡입하면 1분 이내에 흉부 압박감을 비롯한 여러 증상들이 나타난다. 노출 정도가 약한 피해자는 공포, 두통, 눈 뒤쪽의 통증, 불안을 경험하며, 노출 정도가 더 심한 피해자에게서는 경련이나 전반적인 근육 무력화가 일어날 수 있다. 아주 심하게 노출된 피해자는 발음이 불분명해지고 정신적 혼란을 겪은 후에 의식을 잃고, 결국 호흡기관 전체의 기능 상실로 인해 사망한다. 뿐만 아니라 노출 정도가 약하여 생존한 피해자에게 장기적인 후유증이 나타날 수 있다. 신경가스가 뉴런들 사이의 미묘하고 역동적인 연결에 미친 영향이 피해자의 정신 상태에 장기적인 변화를 일으킬 수 있는 것이다.

역시 1940년대 초에 개발되었지만 오늘날에 이르러 위력을 발휘하고 있는 전혀 다른 형태의 화학전 무기로 탄저균이 있다. 9·11 테러 이후 극도로 긴장한 미국에서 최근에 일어난 탄저균 공격들은 5명의 사망자와 17명의 감염자를 발생시켰다. 그러나 미래의 발전된 나노기술은 결국 탄저균 같은 무기를 무력화시키거나 유해한 작용을 하기 전에 검출할 것이다. 예를 들어 멜버른 소재 스윈번 공과대학에서는 생물학전 공격을 조기에 경보할 수 있는 인공 '근육'이 개발되고 있다.

이 인공 근육의 원리는 독창적이면서 또한 간단하다. 근육이 수축하기 위해서는 두 개의 단백질—액틴과 미오신—이 서로 스쳐 지나가야 한다. 탄저균은 이 움직임을 감속시키고 결국 멈추는 작용을 한다. 이 움직임을 점검하기 위해 적당량의 미오신을 바이오칩에 부착하는 것이 인공 근육의 핵심 원리이다. 부착된 미오신 근처에 있는 액틴의 움직임이 느려지면, 그 변화를 즉시 포착할 수 있을 것이다. 중합체로 덮여 있는 바이오칩의 표면에 레이저로 직선 홈들을 만들고 그곳에 미오신을 부착한다. 그렇게 만들어진 미오신 궤도 위에 액틴 분자들을 놓으면 바이오칩이 완성된다. 정상적인 상황에서 액틴 분자들은 미오신 궤도를 따라 움직인다. 만일 액틴의 움직임이 중단되면, 주위에 탄저균이 있다고 판단할 수 있다.

탄저균은 박테리아로 시간 당 2천5백 마리 정도를 흡입하면 호흡곤란이 일어나고 며칠 후 사망에 이르게 된다. 탄저균 작용의 기반에 있는 것은 세포의 방어기제를 무력화시키는 두 가지 효소(각각 사망 원인과 부종浮腫 원인이다)이다. 하지만 탄저균의 작용을 위해서는 세번째 요소가 반드시 필요하다. 그것은 그 두 효소가 세포 속으로 들어갈 수 있게 해주는 보호 항원(PA)이다. 이 물질을 유전학적으로 조작하면 두 효소가 목표물에 도달하는 것을 차단할 수 있다. 지금까지의 연구에서 변이된 PA는 치사량의 탄저균을 주입받은 쥐들을 보호할 수 있었다. 이것은 유전공학이 흔히 단순하게 주장되는 것과 달리 전적으로 나쁜 것은 아님을 보여주는 한 예이다. 유전공학은 이렇게 화학전이나 생물학전에 대한 방어수단으로 사용될 수도 있지만, 당연히 수많은 새로운 독성 물질을 개발하는 데 사용될 수도 있다.

합성 게놈에 대한 이해가 더 발전된 미래에는 완전히 새로운 유형의 치명적인 균들이 양산될지도 모른다. 인공적으로 만들거나 자연적인 게놈에서 변형시킨 '스텔스 바이러스(stealth virus)'는 인간의 게놈 속으로 '설계된' 질병과 함께 은밀하게 침투할 수 있을 것이다. 분자생물학자들은 계획한 대로 질병을 산출할 수 있게 되기 이전에도 파괴적인 결과로 이어지는 사건들을—우연히 혹은 의도적으로—일으킬 수 있었다.

예를 들어 오스트레일리아 연방 과학 및 공학 연구소의 론 잭슨과 오스트레일리아 국립대학의 이언 램쇼는 최근에 흑사병 예방책의 일환으로 쥐 천연두 바이러스에 IL-4 유전자를 집어넣었다. 그들의 목표는 쥐의 항체 형성을 촉진하는 것이었으나 조작된 바이러스에 감염된 쥐들은 생식 불능이 되었다. 새로운 유전자가 원래 가벼운 병에 불과한 쥐 천연두를 심각한 병으로 바꾸어놓은 것이다. 그렇다면 인간에게 감염되는 천연두 바이러스에 그와 유사한 유전자 조작을 가하여 더욱 치명적인 신형 바이러스를 만드는 것도 어려운 일이 아닐 것이다.

더욱 끔찍한 것은 유전자 정보를 이용하여 특정 인종을 선택적으로 제거할 가능성이다. 현대 전쟁에서 의도적인 민족 말살이 자행되고 있다는 의심은 20세기 말에, 예를 들어 르완다와 보스니아에서 제기되었다. 이제 '민족정화'라는 말은 불행하게도 우리에게 익숙한 단어가 되었다. 현재의 추세가 보여주듯이 미래에는 더 많은 전쟁이 영토를 위해서가 아니라 문화와 민족의 균일성을 위해 일어날 가능성이 있다. 그렇다면 특정 인종을 겨냥한 무기는 더 큰 관심사가 될 것이다. 사실 이미 몇몇 정부들은 선택된 인종에게만 감염되는 병을 개발하는 연구를 했을지도 모른다.* 예를 들어 훗날 밝혀진 바에 따르면 남아프리카공화국의 과학자들은 여전히 인종 차별이 있던 시절인 1980년대에 흑인 여성만을 불임으로 만드는 병을 개발하는 연구를 했다. 그러나 다행스럽게도 그런 병이나 조건을 창조하는 것은 매우 어려운 일일 것이다. 인간 게놈 프로젝트가 보여주었듯이 인종들 사이의 유전적 차이는 겉으

* 실제로 이스라엘이 유대인에게는 전혀 해를 끼치지 않고 아랍인만 가려 죽이는 '인종 특화 생물무기'를 개발하려 시도한 적이 있다. 그러나 비인간적이고 실현 가능성이 낮다는 이유로 백지화되었다.

로 드러나는 차이보다 훨씬 작기 때문이다.

그렇게 모든 인간이 유전적으로 유사하기 때문에 특정 인종만 공격하는 병을 개발하는 전략이 성공적일 수 있다는 생각을 하기는 어렵다. 우리들 대부분은 복잡하게 섞인 유전자들을 가지고 있다. 그러므로 어느 한 종족만 가지고 있는 유전자를 찾아내는 것은 어려운 일일 것이다. 물론 아이슬란드나 미국의 아만파(amish) 공동체들처럼 유전적 특징이 거의 동일한 구성원들로 이루어졌기 때문에 유전자 관련 질병의 연구에 기여하고 있는 특수한 사회들이 존재하는 것은 사실이다. 그러나 그런 사회에서도 병의 발생을 여러 세대에 걸쳐 추적하는 것과 구성원의 대다수가 공유하는—또한 그들만 공유하기 때문에 공격 목표로 삼기에 적합한—유전자를 찾아내는 것은 전혀 별개의 일이다. 그런 인종 선택적인 유전자들, 예를 들어 아프리카계 카리브 해 지역 사람들이 지닌 겸상적혈구 빈혈증 유전자나 유대인들이 지닌 테이색스병(Tay-Sachs) 유전자는 소수민족에게서만 나타난다. 그러므로 최악의 경우 그런 유전자를 이용한 공격이 자행된다 해도 비교적 소수의 사망자만 발생하게 될 것이다.

사실 현재의 테러 추세가 그대로 이어진다면, 목표 설정이 정확한 공격보다 불특정 다수를 노린 공격이 더 많아질 것으로 보인다. 테러리스트의 목표는 단지 유해한 화학물질이나 생물학적 작용자를 무차별적으로 퍼뜨리는 것이다. 실험실에서 생물학적 작용자들을 조작하는 것은 오늘날 흔히 있는 일이다. 그러나 박테리아의 경우, 조작에 대가가 따르는 것처럼 보인다. 박테리아를 조작하여 한 가지 특징을 강화하면 일반적으로 다른 특징이 약화된다. 예를 들어 과학자들이 어떤 박테리아의 전염성을 강화시키면, 그 대가로 그 박테리아가 환경 속에서 생존하는 능력이 약화될 수 있다. 그러나 가까운 미래에는 새로운 위험 요인이 등장하는 일이 없을 것이라고 안심할 수는 없다. 우리는 조작된 쥐천연두 바이러스처럼 유전자 보충을 통해 더 강한 독성을 가지게 된 바이러스가 출현할 것뿐만 아니라 마이크로 캡슐 기술과 같은 효율적인 운반 체계가 개발될 것도 예상해야 한다.

어쨌든 미래에도 역시 가장 이상적인 대책은 애초부터 독소와의 접촉을 피하는 것일 것이다. 백신은 결코 만족스러운 방어책이 될 수 없을 것이다. 왜냐하면 많은 백신들은 한시적으로만 효과를 발휘하고, 또한 어떤 작용자를 막아야 할지를 미리 아는 것은 어려운 일이기 때문이다. 오히려 우리는 그리 멀지 않은 미래에 사무실과 가정에서 새로운 공기 정화 장치를 보게 될 것이며, 욕실의 구급약품 선반에는 21세기형 방독면이 놓이게 될 것이다. 공기의 상태는 이미 모든 도시의 중심부에 설치된 전광판에 표시되는 온도와 시간처럼 실시간으로 측정되고 점검될 것이다. 우리가 마시는 공기에 대한 관심은 머지않아 수상한 가방에 대해 우리 모두가 느끼게 된 경계심과 마찬가지로 당연시될 것이다. 다양한 화면을 통해서, 어쩌면 심지어 우리 몸에 장착된 장치들을 통해서 공기의 상태를 확인하는 행위는 시간을 확인하는 행위만큼 빈번히 그리고 자동적으로 이루어지게 될 것이다.

우리의 손자들은 총알보다 박테리아를 더 두려워하게 될 것이다. 탄알을 교환하는 전쟁은 점점 더 비싸고 비효율적이고 무의미해질 것이다. 테러 행위에 적합한 이데올로기 분쟁이 영토 분쟁을 압도함에 따라서 세균전이 탁월한 대안으로 떠오를 것이다. 다행스럽게도 1972년에 체결된 생물학적 무기 협약은 독성 물질의 생산과 사용을 금지했다. 그러나 그 협약의 준수를 강요받는 것은 협약에 조인한 국가들뿐이다. 유엔의 힘이 위협을 받는 오늘날 평화적인 대화를 믿고 안심하는 사람은 아무도 없다. 뿐만 아니라 화학물질을 이용한 공격은 발전된 공업 기반을 반드시 필요로 하지도 않으며, 비싸지도 않고, 무엇보다도 가해자가 유유히 도주할 수 있게 해준다는 '장점'이 있다. 그와 동일한 장점을 사이버 범죄와 사이버 테러도 가지고 있다.

지난 12개월 동안 영국 내 회사의 3분의 2가 사이버 범죄의 피해를 당했다. 가장 큰 위협은 외부의 해커이다. 컴퓨터 시대의 산물인 사이버 테러는 특히 컴퓨터를 노예가 아닌 주인으로 보게 만드는 우리의 뿌리 깊은 기술공포증을 자극한다. 그러나 헐리우드가 지어낸 이야기들에서와 달리 진짜 범인은 세계 정복의 야욕을 품은 기계도 카키색 군복을 입은 전사도 세련된 007을 닮은 해적도 아니라 스크린의 사람들, 엄지손가락으로 사물을 가리키며 손가락들을 엄청나게 신속하게 놀리는 젊은이들이다. 매우 흥미롭게도 전형적인 해커는 대개 컴퓨터에만 밝을 뿐, 테러리스트들과 동일한 사고방식을 가지고 있지 않다. 많은 경우에 정보기술의 고수가 광신자에게 발탁되어 테러에 참여하는 것으로 보인다. 그러나 전 세계의 가정에 스크린과 키보드가 더 많이 확산될수록 정보기술 사용 능력은 잠재적인 사이버 테러리스트의 중요한 특징이라기보다 당연한 기본조건이 될 것이다.

사이버 범죄, 특히 사이버 테러의 특별한 위력은 물리적인 세계와 가상적인 세계를 연결한다는 점에 있다. 궁극적으로 목표 상대를 약화시키는 것은 사람이나 장소의 물리적 손상이나 경제적인 혼란이다. 당신은 폭탄이나 총을 이용하는 것보다 키보드를 이용하여 당신의 생명이 위험에 빠지거나 체포당할 염려 없이 더 효율적으로 파괴나 절도를 할 수 있다. 한 예로 미국 국방부의 주관 하에 북한 세력이 미국을 상대로 사이버 전쟁을 벌이는 상황을 대비해 해커들을 동원하여 모의훈련을 한 일이 있다. 해커들은 컴퓨터 판매점에서 구할 수 있는 장비들만을 이용하여 모든 보안 장치를 비웃으며 불과 며칠 만에 워싱턴을 비롯한 12개 주요 도시의 전력망과 911 통신 시스템을 마비시킬 수 있었다. 그들은 또한 국방부의 시스템 6개에 깊숙이 침투할 수 있었다. 해커들이 일으킨 논리적인 혼란 때문에 대통령과 기타 인사들의 허위 메시지가 난무했고 통신은 카오스 상태에 빠졌다. 결국 모든 명령을 시각적으로 혹은 직접 음성을 통해 확인할 수밖에 없었고, 이로 인해 군의 기능은 마비되었다.

사이버 기술은 전통적인 역학적 무기들을 마비시키는 역학적이지 않은 수단들을 제공하는 엄청난 잠재력을 가지고 있다. 정보 시대에는 재래식 전쟁도 복잡한 계획과 지휘를 요구한다. 따라서 거대한 데이터베이스의 확보는 승패를 좌우할 수 있는 요소이다. 정보 전쟁의 관건은 첩보 위성이나 컴퓨터 같은 하드웨어가 아니라 그 하드웨어를 운용하는 인간이다. 혹은 더 구체적으로 말하자면, 인간이 내리는 판단이다. 그리고 또 하나의 관건으로 사실 그 자체가 있다. 주요 사건에 가한 작은 변화는 치명적인 결과를 가져올 수 있다. 어느 천체물리학자는 자신에게 닥칠 수 있는 최악의 일은 누군가가 상수 π의 소수점 이하 다섯째 자리 숫자를 바꾸는 것이라고 말했다. 그런 일이 발생한다면, 이후의 계산이 모두 잘못될 것이며 천체물리학자의 연구 전체가 쓸모없게 될 것이다. 정보는 힘이다, 라는 말은 20세기의 진언이요, 냉엄한 현실이다.

고대 이래 모든 사람들은 허위 정보가 강력한 무기라는 것을 알고 있었다. 그러나 허위 정보를 퍼뜨려 경제와 행정을 뒤흔드는 공격은 오늘날 쉽게 발각되지 않는 방식으로 이루어져 더욱 강력한 위력을 발휘한다. 나치의 선전 방송이나 비행기에서 살포하는 전통적인 인쇄물과 달리 당신의 정보기술 시스템에 일어난 통신 문제는 그 원인이 계획된 악의적인 공격에 있을 수도 있고, 고독한 해커에 있을 수도 있고, 단순히 기술적인 결함에 있을 수도 있다. 사이버 테러리스트가 누릴 수 있는 또 하나의 혜택은 한 컴퓨터 시스템을 조작하여 그와 연결된 다른 시스템들로부터 자료를 입수할 수 있다는 사실이다. 어떤 이들은 그런 일이 이미 일어나고 있다고 생각한다.

테러가 재래식 전쟁을 압도하고 국가들이 고정된 국경 안에서 더 이상 안전을 누릴 수 없게 되면서 공간의 제약이 없는 사이버 세계는 새로운 전쟁터로 각광받을 것이다. 사이버 공간에서의 분쟁은 이미 현실화되기 시작했다. 이스라엘에 대항한 폭력 행위를 부추긴 어느 히즈볼라(Hizbollah, 레바논의 시아파 주민을 기반으로 하는 이슬람 부흥운동/옮긴이) 웹사이트를 이스라엘 해커들이 공격한 사건을 계기로 2000년 10월에 'e-지하드'가 발발했다. 10월 말까지 양편의 해커들은 30개나 되는 웹사이트를 파괴했다. 그러나 사태는 더욱 심각해질 수도 있다.

캘리포니아 보안 및 지능 연구소 선임연구원 배리 콜린은 정보를 '파괴, 변경, 입수, 재전송'하려는 사이버 테러리스트의 의도가 달성되었을 때 얼마나 큰 파장이 일어날 수 있는지 설명한다. 예를 들어 테러리스트는 과자 공장의 제어 시스템에 침투하여 과자에 들어가는 철의 양을 변경할 수 있을 것이다. 결과적으로 한 나라의 아동 전체가 몰살될 수 있다. 콜린이 상상하는 또 다른 악몽은 한 폭탄이 신호 전송을 멈출 경우 다른 폭탄들이 동시에 폭발하도록 되어 있는 폭탄들이 도시에 설치되는 것이다. 은행들과 경제계가 혼란에 휩싸여 사회 전체가 경제적인 기반 구조에 대한 신뢰를 상실하는 참사도 발생할 수 있다. 또는 사이버 테러리스트가 항공 통제 시스템을 혼란시켜 민간 항공기 두 대가 충돌하는 사고가 발생할 수도 있다. 사이버 테러리스트는 제약회사의 약품 제조법을 변경할 수도 있고 가스관 내부의 압력을 바꾸어 도시 근교에서 폭발과 화재가 발생하게 만들 수도 있다. 간단히 말해서 사이버 테러리스트는 한 국가가 먹고 마시고 이동하고 살아가는 것을 아무 경고 없이 막을 수 있다고 콜린은 결론짓는다.

그러나 워싱턴 소재 연방수사국(FBI) 실험실의 마크 폴리트 같은 사람들은 이런 음울한 생각들이 너무 과민한 염려의 산물이라고 생각한다. 사실 과자의 성분을 아동들에게 해로울 정도로 심하게 바꾼다면, 생산자들은 곧바로 그 변화를 알아차릴 것이다. 뿐만 아니라 그렇게 큰 성분 변화는 맛의 변화를 일으킬 것이고, 따라서 모든 사람이 경계심을 갖지 않을 수 없을 것이다. 아마도 과자 성분의 함량을 바꾸는 행위는 광기를 품은 한 개인이 다수를 괴롭힐 수 있음을 보여주기에 가장 적당한 예가 아닐 것이다.

또한 항공 통제 시스템과 관련해서도 인간의 역할을, 그리고 바로 그런 예기치 못한 사고에 대비한 운용자 규칙들을 무시할 수는 없다고 콜린은 생각한다. 시스템 속의 컴퓨터들이 통제하는 것은 아무것도 없다. 컴퓨터는 운용자들이 사용하는 도구일 뿐이다. 뿐만 아니라 비상시 운용자 규칙들은 항공 통제 시스템 없이 독자적으로 기능할 수 있도록 만들어져 있다. 그러나 이런 낙관적인 견해가 나온 것은 2001년 9월 11일 이전이다. 그날 이후 우리는 인간의 역할이 항공기 조종을 비롯한 모든 분야에서 언제나 신뢰할 수 있는 요소라는 생각을 더 이상 하기 어렵게 되었다. 일반적으로 인간의 상식과 합리성은 재난에 대한 확실한 방어책일 수 없다.

나노기술, 생명공학기술, 혹은 정보기술 중 어느 것을 이용하든 테러리스트는 익명성이라는 유리한 고지를 점할 수 있다. 뿐만 아니라 사이버 테러는 생물학적 테러와 마찬가지로 미지의 것에 대한 우리의 공포 때문에 매우 효과적이다. 잠재적인 목표물인 우리는 발생하는 사건을 제어할 수 없으며, 무작위하게 목표물로 선택된다. 만일 발전하는 기술을 악의적으로 활용하는 현재의 추세가 계속된다면, 우리의 일상에, 최소한 우리가 매일 취하는 예방책에 그 영향이 미칠 것이 당연하다. 칼과 종이 절단기만으로도 테러 행위가 이루어질 수 있다는 사실을 9·11 테러가 분명하게 보여준 지금 미국이 테러 방지 기술에 4백 억 달러를 쏟아붓고 있는 것은 무의미한 일이다. 테러에 이기는 유일한 길은 테러를 이해하는 것이다. 테러리스트의 내부를, 그의 정신을 이해하는 것이다.

테러리스트들은 왜 테러를 저지를까? 테러리스트의 궁극적인 목표는 사실 어떤 신비적이고 가학적인 이유로 무고한 희생자에게 해를 입히는 것이 아니라, 진짜 적인 제3자에게 정치적인 메시지를 전하는 것이다. 우리 대부분은 테러리스트의 정신 상태를 이해하기 어렵다. 특히 뻔히 보이는 자신의 죽음을 받아들이기로 작정한 테러리스트들은 우리를 당혹케 한다. 그러나 고도의 기술을 활용하지 않는 21세기의 테러리스트들은 처음 보기에 과거의 테러리스트들과 크게 다르지 않을 것이다. 테러는 매우 현대적인 현상이라 여겨질지도 모르지만, 테러가 시작된 것은 유대인들이 로마로부터 팔레스타인을 해방시키기 위해 투쟁하던 시절인 기원후 1세기였다. 오늘날의 역사학자인 조세퍼스는 영어 '브리건드'(brigand, 산적; 라틴어로 *sicarius*)가 옷 속에 숨긴 단검에서 유래했으며, 브리건드들이 즐겨 쓴 전술은 군중 속에 은밀히 숨어 있다가 적을 찌르는 방법이었다고 설명한다. 브리건드의 습격은 오늘날 우리가 너무나 잘 아는 공포와 분노를 일으켰을 것이 분명하다. 그러나 '테러'라는 단어가 널리 사용되기 시작한 것은 프랑스 혁명 후인 1795년부터이다. 당시 그 단어는 새로 집권한 공화주의자들이 불러온 공포와 위협을 상징했다. 놀랍게도 처음에 테러 정권은 시민들에게 공포를 주입함으로써 덕의 중요성을 일깨우는 긍정적인 정치 체제라는 평판을 받았다. 그러나 '테러' 정권은 곧 오늘날과 같은 근본적으로 부정적인 함축을 가지게 되었다.

한 사상에 전적으로 몰입하여 어떤 대가를 치르더라도 그 사상을 실현할 것을 결심하는 태도를 의미하는 광신(狂信)은 과거에는 외톨이의 특징이라 여겨졌다. 예컨대 윌리엄 맥킨리 대통령을 1901년 버팔로에서 살해한 무정부주의자나 페르디난트 황태자 부부를 1914년 사라예보에서 저격하여 제1차 세계대전의 빌미를 제공한 세르비아인 테러리스트는 외톨이였다. 그러나 한 집단이 그런 편협한 정신을 공유할 수도 있다. 케네디 정부와 존슨 정부에서 국무차관을 지낸 조지 W. 볼은 베트남전에서 미국이 패배한 것에 관해 이렇게 말했다. "능력과 충성심이 있는 병사들이 패배한 것은 우리가 전쟁을 탈인간화하고 마치 자원 운용 연습처럼 생각하면서 적이 지닌 커다란 강점을 간과했기 때문이다. 그 강점은 의지, 목표의식, 인내심, 단일한 목적을 향한 변함없고 철저한 헌신 같은 비물질적인 요소들이다. 그것이 공산 베트남군 승리의 비밀이다. 우리의 패배는 정신이 숫자의 논리에게 주는 호된 꾸짖음이다."

그러나 오늘날 논리에 대한 비하는 집단의 특징이든 혹은 개인의 특징이든 민족우월주의나 단순 목적 테러의 원인이라는 의심의 눈길을 받고 있다. 동물보호 활동가들이 저지르는 테러의 한 원인도 그런 논리에 대한 비하에 있다고 여겨진다. 영국의 일부 활동가들은 동물을 실험에 사용하는 과학자들에게 살해 협박을 했으며 유전자변형 작물이 자라는 밭을 망쳐놓았다.

테러리스트에 대한 우리의 생각은 어쩌면 손에 폭탄을 들고 돌격했던 오스트리아-헝가리 제국의 테러리스트에 대한 생각과 크게 다르지 않을 것이다. 그러나 현대의 테러리스트들은 세 가지 이유에서 훨씬 더 위협적이다. 첫째, 현대의 테러리스트는 흔히 지원국이나 조직체로부터 충분한 자금 지원을 받는다. 둘째, 현대의 테러리스트는 곧 대량살상 무기를 손에 넣을지도 모른다. 셋째, 현대의 테러리스트는 과거의 외로운 암살자보다 정신적으로 더 투철하다.

또한 오늘날이 과거와 다른 점은 테러와 전통적인 전쟁의 경계가 흐려졌다는 것이다. 전쟁은 비록 민간인 사상자를 발생시키지만 일차적으로 무장한 군인들의 활동인 반면에 테러는 시민을 무차별적으로 또한 의도적으로 위협한다. 그러나 우리는 지금 전 세계에서 '강도가 약한' 분쟁 — 테러, 그리고 게릴라전 — 이 증가하는 것을 목격하고 있다. 그 분쟁들은 제2차 세계대전이나 냉전 시대에 예감으로 떠돌던 핵전쟁처럼 모든 사람의 생명을 뺏는 전면전과 다르다. 전쟁과 테러의 통합은 더 근본적인 개념인 전쟁과 평화가 통합되는 것과 맥을 같이한다. 인도와 파키스탄, 혹은 이스라엘과 팔레스타인은 공식적으로 선언된 전쟁이나 평화에 구속되지 않는 집단들이라 할 수 있을 것이다. 인도와 중동은 모두 테러의 온상이다.

오늘날의 분쟁 가운데 일부는 분명히 영토 문제로 발생했지만, 미래에는 이데올로기 분쟁이 지배적일 것이다. 1999년에 체코 공화국 대통령 바츨라프 하벨은 민족국가가 '위험한 시대착오'라고 단언했다. 그의 단언이 처음에는 이상하게 들릴지 모르지만, 역사를 되돌아보면 민족이 실제로 비교적 새롭고 변하기 쉬운 개념이라는 사실이 드러난다. 문명은 처음에 토지를 소유한 소수 권력층에서 속박된 노예에까지 이르는 봉건적인 질서를 확립했다. 그 체제는 결국 언론매체와 상업의 발전으로 인해 무너졌다. 19세기에 작은 도시국가들은 힘을 합치기 시작했다. 왜냐하면 경제와 문화와 통신에 가장 적합한 규모의 권력 기반은 민족이었기 때문이다.

그리고 지금 유럽 대륙에서 예를 들어 이탈리아나 독일 같은 새로운 민족국가를 구분하던 경계선은 사라지고 있다. 대신에 공통의 법과 화폐가 아주 느슨한 연방국가의 기초를 이룬다. 그 연방국가 안에서 과거의 공국들이 부활할지도 모른다. 그러나 그것은 봉건 체제의 부활을 의미하는 것이 아니라 우리에게 소속감을 주는 지역 사투리와 풍습과 음식이 존중됨을 의미할 것이다. 지방분권이 점점 더 강한 구호가 되고 바스크와 체첸의 독립 요구가 거세지고 스코틀랜드와 웨일스와 콘월이 영국에서 평화롭게 분리되는 것이 더 현실적인 꿈이 되어가면서 고대 그리스의 특징인 도시국가는 다시 한번 인간에게 가장 편한 사회 단위로 환영받을 가능성이 있다.

그러나 새로운 집단 질서는 과거로의 회귀에 불과하지 않다. 우리는 점점 더 다문화적으로 변하는 사회 속에서 살고 있다. 선진 세계 인구의 노화와 가난한 국가들의 출생률 상승은 더 많은 경제적 이민을 가져올 것이며, 따라서 종교와 언어와 전통은 더 많이 혼합될 것이다. 미래에는 사회를 세분하는 경계선들이 한 사회의 내부에 놓이게 될 것이다. 많은 선진국에서는 이미 인종과 종교와 민족에 따라 구분된 소집단들이 큰 힘을 발휘한다. 국가 소속감이 사라지면서 국적이 아닌 다른 요소들에 의해 정의된 집단에 대한 일체감이 매우 강해질 수도 있다. 전쟁과 평화가 뒤섞인 불안한 분위기 속에서 종교와 문화와 인종의 차이는 큰 의미를 가진다. 우리가 점점 더 다채로운 사회 속에서 서로 얼굴을 맞대고 살게 된다면, 내부의 적과 — 그들의 신념 및 태도와 — 싸우기에 더 적합한 방법은 탄알을 교환하는 전쟁이 아니라 테러일 것이다. 그러나 영혼과 정신이 걸린 싸움에서는 승리를 확인하고 정의하기가 더 어려울 것이다. 그렇다면 테러리스트가 도달하려는 목표는 과연 무엇일까?

미군 퇴역 장교이며 유명한 군사전술가이자 작가인 랠프 피터스는 '실용적' 테러리스트와 '종말론적' 테러리스트를 구분한다. 실용적 테러리스트는 자신의 이데올로기를 위해 다수의 사상을 점령하는 것이 아니라 그것에 영향을 미치는 것을 목표로 삼는다. 실용적 테러리스트는 권리와 지위에 관심이 있을 뿐, 내세의 낙원에는 관심이 없다. 그는 죽음을 각오할 수도 있겠지만, 더 많은 경우에 삶을 원한다. 실용적 테러리스트의 예로 IRA(아일랜드공화국군)와 스턴 도당* 그리고 극단적인 동물보호론자 같은 단순 목적 활동가들을 들 수 있다. 그들은 사회를 제거하는 것이 아니라 변화시키고자 한다. 그러므로 그들은 적당한 한계선을 넘지 않는다. 반면에 종말론적 테러리스트는 실제 세계로부터, 모든 미묘한 차이와 타협으로부터 격리되어 있다. 따라서 피터스가 훌륭하게 표현했듯이 "실용적 테러리스트는 꿈을 가지고 있으나, 종말론적 테러리스트는 악몽에 사로잡혀 있다". 종말론적 테러리스트는 현세가 아닌 내세의 가치관과 목표를 가지고 있다. 오클라호마 시(市) 폭탄 테러범 티모시 맥베이는 실용적 테러리스트였다. 반면에 세계무역

* Stern Gang, 제2차 세계대전 중에 활동한 유대인 군사 집단.

센터와 워싱턴을 공격한 9·11 테러범들은 종말론적 테러리스트였다.

그러나 어떤 유형의 테러리스트도 정신병적인 공격성을 발휘하는 것은 아니다. 정신병자에게 폭력은 수단이 아니라 그 자체로 목적이다. 심리학자들은 '감정적인' 공격성과 '도구적인' 공격성을 구분한다. 명칭이 암시하듯이 감정적인 공격성은 일시적인 반응이다. 당신은 당신에게 고통을 준 사람에게 즉각 욕을 퍼붓고 싶어한다. 도구적인 공격성은 더 미묘하다. 그것은 치솟는 분노에서 나오는 본능적인 반응이 아니라 어떤 목적을 위해 공격성을 이용하는 계산된 행위이다. 테러리스트는 아주 많은 사람들에게 공포와 불안을 확산시키려는 목표를 가지고 있다. 무고한 사람에 대한 테러리스트의 공격적 행동은 목적이 아니라 수단이다.

종말론적 테러리스트들은 어떻게 목표를 달성하려 할까? 그들이 택하는 방법들은 필연적으로 미래의 재래식 병력 감축의 영향을 받을 것이다. 심지어 오늘날에도 과학은 전통적으로 병력의 규모와 화력에 부여된 가치를 위태롭게 만들고 있다. 2025년경에는 세상 어디에 있든 원하는 모든 것을 거의 실시간으로 발견하고 추적하고 겨눌 수 있을 것이다. 또한 이에 대응하여 '스텔스' 기술—우리 무기들이 적의 눈에 거의 안 보이게 만드는 기술—이 급속도로 발전하고 있다. 위장 능력을 극대화하는 '관측 방해' 페인트가 등장하고 있으며, 모양과 구조를 교묘히 재설계함으로써 2미터 길이의 미사일이 공깃돌 크기의 물체만큼만 레이더에 포착되도록 만드는 기술도 존재한다.

앞 장에서 우리가 보았듯이 자동화 기술은 과학 연구를 비롯한 많은 분야에서 개인의 솜씨와 실수가 발휘하는 효과를 점차 제거하고 있다. 그러므로 매일 행하는 군사훈련은 점점 더 무의미해질 것이다. 기반에 깔린 기술이 고도화됨에 따라 무기가 더 단순해지는 것도 군대의 변화를 가속시킬 것이다. 21세기의 보병부대가 24시간을 3교대로 근무하는 병사들로 구성되지 못할 이유는 없다. 밤이 오면 병사들은 야시(夜視) 장비를 착용하고 임무를 수행할 것이다. 그러나 굳이 빛이 있어야만 볼 수 있는 병사들을 쓸 이유가 있을까? 생각이나 기술이 필요 없고 살상의 위험이 있는 미래의 전투에 매우 적합한 존재는 오히려 로봇이다.

로봇들은 최소한 연료와 물을 나르고 레이더나 무기 시스템을 지원하며 지뢰를 제거하고 다른 로봇의 부분이나 더 작은 로봇을 견인할 수 있을 것이다. 결국 로봇은 인간을 대신하게 될 것이다. 전통적으로 정찰은 군인이 행하는 것 중에서 가장 위험한 임무 중 하나였다. 이제 로봇이 그 임무를 맡을 것이다. 예를 들어 미국의 군용 로봇들을 개발하는 회사인 로보트릭스(RoboTrix)의 작품인 '스파이크(Spike)'와 '글래디에이터(Gladiator)'는 세탁기 크기이며 탑승자 없이 가장 위험한 지역으로 들어갈 수 있다. 미군은 미래에 모든 위험하고 더럽고 지루한 임무를 그런 로봇들에게 맡길 계획이다. 어떤 이들은 진정으로 자율적인 로봇이 '10년 후'면 출현할 것이라고 예언한다.

그러나 로봇축구와 마찬가지로 로봇전투도 현실성이 없는 예측일 수 있다. 당신이 적에게 죽음과 고통과 공포를 줄 수 없다면, 값비싼 기계들을 파괴함으로써 적에게 경제적인 부담을 주는 것이 물리적인 싸움의 유일한 목적이 될 것이다. 그러나 그 와중에 당신 또한 경제적인 위험에 빠질 수 있다. 심지어 영토 확보도—그것은 이데올로기 전쟁과 점점 더 무관해지고 있지만—21세기가 진행되면서 지금보다 더 미묘한 방식으로 이루어질 것이다. 매우 복잡한 구조가 필요한 인간형 로봇들이 물리적인 전투를 행하게 하는 방법 외에도 고도의 기술을 동원하여 적의 자원들을 공격하는 전술이 많이 있다. 뿐만 아니라 그런 사이버 전술을 가능케 하는 기술들은 로봇 기술보다 더 발전해 있으며 훨씬 더 저렴하다.

그러므로 고도 기술을 동원한 장비들 덕분에 재래식 병력이 크게 줄어든다고 상상해보자. 그렇게 되면 정보기술 전문가들과 그들의 가족을 납치하여 인질이나 인간방패로 삼는 일이 쉽게 발생할 수 있을 것이다. 우리의 가상적인 적은 사회 속에서 개인이 가진 지위에 대한 생각에서 우리와 크게 다를 것이다. 바로 이 점이 미래에 우리가 종말론적 테러리스트에 맞서 싸울 때 감수해야 할 커다란 약점이다. '전사 사회(warrior society)'라는 단어는 적과 우리의 가치관 차이를 잘 보여준다. 전사 사회에 속한 사람들은 불명예보다 죽음을 택한다.

이런 가치관은 우리 대부분에게 아주 낯설어서, 우리는 어떻게 그리고 왜 이런 '전사 사회'의 가치관이 형성되었는지 상상할 수 없을 정도이다. 광신자들과 근본주의자들의 계획적인 행위와 뿌리 깊은 감정 뒤에는 합리적인 이유가 있을 수 있다. 그러나 그것은 우리도 마찬가지다. 그들이 우리와 다른 것은 자신의 신념을 극단적으로 신봉한다는 점이다. 많은 경우에 종말론적 테러리스트는 죽음을 각오할 뿐 아니라 **원한다**. 그러나 신념의 강도나 각오한 피해의 정도에 상관없이 테러리스트가 정신이상인 경우는 극히 드물다. 오히려 테러리스트들의 정신은 매우 특수한 방식으로 형성된 결과물이었다. 모든 인간의 정신이 교육과 우연적 사건들에 의해 빚어진 결과물인 것처럼 말이다. "테러는 그 시대와 장소의 산물이다…… 우리는 테러리스트들이 거친 교육 과정을 모른다"라고 코크 대학의 심리학자 존 호건은 말한다.

잠재적인 테러리스트들이 속한 사회가 중요한 요소라는 것은 아마도 놀라운 일이 아닐 것이다. 예컨대 최근 조사에서 팔레스타인인의 78퍼센트가 이스라엘에 대한 자살 폭탄 공격을 지지한다고 밝혔다. 극단적인 혹은 호전적인 테러리스트는 순교 문화와 내세의 낙원을 수동적으로 인정하고 지지하는 사회에서 돌출한 빙산의 일각일지도 모른다. 소수의 숭배 대상이 될 수 있다는 전망도 테러리스트를 유혹하는 추가 요인이다. 테러 행위는 조직적인 종교보다 컬트(cult, 숭배 문화)에 더 가깝다. 현재의 무장 이슬람 극단주의자들은 헤븐스 게이트* 신도들이 주류 기독교와 거리가 멀었던 것처럼 주류 이슬람교와 거리가 멀다. 잔인한 테러와 평화적인 컬트가 공유하는 핵심적인 특징은 추종자들의 자살을 이끌어낼 수 있을 정도로 강력한 정신적 통제이다.

코네티컷 소재 웨슬리안 대학의 마사 크렌쇼 교수는 무차별적인 폭력의 여파 속에서 흔히 간과되는 테러의 핵심적인 특징은 컬트적인 시각이라는 진단에 동의한다. "중요한 것은 테러가 전형적인 집단 현상이라는 사실이다"라고 그녀는 말한다. 조직은 '총체적인 기관'이다. 사람들은 정치적 신념보다 심리적인 필요 때문에 조직에 가담한다. 우울증이나 정신분열병 같은 정신과적인 문제와 달리 테러와 관련된 '전형적인' 성격 유형은 존재하지 않는다. 그러나 테러리스트가 된 많은 젊은이들이 자기존중감이 낮고 그래서 권위 있는 지도자가 있는 집단에 끌렸을 가능성은 있다. 심리적으로 약한 시기에 우리 대부분이 경험하듯이 스스로 판단하고 행동하는 것을 포기하는 일은 부정할 수 없는 매력을 가지고 있다. 최근에 중국을 방문했을 때 나는 거대한 천안문 광장에 들어찬 군중 속을 거닐었다. 마오쩌둥의 무덤에 그의 거대한 초상

* Heaven's Gate, 1997년 3월 미국 샌디에이고에서 집단자살극을 벌인 종교집단.

화가 걸려 있었고, 확성기는 알아들을 수 없는 음악을 쏟아내고 있었다. 잠시 동안 나는 거대한 군중 속의 일원이 된 기쁨에, 받아들여졌다는 기쁨에, 고민할 필요가 없는 상태의 매력에, 지시를 듣고 생각 없이 받아들이는 태도의 매력에 사로잡혔다.

소속의 욕구, '당신과 아주 비슷한' 사람들의 집단에 소속되었다는 느낌을 추구하는 욕구가 매우 강하고 인간의 본성 속에 깊이 뿌리내려 있음을 부정할 수는 없을 것이다. 공터의 조직폭력배들에서 똑같은 운동복을 입은 십대들이나 골프 클럽 휴게실의 회원들까지, 다양한 사람들이 제각각 소속감을 즐기는 모습을 우리는 흔히 본다. 그러나 거의 완벽한 사이버 인물들이 대가족이나 클럽의 역할을 대신하기 시작하면 어떻게 될까? 문화적 차이는 결국 희석되고 소독되어 단지 우리가 인터넷을 돌아다니는 방식의 차이 정도가 되지 않을까? 문화적 차이는 결국 적대감의 이유가 될 수 없지 않을까?

언제 즐거운 소속감이 우월감과 불관용으로 변질되는지와 관련해서 결정적인 요소는 한 집단에의 소속이 다른 집단과의 유대감을 얼마나 배제하는가, 라는 문제일 것이다. 우리 대부분은 많은 집단에 소속되어 있다. 집단에 대한 우리의 충성심은 강도에 따라 서열을 이룬다. 직계 가족에 대한 충성심에서부터 먼 친척, 직장, 종교 단체, 스포츠클럽, 지역 등에 대한 충성심까지 충성심의 강도는 다양하다. 다양한 유형의 관계에 참여함으로써 우리는 우리가 가진 다양하고 기초적인 인간적 욕구를 충족시킨다. 집단으로부터 배척당한 사람은 엄청난 충격을 받을 수 있다. 예를 들어 군대는 훈련병들을 과거의 삶으로부터 단절시켜 부대가 그들의 가족이 되게 만들고 동료에 대한 배신이 죽음보다 두려운 일이 되게 만든다. 통일교 같은 비폭력적인 컬트 집단이나 테러 집단들이 그와 동일한 전술을 사용한다는 것은 잘 알려진 사실이다.

그토록 많은 것을—한 개인의 정신과 영혼 전체를—요구하는 철저히 배타적인 집단이 소속의 욕구를 불러일으키는 것은 과연 왜일까? 테러리스트는 집단 외부의 사람들을 적으로, 자신을 괴롭히는 자들로 생각하는 특징을 가지고 있다. 테러리스트는 자신이 사상적 억압을 받는 소수라 믿으며, 사태의 진실과 상관없이 그 억압이 극단적이라 느낀다. 테러리스트는 선악의 대립이라는 상투적인 구도로 세상을 본다. 당신은 선의 편이거나 악의 편이다. 즉 전적으로 옳거나 전적으로 그르다. 그렇게 카우보이들이나 인디언들과 한편이 되면, 그런 상황의 신화적인 성격이 단순하지만 강력한 힘을 발휘하는 것이다.

"환상을 먹고 잔인하게 성장한 가슴"이라고 시인 예이츠는 썼다. 정치 저널리스트 퍼걸 킨은 BBC가 출간한 9·11 관련 서적 『세계를 충격에 빠뜨린 그날*The Day that Shook the World*』에 실린 에세이 「테러리스트의 정신」에서 예이츠를 인용하면서 집단적인 컬트 의식의 형성에서 신화가 발휘하는 힘을 강조했다. 단순한 사상 하나에 투철하게 매달리게 하기 위해서는 '정신을 편협하게 만드는 것'이 필수적이다. 킨에 따르면 이 전술은 20세기에 아일랜드의 완전 독립을 위해 IRA와 협조한 아일랜드 기독교인 형제들(Irish Christian Brothers)에 의해 사용되었다. 또 하나의 예로 소설 『유대인 쥐스*Jud Süß*』(1925)를 들 수 있다. 이 소설은 원래 반유대주의에 대한 반발로 씌어졌지만, 나치 정권의 선전장관 괴벨스의 명령에 의해 1940년에 인종 청소를 옹호하는 잠재의식적인 논증을 담은 영화의 대본으로 각색되었다. 나치가 만든 그 영화의 주인공은 유대인 게토에서 성장한 18세기의 막강한 상인이다. 그는 매부리코를 가진 강간범이며 제3제국의 반유대주의 선전물들이 상상한 온갖 야만적인 특징을 전부 갖춘 인물이다. 이 '나쁜 놈'은 마지막 장면에서 아리안계 백인 여성들에게 자행한 범죄의 대가로 교수형을 당한다. 컬트 의식을 조장하기 위한 또 다른 노력으로 나치는 사라진 도시 아틀란티스에 관한 신화를 퍼뜨리고 자신들을 신적인 종족의 후예로 포장했다. '전사 사회'의 문화를 지탱하는 또 하나의 받침대는 오딘과 토르 같은 신들이 등장하는 북유럽 신화였다. 전사의 매력을 지닌 그 호전적인 신들은 아주 적합한 역할 모델이었던 것이다.

호전적인 컬트 문화 속의 영웅들과 신화들은 엄청나게 중요한 요소이다. 그 요소는 지금까지 과소평가되었는지도 모른다. 오사마 빈 라덴은 중세의 십자군전쟁에 대한 분노의 기억과 향수를 시시때때로 자극한다. 그는 십자군이 예루살렘을 점령했을 때 이슬람 교도들을 대량 학살한 사건에 대해 배상이 이루어져야 한다고 주장한다.

그런 자기중심적이고 무자비한 분노가 집단에서 일어나든 혹은 개인에게서 일어나든, 모든 경우에 기반에 깔린 것은 상처 입은 자존심을 회복하기 위한 복수를 향한 갈망이다. 감정의 극단성과 선악의 양극화를 생각할 때 감정이입—타자의 입장에 서는 것—의 결여는 어쩌면 당연한 일일지도 모른다. 만일 당신 자신이 전적으로 옳다는 것을 당신이 안다면, 당연히 당신은 전적으로 잘못된 당신의 적을 완전히 무찔러야 한다. 당신은 당신의 영혼의 삶을 위해 싸울 것이다. 당신과 동료들의 생각에서 약간이라도 벗어난 의견들을 모욕이요 위협이라 여길 것이다.

편협한 정신을 가진 컬트 집단이나 테러 집단은 많은 정상적인 인간의 활동을 억압하기도 한다. 생물학자 에드워드 윌슨은 고전적인 연구서 『인간 본성에 관하여*On Human Nature*』에서 정상적인 인간이 지닌 다양한 욕구들을 기술했다. 예를 들어 성욕은 막중한 임무 수행에 도움이 되지 않는다. 실제로 컬트 지도자들은 흔히 안정적인 성관계 없이 살아간다. 정상적이며 중요한 의미를 지닌 평안, 질서, 독립성을 향한 욕구들도 집단 문화의 억압을 받는다. 반면에 권력, 명예, 지위를 향한 욕구들은 비정상적으로 강화된다. 자신이 전적으로 옳음에도 불구하고 박해를 받는다는 믿음 속에서, 또한 얻을 수 있는 지위가 개인적인 것이 아니라 집단적인 것임에도 불구하고, 욕구는 맹렬하게 불타오른다.

그러나 이것은 '닭과 달걀의 문제'이다. 이미 감정적으로 균형을 잃은 사람이 특히 컬트에 끌리는지, 아니면 컬트 집단에의 소속 때문에 정신이 균형을 잃는지 분명하게 말하는 것은 불가능하다. 테러리스트의 정신에 대한 신경학적인 한 가지 '설명'은 뇌의 앞부분, 즉 전두엽 피질에 손상이 있을 수 있다는 것이다. 그 부분은 인간에게 매우 중요한 역할을 한다. 그 부분은 인간이 같은 체중의 다른 영장류보다 두 배나 크다.

우리가 일상생활을 할 때 일반적으로 작동하는 억제와 균형 유지 기능이 살인범의 뇌에서는 어떤 이유에서인지 작동하지 않는다는 설이 있다. 또한 신경분열병 환자에 대해서도 같은 주장이 제기되었다. 살인범과 신경분열병 환자의 뇌를 관찰한 결과, 전두엽 피질의 기능 이상이 발견되었다고 한다. 그러나 이런 유형의 연구는 많은 문제를 가지고 있다. 첫째, 전두엽 피질 뇌신경의 물리적인 이상은 매우 다양한 기능 이상과 관련될 수 있다. 그러나 테러리스트의 사고는 정신병자의 사고와 분명하게 구분된다는 것을 상기하라. 정신병자는 즉각적이고 직접적인 감정적 공격성을 보이지만, 테러리스트는 폭력을 도구로, 어떤 목적을 위한 도구로 사용한다. 아마도 더 나은 연구 방향은 '현실' 이해 능력이 약하다는 점에서 정신병자와 테러리스트 사이에 공통점이 있지 않은지 조사하는 것일 것이다. 우리는 어떻게 그 공통적인 결함을 전두엽 피질의 기능 이상으로 설명할 수 있을지 탐구할 수 있을 것이다.

그러나 다음과 같은 두번째 문제가 있다. '현실에 대한 이해'는 물리적인 뇌 속에서 어떻게 구현될까? 전두엽 피질은 작업 기억(working memory, 언어 이해, 학습, 추론 등의 복잡한 인지 활동에 필요한 정보를 임시로 저장하고 조작하는 능력/옮긴이), 즉 어떤 순간에든 놀이의 주요 규칙을 지키는 능력과 관련되어 있다. 그러나 특히 인간에게 풍부한 그 능력이 전두엽 피질의 유일한 '기능'은 아니다. 전두엽 피질의 활동은 우울증 환자에게서 매우 강하며 정신분열병 환자에게서 매우 약하다. 더 나아가 전두엽 피질의 손상은 출전 건망(出典 健忘, source amnesia), 즉 기억 자체를 상실하지는 않지만 특정 사건의 시간 공간적 좌표를 망각하는 증상을 가져올 수 있다. 이 모든 것을 고려할 때 전두엽 피질은 독자적인 소형 뇌가, 특정 형질과 관련된 중심부가 아니다. 오히려 전두엽 피질의 뉴런들은 뇌의 나머지 부분으로 신호를 전달하여 뇌의 광역적인 연결 상태를 제어하고, 무수한 의식적인 연상이 가능해지도록 만든다. 바로 그 연상들이, 그 연상들에 의한 뇌의 개인화(personalization)가 우리로 하여금 일관적이고 안정적인 세계관을 가지게 해준다. 유아나 정신분열병 환자나 꿈을 꾸는 사람은 그 세계관이 부재하거나 불안정하다. 유아와 정신분열병 환자와 꿈꾸는 사람은 서로 매우 다르지만 모두 동일한 조건에서 발생하는 세 가지 사례라고 할 수 있다. 즉 일상생활을 통해 성인의 뇌 속에 축적되는 억제 기능들이 다양한 이유로 인해 부재하는 사례들이라 할 수 있다. 그러므로 우리는 테러를 단순히 전두엽 피질에 연관시켜 설명할 수 없다.

이제 세번째 문제를 논하자. 설사 테러리스트가 기꺼이 뇌 관찰에 응한다 하더라도 또한 테러리스트의 뇌의 특정 구역들이 다른 사람들과 다른 패턴으로 활동한다는 것이 관찰된다 하더라도 테러의 신경학을 말하는 것은 여전히 어려운 일일 것이다. 3장에서 보았듯이 현재의 뇌 관찰 기법들은 매우 투박한 그림만을 산출할 수 있다. 운동체를 포착하기에는 노출 시간이 너무 길었던 초기의 사진기와 마찬가지로—그래서 초기의 사진에는 사람이 등장하지 않는다—현재의 영상화 기법들은 의식의 한순간 1초 이내의 시간 동안 함께 활동하는 수천만 개의 뇌세포를 포착하기에는 너무 느리다. 뿐만 아니라 테러리스트 뇌의 특정 구역들이 다른 사람들과 다르다 할지라도 우리는 그 구역에서 무슨 일이 일어나고 있는지, 그 구역의 '기능'이 무엇인지 알 수 없을 것이다.

무엇보다 중요한 것은 뇌의 비정상적인 상태가 테러리스트의 사고방식을 결정하는 참된 원인인지 아닌지를 뇌 영상이 말해줄 수 없다는 사실이다. 비정상적인 뉴런 연결 상태가 극단적이고 광신적인 행위의 원인인지, 혹은 테러리스트적인 사고 행위가 뇌의 생리적 화학적 상태를 결정하는지에 대해서는 아직 논란이 있다. 간단히 말해서 비정상적인 전두엽 피질이, 또는 뇌 관찰로 드러난 임의의 구역의 기능 이상이 실제로 우리에게—특히 테러리스트적인 사고의 '원인'과 관련해서—알려주는 것은 매우 적다.

그러나 우리가 한 개인에게 행위의 책임을 물어야 할지 고민할 때, 닭과 달걀의 문제는 결정적인 의미를 가진다. 예를 들어 2001년에 카이드릭 조던(Keydrick Jordan, 1992년에 저지른 살인으로 사형선고를 받았다가 나중에 종신형으로 감형된 미국의 살인범/옮긴이)은 심리적인 문제가 있는 성장 과정 때문에 뇌에 손상을 입었다는 이유로 사형을 면했다. 그의 뇌 영상은 법원에 증거로 제출되었다. 더 최근에 록 밴드

REM의 피터 벅은 항공기 승무원을 폭행한 혐의로 수차례 고소되었으나 책임을 면했다. 그의 변론은 그가 먹은 수면제와 포도주가 나쁜 반응을 일으키는 바람에 그가 '제정신'이 아니라 법률용어로 말할 때 '미치지 않은 자동기계(non-insane automaton)'의 상태였다는 것이었다. 이 법률용어가 벅이 로봇과 유사하게 자유의지 없이 행동했다는 점을 강조하고 있음을 눈여겨보라.

우리가 다양한 생화학적 작용자들과 다양한 차원의 뇌 회로들에 대해 더 잘 알게 되면, 사람들은 더 많이 유전자와 약물과 유년기의 경험에 책임을 돌릴지도 모른다. 일반적으로 우리는 과학이 우리의 행동을 설명하는 데 도움을 주었는지, 다양한 과학적 주장들이 내세우는 결정론이 과연 진리인지 진지하게 묻게 될 것이다. 만약 결정론이 옳다면, 우리는 개인에게 책임을 물을 수 없는 것일까? 빈 라덴이 유전자 결함 때문에 9·11 테러를 지휘하게 되었다고 변명할 수 있을까? 만약 그렇지 않다면, 5장에서 보았듯이 이와 유사한 변명으로 살인죄에 대한 처벌을 줄이려 한 스티븐 모블리와 빈 라덴을 구별할 근거는 무엇인가?

개인의 책임을 묻는 모든 경우에서 우리는 '개인'의 의미를 정확히 해야 한다. 법은 오래 전부터 범의(犯意, *mens rea*)—성문법이 범죄 성립 요건의 하나로 요구하는 것으로, 용의자가 범죄라는 사실을 알면서 행위를 했을 때 그 용의자는 범의를 가지고 있었다고 인정된다—개념을 인정해왔지만, 오늘날의 과학은 그 개념을 과연 쉽게 적용할 수 있는지에 대해 의문을 제기하고 있다. 알코올이나 약물은 평생 유지되는 사고 체계가 아니라 일시적인 의식 상태에 영향을 준다는 점에서 열악한 유년기나 손상된 유전자와 다르다.

알코올이나 우발적인 분노의 영향을 내세우는 변론들에서 분명하게 눈에 띄는 공통점은 그 원인들로 인해 정신 상태에 일시적이고 격심한 변화가 일어났다고 주장하는 것이다. 잠깐 동안 의식이 균형을 잃었고, 당신은 '제정신'이 아니었다고 변론은 주장한다. 그때 당신은 올바른 연상을 할 수 없었다. 반면에 유전자나 유년기에 원인이 있는 문제들은 장기적이고 만성적이며 정신 자체를, 뉴런들의 지속적인 연결 상태를 반영한다. 이미 언급했듯이 테러리스트들은 전형적인 정신장애를 가지고 있지 않으며 정신병자에게 나타날 수 있는 비자연적인 감정적 공격성도 없다. 따라서 우발적인 분노에서처럼 제정신을 잃는 것이 테러의 원인일 수는 없을 것이다. 오히려 테러리스트의 결정적인 특징은 더 지속적인 정신 상태, 모든 정상적인 기준으로 볼 때 꼬여 있는 정신 상태이다. 테러리스트의 정신을 구성하는 뉴런 연결들은 어떤 결함 있는 유전자 하나에 기반을 두지 않는다. 그 기반은 오히려 그의 특수한 삶을 이루는 복잡한 상황들에 내재한 문제에, 그리고 그 개인이 노출된 환경에 있다.

미래에는 테러리스트의 정신을 조기에 결정하는 환경적인 문제들이 사라질 것이라는 조짐은 전혀 없다. 사실상 현재의 문화적 정치적 경제적 추세들을 볼 때 그 문제들은 더 증가할 것으로 예상된다. 그러므로 더욱 잔인한 '종말론적' 테러가, 합리적인 대화의 가능성이 없으며 자신이나 타인의 죽음을 전혀 두려워하지 않는 테러리스트가 증가할 것이라는 많은 사람들의 생각은 놀라운 것이 아니다. 1999년에 빈 라덴은 '미국에 대한 적개심은 종교적인 의무'라고 선언했다. 이런 신념을 가진 그가 수백만을 죽이려는 노력을 그만 둘 것이라는 낙관적인 기대를 하기는 어렵다. 그렇다면 미래에 우리는 어떻게 테러를 막을 수 있을까?

어떤 '해결책'이든 그 속에는 과학이 들어 있을 것이다. 첫째, 테러 집단에 대한 강력한 선제공격이 있을 수 있다. 그런 선제공격에서 재래식 무기들이 사이버 제어장치의 조종 하에 사용되어 사람과 재산에 물리적 손상을 입힐 것이다. 둘째, 고도의 정보기술을 이용하여 효과적인 대적(對敵) 정보 전략을 개발할 수 있다. 그러나 이 두 방법으로는 물질적인 대상에도 심지어 생명 그 자체에도 큰 의미를 두지 않는 테러리스트들의 문제를 '해결'할 수 없을 것이다.

종말론적 테러는 개인의 생명을 전혀 존중하지 않는 정신의 산물이기 때문에 완전한 '해결'은 영원히 불가능할 것이라고 나는 주장한 바 있다. 그러나 우리 대부분은 생명보다 소중한 어떤 것을 믿고 싶어한다. 다른 동물들과 달리 우리는 우리가 죽을 것임을 알고 삶과 죽음에 의미를 부여한다. 사람들이 자신의 죽음을 더 많이 생각할수록 자신이 속한 문화의 가치들을 더 강하게 끌어안는다는 사실을 보여주는 공식적인 실험들도 있다. 테러리스트의 정신은 이 연관성이 역으로 작용한 — 문화의 가치들을 강하게 끌어안았기 때문에 죽음을 대수롭지 않게 여기는 — 극단적인 사례인 것이 분명하다.

그러므로 우리는 테러리스트들 자신이 소중히 여기는 것을, 영토 확보나 개인의 생명이 아니라 전 세계의 정신과 영혼을 정복하겠다는 꿈을 저지해야 할 것이다. 테러리스트를 유사한 정신을 다양한 정도로 지닌 사람들로 이루어진 공동체 피라미드의 정점에 있는 존재로 생각해 보자. 핵심적인 극단주의자들은 피라미드의 더 낮고 온건한 위치에 있는 사람들을 끊임없이 선발하고 동원해야 한다. 아프가니스탄 민간인 폭격과 같은 극단적으로 공격적인 보복은 더 많은 분노한 지지자들을 만들어 테러리스트들을 돕는 결과를 초래할 것이다. 사실 테러리스트들의 가장 큰 적은 자신들의 편에 있는 온건한 사람들이다. 그러므로 테러에 대한 효과적인 대응책은 반사적인 반응이나 테러리스트들과 유사한 문화, 종교, 인종, 민족에 속한 모든 온건한 사람들을 매도하는 편견을 피하고 세심한 구분을 통해 참된 적을 명확히 하는 것이다. 또한 우리가 극단주의자들을 궁지로 몰고자 한다면, 기술을 적극적으로 활용하여 모든 불만과 역경과 고통이 없는 사회를 만듦으로써 억압의 신화를 무력화시켜야 할 것이다. 우리는 사람들이 집단적인 정체감이 아닌 개인적 정체감을 되찾게 해주어야 한다. 우리는 그들에게 사적인 삶을 돌려주어야 한다.

21세기 과학은 아마도 모든 사람에게 감각적 만족과 육체적 편안함을 준다는 약속을 이행할 것이다. 정신이 뇌의 개인화의 산물이라는 점을, 경험을 통한 뉴런 연결의 조직화라는 점을 감안한다면, 21세기 기술은 우리의 정신에 지대한 영향을 미칠 것이 분명하다. 기술이 더 넓게 확산되면 이론적으로 세상의 모든 사람이 사이버 세계 속에서 살기 시작할 수 있을 것이다. 사이버 세계 속에서는 아무도 행위의 책임을 지지 않으며, 모든 것이 결정되어 있고, 모든 사람은 점점 더 수동적으로 변할 것이며, 어쩌면 과학뿐 아니라 각자의—개인적 혹은 집단적—정체성도 지탱하는 고귀한 호기심도 사라질 것이다. 오직 인류가 타자를 향한 호기심을 유지하고 있을 때만, 정보기술은 다른 문화들과 통하는 창을 열어줄 것이다.

미래에 우리가 정보기술과 생명기술과 나노기술을 소유하게 된다면, 우리는 결국 건전한 사람들뿐 아니라 테러리스트들도 더 행복한 정신적 틀 속으로 끌어들일 수 있지 않을까? 그러나 달래고 교정해야 할 대상과 자유로운 정신을 사용하길 원하고 또한 그럴 수 있는 사람을 구분하는 일, 불만을 품고 테러리스트들에게 동조할 가능성이 있는 사람과 관대하고 합리적인 사람을 구분하는 일은 결코 쉽지 않을 것이다. 설령 쉬운 구분의 방법이 생겨난다 하더라도 그런 구분은 가장 유해한 소수 권력층을 만들어내는 결과를 초래할 것이다. 그러므로 우리 모두가 적절한 정신적 조작을 받게 된다고 가정해보자. 하지만 과연 우리가 개인의 책임이 사라진 상태에서 테러의 공포 없이 육체적으로 매우 편안하고 '행복하게' 사는 사람들의 사회—그 사회를 A라 하자—를 원하게 될까?

정반대로 육체적 편안함이나 정신적 박해와 고통으로부터의 자유가 없는 사회—그 사회를 B라 하자—를 상상할 수도 있다. 그 사회 속에서 당신은 현대적인 기술의 개입을 벗어난 뇌를 가진 개인이다. 그러나 시간이 지나면서 당신의 정신은 당신 자신의 내부에 감금된다. 당신은 편협하고 비타협적인 사회의 제약들 때문에 당신의 정서적 혹은 물질적 욕구를 외부세계에 표출할 수 없다. 바로 이것이—핵전쟁이 일어나지 않는 한—오늘날의 종말론적 테러리스트들이 옹호하는 억압적이고 근본주의적인 국가의 미래일 것이다.

물론 A와 B의 이분법은 너무 거칠고 단순하다. 아마도 참된 미래의 광경은 우리가 점점 확장되는 회색 영역으로, 전쟁도 평화도 아닌 불안한 세계로 들어가는 모습일 것이다. 우리의 삶은 불안할 것이다. 비행기에 탑승할 때마다, 엘리베이터를 타고 고층건물 꼭대기로 올라가거나 두툼한 소포를 뜯을 때마다 우리는 두려움을 느낄 것이다. 우리의 삶을 지배하는 것은 재난 경보와 비극적인 뉴스, 대기오염 경보일 것이다. 우리의 몸이나 집 주변에 설치되어 사이버 공격이나 생물학적 혹은 화학적 공격을 알리는 다양한 장치들이 거의 쉴 새 없이 그런 경보와 뉴스를 전할 것이다. 그 불확실성은 아마도 강력한 기술이 통제하는 생활양식 속에 유일하게 남은 우연적인 요소일 것이다. 그러나 어쨌든 당신은 당신 자신일 수 있을 것이다(이 사태를 C라 하자). 하지만 이런 긴장이 지속될 수 있을까? 이런 긴장이 지속된다면 우리는 변할 것이 분명하다. 아마도 지속적인 공포는 우리를 약물이나 환상적인 사이버 세계에 빠져들도록 유도할 것이다(이 사태를 D라 하자).

우리가 열거한 가능성들은 냉혹하다. A가 실현될 경우, 당신은 사실상 당신 자신의 정신을 소유하지 못할 것이다. 당신은 정신을 표현할 물리적 능력을 가지고 있겠지만, 그것은 아무 소용이 없는 일일 것이다. 한편 B가 실현된다면, 개인성은 유지되겠지만, 외적인 물리적 행동은 금지될 것이다. 이 두 상황 모두에서 당신은 인간적 능력을 상실한다. 다만 B에서는 당신이 당신 자신의 고통을 의식하는 반면에 A에서는 의식할 수 없다는 점만 다르다. 당신의 정신이 처한 상황을 기준으로 놓고 볼 때, C는 B의 온건한 변양태이며 D는 A의 불완전한 변양태이다. 결국 가장 기본적인 질문은 우리가 개인성을 유지할 수 있을지 여부이다. 모든 사람 각자가 태어날 때부터 누리는 권리인 개인성은 막강한 통제력을 발휘할 미래의 환경보다 더 튼튼할까? 혹은 우리가 인류 역사 5만 년 만에 최초로 인간 본성의 변화를 목격하게 될까?

09

인간 본성

그것은 얼마나 견고할까?

우리는 미래의 가정을 둘러보며 온갖 장치들을 향해 미소 짓고, 감탄하고, 고개를 갸웃거리는 것에서 미래로 떠나는 여행을 시작했다. 그러나 애초부터 정말 큰 주제는 그 영리한 장치들이 가능케 할 생활양식이 아니었다. 더 근본적인 주제는 새로운 기술들이 21세기 후반기의 당신 속에 심어놓을 마음가짐이다. 당신은 현실을, 또한 더 중요하게는 당신 자신을 어떻게 보게 될까? 미래의 당신과 현재의 당신의 가장 큰 차이점은, 미래의 당신은 사소한 물리적 대상에서부터 가장 까다로운 정신적 개념에 이르기까지 **어디에도 명확한 범주가 없는** 세상에서 살게 될 것이라는 점에 있다.

사소한 것들에서 논의를 시작하자. 집안에서 당신은 매일 사용하는 물리적인 대상들조차 쉽게 분류하지 못한다. 그것들은 그때그때 맥락에 맞게 변화한다. 또한 당신의 움직임, 당신의 몸속에서 일어나는 반응들, 당신의 말이 모두 매순간 환경에 영향을 미친다. 당신은 더 이상 현실이 지속적이고 독립적이며 '저 밖에' 있는 어떤 것이라고 생각하지 않는다. 사실 '현실'이라는 단어 자체가 이미 과거의 유물이 되었다. 사이버 세계와 원자 세계 사이의 경계선도 희미해졌다. 당신의 친구와 동료들은 사이버 장치들이 제공하는 외양과 특징을 가질 수 있으며, 모든 가전기기들은 내장된 인물을 통해 당신과 소통한다. 당신은 집 주변에서 혹은 가상 슈퍼마켓에서 움직이는 인간과 사이버 인물들을 모두 스크린 속에서 볼 수 있다. 또한 당신은 당신 자신과 친구들을 허구적인 상황 속에 넣을 수도 있다.

현실과 환상을 나누기 어려운 것과 마찬가지로 당신 몸의 경계를 확정하는 것도 어려운 일이다. 물리적인 '당신'이 끝나는 지점은 정확히 어디일까? 아마도 당신은 감각을 강화하고 근육의 힘을 향상시키기 위해 이식받은 인공 기관을 최소한 서너 개 지니고 있을 것이다. 물론 반드시 근육이 필요한 것은 아니다. 이제 당신은 '의지'만으로도 물체를 움직일 수 있으니 말이다. 그러나 당신의 본질을 흐려놓는 것은 몸속에 있는 탄소 외의 물질들만이 아니다. 흐려진 또 하나의 경계선은 물리적 사건과 정신적 사건을 가르는 경계선이다. 당신은 당신의 모든 생각이 당신의 면역계와 내분비계와 필수 장기들에 영향을 미친다는 사실을 잘 알고 있다. 이제 생각과 느낌은 뗄 수 없이 결합된 상태이다. 당신은 걱정이나 성취감이 매순간의 감정과 장기적인 건강에 큰 영향을 미칠 수 있음을 예민하게 의식한다. 과거에 명확했던 구분들, 정신적인 것과 신체적인 것, 진실과 거짓, 객관적인 것과 주관적인 것 사이의 구분들은 이제 어디로 간 것일까?

뿐만 아니라 당신은 거의 모든 현대인들과 마찬가지로 24번 염색체를 갖고 있다. 당신은 아마도 증식을 위해 생식세포를 기증할 때 그 염색체 속의 유전자들을 업그레이드 할 것이다. 또한 당신이 당신의 자연적 유전자와 인공 유전자를 물려받은 자녀를 원한다면, 당신의 나이와 불임 여부, 혹은 당신의 성적 취향 따위는 더 이상 문제가 되지 않는다. 자녀 생산을 위한 방법들은 말 그대로 무궁무진하다.

일과 여가의 구분 역시 장소와 그 의미를 잃었다. 모든 것이 집에서 이루어지며, 당신의 하루는 철저히 세분되어 있다. 당연히 일과 여가활동은 모두 스크린 중심으로 이루어진다. 또한 당신이 '사실 중심적인' 활동에 참여한다면, 예를 들어 최신 과학을 배우고 심지어 사이버 실험을 한다면, 당신은 거기에서도 과거의 분류법들이 사라졌음을 확인할 것이다. 생물의학적 과학들과 물리학적 과학들 사이의 경계선은 이제 거의 사라졌다.

그러나 당신은 거의 모든 시간을 과거나 미래에 대한 생각 없이 상상과 현실이 뒤섞인 회색지대에서 보낸다. 타자와의 교류 속에서도 모든 것이 불명확하다. 허구적인 애인과 가상적인 가족들은 실제 인간이 지닌 내면적인 충동과 감정을 정말로 가지고 있는 듯이 보인다. 그들은 당신의 변덕에 화를 내지 않는다. 지난 '고전' 시대의 인간관계에서 요구된 전형적인 역할들은 모두 사라졌다. 전통적인 구애나 연애의 패턴은 더 이상 필수적이지도 적절하지도 않다. 대신에 당신은 완벽한 성적인 관계 속에서 누리던 모든 감각과 느낌들을 인공적으로 얻을 수 있다. 그것은 정보기술 덕분에, 또한 더 중요하게는 당신의 수동적인 정신 덕분에 가능한 일이다.

불명확성은 모든 가족 관계로도 확산된다. 명확한 어머니-아버지-자녀 핵가족은 더 이상 존재하지 않는다. 심지어 지난 세기에도 혼합

가족 개념이 점점 더 일반화되고 있었다. 오늘날 많은 아이들은 부모를 여러 명 가지고 있다. 생식세포 기증자들과 자궁 대여자, 그리고 오직 아이의 양육에만 기여하는 사람들이 아이의 부모들일 수 있기 때문이다. 뿐만 아니라 세대간의 관계도 과거처럼 명확하지 않다. 오늘날의 아이들은 시간과 공간의 벽을 뛰어넘는 스크린으로부터 대부분의 공식적 비공식적 교육을 받기 때문에 '부모의 영향'이라는 개념은 지난 세기말에 이미 사라지기 시작한 역사적인 현상으로 취급된다.

핵가족의 소멸 속에서 점점 증가하는 노인 인구는 상황을 더욱 복잡하게 만든다. 노인들은 직접 아이를 낳아 조부모인 동시에 부모가 될 수 있을 뿐 아니라 과거보다 훨씬 더 활동적이고 건강하다. 그러므로 노인과 젊은이의 차이는 더 이상 명확하지 않다. 또한 지식을 기준으로 노인과 젊은이를 구별할 수도 없다. 모든 사람이 모든 사실을 즉각적으로 알 수 있기 때문이다. 노인들의 경험은 젊은이들의 경험과 다르지 않다. 거의 모든 경험은 재생된 이차적 경험이며 보강 현실 기술에 의해 보충되고 해석된 경험이다. 지속적인 물리적 환경 속에서 현실적인 삶을 실시간으로 사는 사람이 더 이상 없기 때문에 예기치 못한 상황에 대처하기 위해 필요한 경험과 지혜는 더 이상 최고의 가치로 평가되지 않는다.

전후 시대의 대표적인 상징이었지만 이미 20세기 후반에 위기에 도달했던 핵가족은 이제 세대 정체성의 와해와 복잡한 출산 방식과 확장하는 사이버 세계 앞에서 완전히 해체되었다. 집단에, 또한 가족에 소속하려는 욕구는 스크린 상에서 만나는 가상적이거나 실제적인 친구들에 의해 충족된다. 그들은 당신의 습관이나 변덕에 대해 우호적이며 관용적이다. 하지만 사회 속에서 당신의 '자리'는 과거처럼 고정적이지 않다. 그것은 사회가 더 이상 가족이나 계급이나 세대로 세분되지 않기 때문이기도 하지만, 당신 자신이 더 이상 잘 정의된 존재가 아니기 때문이기도 하다.

이는 흡사 세기말에 철학자들 사이에서 유행했던 '색맹 매리'의 이야기가 거꾸로 실현된 것과 같다. 철학자 프랭크 잭슨은 이해와 직접적인 경험의 차이를 설명하기 위해 색맹인 매리에 관한 매우 특이한 이야기를 지어냈다. 매리는 색체 감각의 생리학과 관련된 모든 것을 아는 뛰어난 과학자이다. 그러나 정작 그녀 자신은 완벽한 단색의 환경에서 성장했기 때문에 색체를 직접 경험한 적이 없다. 이제 만약 그녀가 생생한 색체들로 가득한 실제 세계로 들어오면, 그녀는 무언가 새로운 것을 배울까? 이 질문과 관련해서 가장 중요한 것은 우리가 지금 묻는 것이 매리의 상태인지 여부이다. 그녀는 무언가 더 배우게 될까, 다시 말해서 색체를 처리하는 뇌 속의 시각 체계에 관해 무언가 더 **이해하게** 될까? 아마도 그렇지 않을 것이다. 한편 그녀의 의식 상태는 극적인 변화를 겪을까? 거의 확실히 그러할 것이다.

만일 당신이 21세기 후반의 사람이라면, 당신은 일종의 '뒤집힌 매리'와 같은 존재일 것이다. 그 시대에는 직접적인 경험이 지식과 통찰을 대신하고 있을 테니 말이다. 참된 이해가 한 사태를 다른 사태에 비추어 보는 것, 두 사태를 연결하는 것이라면, 21세기 후반의 사람들은 전혀 아무것도 이해하지 않는다. 그들의 세계 속에는 다른 것과 명확하게 그리고 지속적으로 연결된 사람이나 사물이나 과정이 존재하지 않는다. 그 대신에 사람들은 맥박치고 뒤섞이는 감각들 속에서 산다. 당신에겐 매리에게 있었던 이해가 없고, 대신에 매리에게 없었던 모든 일차적인 감각이 있다. 당신이 경험하는 순간들은 본능적이고 감각적이며 예외 없이 단절적이다. 아마도 당신의 감각기관이 자극되는 방식조차 20세기와 다를 것이다. 그러니 당신이 어떤 지식을 가질 수 있겠는가?

매리가 마침내 색을 경험했을 때 그녀의 의식에 변화가 일어난 것처럼, 당신이 무언가 이해한다면 당신의 의식에도 변화가 일어날 것이다. 그러나 그 변화는 당신에게 거의 의미 없을 것이다. 당신은 어떤 설명을 완성하기에, 연쇄된 사건이나 전제들을 짚어가면서 특정 사안을 다른 장소나 사람이나 대상이나 사건과 연결하기에 충분할 만큼 오래 집중하지 못한다. 무엇보다 중요한 것은, 당신에게 그렇게 할 이유가 없다는 것이다. 무작위한 정보의 조각들을 억지로 연결하기 위해 애쓸 이유가 무엇인가? 당신은 완성된 결론을 독자적인 사실로서 얼마든지 입수할 수 있다. 당신은 스크린의 사람인 것이다.

당신의 세계는 고도로 쌍방향적이며, 고도로 인격화되어 있으며, 고도로 불안정하다. 당신 속에서 그리고 주위에서 세계는 당신이 품은 생각에 따라 변한다. 그러나 당신의 생각들은 당신의 삶과 마찬가지로 분절적이며 반사적이고 파편적이며, 이야기와 같은 연속성이나 의미가 없다. '당신은 누구인가' 혹은 '당신은 무엇인가', 심지어 '당신은 어디에 있는가'라는 질문은 오늘날 지극히 이해하기 어려워졌다. 그리고 당신이 윤곽이 확실한 생각도 관념도 육체도 가지고 있지 않다면, 아마도 당신은 전혀 개인이 아닐 것이다……

이 탈개인화는 현대적인 삶의 가장 기초적인 특징의 원인이며 동시에 결과이다. 당신의 모든 행동, 심지어 당신의 모든 생각은 기록된다. 당신의 삶의 이야기 전체 — 당신의 배변 행위, 면역계의 상태, 당신이 선택한 놀이까지 — 는 수집되고 제3자의 호기심 어린 시선에 공개된다. 양자 컴퓨터 때문에 더 이상 그 무엇도 신뢰할 수 없게 되었음을 상기하라. 당신에 관한 모든 화학적, 생물학적, 의학적, 심리학적, 경제적, 사회적 세부 사항들은 공적인 정보이다.

그러나 쓰라린 진실은 이런 사태가 큰 문제가 되지 않는다는 것이다. 건강과 행동 패턴, 그리고 출산이나 관계에 대한 선호에서 모든 사람이 지극히 동질적이기 때문에 당신도 다른 누구도 개인에 관한 정보에 관심을 가지지 않는다. 심지어 과거에 찬양의 대상이었던 개인적인 게놈조차 이제 표준화되고 업그레이드 된 게놈에 밀려 사라지고 있다. 새 게놈은 점점 강력해지면서 개인의 다양성을 감소시키고 있다. 하지만 우리는 유전공학의 한계에 대해서, 특히 정신적인 기능과 관련된 한계에 대해서 훨씬 더 잘 알게 되었다. 유전적 질병의 위험을 줄이기 위해 단일 유전자 차원에서 개입하는 기술은 진정한 가치를 가지고 있다. 그러나 몸을 이루는 모든 세포 속의 DNA 가닥 하나를 개조하여 미묘한 정신적 특징을 강화할 수 있다고 믿는 사람은 이제 아무도 없다. 사실상 이런 개조는 더 이상 크게 소용이 없다. 이런 개조와 강화를 통해 당신은 무엇을 얻으려 하는가? 더 많은 애인? 자녀? 더 멋진 외모? 더 나은 일자리? 오늘날 이런 가치들은 모두 무의미하다. 간단히 말해서 이런 가치들과 직결된 지위를 차지함으로써 얻을 수 있는 것이 아무것도 없다. 인류 역사상 최초로 지위는 사소한 의미로 전락했다. 존재하는 것은 오직 경험뿐이다.

이제 스크린 앞에서 당신의 삶의 이야기를 지켜보는 당신 자신을, 당신 자신을 관찰하는 당신 자신을 관찰해보자. 당신에겐 어떤 불편함도 없다. 당신의 신체적 욕구는 충족되었으며, 당신은 상상을 이제껏 당신이 한 그 어떤 경험 못지않게 실제적으로 보이는 사이버 현실로 만들 수 있다. 대부분 가상적인 당신의 모든 경험은 기록되어 있다. 당신의 생각들과 거의 구별할 수 없는 그 경험들은 전 세계적인 연결망 속으로 공급된다.

20세기 초에 예수회 수도사 피에르 테이야르 드 샤르댕은 제국주의 시대의 분명한 기준들에 비추어 볼 때 매우 기괴하고 또한 예지력이 빛나는 생각을 했다. 그는 '정신' 혹은 '이성'을 의미하는 그리스어 '누스(noos)'를 이용하여 '누스피어'(noosphere, 정신권)라는 용어를 만들었다. 그가 생각한 누스피어는 전 세계의 개인들을 연결하는 집단적인 사고 시스템이었다. 그의 생각은 오늘날 결코 터무니없어 보이지 않는다. 인터넷은 그의 생각을 부분적으로 현실화했다. 이미 어떤 사람들은 멋진 상상력을 발휘하여 인터넷을 뇌에, 끊임없이 서로 소통하는 개인들을 뉴런에 비유했다. 그러나 샤르댕의 예지력의 가장 중요한 측면은 지금까지 간과되었다. 샤르댕의 누스피어 속에서 각각의 개인은 더 큰 집단적인 의식에 완전히 종속된다. 간단히 말해서 사적인 삶과 단 하나뿐인 생각과 지식과 견해를 가진 독립적인 개인은 사라진다.

분별 있고 실용적인 거의 모든 사람은 이 이상한 미래의 시나리오에 반감을 가지거나 아예 비현실적이라고 판단할 것이라고 나는 상상한다. 먼저 당신은 기술이 그 정도 수준에 도달하지 못했고 또한 도달하지 못할 것이므로, 여러 실질적인 이유 때문에 이 시나리오는 실현될 수 없다는 낯익은 위안의 말에 안도의 한숨을 내쉴 것이다. 우리가 이 책의 맨 앞에서 만난 냉소주의자들이 옳았다고 당신은 생각한다. 더 나아가 당신은 설사 우리에게 기술이 있다 하더라도 누스피어 같은 상황은 '비위에 거슬리는 점' 때문에, 모든 사람이 반사적으로 "이제 충분하니 그만하라"고 말할 것이기 때문에 발생하지 않을 것이라 생각한다. 그 정체가 무엇이든 인간의 본성은 기술에 홀린 비정상적인 멍청이들의 과도한 행위를 억제할 것이 분명하다고 당신은 믿는다. 어떤 기술이 단지 가능하다고 해서 반드시 실현되는 것은 아니다. 그 기술이 올바름에 대한 우리의 감각을 위반할 때 특히 그렇다. 우리를 탈개인화하는 것, 우리의 개인성을 앗아가는 것은 인간의 본성에 반하는 것임에 분명하다.

지금 이 순간까지 우리는 중세의 법정에 있든 아니면 현대의 아마존 열대림에 있든 항상 정체감을 가지고 있었다. 우리 성인 대부분은 거의 언제나 우리의 개인성을 아주 예민하게 느낀다. 우리는 우리가 어느 누구와도 유사하지 않은 정신을 가지고 있음을, 우리가 우리 자신의 특수한 방식으로 세계를 본다는 사실을 의식한다. 우리가 강렬한 감각적 경험에 휩싸여 '제정신을 잃는' 혹은 '자신을 내던지는' 상황이 아닌 한, 우리는 끊임없이 우리 자신을 개별적인 존재로 의식한다. 우리 대부분에게 개인성은 가장 소중한 보물이다. 실제로 20세기 중반에 씌어진 두 편의 위대한 소설에 등장하는 디스토피아(dystopia, 상상된 지옥)가 그토록 끔찍하게 느껴지는 것은 그 속에 있는 어떤 장치들 때문이 아니라 그 세계가 자아감을 위협하기 때문이다.

이제 우리가 살펴볼 앨더스 헉슬리의 『멋진 신세계』는 유전공학이 지배하는 미래를 묘사한다. 사회는 유전공학적 설계에 의해 차별화된 능력을 가지고 태어난 인간들이 이룬 여러 계급으로 나뉜다. 조지 오웰의 『1984년』은 내면세계의, 정신의 개인적 은밀함을 파괴함으로써 개인성을 위협한다. 시민들은 거의 항상 감시당한다. 신체와 뇌의 활동을 감시할 수 있게 해주는, 따라서 제3자의 관찰뿐 아니라 조작도 가능케 해주는 새로운 정보기술의 출현을 소설은 예견한다.

이 두 소설이 씌어질 무렵 생명공학과 정보기술과 양자 이론은 발생 단계에 있었다. 그후 약 반세기가 지나자 유전자 조작, 그리고 심지어 이식된 장치들을 통해 뇌의 활동을 조작한다는 것은 더 이상 공상과학 소설 속의 이야기가 아니었다. 우리 삶의 모든 측면을 바꾸어놓을 수 있는 다양한 발전들 중 많은 부분은 우리의 반감을 일으킨다. 왜냐하면 그것들을 악용할 경우 우리 자신이 개별적인 존재라는 자아감의 상실이 일어날 수 있기 때문이다.

지금까지 우리는 냉소주의자들의 주장처럼 우리가 '우리 자신의 정신을 아는' 인간이라는 단순한 사실이 우리를 삼키는 기술의 위협에 대처하는 가장 적절하고 효과적인 대응책이라 생각할 수도 있었을 것이다. 그러나 우리의 손자들은 우리와 다른 두려움과 희망을 가지게 될 것이다. 혹은 그들의 뇌에 가해진 다양한 조작 때문에 어떤 두려움이나 희망도 가지지 않을 수도 있다. 우리가 뇌 회로들의 절묘한 역동과 민감성에 대해 더 많이 알게 될수록 개인화된 뇌, 즉 정신을 직접 조작할 수 있는 수단은 증가한다. 우리가 명심해야 할 것은 그런 조작이 과거의 어떤 조작보다 더 직접적이고 광범위한 파장을 일으킬 수 있다는 점이다. 그런 조작은 침대에 누운 채 곧바로 등을 켜 악몽을 쫓아낼 수 있도록 고안된 현대적인 스위치—단순하지만 광범위하게 효과를 발휘한 발명품이다—보다 훨씬 더 강력한 힘을 발휘할 것이다. 그렇게 기술이 극한까지 발전한다면, 그 속에서 인간의 본성은 과연 얼마나 견고하게 제 모습을 유지할까? 이 질문에 답하려면 먼저 인간의 본성이 무엇인지에 대해 분명한 합의가 이루어져야 한다.

오늘날까지 인간의 본성은 인간이 가진 정의할 수 없는 그 무엇으로서 인간의 비논리적이거나 비합리적인 행동을 '설명'하기 위해 흔히 거론되었다. 베를린 장벽의 붕괴를 인간의 본성에 기대어 설명하는 것이 그런 예라 할 수 있을 것이다. 트인 사무실 공간을 칸막이로 구획하여 개인화하는 것, 혹은 농민 직영 판매점의 인기 역시 우리의 삶 속에 있는 기술적이고 기능적인 욕구를 초월한 '인간적인' 욕구의 증거들이다.

최근에 방문한 오슬로의 한 병원에서 나는 마치 다윗이 골리앗을 억누르듯이 인간의 본성이 현대 기술을 억누른 사례를 보았다. 넓은 복도를 가로지르는 육교와 유사한 구조물 위를 걷고 있을 때, 나를 초대한 병원 관계자는 건물의 내부가 길거리와 유사하게 느껴지도록 설계되었다고 설명했다. 병원은 마치 중심 도로가 있는 마을처럼 보였다. 직원과 환자와 방문객들은 중심 도로 격인 복도를 거닐면서 길가에 있는 카페와 상점을 드나들었다. 우리의 자연적인 성향을 특히 예리하게 반영한 특징은 복도가 기능적인 직선이 아니라 곡선으로 뻗어 있다는 점이었다. 단지 실제 마을의 도로들이 죽은 직선인 경우가 결코 없기 때문에 복도가 그렇게 설계된 것이다. 비인간적이고 위협적일 수도 있었을 병원의 분위기는 매우 편안하고 아늑했다. 비인간적이고 '탈개인적인' 거대한 것들은 우리에게 겁을 준다. 우리가 이 책에서 제시한 몇몇 예언들이 큰 혐오감을 일으키는 것도 바로 그 때문이다. 그렇다면 생물학적인 입장에서는 개인적이고 인간적인 요소를 어떻게 설명할 수 있을까?

백여 년 전에 찰스 다윈은 감정이 보편적이며, 따라서 우리가 지금 인간의 본성이라 부르는 그것의 일부라는 주장을 펼쳤다. 이 획기적인 이론의 연장선에서 캘리포니아 의과대학의 심리학자 폴 에크먼은 인간의 얼굴 표정을 여섯 가지 기초적인 감정 — 공포, 놀람, 분노, 행복, 역겨움, 슬픔 — 의 표현으로 분류했다. 그는 텔레비전이나 라디오나 기타 통신장치 없이 현대 세계로부터 고립된 채 문자 발생 이전의 석기 문명을 유지하고 있는 집단을 연구하기도 했다. 에크먼은 고립된 집단의 사람들에게 기초적인 표정을 짓고 있는 얼굴을 찍은 사진들을 보여주고 '화난 얼굴'과 '싸우기 직전의 얼굴', 그리고 '방금 자녀가 죽은 사람의 얼굴'을 골라내도록 했다. 사람들의 반응은 우리 서양 세계에서와 다르지 않았으며, 연구된 모든 집단에서 동일했다.

소속된 문화와 상관없이 모든 인간이 공유하는 이 표정 인지 능력은 깊은 뿌리를 가지고 있으며 자동적으로 발휘되는 것이 분명하다. 에크먼은 여섯 가지 기초적인 표정을 보는 사람들의 신체의 긴장 반응—심장박동수와 혈압, 손바닥의 땀—에 미세한 변화가 일어나는 것을 포착할 수 있었다. 그 변화는 피실험자가 표정의 주인공을 의식적으로 알아보기도 전에 일어났다.

모든 성인 인간이 공유하는 그 느낌들이 오직 인간에게만 있다고 단정할 수는 없다. 물론 동물에게서 역겨움의 감정을 발견하기는 어렵다. 그러나 그 감정은 어린아이에게서도 발견하기 어려워 보인다. 예를 들어 유아들은 대변과 생김새와 색이 비슷한 초콜릿을 먹거나 소변과 색이 비슷한 사과 주스를 변기 모양의 그릇에 담아 마시는 것을 꺼리지 않는다. 그러나 일정한 나이가 지나면, 그런 행동들은 도저히 용납할 수 없는 일, 역겨운 일이 된다.

동물들과 아이는 역겨움을 모른다는 점에서 유사할 뿐 아니라 '보편적인' 감정들 중 일부를—예를 들어 행복감을—가질 수 있다는 점에서도 유사한 것으로 보인다. 심지어 쥐도 먹이를 먹는 대신에 연구자들이 임시로 '기쁨 중심지'라 명명한 뇌의 구역을 스스로 전기적으로 자극하기 위해 손잡이를 누르려 한다. 물론 우리는 다른 동물은 말할 것도 없고 타인이 실제로 무엇을 느끼는지도 영원히 알 수 없을 것이다. 그러나 목을 가르랑거리는 고양이나 꼬리를 흔드는 개는 깔깔거리고 미소 짓는 아기와 크게 다르지 않다는 것도 사실이다. 마찬가지로 장난감을 잃고 슬픔을 느끼는 어린아이는 친한 사람이나 개와 헤어져 의욕을 잃은 채 꼬리를 내린 개와 비슷하다고 할 수 있을 것이다. 긍정적인 느낌과 부정적인 느낌—이것들을 행복과 슬픔이라 부르지 않기로 하자—이 인간이 아닌 동물의 뇌에서도 발생할 수 있다는 것에는 의심의 여지가 없다. 그러므로 우리는 기초적이고 '보편적인' 감정들을 **인간의** 본성과 단순히 동일시할 수 없다.

약 30년 전에 생물학자 에드워드 윌슨은 "사회와 기술과 문화를 만드는 뿌리 깊은 행동 법칙들"이라고 스스로 정의한 인간의 본성이 지속성을 가지고 있음을 강력하게 주장했다. 인간의 본성적인 특징과 경향성들은 인간이 협동, 도구 제작, 영성(靈性) 등의 특별한 장점을 가질 수 있게 해주었다. 지난 10만 년 동안 바뀐 것은 없으며, 내다볼 수 있는 미래에 아무것도 바뀌지 않을 것이라고 윌슨은 주장한다. 윌슨에 따르면, 인간의 의지는 항상 위계질서를 추구하는 경향성을 나타낸다. 인간은 또한 자신의 지위에 대한 관심을 가지고, 자기존중감을 긍정적인 가치로 여기며, 개인적인 사생활을 원하고, 성적인 관계와 부모-자식 관계를 원하며, 근친상간을 혐오하고, 이를테면 축구팀 안에서도 동족의식을 느낀다. 우리는 또한 평온함의 욕구, 독립의 욕구, 권력의 욕구, 모험의 욕구, 질서의 욕구, 웃음에 대한 선호, 그리고 성취의 욕구를 추가로 열거할 수 있다. 윌슨은 증오와 공격성이 윤리적 감성과 공존한다는 슬픈 사실이 '인간의 조건'이라고 표현했다. 난교(亂交)는 "인간의 유전자에 들어 있는 특징이 아니므로" 가족이라는 단위는 흔들리지 않을 것이라고 윌슨은 말했다.

열거된 특징들은 인간 본성의 좋은 예들일 것이다. 그러나 우리는 일터를 개인화하려는 욕구나 복도를 곡선으로 만드는 성향 같은 다른 특징들을 거론할 수도 있을 것이다. 그러므로 중요한 것은 인간 본성의 예들을 나열한 긴 목록을 만드는 일이 아니라 열거된 예들의 공통점이 무엇인지 탐구하는 일이다. 우리는 충분히 기초적이어서 환경의 다양성과 상관이 없으면서 충분히 고차원적이어서 오직 인간에게만 있는—윌슨 식으로 말하자면 인간의 유전자 속에만 있는—결정적인 단일 요소를, 우리를 침팬지와 다르게 만드는 1퍼센트의 DNA를 발견해내야 한다.

심리학자 스티븐 핑커는 윌슨의 뒤를 이어 인간의 정신이 백지라는 생각에 반대하는 훌륭한 논변을 제시했다. 뇌의 유연성에도 불구하고 뇌의 거시 규모 조직은 명백하게 유전자에 의해 결정된다. 또한 유전자는 수가 적지만 능력이 그만큼 제한적인 것은 아니다. 유전자의 수는 게놈 지도가 만들어지기 전인 윌슨의 시대에 예측한 것보다 훨씬 적다는 사실이 밝혀졌다. 그러나 핑커는 다양한 돌연변이에 의해 많은 조합이 발생할 수 있음을 지적하면서, 유전자 발현의 '조합적인' 성격을 고려한다면 가능성들이 훨씬 더 많아진다고 주장한다. 한정된 개수의 원소들로부터 얼마나 많은 조합을 만들 수 있는지 생각해보면—예를 들어 6개의 원소만으로 720개의 조합을 만들 수 있다—뇌세포들의 연결에 비해 유전자의 수가 매우 적다는 사실은 아무 문제도 되지 않음을 알 수 있을 것이다.

천성적인 행동들이 어떻게 발생하는지를 이런 조합적인 접근 방법을 통해 뇌를 이해함으로써 설명할 수 있을 것이라고 핑커는 말한다. 유전자들은 함께 작용할 수 있기 때문에 조합의 수가 원소의 수를 능가할 수 있다. 마찬가지로 거시적인 뇌 구조의 수도 미시적인 구조의 수보다 많아질 수 있다. 정상적인 상황에서 천성적인 폭력성은 폭력을 억제하는 또 다른 '자연적인' 뇌 기능에 의해 상쇄될 것이다. 그러므로 우리가 자연적인 경향성들을 가지고 있다는 주장에 겁을 먹을 필요는 없다. 인간의 본성은 즉각 반대의 작용을 일으켜 균형을 맞추는 능력을 가지고 있으니까 말이다.

그러나 우리는 인간의 본성과 같이 보편적인 모든 것이 우리의 유전자 속에 들어 있다고 윌슨처럼 단순히 전제할 수 없다. 잠시 5장에서 논했던 본성과 교육의 문제를 다시 생각해보자. 유전자는 자궁 속에서도 작동하며, 일생 동안 작동을 멈추고 재개하기를 반복한다. 더 나아가 유전자는 뇌 기능을 결정하는 필요조건이지만 충분조건은 아니다. 따라서 행동의 원인을 본성에 돌릴 것인지 아니면 교육에 돌릴 것인지의 문제는 무의미하다.

유전자는 단백질을 생산하고, 단백질은 분자 수준에서 뇌의 기능에 폭넓게 관여한다. 몇 가지 예만 말하자면, 단백질은 전달물질의 합성이나 제거에 관여하기도 하고, 세포의 삶과 죽음에 관여하기도 한다. 이 무수한 기초적인 생화학적 기제들은 다양한 시기에 다양한 방식으로 다양한 뇌 구역들에서 작용한다. 그 작용은 우리가 아직 잘 모르는 방식으로 뇌 기능 전반에 영향을 미치고, 따라서 최종적으로 외적인 행동에 영향을 미친다. 유전자는 이 과정을 제멋대로 촉발시키는 것이 아니라 세포핵 속에 있는 국지적인 화학물질들의 상태에 따라서 촉발시킨다.

그 화학물질들은 특정 발달 단계의 세포 내에서 국지적으로 분비될 수 있다. 그러나 그 물질들은 결코 고립된 상태에서 분비되는 것이 아니다. 일생 동안 다양한 작용물질들이 다양한 유전자의 활동을 억제하거나 촉발하여 다양한 요구에 맞게 다양한 단백질을 생산한다. 이때 그 요구는 천성적인 발달일 수도 있지만, 적지 않은 경우에는 뇌 외부의 어떤 것에서 시작된 사건들의 연쇄에 의해 유전자가 활성화된다. 어머니의 자궁 속에 있는 어떤 것이, 혹은 신체의 호르몬계 속에 있는 어떤 것이 유전자를 활성화시킬 수 있다. 그러나 유전자의 활동을 제어하여 뇌 속의 연결들을 끊임없이 구성하고 재구성하는 것은 개체와 외부세계 사이의 끝없는 상호작용이다. 다시 말해서 유전자는 하나의 도구에 불과하다. 유전자는 외부세계에서 온 영향을 뇌세포 연결 패턴의 물리적 변화로 번역하는 복잡한 생화학적 기계 속에 들어 있는 하나의 톱니바퀴이다.

그러므로 행동의 원인이 본성에 있다거나 교육에 있다고 단정하기는 불가능하다. 물론 앞에서 우리가 언급한 쌍둥이 연구들은 따로 양육된 일란성 쌍둥이가 유사한 성향을 가진다는 사실을 보여주었다. 따라서 일란성 쌍둥이의 경우에는 둘 사이에 특별한 유사성이 있음을 어느 정도 인정할 수 있다. 그러나 유사성이 있는 경우라 할지라도, 그 유사성을 정확히 유전자에 귀속시킬 필연성은 없다. 예를 들어 두 쌍둥이가 물방울 무늬 넥타이를 즐겨 맨다는 사실이 그들에게 물방울 무늬를 사랑하게 만드는 유전자가 있음을 증명하는 것은 아니다. 오히려 동일한 게놈을 지니고 동일한 중산층 환경에 노출되었기 때문에 두 쌍둥이에게 유사한 취향과 버릇이 생겼다고 보는 것이 더 정확할 것이다. 두 쌍둥이의 유사성이 유전자 때문임을 증명하려면 환경의 영향이 완전히 차단된 조건을 마련해야 할 것이다. 그러나 쌍둥이 하나는 뉴욕에서, 다른 하나는 아마존 열대림에서 자란 사례가 연구된 일은 지금까지 없다. 혹은 유사성을 교육의 영향으로 돌리려면 일상생활이나 문화적 환경 속의 사건들이 쌍둥이의 전반적인 사고 체계에 정확히 얼마나 영향을 주는지 알아내야 할 것이다.

더 흥미로운 질문은 쌍둥이가 공유한 특징, 예를 들어 물방울 무늬에 대한 선호를 단지 그것이 강한 '유전적' 요인을 가진다는 이유만으로 '인간의 본성'으로 간주할 수 있는가, 라는 것이다. 물방울 무늬에 대한 선호는 우리 모두가 공유하는 특징이 아니므로 인간의 본성이라 할 수 없을 것이다. 그렇다면 생물학적인 입장에서 인간의 본성은 무엇일까? 인간의 본성은 특정 행동 유형들을 가리키는 포괄적인 개념임에 분명하다. 그러나 그 개념은 단지 강한 유전적 요인을 가진다는 것보다 더 명확한 정의를 필요로 한다. 유전자는 뇌의 구성요소 중 하나이므로 뇌의 일반적인 특징들에 그 원인을 귀속시킬 수 있는 행동에 관여할 것이 분명하다. 그러나 유전자는 정의상 개인의 특수한 측면들을 구성하는 요소이기도 하다. 따라서 유전자는 인간 본성의 본질을 이해하려는 우리의 노력에 도움을 주지 않을 것이다. 과거에 있었던 한 이론을 살펴보자.

DNA 이중나선이 발견되고 뒤이어 유전자 관련 지식과 기술이 혁명적으로 발전하여 생물의학을 바꾸어놓기 이전에 지그문트 프로이트는 너무도 인간적인 행동들을 이해하기 위한 이론 체계를 구성했다. 인간 게놈 지도를 참조할 수 없었고, 당시의 원시적인 신경학과 사실상 존재하지조차 않았다고 보아야 마땅한 신경외과수술이 물리적인 뇌를 침범하는 것에 실망한 프로이트는 추상적인 개념들에 의지하여 연구해야 했다. 그럼에도 불구하고 인간 정신의 일반적 특징들에 관한 프로이트의 이론 구조는 우리 모두가 알듯이 오늘날에도 폐기되지 않았다. 모든 동물이 공유한 원초적이고 보편적인 파괴와 창조의 성향— '이드' —이 있으며, 그것이 표출될 통로를 여는 '에고', 그리고 그 표출을 제어하는 도덕적인 '슈퍼에고'가 있다고 프로이트는 주장했다. 인간을 동물과 구분하는 것은 에고와 슈퍼에고이다. 그러나 우리의 모든 행동은 이드의 원초적인 욕망에서 발원한 것으로 해석할 수 있다.

이 이론은 20세기 초에 동물학자 콘라트 로렌츠에 의해 더욱 발전되었다. 그는 우리의 모든 행동을 기본적 욕구의 배출로 보았다. 행동을 '욕구의 배출'로 보는 입장은 어느 정도 일리가 있다. 당신은 배고픔을 느낀다. 그리고 그 배고픔을 줄이기 위한 행동을 시작한다. 성욕이나 수면욕과 관련해서도 사정은 유사하다. 그러나 이 행동들은 모든 동물에게 공통적이다. 또한 우리가 욕구를 억누르거나 욕구 충족을 위한 간접적인 수단들을 고안한다는 사실은 그 자체로 인간 본성의 본질을 설명해주지 않는다. 개, 고양이, 그리고 확실히 영장류도 원하는 목표를 달성하기 위해 복잡하고 간접적인 전략들을 수립하고 실행한다. 과연 인간에겐 어떤 특별한 점이 있을까?

그 특별한 점이 우리의 감정도 유전자도 기초적인 욕구도 아니라면, 이제 무엇에 눈을 돌려야 할까? 생물학에 의지하는 것보다 오히려 정반대의 방향을 모색하는 것이 나을지도 모른다. 인간에게만 고유하면서 모든 문화가 공유하는 인간의 사회적 특징들을 찾아보자. 그리고 그것들을 물리적인 뇌와 '과학적으로' 연결시키는 방법을 모색해보자.

7대 죄악(지옥에 떨어질 일곱 가지 죄악, 즉 오만, 탐욕, 정욕, 노여움, 과식, 시기, 나태/옮긴이)은 인간에게만 있지만, 그것들이 성경에 기록되어 있다는 사실은 시대와 문화를 초월한 그것들의 보편성을 말해준다. 7대 죄악은 보편적인 동물적 욕구 배출 행위인 섹스, 먹기, 잠자기와 무언가 다른 점이 있다. 죄악의 핵심은 어쩌면 지나침에 있을지도 모른다. 아마도 생존을 위한 자연적인 욕구를 충족시키기 위해 생리학적으로 필요한 만큼 이상의 과도한 섹스, 과도한 음식, 과도한 잠, 과도한 공격성이 죄악이 되는 듯하다. 탐욕, 시기, 오만은 생물학적인 욕구와 거리가 더 멀다. 그러나 이들 역시 지나칠 수 있다. 특히 사회 속에서 개인의 능력, 즉 지위와 관련해서 이들은 흔히 지나친 양상을 보인다.

우리는 사랑이나 인정을 받지 못하는 것에 대한 위로를 얻기 위해 과식하기도 한다. 성적인 파트너가 과도하게 많으면 또래의 우상이 될 수 있을 것이다. 부를 축적하는 것은 중요한 인물로 보이기 위한 욕구의 표현일 수 있다. 자신보다 높은 지위에 있는 사람을 시기하는 행동은 문화 초월적인 가치들과 관련이 있다. 바로 그 가치들이 자아 속에 과도하게 축적되면 오만이 생길 수 있다. 누군가가 나태하다는 평가는 그의 행동에 대한 특정한 기대들이 충족되지 않을 때 내려진다. 마지막으로 노여움은 더 단순하고 동물적인 공격성과 달리 지나침을 함축한다. 노여움은 불분명한 사회적 또는 개인적 가치관과 관련된 다양한 원인에 의해 발생한다.

물론 7대 죄악은 다양한 방식으로 구체화될 수 있는 죄악의 극히 제한적인 사례들에 불과하다. 또한 이 사례들은 정신과적으로 볼 때 너무 유치하고 불명확하다고 할 수 있다. 그러나 7대 죄악은 인간의 본성이 오직 인간에게만 보편적으로 있으며, 문화와 가치관 **일반**과 연관시킬 수 있음을 보여준다. 인간의 본성은 단순한 욕구 배출처럼 생물학적으로 기초적이지 않으며, 물방울 무늬에 대한 선호처럼 극히 개인적이지 않다. 오히려 인간의 본성은 지위와 사회적 가치관에 관련된 행동들을 가리키는 포괄적인 개념이다. 문화와 가치관은 바뀔 수 있지만, 행동은 그렇지 않다. 다양한 문화와 가치관이 행동을 통해 자신을 드러내는 것은 사실이다. 그러나 행동 그 자체는 소속된 특정 맥락을 초월하여 보편적인 것으로 인지할 수 있다. 이제 이 생각을 물리적인 뇌와 관련시켜보자.

먼저 우리는 시간을 거슬러 올라가야 한다. 고고학자 스티븐 미슨은 약 10만 년 전에 호모 사피엔스의 뇌가 갑자기 폭발적으로 발전하고 뒤이어 동굴 미술과 언어와 그밖에 수많은 인간 고유의 '문화적' 현상들이 발생한 원인이 무엇인지 연구했다. 그는 언어가 더 포괄적인 '은유적인 사고' 능력, 어떤 것을 다른 것에 비추어 보는 능력의 한 예에 불과하다고 주장한다. 그의 책 『정신의 선사 시대 *The Prehistory of the Mind*』에 나오는 한 예를 나는 좋아한다. 그 예에는 선사 시대의 어느 동물이 버린 이빨이 등장한다. 침팬지는 홀로 떨어져 있는 그 이빨을 이빨로 인지할 수 있다. 하지만 인간은 한 걸음 더 나아가 그것을 일반적으로 입 속에 있는 하얗고 날카로운 물건으로 볼 뿐 아니라 은유적으로, 목걸이의 재료로도 볼 수 있다. 더 나아가 그 목걸이는 지위의 상징으로 착용될 수 있다. 침팬지는—세련되고 조직적인 사회적 위계질서를 가지고 있지만—결코 목걸이를 지위의 상징으로 사용하지는 않는다. 세계를 있는 그대로 볼 뿐 아니라 상징적으로도 본다는 점에서 우리 인간은 매우 독특한 존재라고 미슨은 주장한다. 언어는 인간의 광범위한 상징 사용 능력의 한 예, 특히 효과적인 예에 불과할 것이다.

인간의 '은유적인' 능력은 언어와 예술 같은 다양한 인간적인 기술들을 포함할 만큼 포괄적이면서 또한 우리의 기초적인 동물적 본능을 충분히 초월할 만큼 특수하고 정교하다. 아마도 우리는 이 다양하고 매우 인간적인 상징의 경향성을 프로이트가 말한 에고의 발전된 변양태로 생각할 수 있을 것이다.

그러나 이 에고는 유전적이지 않은가? 에고가 인간 뇌의 일반적인 특징이라는 점에서는 그러하다. 그러나 에고를 뇌 전체의 구조와 기능을 지탱하지 않는 특수한 유전자들의 집합으로 환원시킬 수 없다는 점에서는 그렇지 않다. 결정적인 요소는 유전자 그 자체, 혹은 전달물질이나 수용자나 뉴런 회로가 아니다. 오히려 우리는 모든 생화학적 요소들이 어떻게 일관적으로 작동하는 계를 이루어 인체를 제어할 뿐 아니라 상징에 기반을 둔 삶을 가능케 하는 인간 정신을 이루는지 물어야 한다. 만일 인간의 본성이 다름아닌 우리의 개인적인 정체성이라면, 인간의 본성은 뇌 속에 어떻게 구현되어 있을까?

20세기 중반에 생물학자 폴 맥린은—비록 자신의 목표가 그것이라고 명확히 밝히지는 않았지만—인간 본성을 신경해부학적으로 기술하는 성공적인 시도를 했다. 마치 이드, 에고, 슈퍼에고를 구분한 프로이트에 동조하듯이 맥린은 뇌의 가장 원초적인 부분인 뇌간(brainstem)이 우리의 가장 기초적인 '파충류적' 행동의 원천이라고 지적했다. 프로이트라면 뇌간을 이드가 있는 자리라고 표현했을 것이다. 맥린의 주장에 따르면, 우리가 가진 그 파충류적 특징은 뇌간을 감싸고 있는 대뇌변연계에 의해 억제되고, '포유류' 뇌라고도 불리는 대뇌변연계는 다시 뇌의 표층인 피질에 의해 억제된다. 뇌가 발전하고 복잡해질수록 피질은 면적이 더 커지고 따라서 주름이 많아진다. 우리는 '신(新)포유류' 뇌라고도 불리는 피질을 프로이트의 슈퍼에고에 쉽게 대응시킬 수 있다. 오늘날 맥린의 주장은 뇌의 기능을 해부학적으로 국지화했다는 점에서 너무 단순하고 소박하다는 비판을 받는다. 그럼에도 불구하고 맥린은 당시에 뉘른베르크에서 있었던 군중 행동을 생물학적으로, 인간 본성에 기대어 설명하는 감탄할 만한 시도를 했다. 문제는 '파충류적인' 군중 행동이 대뇌변연계의 정상적인 억제를 벗어나 부적절하게 발산된 것에 있다고 그는 생각했다.

그러나 우리가 보았듯이 인간의 본성은 파충류로의 복귀로 설명할 수 없는 많은 측면들을 가지고 있다. 인간 뇌의 가장 핵심적인 특징은 사물을 다른 사물과 관련시켜 은유적으로 혹은 상징적으로 보는 능력에 있다. 7대 죄악은 무인도에서는 무의미할 것이다. 인간이 특정한 사회적 가치들이 존재하는 집단을 이루어 살기 시작할 때, 지위가 중요해지기 시작할 때, 그때 비로소 7대 죄악이 의미를 가질 수 있다. 두드러진 소비생활, 성적인 인기, 다른 누구보다 많이 소유한 돈 등은 개인인 당신이 당신 자신과 타인들에 의해 문화의 맥락 속에서 어떻게 인식되는지와 직결된다.

그러므로 인간의 본성과 관련해서 핵심적인 의미를 가지는 개념은 자아이며, 그 자아는 사회의 맥락 안에서 정의되고 평가된다. 어린아이는 햇빛이나 물놀이가 주는 직접적인 감각적 자극에서, 혹은 초콜릿의 맛이나 요람의 흔들림에서 기쁨을 느낀다. 그러나 부모의 로또 당첨은 아이가 문화의 가치관을 배울 때까지 — 고도로 복잡하게 얽힌 연결들을 배워 사건들의 의미를 '이해'할 수 있게 될 때까지 — 아이에게 거의 무의미할 것이다. 나의 세 살배기 동생이 읊었던 『맥베스』의 대사들은 그가 '죽음' 같은 단어들에서 무언가 연상할 수 있고, 더 나아가 꺼진 촛불을 삶의 종말을 표현하는 은유로 파악할 수 있게 되기까지 말 그대로 무의미했다. 아이가 더 많은 사물을 다른 사물에 비추어 보게 될수록 아이는 더 심층적인 '이해'를 하게 된다.

앞에서 보았듯이 개인적 경험을 통해 연상 체계를 형성하는 것 — 뇌의 개인화 — 은 인간이 지닌 가장 중요한 능력이다. 신속하고 매우 유연하게 형성되는 뉴런 연결과 그로 인한 언어 능력 덕분에 우리는 유아가 경험하는 감각적인 현재를 벗어나 정신에 떠오르는 과거와 미래로 나아가고, 심지어 과거와 미래를 타인에게 글과 상징적인 그림으로 표현할 수 있다. 우리는 언어 능력 덕분에 전체나 자아 같은 가장 추상적인 개념들을 이해할 수 있고, 그런 이해를 발전시키는 가운데 자기의식을 획득한다.

우리는 뉴런 연결들의 복잡한 구조가 개인적인 경험을 반영한다는 것을 언급했다. 우리에게 더 중요한 사물이나 사람일수록 더 많은 연상을 유발시킬 것이다. 이 개인화된 뇌, 즉 우리가 6장에서 정의한 '정신'은 아마도 쉽게 '에고'로 간주될 수 있을 것이다. 자기의식을 획득한 이후 우리는 우리 자신을 외부세계의 모든 것과 구별되는 독자적인 존재로 의식한다. 그리고 우리는 이빨을 목걸이의 부분으로 정의하듯이, 우리 자신을 다른 사물과 관련해서 정의할 것이다. 이 연상 형성 과정, 우리 자신에게 의미를 부여하는 과정은 우리가 어떤 생태적인 환경에 살든 상관없이 우리의 삶 속으로 파고들 것이다. 우리는 업적이나 가족이나 재산 같은 어떤 다른 것과 관련해서 우리 자신을 파악하기를 원한다. 우리가 이런 식으로 자신과 관련해서 더 많은 것을 연상할 수 있을수록 우리는 더 높은 지위를 가진 중요한 인물이다.

이렇게 한 사물을 다른 사물들과 함께 생각하는 인간 특유의 경향성, 우리 자신의 존재 '의미'를 찾는 경향성은 우리가 인지 능력을 확장하여 미래를 숙고할 때 특히 중요한 의미를 가진다. 경험한 과거의 일들과 전해들은 과거의 일들을 반성함으로써 우리는 우리가 죽을 것이라는 필연적인 결론에 도달한다. 지난 시대에 그 결론에 대한 우리의 반응은 우리 자신에게 불멸성을 부여하는 것이었다. 르네상스 시대의 에고는 영혼이었다고 말할 수 있을 것이다. 그 세속적인 시대의 사람들은 자식을 통해 불멸을 얻는 것, 혹은 영구적인 업적을 남긴 중요한 인물이 되는 것에 큰 의미를 두었다. 그리고 지금 그 에고, 정신, 자아감, 개인화된 뇌는 이 세기를 지배할 것으로 보이는 새롭고 강력한 힘들로부터 위협을 받고 있다.

이 책의 기본적인 주장은 새로운 기술들이 우리의 대단히 민감한 뉴런 연결에 매우 강력하고 유례가 없는 영향을 미칠 것이라는 명제이다. 왜냐하면 새로운 기술들은 사상 최초로 유일한 경험의 원천이 될 것이기 때문이다. 연결 구조를 직접 고안하고 구현하는 기술이 개발될 수 있다는 예측은 우리의 전망을 더욱 심각하게 만든다. 그러나 기술 개발의 욕구에 악의적인 의도가, 빅브라더나 헉슬리의 세계 통제자를 실현하려는 의도가 섞여 있는 것은 아니다. 오히려 기술에 의한 통제는 인간의 모든 생리적인 욕구들을 시기적절하게 충족시켜 항상성이 유지되도록 만드는 방식으로, 마치 한두 잔의 포도주를 마시고 햇빛 아래 누워 반쯤 잠든 듯이 자기의식 없는 행복감을 항상 유지하게 만드는 방식으로 이루어질 수 있다.

앞에서 나는 순수한 기쁨의 기초는 개인화된 연결들—정신—이 일시적으로 능동적인 작용을 할 수 없도록 만드는 뇌의 특수한 상태라고 주장했다. 광범위한 연결들이 없는 어린아이는 쉽게 감각적 입력의 수동적인 수용자가 되어 '관능적인' 시간을 누릴 수 있다. 그러나 성인들은 그런 시간을 누리기 위해 극단적인 수단에 의지한다. 우리의 뉴런 연결들의 기능을 무디게 만드는 약물, 혹은 한 연결 구조가 완성되기 전에 다른 구조로 대체되어야 할 만큼 빠르게 진행되는 운동경기 등이 그 수단이다. 술이나 여자나 노래이든, 혹은 현대적인 약물이나 섹스나 로큰롤이든, 가장 중요한 것은 감각적이고 연상을 허용하지 않는 입력을 제공한다는 점이다. 이 모든 것에 노출될 때 우리의 뇌는 연결이 단순하고 성긴 상태, 혼란스럽고 모호한 유아의 뇌의 상태가 된다. 모든 인지적인 내용과 자기의식을 잃은 그 감각적인 망각의 상태는 아마도 대부분의 동물들이 가지는 의식의 상태와 유사할 것이다. 새로운 기술들은 우리를 그 쾌락적이고 수동적인 상태로, 지금까지 우리가 일시적으로만 즐겨온 상태로 데려갈 수 있을 것이다. 새로운 기술들은 끊임없이 뉴런 연결들을 자극하여 매우 인위적인 특정 상태를 유지되도록 만듦으로써 인간 본성의 존재 자체를 영원히 위태롭게 만들지도 모른다.

그러나 한 가지 대안이 있다. 우리는 그 대안을 '공적인 자아'라 부를 수 있을 것이다. 폴 맥린에게 큰 근심을 안겨주었던 뉘른베르크 군중 사건을 다시 생각해보자. 맥린은 뉘른베르크 군중의 행동이 파충류적이라고 생각했다. 그 행동은 어쩌면 오늘날 우리가 목격하는 낯선 상대에 대한 맹목적인 공격성이나 **우발적인 범죄**, 혹은 일상적인 차원의 격노와 유사한 원초적인 파괴 욕구의 분출일지도 모른다. 그러나 뉘른베르크 군중은 집단적으로 행동하기는 했지만 방향성이 **있었다**. 기고만장하여 소리를 지르는 오늘날의 축구장 훌리건들과 같은 군중은 정신이 없지도 **않으며** 파충류적이지도 **않다**. 그런 군중은 너무나 끔찍하게도 인간적이다. 그러므로 맹목적인 공격성과 뉘른베르크 사건은 무언가 다르지 않을까? 맥린이 오류를 범한 것이 아닐까?

윌리엄 골딩은 『파리 대왕*Lord of the Flies*』에서 무인도에 고립된 소년들이 집단적인 광기를 드러내는 과정을 묘사한다. 소년들은 영국 중상위 계층의 축소판처럼 행동하다가 결국 마지막에는 몸에 그림을 그리고 약한 소수를 살해하는 지경에 이른다. 골딩의 걸작인 『파리 대왕』은 1954년 전후의 분위기 속에서 문명화된 사회의 연약함을 보여줄 목적으로 출간되었다. '인간의 본성에 관하여On the Nature of Man'(1965)라는 에세이에서 골딩은 이렇게 썼다. "내 책이 말하려는 바는 다음과 같다. 당신은 이제 전쟁이 끝났고 악한 것들은 파괴되었다고, 당신은 천성적으로 친절하고 올바르므로 이제 안전하다고 생각한다. 그러나 나는 독일에서 왜 그 일이 발생했는지 안다. 나는 어느 나라에서든 그 일이 일어날 수 있음을 안다. 그 일은 이곳에서 일어날 수도 있다."

골딩은 자신의 개인적인 정체성을 버린 문명화된 개인들로 이루어진 집단의 행동을 섬뜩하게 묘사했다. 그러나 집단적 분노로 종결된 그들의 행동은 맥린의 해석과 달랐다. 그들의 공격성은 집중적이었고 가치관과 관련이 있었다. 나치나 축구장 훌리건이나 오늘날 전 세계에서 활동하는 근본주의 광신자들의 폭력은 '제정신'이 아니기 때문에 자신이 무슨 일을 하고 있는지 모르는 정신병자의 폭력이 아니다.

오히려 그들은 매우 강한 집단 정체성과 매우 명확한 가치관을 가지고 있다. 구호가 있고 보이지 않는 적과 추상적인 이유도 있다. 성인 인간이 일반적으로 지닌 것들을 모두 갖추고 있는 것이다. 앞에서 우리는 알카에다에 대한 분석에서 때로 간과되는 한 요소를 지적했다. 그것은 유럽인들이 이슬람 교도들을 박해했던 시절에 일어난 부당한 십자군전쟁에 대한 복수가 아직 이루어지지 않았다는 시대착오적인 생각이다. 박해받는 소수가 자신의 가치관과 정체성을 위해 영웅적으로 투쟁한다는 믿음, 지배 세력들은 명백히 '그르므로' 그 투쟁은 명백히 '올바르다'는 믿음은 나치의 정신과 일부 일치한다. 나치 역시 북유럽의 신들을 추앙했고, 자신이 아틀란티스인의 후예로서 교활하고 강한 셈족들을 무찌르고 있다고 믿었다. 더 온건한 방식이기는 하지만, 광신적인 축구 관중들 역시 선(우리 팀)이 악(상대 팀)을 누르고 승리하기를 바라는 것이 분명하다.

그러므로 이들에게서 우리가 목격하는 것은 정체성 상실이 아니라 그 반대이다. 집단적 정체성, 일종의 개인적이지 않고 공적인 에고에 대한 과도한 강조를 우리는 본다. 개인은 더 이상 타인들로부터 구분되지 않는다. 그러나 그것은 개인이 지나치게 강한 이드의 지배를 받기 때문이 아니라 에고가 집단화되었기 때문이다. 이 집단적 에고는 개인적 에고의 특징들을 모두 가지고 있다. 7대 죄악이 예증하고 윌슨이 열거한 특징들을 모두 가지고 있는 것이다.

나치의 전성기에 세바스티안 하프너라는 필명을 쓴 한 베를린 시민은 자신의 조국에서 일어나는 일들에 대한 기록을 남겼다. 그는 왜 모든 합리적인 생각과 예상에도 불구하고 히틀러의 인기가 높아가는지 설명하려 노력했다. 하프너의 결론은 독일인들이 제1차 세계대전을 겪으면서 집단적인 인격체로서의 삶에, 공적인 자아에 익숙해졌다는 것이었다. 일상의 모든 사소한 일들이 공개되었고 전투에 대한 토론이 이루어졌으며, 당연히 대중의 최대 관심사는 전쟁이었다. 전쟁이 끝난 후에 독일인들은 다시 개인적인 삶으로 돌아오는 데 어려움을 겪었다고 하프너는 주장한다. 그에 따르면 영국인은 애완동물과 정원에, 프랑스인은 요리에 정을 붙일 수 있었다. 각각의 개인은 일상 속에서 정체감 혹은 개인적인 에고를 충분히 느낄 수 있었다. 그러나 당시에 독일에는 그런 애착의 대상이 없었다고 하프너는 주장한다. 그리하여 독일인에게 강력한 집단적 정체감을 돌려준 히틀러가 권력을 잡은 것이다. 히틀러는 공적인 에고를 강화시켰다.

하프너의 글이 특별한 경각심을 불러일으키는 것은 사실상 집단적 적대감이 본격화되기 이전에, 제2차 세계대전의 발발이 알려지기 이전에 씌어졌기 때문만이 아니다. 그의 글이 특별한 것은 제1차 세계대전의 종결과 히틀러의 등장 사이에 독일에서 일어난 일들을 묘사하고 있기 때문이기도 하다. 당시에 독일은 스포츠에 열광했다. 하프너는 스포츠가 공적인 에고를 확립하는 또 하나의 방식이라고 주장했다. 스포츠를 통해 사람들은 다시 전투와 승리와 명확한 가치관을, 그리고 가장 중요하게는 강력한 집단적 정체감을 가질 수 있었다.

러셀도 인간의 '집단적 열정'이 파괴적이라고 언급했다. 오늘날에도 개인적 정체감이 집단적 정체감으로 고양되는 현상이 점점 더 많아지고 다양해지고 있다고 나는 생각한다. 다이애나 공주의 장례식에서 일시적으로 형성된 영국인들의 집단적 정체감에서부터 광신적인 축구 관중들과 컬트 추종자들, 그리고 극도로 편협한 정신을 가진 알카에다까지, 우리는 여전히 다양한 집단적 정체성의 사례들을 목격하고 있다.

그러나 공적인 에고를 환영하는 경향성이 강화되고 있다면, 우리는 공산주의의 몰락을 어떻게 설명할 것인가? 사실 마르크스-레닌 교설의 참된 핵심은 개인을 더 큰 가치 아래에 종속시키는 것이 아닌가. 중요한 것은 압제자에 대한 초기의 낭만적인 투쟁 이후 공산주의자들의 공적인 에고가 영웅적인 이야기의 주인공으로서의 정체성을, 약자로서의 역할을 상실했다는 점이다. 십자군전쟁이나 북유럽 신화의 영웅들을 어디에서 찾을 수 있었겠는가? 공산주의자의 공적인 에고의 의미와 중요성을 어떻게 다시 새롭게 할 수 있었겠는가? 압제에 대한 불굴의 투쟁이라는 요소가 사라지고 공적인 자아가 지배적인 위치에 오른 이후, 공산주의자들은 현 상태가 옳다는 말 외에 달리 무슨 말을 할 수 있었겠는가? 공산주의는 신화적인 주인공들을 모두 잃었고, 따라서 의미를 잃었던 것이다. 공산주의자의 공적인 정체성과 목표는 무엇이었나?

당신이라면 당신 자신을 포함한 모든 사람들의 집합에 불과한 어떤 것에 당신 자신을 동일시할 수 있겠는가? 레닌이나 스탈린 같은 '영웅적인' 지도자에 대한 기억이 희미해지고 자본주의 국가들로부터 실리주의가 들어오면서, 공산주의 국가의 국민들은 다른 곳에서 정체성을 찾게 되었다. 개인적인 에고에 대한 열망이 더 강해진 것이다.

우리가 앞에서 보았듯이, 프로이트의 조카인 에드워드 버네이스는 20세기 전반기에 물질적인 재화가 개인의 특별함을 상징한다는 주장을 앞세운 광고를 통해 개인적 에고의 발전을 북돋았다. 당대의 문화 속에서 소유는 그 자체의 내적인 가치 때문에 매력적이었을 뿐 아니라, 지위와 특별한 생활양식을 나타내는 상징이 되었다. 〈자아의 세기〉를 제작한 애덤 커티스가 지적하듯이, 생산자들은 이런 기묘한 방식으로 소비자들을 설득하여 필요하지 않은 제품들을 구입하게 만들 수 있었다. 그러나 더 불길한 차원에서 보면, 버네이스는 억압된 기본적 욕구의 분출을 막는 수단들을 발견한 것이라고 커티스는 주장한다.

나는 개인적 에고에 대한 대안을 두려워한 버네이스가 옳았다고 생각한다. 그가 두려워한 것은 억압된 이드나 파충류적인 힘이나 집단적인 맹목적 분노나 끝없는 불만이 아니라 집단적 정체성, 공적인 자아였다. 개인적이든 집단적이든 에고는 죽음에 저항하는 방어벽이다. 그러나 에고가 집단적일 때, 한 개인의 생명은 더 이상 중요할 이유가 없다. 앞 장에서 우리가 논한 자살 폭탄 테러들이 그 사실을 증명한다. 뿐만 아니라 이 공적인 에고는 일종의 '의미' 혹은 이야기에 의해 강화된다. 공적인 에고의 중요성을 가장 쉽고 확실하게 확립시키는 이야기는 투쟁의 이야기이다. 그 이야기는 하나의 정체성이 다른 모든 정체성보다 중요하다는 믿음을 확고히 한다. 오웰은 공적인 자아의 매력을 유지하는 데 투쟁이 중요한 역할을 한다는 것을 알고 있었다. 그는 그 앎을 바탕으로 하여 『1984년』에서 제도화된 '인간의 적'에 대해 언급했다.

20세기의 커다란 사회적 격변들은 공산주의와 자본주의의 분쟁이라기보다 더 근본적으로 **개인적인 에고와 공적인 에고의 분쟁**이었다고 볼 수 있을 것이다. 개인적인 에고는 비록 극단적인 테러리스트들의 공적인 에고로부터 점점 더 큰 위협을 받고 있지만, 지금까지는 승자의 자리에 있는 것으로 보인다. 그러나 지금 우리가 목격하듯이, 새로운 기술들은 사상 최초로 개인적인 에고의 힘을 침식할 능력을 갖추었다. 그러므로 이 세기에 우리는 공적인 자아를 강화하려는 움직임과 인류를 위해 시계를 거꾸로 돌리려는 움직임이 서로 경쟁하는 것을 보게 될 것이다. 새 기술들은 어쩌면 선사 시대를 부활시킬지도 모른다. 우리가 문화와 관련된 가치 체계를, 개인으로서 의미를 얻기 위한 수단들을 필요로 하지 않았던 시대, 우리가 인간 본성의 추상적 가치와 기준에 의지하지 않고 단순히 순간을 위해 동물로서 살았던 시대를 말이다. 새로운 기술들이 구축한 누스피어에 참여하는 것은 컬트 집단에 참여하는 것과 다를 것이다. 왜냐하면 누스피어 속에는 자아감이 없기 때문이다. 누스피어는 가치와 보상과 목표가 없는 세계, 정체성이 없는 세계일 것이다. 우리가 서로를 관찰하고 감시할 수 있도록 해주는 누스피어 속에는 이기심이 없을 것이다. 누스피어는 공산주의의 21세기형 변양태가 될 것이다.

그렇게 인간의 본성은 컬트 집단 속에서 변형되기도 하고 누스피어 속에서 제거되기도 한다. 인간 본성이 이 세기에도 주도적인 힘을 발휘할지, 아니면 종속적인 지위로 물러나거나 사라질지를 결정하는 유일한 요소는 인간 본성의 내재적인 내구성이다. 어쩌면 인간의 본성에 따르는 행위들이 유용성을 이미 상실했는지도 모른다. 이는 그렇게 이상한 생각이 아니다. 인간의 우월성이 적응력에서 나온다는 사실, 그리고 우리가 곧 맥락도 가치도 지위도 없는 생활양식 속에서 개인적인 활동보다 수동적인 반응을 더 즐기며 살게 될 것이라는 사실을 상기하라. 오늘날 우리가 그런 '관능적인' 상황으로, '진실로 살아 있음'을 느끼게 해주는 상황으로 우리 자신을 밀어넣기 위해 온갖 수단을 동원한다는 사실은 우리가 곧 우리 자신을, 우리의 개인적 에고를 영원히 내던지는 상태로 자연스럽게 이행할 것임을 암시하는지도 모른다.

그러나 만일 변연계와 주름이 많은 피질을 갖춘 우리의 크로마뇽인 뇌가 우리에게 정체감과 자기의식을 가질 것을 요구한다면, 점점 더 사생활이 줄어드는 삶 속에서 수동적인 역할을 맡게 될 우리에게 축구 광신주의와 근본주의 운동은 더욱 매력적인 대상이 될 것이다. 이미 우리가 보고 있듯이, 축구장이나 테러에서 정체성을 찾는 경향성은 세계적인 핵전쟁은 아닐지라도 대규모의 죽음과 고통을 동반할 것이다. 그러므로 우리가 인간의 본성을 상실하고 물질적인 안락 속에서 마취된 듯이 살아가는 것이 어쩌면 더 바람직할지도 모른다. 그러나 진정 다른 대안은 없을까?

10

미래
어떤 선택지들이 있을까?

지금 성장하고 있는 기술들이 갑자기 우리 곁을 떠나는 일은 발생하지 않을 것이다. 그러나 그 기술들이 우리에게 제시하는 선택지들은 서로 극명하게 대조를 이룬다. 먼저 그 기술들은 기술공포자들의 공포를 부추긴다. 반면에 냉소주의자와 기술옹호자들은 공포를 자극하는 예언들이 현실성이 없는 선정적 겁주기에 불과하다고 비웃는다. 그러나 이들과 다른 네번째 집단이 존재한다. 지금까지 우리가 그다지 많이 들어본 적이 없는 집단, 오늘날 제공된 선택지들 중 어느 것도 손에 넣지 못한 집단, 그 네번째 집단은 바로 대다수의 사람들이다.

대다수의 사람들은 발전하는 기술을 쉽게 접할 수 없는 곳에서 산다. 1980년 이후 사하라 이남 아프리카 젊은이의 인구는 50퍼센트 증가했다. 점점 증가하는 세계 인구의 절반은 25세 이하이며, 21세기 중반에는 신생아의 90퍼센트가 개발도상국에서 출생할 것이다. 머지않아 선진공업국들의 인구는 10억 명 이하가 될 것이다. 예를 들어 2050년경에는 아프리카인의 수가 유럽인의 수의 세 배가 될 것이다.

그러나 세계의 양극화는 인구의 측면에만 국한되지 않을 것이다. 현재 13억의 인구가 하루 1달러 이하의 돈으로 살아가고 있다. 개발도상국들의 인구 48억은 기초적인 위생시설 없이 살고 있으며, 그중 3분의 1은 깨끗한 물을 얻지 못한다. 현재 전 세계의 문맹 인구는 10억이며, 그중 3분의 2는 여성이다. 많은 개발도상국의 GDP는 감소하고 있으며, 생태계 파괴는 많은 경우에 이미 돌이킬 수 없는 수준이다. 예를 들어 브라질의 아마존 열대림은 1억 6천6백만 인구의 생존을 위한 노력 속에서 이미 5분의 1이 파괴되었다. 브라질의 인구가 약 2억 4천만이 되는 2050년에는 어떤 일이 벌어질까? 인구 폭발은 개발도상국들의 발전을 막고 있으며, 지구 온난화와 산림 파괴와 지하수 감소를 가속시키고 있다.

인구 폭발의 결과로 대도시 인구는 증가했다. 백만 이상의 인구를 가진 도시의 수는 1990년에 173개였지만 2010년에는 368개로 늘어날 것이다. 1960년에 천만 이상의 인구를 자랑하는 도시는 도쿄와 뉴욕뿐이었다. 2015년에는 그런 '거대 도시'가 26개로 늘어날 것이며, 그중 22개는 개발도상국에 위치할 것이다. 향후 몇십 년 동안 대부분의 사람들이 살면서 가장 빠르게 번창할 곳은 그런 도시 지역이다. 2000년에 이루어진 한 조사에 따르면 당시에 도시 지역에 사는 인구는 이미 약 29억으로 전 세계 인구의 약 47퍼센트였다. 그러나 2030년에는 도시 인구의 비율이 60퍼센트로 치솟을 것이다. 또한 2007년에 이미 도시 인구는 사상 최초로 농촌 인구를 능가할 것이다.

과거의 생태계 파괴의 결과와 시장의 세계화 추세를 생각할 때, 농촌 인구 다수의 삶은 동물적인 생존의 수준으로 퇴보할 것으로 보인다. 산업혁명 초기의 영국에서 생존을 위한 유일한 길은 도시로의 이주였던 것처럼, 오늘날 우리는 전 세계적으로 수많은 사람들이 필사적으로 도시에서의 새로운 삶을 시도하는 것을 본다. 이는 놀라운 일이 아니다. 실제로 도시는 즉각적인 사회적 변화와 수입 향상의 기회를 제공한다. 미래의 사람들은 교육의 기회를 더 많이 제공받을 것이다. 그러나 도시의 성장은 고용과 서비스의 성장을 앞지를 것이며, 따라서 변변한 직장과 집을 구하는 것은 지극히 어려운 일일 것이다.

오스트레일리아 뉴사우스 웨일스의 주지사 밥 카는 점점 인구가 증가하면서 질이 낮아지고 기후가 더워지고 사막이 증가하고 경작지가 감소하며 사람들이 도시로 집중되는 이 지구를 바라보며 우울한 감상에 빠진다. "동북아시아를 방문했을 때 나는 미래의 모습을 보았다. 풍경은 단순했다. 마치 신발장 같은 고층건물들의 군락이 있었다. 단조롭고 깨끗한 지형 속에서 그 군락은 교통체증이 심한 고속도로들로 연결되어 있었다. 너무도 황량하고 인공적인 그 풍경은 마치 핵전쟁 후에 다시 건설된 것 같았다. 공기 속에는 스모그가 가득 했다. 대양 건너의 나라에서 온 산성비가 내렸다. 백 년 후에는 더 많은 사람들이 이런 환경에서 살게 될 것이다."

이제 도시 이주와 맞물려 있다고 할 수 있는 또 하나의 현상을 추가로 살펴보자. 그것은 대가족의 붕괴이다. 예를 들어 전통적으로 대가족이 표준이었던 이집트에서는 현재 전체 가족의 84퍼센트가 핵가족으로 축소되었다. 그렇다면 머지않은 이 세기의 어느 시점에 개발도상국 젊은이들이 맞게 될 삶을 상상해보라. 당신의 부모는 도시로 이주하면서 원래의 문화적 뿌리나 부족적인 충성심과의 긴밀한 관계를 단절한다. 당신은 충분한 교육을 받았지만 일자리가 없다. 당신은 선진국들의 놀라운 기술적 성취에 대해 듣지만, 위생 상태가 열악한 빈민가에서 산다. 당신은 무엇을 할까?

당신은 공업화된 선진 세계를 바라본다. 일본, 독일 그리고 이탈리아 같은 선진국은 2050년에 인구의 40퍼센트가 65세 이상이 될 것이며, 미국은 그보다 20년 먼저인 2030년에 인구의 70퍼센트가 노인이 될 것이다. 현재 10퍼센트에 불과한 전 세계의 60세 이상 인구는 2050년에 22퍼센트가 될 것이며, 21세기 말에는 34퍼센트로 증가할 것이다.

개발도상국의 빈민가에 거주하는 젊은이인 당신은 힘이 있고 어쩌면 훈련도 받았겠지만, 대가족의 유대감과 일자리가 없을 것이다. 이미 많이 거론되고 있는 확실하고도 유일한 해결책은 선진국으로의 이민일 것이다. 이 결론은 독창적이지도 놀랍지도 않다. 사실 선진국으로의 이민은 이미 우리가 당면하고 있는 현상이다. 그러나 세계가 풍요롭고 다문화적인 한쪽과 젊은이와 유능한 사람들에게 버림받아 점점 더 궁핍해지는 다른 쪽으로 양극화될 때 발생할 수 있는 환경적 정치적 경제적 사회적 문제들은 지금 우리의 현재 논의의 범위를 벗어난다.

또 다른 가능성은—비록 요원하지만—서양의 정부들이 원활하고 효율적인 행정 체계를 갖추어 경제적 이민과 도피형 이민을 구분할 수 있게 되는 것이다. 어떤 이들은 심지어 대다수 사람들의 진입을 막기 위해 지중해에 전함을 배치하고 유럽을 요새화해야 한다고 주장했다. 그러나 이를 타당하고 수용 가능한 해결책으로 진지하게 고려하는 사람은 아무도 없을 것이다. 그러나 만일 그런 일이 실현된다면 어떻게 될까? 요새화된 유럽의 성벽 안에서는 평소처럼 활발한 생활이 이루어지는 반면에 대다수 사람들은 가난한 이웃들 곁에 주저앉을 것이며 늙은 기술권력자들은 그들로부터 먼 곳에 있을 것이다.

그러나 대규모 경제적 이민이 계속될지 여부와 관계없이 문제는 동일하다. 제1세계가 현재처럼 계속 발전한다면, 우리의 이메일과 편리하게 접속할 수 있는 지식과 프로작과 비범죄화된 대마초와 폐경 후 임신과 긴 수명과 유전자 검사와 이식수술과 게임보이와 보톡스 주사와 가벼운 도시적 생활양식 등이 계속 발전한다면, 이런 것들을 얻을 수 없는 사람들—개발도상국이라는 완곡한 표현으로 지칭되는 곳에 남겨진, 혹은 그곳으로 송환된 사람들—과 우리의 공통점은 점점 더 줄어들 것이다. 무서운 전망이지만, 어쩌면 우리는 착취가 지금보다 더 만연한 세계에서 살게 될지도 모른다. 착취는 우리가 유전자 치료와 인공 자궁과 뇌수술과 가상 대학과 가상적인 친구들, 그리고 명확한 목적은 없지만 여가가 훨씬 많은 긴 삶의 혜택을 누리는 것보다 먼저 심각한 수준에 이를 수도 있다.

과학의 빠른 발전 속에서 대다수 사람들은 사회경제적으로 그리고 문화적으로, 뿐만 아니라 파급 효과가 매우 큰 여러 방식으로 점점 더 소외될 것이다. 결국 우리는 '자연인'들과 유전자 보강 및 실리콘 보강을 받은 종족으로 양분될지도 모른다. 이런 종(種) 분화는 지구상의 생명들이 진화 과정 내내 경험한 기초적인 현상이다. 그러나 프리먼 다이슨은 이렇게 말한다. "자연적인 종 분화는 백만 년 규모의 시간 단위로 일어난다. 유전공학에 의한 인간의 종 분화는 천년 혹은 그 이하의 시간 단위로 일어날 수 있다. 자연적 진화의 느린 속도와 비교할 때 기술적인 진화는 마치 폭발과 같다. 우리는 우리 조상들의 정적인 세계를 찢어버리고 그보다 천 배나 빠르게 회전하는 세계로 대체하고 있다."

현재 등장하고 있는 쌍방향적이고 인격화된 기술은 지금껏 경험한 것 이상의 규모와 속도로 인류를 변화시킬 수 있다. 로마 제국의 멸망,

인쇄기술의 발명, 산업혁명, 혹은 20세기의 대량학살도 그렇게 큰 충격을 주지는 않았다. 더 나아가 생명공학과 정보기술과 나노기술이 가져온 생활양식의 혁명 앞에서 대다수 사람들은 제1세계의 기술옹호자와 기술공포자와 냉소주의자들보다 더 완벽하고 철저하게 고통받을 수 있다. 대다수 사람들은 훨씬 더 안락한 삶의 방식에 참여하지 못할 뿐 아니라 제국주의 시대에 경험한 최악의 것보다 더 악랄하고 잔인하고 강력하게 착취되고 악용될 위험에 처해 있다.

그러나 세번째 가능성도 있다. 그것은 새로운 기술들의 주요 특징인 편리한 접속 가능성과 공간적 제약으로부터의 자유를 최대한 이용하여 개발도상국의 삶의 물질적인 질을 제1세계에 버금가는 수준으로 높이는 것이다. 프리먼 다이슨은 유전학적으로 변형된 나무가 연료를 생산할 수 있다고 주장했다. 그 연료와 태양 에너지를 첨단 건축 산업의 동력으로 이용하여 사람들이 농촌에 머물면서도 세계 경제에 유감없이 기여하도록 만들 수 있을 것이다. 장소에 상관없이 모든 사람이 인터넷을 통해 모든 정보에 즉각 접속할 수 있을 것이다. 아무도 고립을 감수할 필요가 없을 것이다.

마이크로소프트 사의 기술 개발 부문 부사장인 딕 브래스는 2006년이면 또 다른 기술의 국제화 사례가 실현될 것이라고 예언한다. 그것은 사람들이 자신의 전자 장치에 신문과 잡지를 내려받을 수 있게 해주는 전자 뉴스 판매점이다. 그러나 전자 뉴스 판매점 역시 2010년에 접는 스크린과 24시간 배터리를 갖춘 가벼운 장치들이 보편화되어 종이 신문을 몰아내면 쇠락의 길을 걷게 될 것이다. 휴대용 컴퓨터가 발전하면서 사람들은 5달러 정도의 비용으로 스크린 상에서 책을 읽게 될 것이다. 이런 변화의 즉각적인 장점은 책의 가격이 극적으로 하락할 것이라는 점이다. 모든 마을에 전자도서관이 생길 수 있을 것이다.

우리의 강력한 신기술들과 적극적인 상상력을 이용할 수 있는 방법은 분명 이보다 훨씬 더 많을 것이다. 나는 롤렉스 기획상의 심사위원으로 있을 때 저비용 전등, 토양 침식 방지, 냉장 없는 야채 보관 등과 관련해서 과학자들과 비과학자들이 제안한 독창적인 발상들에 경탄했다. 신기술에의 접근이 일상의 일부가 되어가면서 독창적이고 모험적인 기획의 잠재력은 엄청나게 강화될 것이 분명하다. 우리가 그런 기획의 동기를 제공하기만 한다면 말이다. 선진국 과학자들은 이를테면 '과학 평화 연합' 같은 것을 만들어 여전히 19세기나 심지어 중세의 생활양식을 벗어나지 못한 수많은 사람들이 지난 백여 년을 건너뛰어 우리와 함께 21세기를 공유할 수 있도록 노력할 수 있을 것이다.

우리가 기술을 그런 목적에 이용한다면, 제1세계에 속한 우리는 기술적으로 덜 발달된 수혜자들 못지않게 혜택을 누리게 될 것이다. 우리의 혜택은 어쩌면 더 클 수도 있다. 냉엄한 현실을 직시함으로써, 가뭄, 홍수, 기근, 전염병, 부정부패, 피임 등의 오래된 사안에 대한 관심을 통해 우리가 가진 능력들을 자제함으로써 우리는 새로운 기술의 남용으로 인한 인간의 개인성 파괴를 막을 수 있을 것이다. 이를 통해 우리는 근본주의의 공적인 사고 체계에 굴복할 수도 있는 사람들의 사적인 삶과 처지를 개선할 수 있을 것이다. 현실적인 삶, 그리고 새로운 기술의 실용적인 응용은 자신의 정체성을 거친 공적인 에고에 종속시킬 것인가 아니면 자신의 정체성을 완전히 버리고 수동적인 감각에 빠져들 것인가, 라는 딜레마에서 벗어나는 생명줄을 제공할지도 모른다.

그러나 모든 사람이 과학 평화 연합에 참여하기를 원할 수는 없을 것이다. 사실상 그런 단체는 개혁적인 정신과 거대한 역량과 깊은 사명감을 가진 예외적인 소수에 의해서만 결성될 수 있을 것이다. 기술이 제공한 사치를 누리는 우리 대다수는 우리가 삶에서 원하는 것이 무엇인가, 그리고 궁극적으로 우리는 누구인가, 라는 어려운 고민을 해야 할 것이다. 아마도 처음에 우리는 우리의 일상과 목표와 인생행로를, 우리의 개인적인 에고를 고수하려 애쓸 것이다. 그러나 "장기적으로 볼 때 모든 지적인 종이 직면하는 중심 문제는 이성의 문제이다. 어떤 가치관이 옳고 어떤 가치관이 그른지 판정하는 절대적인 기준은 존재하지 않을 것이다". 프리먼 다이슨은 이렇게 덧붙인다. "인간의 감정을 조절하는 기술을 가진 사회에서는 인공적인 감각적 경험에 빠져드는 것이 아주 쉬운 일일 수 있다. 그런 식으로 꿈과 환상을 탐닉하는 사회는 이성을 잃은 사회이다."

우리는 기술옹호론이나 기술공포론으로 치우치지 않는 최선의 길을 찾아야 한다. 기술 그 자체보다 우리가 기술을 가지고 하게 될 일을 더 두려워하는 기술공포자들은 먼저 문제를 충분히 논의하는 것이 해결의 실마리라고 믿는다. 빌 조이는 "만일 우리가 무엇을 원하는지, 우리가 어디를 향해야 하는지, 그리고 왜 그래야 하는지에 대해 우리가 합의할 수 있다면, 우리는 우리의 미래를 훨씬 덜 위험하게 만들 수 있을 것이다. 그 다음에 우리는 무엇을 포기할 수 있고 또한 포기할 수 있는지 이해할 수 있을 것이다"라고 말한다. 그의 주장에 따르면, 우리는 영원한 경제 성장의 문화를 극복하고 우리의 창조력을 발산할 대안적인 출구를 찾아야 한다.

한편 기술공포론적인 한 웹사이트는 이렇게 주장한다. "정치가들이 물리학을 공부한다면 좋을 것이다…… 앎을 가지고 있는 것은 흔히 좁은 분야에 종사하는 전문가들뿐이며, 그들 사이에도 언제나 불일치가 있다. 새천년에 들어선 지금 사회와 정치가들은 지금 일어나고 있는 일들과 가능한 입장들을 이해하기 위해, 그리고 잠재적인 위험을 예방하기 위해 훨씬 더 많은 노력을 기울여야 한다."

모든 사람이 모여 앉아 대화해야 한다는 생각은 존중되어야 하며, 정치가들이 과학을 더 많이 이해해야 한다는 의견도 부분적으로 타당하다. 그러나 이것들은 그럴듯한 해결책이 아니다. 심지어 지금도 우리가 예컨대 줄기세포 연구나 유전자변형 식품과 같은 신생 기술에 대한 찬반 논의에서 합의에 도달하지 못하는 것이 사실이라면, 곧 들이닥칠 복잡한 문제들과 관련해서 우리가 보편적인 합의를 이룰 수 있으리라는 생각은 자기기만일 것이다. 오히려 우리는 미래의 특수하고 다면적인 문제들을 일일이 '위에서 아래로' 짚어볼 것이 아니라 아래에서 위로 향하는 해결 방법을 찾아야 한다. 어떤 단일한 공통 요소가 있을까? 우리의 삶에서 가장 중요하므로 무조건적으로 보존해야 하는 단일한 요소는 무엇일까?

이 책의 근간을 이루는 생각은 우리 각자가 지닌 가장 소중한 것은 개인적인 에고라는 것, 그리고 개인적인 에고는 현재 과거 어느 때보다 큰 위험에 처해 있다는 것이다. 개인적인 에고는 인간에게 자동적으로 또한 견고하게 덧붙는 부록이 아니다. 오히려 그것은 적절한 환경에서만 존재할 수 있는 특징이다. 우리는 더 이상 그 적절한 환경이 당연히 주어질 것이라고 생각할 수 없다. 우리는 그 환경을 위해 설계하고 계획할 필요가 있다. 현재 우리 각자는 자기만의 신념과 과제를 가지고 있으므로, 결코 우리는 과학과 기술에 관한 그 모든 다양한 정책과 전략에 대해 합의에 도달하지 못할 것이다. 그러나 아마도 우리는 그 정책들이 향해야 할 궁극적인 목표에 대해서는 합의할 수 있을 것이다.

그 목표는 개인성의 보존이며, 더 나아가 개인성의 **찬양**일 것이다.

이는 물론 단순하고 소박한 생각이다. 고개를 갸웃거리며 냉소주의자들의 편에 서는 것은 얼마나 쉽고 멋진 일인가. 그러나 우리가 이 책에서 둘러본 것들을, 가전기기들에서부터 테러까지, 그 광활한 미래의 땅을 돌아보라. 그리고 그것들 중 일부라도 실현될 때 삶이 어떻게 될지 생각해보라. 우리 모두는 지난 세기에 형성된 정신을 가지고 미래를 바라보고 있음을 상기하라. 머지않아 우리는 냉소주의라는 사치스러운 태도와 그것이 주는 위안을 상실하게 될지도 모른다. 만일 당신이 '꿈과 환상'의 세계에 사로잡힌다면, 고통에서 벗어나되 정신적으로 표준화된다면, 주로 사이버 세계나 약물이 선사한 도취 상태에서 산다면, 부유한 국가들만 변화를 겪을지 아니면 개발도상국도 변화를 겪을지 따위의 문제는 이차적인 관심사가 될지도 모른다. 또한 당신이 혹은 그들이 자신의 정신을 가질지 여부도 더 이상 중요하지 않을 수 있다. 우리가 사치스럽게 온갖 선택지들을 고찰하는 동안 시간이 바닥날 수도 있다. 누가 알겠는가? 어쩌면 우리는 선택지들을 가질 수 있는, 혹은 원하는 마지막 세대의 개인들일지도 모른다.

| 더 읽을 거리 |

아래 제시한 목록으로 이 책이 다룬 내용을 빠짐없이 보충하겠다는 의도는 전혀 없다. 그러나 열거된 각각의 책들은 이 책에서 논한 주제들을 훨씬 더 상세히 다루고 있다.

이 책은 불안정해서 전적으로 신뢰할 수는 없는 웹사이트들에서도 많은 것을 참고했다.

Aleksander, Igor, *How to Build a Mind*, London: Weidenfeld & Nicolson, 2000.

Ashton, Heather, *Brain Function and Psychotropic Drugs*, Oxford: Oxford University Press, 1992.

Atkins, Peter, *Galileo's Finger: The Ten Great Ideas of Science*, Oxford: Oxford University Press, 2003.

Baker, Robin, *Sex in the Future: Ancient Urges Meet Future Technology*, London: Macmillan, 1999.

Bloom, Floyd E., Flint Beal and David J. Kupfer (eds.), *The Dana Guide to Brain Health*, New York: The Dana Press, 2002.

The Century of the Self, BBC television series, directed by Adam Curtis, first aired on BBC2 in March, 2002.

Claxton, Guy, *Wise-Up: The Challenge of Lifelong Learning*, London: Bloomsbury, 1999.

Crick, Francis, *The Astonishing Hypothesis: The Scientific Search for the Soul*, London: Simon & Schuster, 1994.

Davies, Paul, *How to Build a Time Machine*, London: Penguin/Allen Lane, 2001.

Deacon, Terrence W., *The Symbolic Species: The Co-Evolution of Language and the Brain*, London/New York: W. W. Norton & Co., 1997.

Devlin, B., M. Daniels and K. Roeder, 'The heritability of IQ', *Nature* 388(July 1997), 468~471.

Dyson, Freeman J., *Imagined Worlds*, Cambridge, Mass./London: Harvard University Press, 1997.

—, *The Sun, the Genome, and the Internt: Tools of Scientific Revolutions*, New York: Oxford University Press, 1999.

Evans, P., F. Hucklebridge and A. Clow, *Mind, Immunity and Health: The Science of Psychoneuroimmunology*, London: Free Association Books, 2000.

Frohlich, H., 'The extraordinary dielectric properties of biological materials and the action of enzymes', *Proceedings of the National Academy of Science USA* 72(1975), 4211~4215.

Fukuyama, Franscis, *Our Post-Human Future: Consequences of the Biotechnology Revolution*, London: Profile books, 2002.

Gershenfeld, Neil A., *When Things start to Think*, London: Hodder & Stoughton, 1999.

Goldstein, Avram, *Addiction: From Biology to Drug Policy*, 2nd edn, New York: Oxford University Press, 2001.

Gosden, Roger, *Designer Babies: The Brave New World of Reproductive Technology*, London: Gollancz, 1999.

Grand, Steve, *Creation: Life and How to Make It*, London: Weidenfeld & Nicolson, 2000.

Greenfield, Susan, *Journey to the Centers of the Mind: Toward a Science of Consciousness*, New York: W. H. Freeman, 1995.

—, *The Human Brain: A Guided Tour*, London: Weidenfeld & Nicolson, 1997.

—, 'Brain Drug's of the Future', *British Medical Journal* 317(1998), 1698~1701.

—, *The Private Life of the Brain*, London: Penguin/Allen Lane, 2000.

Greenough, W. T., J. E. Black and C. S. Wallace, 'Experience and brain development', *Child Development* 58(1987), 539~559.

Gribbin, John, *The Birth of Time: How We Measured the Age of the Universe*, London: Weidenfeld & Nicolson, 1999.

—, *Science: A History 1546~2001*, London: Penguin/Allen Lane, 2002.

—, et al., *The Future Now: Predicting the 21st Century*, London: Weidenfeld & Nicolson, 1998.

Haffner, Sebastian, *Defying Hitler*, trans. by Oliver Pretzel, London: Weidenfeld & Ncolson, 2000.

Haldane, J. B. S., *Daedalus, or, Science and the Future*, a paper given to the Heretics Society in Cambridge in 1923. First published in London 1924 by Kegan Paul, Trench, Trubner and Co.; now out of print. The transcribed text is available, however, on the internet.

Hameroff, Stuart, 'Quantum coherence in microtubules: a neural basis for emergent consciousness?', *Journal of Consciousness Studies* I (1994), 91~118.

Horgan, John, *The End of Science: Facing the Limits of Knowledge in the Twilight of the Scientific Age*, London: Little Brown, 1996.

—, *The Undiscovered Mind: How the Brain Defies Explanation*, London: Weidenfeld & Nicolson, 1999.

Howe, Michael, *Sense and Nonsense about Hothouse Children: A Practical Guide for Parents and Teachers*, Leister: BPS Books, 1990.

Huttenlocher, Peter R., *Neural Plasticity: The Effects of Environment on the Development of the Cerebral Cortex*, Cambridge, Mass.: Harvard University Press, 2002.

Huxley, Aldous, *Brave New World*, London: HarperCollins, 1994(first published by Penguin in 1932).

James, Oliver, *Britain on the Couch: Treating a Low Serotonin Society*, London: Century, 1997.

Joy, Bill, 'Why the future doesn't need us', Wired 8.04(April 2000).

Kaku, Michio, *Visions: How Science will Revolutionize the Twenty-First Century*, Oxford: Oxford University Press, 1998.

Kirkwood, Tom, *Time of Our Lives: The Science of Human Ageing*, London: Weidenfeld & Nicolson, 1999.

Kurzweil, Ray, *The Age of Spiritual Machines: How We will Live, Work and Think in the New Age of Intelligent Machines*, London: Phoenix, 1999.

MacLean, Paul, 'The triune brain, emotion and scientific bias', in F. O. Schmit(ed.), *The Neurosciences: Second Study Program*, New York: Rockefeller University Press, 1970, pp. 336~349.

Martin, Paul, *The Sickening Mind: Brain, Behaviour, Immunity and Disease*, London: HarperCollins, 1997.

McGee, Glenn(ed.), *The Human Cloning Debate*, 3rd edn, Berkeley, Calif.: Berkeley Hills Books, 2002.

Minsky, Marvin, 'Will robots inherit the Earth?', *Scientific American* 271 (1994), 86~91.

Mithen, Steven J., *The Prehistory of the Mind: A Search for the Origins of Art, Religion and Science*, London: Thames and Hudson, 1996.

Moravec, Hans, *Robot: Mere Machine to Transcendent Mind*, Oxford: Oxford University Press, 1998.

Orwell, George, *Nineteen Eighty-Four*, London: Penguin, 2000(first published 1949).

Pearson, Ian, www.btinternet.com/~ian.pearson/.

Penrose, Roger, *Shadows of the Mind: A Search for the Missing Science of Consciousness*, Oxford: Oxford University Press, 1994.

Pert, Candace B. and Deepak Chopra, *Molecules of Emotion: Why You Feel the Way You Feel*, New York: Scribner, 1997.

Pesce, Mark, *The Playful World: How Technology is Transforming Our*

Imagination, New York: Ballantine Books, 2000.

Pinker, Steven, *How the Mind Works*, London: Penguin/Allen Lane, 1998.

——, *The Blank Slate: Denying Human Nature in Modern Life*, London: Penguin/Allan Lane, 2002.

Rees, Martin, *Our Final Century: The 50/50 Threat to Humanity's Survival*, London: Heinemann, 2003.

Regis, Ed, *Nano!*, London: Bantam Press, 1995.

Ridley, Matt, *Nature via Nurture: The Origin of the Individual*, London: Fourth Estate, 2003.

Rifkin, Jeremy, *The Biotech Century: Harnessing the Gene and Remaking the World*, London: Gollancz, 1998.

Rose, Steven(ed.), *From Brains to Consciousness? Essays on the New Sciences of the Mind*, London: Penguin/Allen Lane, 1998.

Russell, Bertrand, *Icarus, or The Future of Science*, a response to Haldane's Daedalus lecture, published in London in 1924 by Kegan Paul, Trench, Trubner and Co. The text can be found on the internet.

Scientific American, special issue on nanotechnology, September 2001.

Stock, Gregory, *Redesigning Humans: Choosing Our Children's Genes*, London: Profile Books, 2002.

Swain, Harriet(ed.), *The Big Questions in Science*, London: Jonathan Cape, 2002.

Time magazine's V21 reports(available on the internet at www.time.com/time/reportsv21/home.html).

Tutt, Keith, *The Scientist, the Madman, the Thief and Their Lightbulb: The Search for Free Energy*, London: Pocket Books, 2003.

Warwick, Kevin, *QI: The Quest for Intelligence*, London: Piatkus, 2001.

Whalley, Lawrence, *The Ageing Brain*, London: Weidenfeld & Nicolson, 2001.

Wilson, Edward O., *On Human Nature*, London: Penguin, 1995.

| 옮긴이의 말 |

'자아'의 미래에 대한 신경과학자의 경고

"예측은 어렵다, 특히 미래에 대해서는." 과학사에서 어쩌면 아인슈타인보다 큰 발자취를 남겼으며 개인적으로 내가 많이 존경하는 물리학자 닐스 보어의 말이다. 각종 매체에 드물지 않게 이른바 '미래학자'가 등장하는 것을 보며 눈썹을 찡그릴 때, 내가 이 책을 번역하고 있을 즈음 우리나라 언론에 — 과학자들의 의견을 종합하여 만들었다는 — 미래 과학의 장밋빛 청사진이 보도되었을 때, 또한 시시때때로 나 자신의 본능적인 호기심이 미래를 향할 때 나는 보어의 말을 떠올리지 않을 수 없다.

고맙게도 이 책의 저자 그린필드는 미래 예측의 어려움을 잘 알고 있다. 시대를 바꿀 획기적인 기술의 탄생을 예견하는 것은 사실상 불가능하다고 그녀는 분명하게 말한다. 그녀가 예로 든 것은 컴퓨터이다. 컴퓨터에 대해서는, 컴퓨터가 바꿔놓은 우리 일상의 삶에 대해서는, 말이 필요 없을 것이다.

그럼에도 그녀, 그린필드는 왜 이토록 어려운 시도를 감행하는 것일까? 수많은 미래학자들에 영합하여 선정적인 위협이나 비판의식을 소독해버리는 낙관론으로 대중을 몰고 다니겠다는 것인가? 정작 본인은 진지한 과학자임에도 불구하고, 당장 내일 무슨 일이 일어날지조차 아무도 모른다는 것을 잘 알면서도?

아니다. 그녀는 우리에게 전달할 메시지를 가지고 있다. 그 메시지가 없었다면, 이 책은 단편적인 예측과 상상의 열거에 지나지 않았을 것이다. 또한 그 메시지가 있기 때문에 나는 이 책을 번역이 끝난 다음에도 재미있게 다시 읽을 수 있었다. 그 메시지는 이미 도래한 기술들이 점점 더 강력하게 우리의 개인성을 위협할 것이라는 경고이다. 하여 이 책은 미래 과학의 장밋빛 청사진 따위와 달리 자못 사회학적이고 인간학적이고 철학적이다.

그린필드는 기본적으로 미래의 모습이 궁금한 사람들에게 충분한 얘깃거리를 선사하는 것을 잊지 않는다. 예컨대 문자 메시지와 게임기 사용이 증가하면서 "엄지손가락으로 사물을 가리키는 아이들"이 등장하기 시작했다는 얘기에 나는 처음엔 웃으며 고개를 저었다가, 지금은 충분히 그럴 수 있겠다고 생각하는 중이다. 또한 보다 과학적인 차원에서 미래 과학의 대표주자들 — 나노기술, 로봇기술, 생명공학 — 을 평가하는 것도 잊지 않는다. 심지어 테러에 관한 논의에도 상당한 분량이 할애되어 있다. 그러나 그녀가 초점을 두는 대상은 역시 신경과학자답게 우리의 뇌이다. 더 정확히는 우리의 개인성, 우리 각각의 자아 정체성이다. 그러므로 이 책의 핵은 자아에 관한 논의가 본격적으로 이루어지는 8, 9, 10장이라 할 수 있을 것이다.

이 책의 초입에 그리고 말미에 기술에 대한 태도와 관련하여 세 부류의 인간이 등장한다. 기술을 적극적으로 옹호하는 기술옹호자, 기술의 위력을 얕잡아보는 냉소주의자, 그리고 기술을 두려워하는 기술공포자가 그들이다. 마무리로 적절할 듯하여, 나는 어느 부류에 속할까, 라고 자문해본다. 아마도 합리적인 사람이라면 누구나 사안에 따라 적절하게 위의 세 부류를 넘나들 것이다.

| 찾아보기 |

ㄴ

ㄷ

ㅅ

ㅈ